行业分析视角下中国区域环境效率研究
——基于数据包络分析(DEA)方法

吴 杰 朱庆缘 孙加森 著

科学出版社
北 京

内 容 简 介

本书是作者近年来研究环境绩效的系统总结。本书围绕中国区域环境效率、中国区域工业环境效率、中国区域交通运输环境效率、中国区域煤炭电力环境效率四个主要部分，系统性地分析中国各行业区域环境效率，并为各个区域环境效率改进提供政策建议。在理论上，本书提出的环境效率评价模型对完善现有评价理论具有重要意义。在应用上，本书的研究结论对提高中国区域环境效率、促进区域可持续性发展具有重要意义。

本书适合环境管理、气候政策等领域的政府公务人员、企业管理人员、高等院校师生、科研院所人员及相关工作者阅读。

图书在版编目(CIP)数据

行业分析视角下中国区域环境效率研究：基于数据包络分析(DEA)方法 / 吴杰，朱庆缘，孙加森著. —北京：科学出版社，2021.6

ISBN 978-7-03-069166-8

Ⅰ. ①行… Ⅱ. ①吴… ②朱… ③孙… Ⅲ. ①区域环境-研究-中国 Ⅳ. ①X321.2

中国版本图书馆 CIP 数据核字(2021)第 110304 号

责任编辑：蒋　芳/责任校对：杨聪敏
责任印制：赵　博/封面设计：许　瑞

科 学 出 版 社 出版
北京东黄城根北街 16 号
邮政编码：100717
http://www.sciencep.com
北京厚诚则铭印刷科技有限公司印刷
科学出版社发行　各地新华书店经销
*
2021 年 6 月第 一 版　开本：720×1000　1/16
2025 年 3 月第二次印刷　印张：21 1/4
字数：417 000

定价：166.00 元
(如有印装质量问题，我社负责调换)

作 者 简 介

吴杰，1981 年 6 月生，安徽庐江人，管理学博士。现任中国科学技术大学管理学院副院长，教授，博士生导师。兼任中国系统工程学会理事、中国管理科学与工程学会理事，*International Journal of Information and Decision Sciences* 和 *International Journal of Operations and Logistics Management* 等国际学术期刊编委。长期从事评价理论与方法的理论与应用研究，主持国家自然科学基金优秀青年科学基金项目、中央宣传部文化名家暨“四个一批”人才项目、中央组织部青年拔尖人才支持计划等，国家“万人计划”哲学社会科学领军人才，享受国务院政府特殊津贴专家。获得全国优秀博士学位论文奖、教育部高等学校科学研究优秀成果奖(人文社会科学)一等奖、安徽省科学技术奖(自然科学)一等奖等。在 *Operations Research*、*European Journal of Operational Research*、《中国管理科学》等国内外重要学术刊物发表论文一百余篇，研究成果被同行引用三千余次。

朱庆缘，1989 年 11 月生，安徽滁州人，管理学博士。现任南京航空航天大学经济与管理学院教授，博士生导师。长期从事评价理论与方法的理论与应用研究，主持国家自然科学基金青年基金项目、江苏省自然科学基金青年基金项目、江苏省社会科学基金青年基金项目等重要课题近十项，江苏社科优青入选者、江苏省高层次创新创业人才引进计划(双创博士)入选者。在 *European Journal of Operational Research*、*Omega*、*Annals of Operations Research*、*Journal of the Operational Research*、*International Journal of Production Research* 等国内外高水平学术期刊上发表论文几十余篇，多篇论文入选 ESI 高被引论文。

孙加森，1986年10月生，江苏盐城人，管理学博士。现任苏州大学商学院教授，博士生导师。长期从事评价理论与方法的理论与应用研究，主持国家自然科学基金面上项目、国家自然科学基金青年科学基金项目、江苏省基础研究计划(自然科学基金青年基金)项目等，江苏社科优青入选者、苏州大学“仲英青年学者”入选者，研究成果入选为Elsevier-SCED期刊2018年最佳论文，获得中国科学院院长优秀奖等。在*European Journal of Operational Research*、*International Journal of Production Research*、*Annals of Operations Research*等国内外重要学术期刊发表论文几十余篇，多篇论文入选ESI高被引论文。

前　言

伴随着现代化步伐的逐渐加快，人类赖以生存的生态环境正受到前所未有的威胁，有害物质的排放越来越多，环境问题日益严重，并已成为经济社会可持续发展的严重制约。2013 年 11 月，各国政府相关部门在波兰华沙经过长时间的谈判和博弈，就德班平台、绿色气候基金、长期融资、减少因为森林砍伐和森林退化导致的温室气体排放以及资金和损失损害机制的华沙国际机制等一些议题达成了协议，意在减少碳排放等人为造成的生态环境变化所带来的损失和损害。

改革开放 40 余年来，中国各个行业都取得了飞速发展，但高投入、高消耗、高污染、低效率的粗放型增长方式严重影响了环境质量，环境污染不仅降低了居民的生活质量，还造成了巨大的经济损失，并在一定程度上抑制了社会经济的发展，经济发展与环境保护之间矛盾日益突出。

首先，对中国工业部门来说，根据中国统计年鉴的相关数据显示，1990~ 2003 年，我国的工业总产值年均增长率为 12.7%，2017 年工业产值占到了国内生产总值(GDP)的 40.5%，可见中国的工业发展一直保持极高的速度稳步推进，并且已经取得了举世瞩目的成就。然而，工业的高速发展虽然带动了经济的高速发展，但是这种以规模扩张为基础的发展模式，是通过大量投入物质资本来推动的，不可避免地会造成大量的社会问题和环境问题，比如投入资源的浪费、未达标的工业废水和废气随意排放污染周边环境等。中国环境统计年鉴显示，目前我国工业消耗能源占总耗能的 80%以上。进入 21 世纪，我国工业废气和废水排放总量高速增长，其中工业废气排放总量从 21 世纪初的 138145 亿 m^3 增长到了 2014 年的 694190 亿 m^3，工业废水排放总量也从 415.2 亿 t 增加到了 716.2 亿 t。

其次，对中国交通运输部门来说，根据中国国家统计局的数据，2012 年中国交通运输业的能源消耗量为 3.02 亿 t 标准煤，是 2002～2012 年消耗增长率超过 7.2%的少数行业之一。使问题更加复杂的是，不断增加的能源消耗已经产生了包括二氧化碳在内的大量气体。例如，根据国际能源署的数据，全球交通运输部门已成为全球第二大温室气体排放部门，占全球二氧化碳排放量的 22%。

再次，煤炭电力产业是我国主要的污染源之一，尤其在发电环节，电力产业煤炭消费量占煤炭产量的比重由 1991 年的 27.4%上升到 2007 年的 52.23%，当发电量以年均 9.98%的速度增长的同时，污染物排放量也在逐年增加。2008 年，电力行业的碳氧化物的排放量占碳氧化物总排放量的 64.8%，二氧化硫的排放量也占二氧化硫总排放量的一半以上。

鉴于日益严峻的环境问题，党的十八届三中全会专门指出，必须要形成完整的源头保护、损害赔偿、责任追究制度，完善环境治理和生态修复制度，通过构建系统、完整的生态文明制度体系来保护生态环境。各国公众也越来越关注环境问题，并对环境管理决策施加越来越重要的影响。测算考虑环境因素的生产效率即环境绩效，为在生产过程中遵循环境的可持续性原则的制定和执行提供定量测度工具，这已成为国际学者的共识。

本书应用管理学、经济学等有关理论与方法，从系统的角度研究中国环境效率问题。具体地，本书围绕中国区域环境效率、中国区域工业环境效率、中国区域交通运输环境效率、中国区域煤炭电力环境效率四个主要部分，系统性地分析中国各行业区域环境效率，并为各个区域环境效率改进提供政策建议。本书的研究结论对提高中国区域环境效率、促进区域可持续性发展具有重要意义。

全书分为基础知识篇、区域环境整体效率分析篇、行业分析之工业篇、行业分析之交通运输篇以及行业分析之煤炭电力篇五个部分，共 17 章。

在基础知识篇中，我们对研究背景和意义及以往环境效率评价方法进行详细阐述和回顾梳理，并对数据包络分析(DEA)的基本概念和模型进行全面的介绍。

在区域环境整体效率分析篇中，首先，构建了基于能源与环境共同关切效率评价模型，综合研究中国区域环境效率；其次，打破使用最远距离 DEA 模型的传统，构建最近目标下的 DEA 环境绩效评价模型，分析中国湘江流域环境效率；最后，构建 Malmquist 指数的动态环境效率评估模型，从静态到动态综合分析区域环境效率。

在行业分析之工业篇中，首先，在考虑资源配置拥堵下，研究中国区域工业环境效率；其次，考虑环境污染排放限额，构建固定非期望产出模型评价中国区域工业环境效率；再次，构建全要素两阶段网络系统模型，研究中国区域工业环境效率；再次，构建指数转移评价模型，分析中国区域工业环境效率；最后，基于动态网络结构，分析中国各区域工业环境效率。

在行业分析之交通运输篇中，首先，考虑技术进步，分析中国区域道路运输业环境效率；其次，考虑共享投入，构建基于共享投入并行网络系统的效率评估模型，分析交通运输环境效率；再次，构建异质性并行网络系统效率评价模型，分析中国交通运输业环境效率；最后，从可持续性角度出发，对可持续供应链管理系统中生态交通运输系统进行设计。

在行业分析之煤炭电力篇中，首先，构建模糊数的单阶段系统环境继续评价模型，评价煤炭电力企业环境效率；其次，基于投入产出不同权重，构建一般均衡有效前沿面模型，评价煤炭电力企业环境效率；最后，对中国上市煤炭企业环境效率进行分析，并在上市煤炭企业环境效率分析基础上，进一步分析影响煤炭企业环境效率的因素。

本书得到国家自然科学基金项目(71971203,71904084,71571173,71921001)、江苏省自然科学基金项目(BK20190427)、江苏省社会科学基金项目(19GLC017)、中国博士后科学基金特别资助项目(2020TQ0145)、国家“万人计划”哲学社会科学领军人才项目、中央宣传部文化名家暨“四个一批”人才项目、江苏社科优青、江苏省“双创博士”、南京市留学人员科技创新项目等支持。全书由吴杰教授、朱庆缘教授、孙加森教授负责总体设计、策划、组织交流、撰写与统稿，安庆贤、刘宏伟、熊贝贝参与并完成了本书中部分章节的撰写。在出版过程中，科学出版社的蒋芳编辑为本书付出了辛勤劳动，在此表示诚挚谢意。

吴　杰

2021年6月1日

目　录

第一部分　基础知识篇

第二部分　区域环境整体效率分析篇

第三部分 行业分析之工业篇

第四部分 行业分析之交通运输篇

第五部分 行业分析之煤炭电力篇

第一部分

基础知识篇

第1章 导 论

1.1 研究背景及意义

第二次工业革命使得机器大生产逐渐取代手工劳动，大幅提高了生产效率，与此同时人类大量焚烧化石燃料，过度开采利用各种资源，带来了诸多环境问题，导致全球气温明显上升，气候变化给人类生产生活带来了很多灾难，如喜马拉雅山冰川融化、北冰洋冰川消融、泥石流等极端事件频发。欧盟委员会发现，2018年是地球有记录以来最热的年份之一。不管是空气污染、水污染，还是土壤污染，都有进一步恶化的趋势。生态环境问题已经成为制约人类社会经济可持续发展的瓶颈。

因此，环境污染问题依然严峻，不断加剧的环境污染已经严重制约了各国社会经济的发展，对发展中国家的影响尤为突出。在中国，随着城镇化进程的加速推进，环境污染产生的负面影响日渐显现，对生态系统已经造成了直接的破坏和影响。由此，维持环境与经济之间的动态平衡已成为亟须解决的社会问题和政策问题(Wu et al.，2014)，而“可持续发展”理念的提出为彻底解决这一矛盾提供了新的思路，也为社会的未来发展提供了准则。1980年，“可持续发展”理念第一次被提出，为世界自然资源的保护提供未来的发展方向。“可持续发展”被提出时的重要关注点之一，生态环境的良好发展是实现全球可持续发展的重要基础，环境的维稳与治理从而抑制环境的进一步恶化已经成为全球性的问题，并逐渐提上全球性会议的议程。自1992年在里约热内卢联合国环境与发展大会达成世界上第一个应对全球气候变暖的国际公约《联合国气候变化框架公约》开始，环境问题作为人类的生存问题就一直被关注和讨论。各国之间以此公约为基础，不断地举办缔约方会议来达成抑制全球气候变暖的协定，并将责任细化，划分至每个国家，如2009年在丹麦首都哥本哈根召开的世界气候大会和2015年《联合国气候变化框架公约》近200个缔约方在巴黎气候变化大会上达成的《巴黎协定》。在上述各公约中，中国始终积极地应对全球环境变化，主动承担起自己的责任，从国家层面上积极制定节能减排的计划并认真贯彻实施，履行一个大国的义务，将人类的生存问题并入国家的发展准则中。

改革开放 40 余年来，中国各个行业取得了飞速发展，但高投入、高消耗、高污染、低效率的粗放型增长方式严重影响了环境质量，环境污染不仅降低了居民的生活质量，还造成了巨大的经济损失，并在一定程度上抑制了社会经济的发展，经济发展与环境保护之间矛盾由此日益突出(Wu et al.，2014；An et al.，2017；Song et al.，2012)。如电力产业是我国主要的污染源之一，尤其在发电环节，电力产业煤炭消费量占煤炭产量的比重由1991年的27.4%上升到2007年的52.23%，当发电量以年均9.98%的速度增长的同时，污染物排放量也在逐年增加。2008年，电力行业的碳氧化物的排放量占碳氧化物总排放量的64.8%，二氧化硫的排放量也占二氧化硫总排放量的一半以上。又比如，对中国工业部门来说，根据中国统计年鉴的相关数据显示，在1990~2003年，中国的工业总产值年均增长12.7%，并且在2017工业产值占到了中国国内生产总值(GDP)的40.5%，可见中国的工业发展一直保持极高的速度稳步推进，并且已经取得了举世瞩目的成就。然而，工业的高速发展虽然带动了经济的高速发展，但是这种以规模扩张为基础的发展模式，是通过大量投入物质资本来推动的，不可避免地会造成大量的社会问题和环境问题，比如投入资源的浪费，未达标的工业废水和废气随意排放污染周边环境。中国环境统计年鉴显示，目前我国工业消耗能源占总耗能的80%以上。进入21世纪，我国工业废气和废水排放总量高速增长，其中工业废气排放量从21世纪初的138145亿 m^3 增长到了2014年的694190亿 m^3，工业废水排放总量也从415.2亿 t 增加到了716.2亿 t。然而目前我国污染处理再利用的现状并不容乐观。例如国内再生水的利用率仅占污水处理量的10%左右，而发达国家普遍已经达到了70%的利用率(Jiang et al.，2015)。再比如交通部门，根据中国国家统计局的数据，2012年中国交通运输业的能源消耗量为3.02亿 t 标准煤，是2002～2012年消耗增长率超过7.2%的少数行业之一(Cui and Li，2014)。使问题更加复杂的是，不断增加的能源消耗已经产生了包括二氧化碳在内的大量气体。例如，根据国际能源署(IEA，2011)的数据，全球交通运输部门已成为全球第二大温室气体排放部门，占全球二氧化碳排放量的22%。

随着环境恶化带来的负面效应进一步显现，人们也逐渐将目光转移到环境治理的问题上来，对相应的环境管理也更加关注(Glucker et al.，2013)。《中华人民共和国国民经济和社会发展第十三个五年规划纲要》明确指出，在确保达成全面建成小康社会目标的前提下，加大环境治理力度，努力实现生态环境质量总体改善(新华社，2015)。随着对相关环境问题研究的深入，人们逐渐意识到有效的环境管理是抑制环境恶化的重要举措，而有效的环境管理则依赖科学客观的环境绩效评价(Wu et al.，2014；Song et al.，2012)。2000年，“环境绩效评价”作为术语首次被正式提出，随后，环境绩效评价的定义在不同领域被不断地细化、深化，如 Song 等(2012)提出环境绩效评价是对组织资源消耗、经济产出和环境产出各方面表现进行综合评估的一种评价。环境绩效评价不仅可以在宏观上显示出研究区域环境系统的环境绩效状况，还可以为环境管理政策的制定及实施提供科学、详细的指导，因此科学合理的环境绩效评价为解决环境问题提供了一个重要前提(Halkos and Tzeremes，2013)。

环境绩效评价自提出以来，得到了国内外学者的广泛关注并开展了深入的学术探索和应用推进，其中数据包络分析(data envelopment analysis，DEA)作为近年来环境绩效评价模型中的重要方法得到了大力发展。数据包络分析方法由顶级期刊 *Management Science* 创刊人、美国运筹学和管理学研究协会(INFORMS)创始人 Charnes 与 Cooper 等于 1978 年提出(Charnes et al.，1978)，是一种基于数学规划评估一组同质决策单元绩效的非参数方法。它的优点是可以较好地处理多投入多产出系统的评价问题，同时其分析结果可以为组织绩效改进提供具体的标杆(Boudreau，2004)。基于此，该方法在被提出后迅速成为管理科学领域的重要研究方向，众多科研工作者对其理论进行了应用和发展，如 Banker 等(1984)、Andersen 和 Petersen(1993)、Chen 和 Zhu(2018)等。目前，数据包络分析方法经过发展，已广泛应用于考虑环境因素(非期望产出)的系统环境绩效评价中，并成为国际公认的效果最好和应用最广泛的环境绩效评价方法之一(Wang et al.，2013；Song and Guan，2014；Wang et al.，2016；Song et al.，2018)。因此，本书将围绕中国区域环境效率、中国区域工业环境效率、中国区域交通运输环境效率、中国区域煤炭电力环境效率四个主要部分，系统性地分析中国各行业区域环境效率，并为各个区域环境效率改进提供政策建议。本书的研究结论对提高中国区域环境效率、促进区域可持续性发展具有重要意义。

1.2　基于 DEA 的环境绩效评价方法相关研究现状

环境绩效即考虑环境因素的效率，评价环境绩效需在考虑系统投入的同时，还要考虑其经济因素(生产量等期望产出)和环境因素(污染等非期望产出)。因为环境因素，如废水、二氧化碳、二氧化硫、固体废弃物等，都是非期望产出，所以环境绩效评价的重点在于如何处理非期望产出。随着公众对环境关注的增强和政府环境政策的陆续出台，这些非期望产出受到了人们越来越多的重视。目前，环境绩效的评估方法主要有两种：随机前沿分析方法和数据包络分析方法(Coelli et al.，2005)。前者是一种考虑随机扰动因素的参数方法，比较适合单产出的情形，但其绩效评价结果较大程度上依赖于生产函数形式的假定。因此，如果假设了一个不合理的生产函数形式，评价结果很可能是错误的。DEA 方法是通过数学规划模型得出效率的非参数方法，其不需要对生产函数的形式进行假定，并且能够在研究多投入多产出系统上发挥其独特的优势。中国科学院科技战略咨询研究院、中国科学院文献情报中心和 Clarivate Analytics(2016)出版的《2016 研究前沿》指出，DEA 方法已成为环境绩效评价模型中最流行的方法之一。由于环境管理系统往往是考虑期望产出和非期望产出的多投入多产出系统，本书将 DEA 作为测定环境绩效的基本方法。

以 DEA 方法为基础的环境绩效评价研究已经受到了学者们的广泛关注，其中 Färe 等(1989)是最早考虑非期望产出绩效评估的研究，随后，该领域得到了迅速发展。环境绩效评价研究可以根据对非期望处理的方式进行分类，这里将处理方式分为两大类：直接方法和间接方法(Färe et al.，1993)。直接方法可进一步分为三小类：一类是基于 Färe 等的工作，对产出的处理方式为弱可自由处理，如 Seiford 和 Zhu(2005)、Zhou 等(2013)、Wang 等(2016)；另一类是基于松弛量或 Russell 测度的评估模型，如宋马林等(2013)、Zhou 等(2006)、Bi 等(2014)、Chen 和 Jia(2017)、Liu 和 Wu(2017)等的研究；最后一类是基于方向距离函数(directional distance function，DDF)，如 Chung 等(1997)、Boyd 等(2002)、Picazo-Tadeo 等(2012)、Halkos 和 Tzeremes(2013)、Sueyoshi 等(2017)等的研究。非期望产出处理的间接方法可以分为两小类：一类是把非期望产出作为投入处理(Dyckhoff and Allen，2001；Yang et al.，2015)，这种方法的优点在于仅需要确定哪些因素是越少越好，哪些因素是越多越好即可；另一类是对非期望产出进行数据转换，然后再将其进行效率评估，如 Wu 等(2013)等。

目前，国内外关于环境绩效评价的理论及其应用研究较为丰富，但大部分研究都是将被评估系统内部简单地看成一个“黑箱”，即视为单阶段系统的环境绩效评价(马占新，2010；杨国梁 等，2013)。这种简单的处理方法在环境管理中得到了一定程度的应用(吴冲 等，2007；吴华清 等，2010；宋马林和王舒鸿，2013；林伯强和刘泓汛，2015；Zhou et al.，2006；Halkos and Tzeremes，2013；Liu and Wu，2017)，然而当现实中很多被评价对象并不能简单地被视为“黑箱”或者作为“黑箱”处理时，就得不到理想的结果(丁晶晶 等，2013；杜鹃和霍佳震，2014；安庆贤 等，2017；Kao and Hwang，2008)，以至于不利于系统的绩效改进。此外，Kao 和 Hwang(2008)发现尽管一个决策单元的各子系统绩效都比另外一个决策单元的相应各子系统绩效差，但是在忽略内部结构情形下有可能出现前者绩效大于后者的情况。Wang 等(1997)也指出：全面研究一个决策单元的运作情况，只有对其组成的阶段或结构进行研究，才能够尽可能多地发现决策单元的无效之处。在大多数情况下，包含环境因素的系统是个复杂的网络系统，需要构建网络型系统的环境绩效评价理论和方法进行研究。网络 DEA 方法作为一种处理多阶段系统的有效方法，为研究复杂的环境绩效评价问题提供新的思路和突破口。由于其可以很好地评估系统内部的无效性，基于网络 DEA 的环境绩效评价方法近年来受到了国内外学者的广泛关注，已成为环境绩效评价的研究热点之一。

按照研究对象的网络结构类型，基于网络 DEA 的环境绩效评价研究可分为三大类：①串联网络系统环境绩效评价。大多数的网络 DEA 环境绩效评价模型研究的是串联网络结构系统，而串联网络结构系统中研究最多的则为两阶段网络结构系统。两阶段网络结构系统具体包括早期研究较多的传统两阶段系统和后期拓展的一般两阶段系统，前者指中间变量既是第一阶段全部产出也是第二阶段全部投入的两阶段网络系统(Chen et al.，2012；Halkos et al.，2015)，后者则指中间变量仅仅是第一阶段部分或全部产出和第二阶段部分或全部投入的两阶段网络系统(卞亦文，2012；Song et al.，2014；Bian et al.，2015；Song et al.，2015；Wu et al.，2015；陈磊 等，2016；石晓，2016；王维国和刘丰，2016；Chu et al.，2016；Shi，2016；Wu et al.，2016a；Lozano，2017；Li et al.，2018；Zhou et al.，2018)。其他多阶段串联网络结构系统环境绩效评价研究基本可看成一般两阶段模型在多阶段情形中的拓展工作(Mirhedayatian et al.，2014)。②并行网络结构系统环境绩效评价。初期的并行网络结构系统环境绩效评价模型中各子系统是独立运行的，Färe 等(1997)是这类网络结构系统绩效评价最早研究的重要成果代表之一。之后，若干学者对这一结构开展了更深入的理论拓展并将其运用于环境绩效评价中(毕功兵 等，2011；李静 等，2014；Gong et al.，2018)。此外，部分环境绩效评价研究已经将研究结构拓展到考虑子单元非独立的并行系统，具体可参考 Bian 等(2014)、Wu 等(2016b)、Liu 等(2017)和 Li 等(2018)。③混合型网络结构系统环境绩效评价。混合型网络结构系统是既存在串联结构又存在并行结构的混合型网络系统，具体可参考 Huang 等(2014)、Herrera-Restrepo 等(2016)。

1.3　主要研究内容

从以上的国内外研究现状可知，环境绩效评价已经获得了国内外学者的广泛关注，但是仍存在一些不足之处，如未能从中国区域环境效率、中国区域工业环境效率、中国区域交通运输环境效率、中国区域煤炭电力环境效率等方面系统性地剖析中国各行业区域环境效率。此外，以往基于 DEA 理论模型的环境效率评价中也未能综合全面地考虑多种因素，如忽视了对于存在模糊数的单阶段系统进行环境绩效评价；如何利用设定标杆使得系统使用最少努力达到环境有效从而对单阶段系统进行环境绩效评估；如何测量复杂两阶段系统的全要素能源效率、整体环境效率以及如何评估并行网络系统环境效率的动态变化。针对这些问题以及相关的现实背景，本书主要从五个部分，对环境效率做系统地分析和总结，概述如下。

(1)第一部分对研究背景和理论知识进行介绍。本部分主要包含 2 章内容：首先，对研究背景和意义及以往环境效率评价方法进行详细阐述和回顾梳理；其次，对 DEA 的基本理论和模型进行全面的介绍。

(2)第二部分系统性地研究中国区域环境整体效率。本部分主要包含 3 章内容：首先，构建了基于能源与环境共同关切效率评价模型，综合研究中国区域环境效率；其次，打破使用最远距离 DEA 模型的传统，构建最近目标下的 DEA 环境绩效评价模型，分析我国湘江流域环境效率；最后，构建 Malmquist 指数的动态环境效率评估模型，从静态到动态综合分析区域环境效率。

(3) 第三部分系统性地分析中国区域工业部门环境效率。本部分主要包含 5 章内容：首先，在考虑资源配置拥堵下研究中国区域工业环境效率；其次，考虑环境污染排放限额，构建固定非期望产出模型评价中国区域工业环境效率；再次，构建全要素两阶段网络系统模型，研究中国区域工业环境效率；再次，构建指数转移变换模型，分析中国区域工业部门环境效率；最后，基于动态网络结构，分析中国各区域工业环境效率。

(4) 第四部分系统性地分析中国区域交通部门环境效率。本部分主要包含 4 章内容：首先，考虑技术进步，分析中国区域道路运输业环境效率；其次，考虑共享投入，构建基于共享投入并行网络系统的效率评估模型，分析交通运输环境效率；再次，构建异质性并行网络系统效率评价模型，分析中国交通运输业环境效率；最后，从可持续性角度出发，对可持续供应链管理系统中生态交通运输系统进行设计。

(5) 第五部分系统性地分析中国区域煤炭电力环境效率。本部分主要包含 4 章内容：首先，构建模糊数的单阶段系统环境继续评价模型，评价煤炭电力企业环境效率；其次，基于投入产出不同权重，构建一般均衡有效前沿面模型，评价煤炭电力企业环境效率；最后，对中国上市煤炭企业环境效率进行分析，并在上市煤炭企业环境效率分析基础上，进一步分析影响煤炭企业环境效率的因素。

1.4 研究框架

本书的研究对象主要为中国区域整体环境效率、中国区域工业环境效率、中国区域交通运输环境效率、中国区域煤炭电力环境效率。根据研究的不同系统结构及应用背景，本书的研究框架如图 1.1 所示。

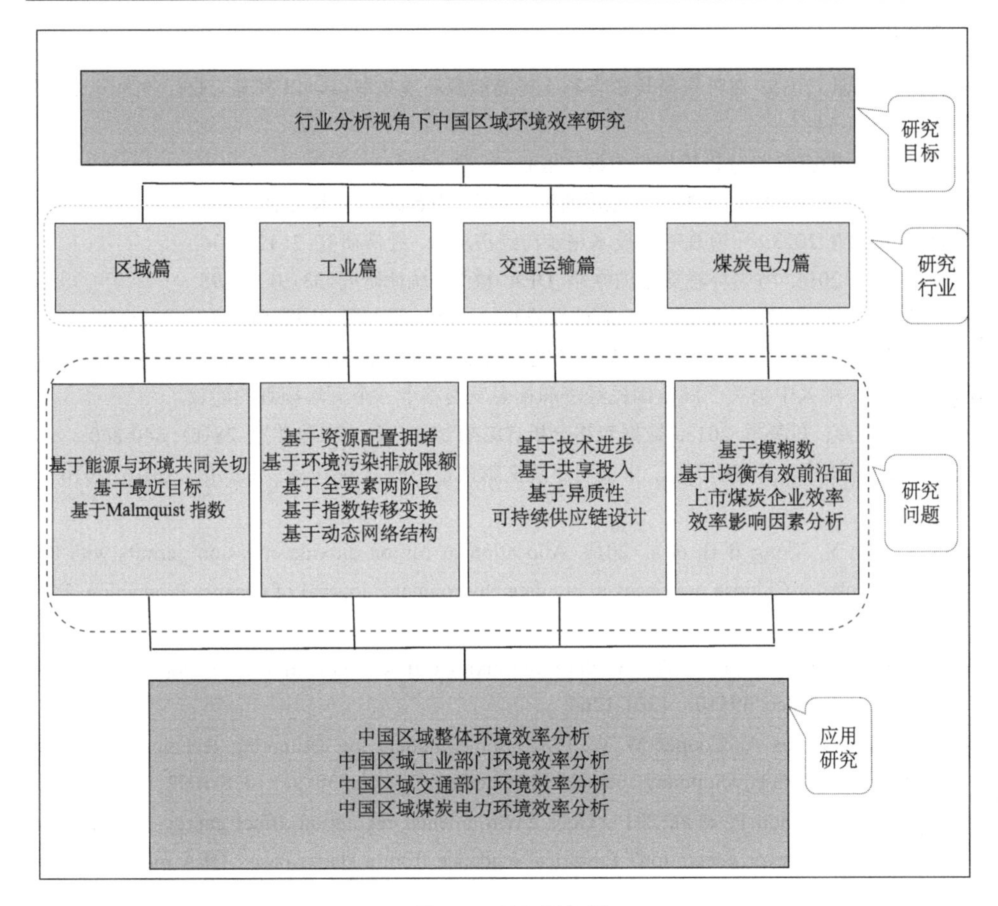

图 1.1 研究框架图

参 考 文 献

安庆贤, 陈晓红, 余亚飞, 等. 2017. 基于 DEA 的两阶段系统中间产品公平设定研究. 管理科学学报, 20(1): 32.

毕功兵, 冯晨鹏, 丁晶晶. 2011. 考虑环境属性约束的平行结构DEA模型. 中国管理科学, 19(5): 79-86.

卞亦文. 2012. 非合作博弈两阶段生产系统的环境效率评价. 管理科学学报, 15(7): 11-19.

陈磊, 王应明, 王亮. 2016. 两阶段 DEA 分析框架下的环境效率测度与分解. 系统工程理论与实践, 36(3): 642-649.

丁晶晶, 毕功兵, 梁樑. 2013. 并联系统资源和目标配置双准则DEA模型. 管理科学学报, 16(1): 10-21.

杜鹃, 霍佳震. 2014. 基于数据包络分析的中国城市创新能力评价. 中国管理科学, 22(6): 85-93.

李静, 彭翡翠, 黄丹丹. 2014. 基于并行 DEA 模型的中国工业节能减排效率研究. 工业技术经济, 33(5): 145-152.
林伯强, 刘泓汛. 2015. 对外贸易是否有利于提高能源环境效率——以中国工业行业为例. 经济研究, 9: 127-141.
马占新. 2010. 数据包络分析模型与方法. 北京: 科学出版社.
石晓. 2016. 网络 DEA 理论方法与应用研究. 合肥: 中国科学技术大学.
宋马林, 王舒鸿. 2013. 环境规制、技术进步与经济增长. 经济研究, 3: 122-134.
王维国, 刘丰. 2016. 考虑环境变量的网络 DEA 模型. 统计研究, 33(9): 86-95.
吴冲, 高巍, 王栋. 2007. 企业知识整合有效性的DEA分析. 第九届中国管理科学学术年会论文集.
吴华清, 李静, 杨锋, 等. 2010. 投入变量缺失系统DEA效率评价. 运筹与管理, 19(6): 129-133.
新华社. 2015. 中共中央关于制定国民经济和社会发展第十三个五年规划的建议.
杨国梁, 刘文斌, 郑海军. 2013. 数据包络分析(DEA)综述. 系统工程学报, 28(6): 840-860.
中国科学院科技战略咨询研究院, 中国科学院文献情报中心, Clarivate Analytics. 2016. 2016研究前沿.
An Q X, Wen Y, Xiong B B, et al. 2017. Allocation of carbon dioxide emission permits with the minimum cost for Chinese provinces in big data environment. Journal of Cleaner Production, 142: 886-893.
Andersen P, Petersen N C. 1993. A procedure for ranking efficient units in data envelopment analysis. Management Science, 39(10): 1261-1264.
Banker R D, Charnes A, Cooper W W. 1984. Some models for estimating technical and scale inefficiencies in data envelopment analysis. Management Science, 30(9): 1078-1092.
Bi G B, Song W, Zhou P, et al. 2014. Does environmental regulation affect energy efficiency in China's thermal power generation? Empirical evidence from a slacks-based DEA model. Energy Policy, 66: 537-546.
Bian Y W, Liang N, Xu H. 2015. Efficiency evaluation of Chinese regional industrial systems with undesirable factors using a two-stage slacks-based measure approach. Journal of Cleaner Production, 87: 348-356.
Bian Y W, Yan S, Xu H. 2014. Efficiency evaluation for regional urban water use and wastewater decontamination systems in China: A DEA approach. Resources, Conservation and Recycling, 83: 15-23.
Boudreau J W. 2004. 50th Anniversary Article: Organizational behavior, strategy, performance, and design in management science. Management Science, 50(11): 1463-1476.
Boyd G A, Tolley G, Pang J. 2002. Plant level productivity, efficiency, and environmental performance of the container glass industry. Environmental and Resource Economics, 23(1): 29-43.
Charnes A, Cooper W W, Rhodes E. 1978. Measuring the efficiency of decision making units. European Journal of Operational Research, 2(6): 429-444.
Chen C, Zhu J, Yu J Y, et al. 2012. A new methodology for evaluating sustainable product design performance with two-stage network data envelopment analysis. European Journal of Operational

Research, 221 (2): 348-359.

Chen K, Zhu J. 2018. Scale efficiency in two-stage network DEA. Journal of the Operational Research Society, 70 (1): 1-10.

Chen L, Jia G. 2017. Environmental efficiency analysis of China's regional industry: a data envelopment analysis (DEA) based approach. Journal of Cleaner Production, 142: 846-853.

Chu J F, Wu J, Zhu Q Y, et al. 2019. Analysis of China's regional eco-efficiency: a DEA two-stage network approach with equitable efficiency decomposition. Computational Economics, 54: 1263-1285.

Chung Y H, Färe R, Grosskopf S. 1997. Productivity and undesirable outputs: a directional distance function approach. Journal of Environmental Management, 51 (3): 229-240.

Coelli T J, Rao D S P, O'Donnell C J, et al. 2005. An Introduction to Efficiency and Productivity Analysis. Springer Science Business Media.

Cui Q, Li Y. 2014. The evaluation of transportation energy efficiency: An application of three-stage virtual frontier DEA. Transportation Research Part D: Transport and Environment, 29: 1-11.

Dyckhoff H, Allen K. 2001. Measuring ecological efficiency with data envelopment analysis (DEA). European Journal of Operational Research, 132 (2): 312-325.

Färe R, Grosskopf S, Lovell C K, et al. 1989. Multilateral productivity comparisons when some outputs are undesirable: a nonparametric approach. The Review of Economics and Statistics, 71 (1): 90-98.

Färe R, Grosskopf S, Lovell C K, et al. 1993. Derivation of shadow prices for undesirable outputs: a distance function approach. The Review of Economics and Statistics, 75 (2): 374-380.

Glucker A N, Driessen P P, Kolhoff A, et al. 2013. Public participation in environmental impact assessment: why, who and how. Environmental Impact Assessment Review, 43: 104-111.

Gong Y, Zhu J, Chen Y, et al. 2018. DEA as a tool for auditing: Application to Chinese manufacturing industry with parallel network structures. Annals of Operations Research, 263 (1-2): 247-269.

Halkos G E, Tzeremes N G. 2013. A conditional directional distance function approach for measuring regional environmental efficiency: Evidence from UK regions. European Journal of Operational Research, 227 (1): 182-189.

Halkos G E, Tzeremes N G, Kourtzidis S A. 2015. Regional sustainability efficiency index in Europe: an additive two-stage DEA approach. Operational Research, 15 (1): 1-23.

Herrera-Restrepo O, Triantis K, Trainor J, et al. 2016. A multi-perspective dynamic network performance efficiency measurement of an evacuation: A dynamic network-DEA approach. Omega, 60: 45-59.

Huang J H, Yang X G, Cheng G, et al. 2014. A comprehensive eco-efficiency model and dynamics of regional eco-efficiency in China. Journal of Cleaner Production, 67: 228-238.

International Energy Agency (IEA). 2011. CO_2 Emissions from Fuel Combustion Highlights, Cancún Mexico.

Jiang Y. 2015. China's water security: Current status, emerging challenges and future prospects. Environmental Science Policy, 54: 106-125.

Kao C, Hwang S N. 2008. Efficiency decomposition in two-stage data envelopment analysis: An application to non-life insurance companies in Taiwan. European Journal of Operational Research, 185(1): 418-429.

Li Y J, Shi X, Emrouznejad A, et al. 2018. Environmental performance evaluation of Chinese industrial systems: a network SBM approach. Journal of the Operational Research Society, 69(6): 825-839.

Liu X H, Wu J. 2017. Energy and environmental efficiency analysis of China's regional transportation sectors: a slack-based DEA approach. Energy Systems, 8(4): 747-759.

Lozano S. 2017. Technical and environmental efficiency of a two-stage production and abatement system. Annals of Operations Research, 255(1-2): 199-219.

Mirhedayatian S M, Azadi M, Saen R F. 2014. A novel network data envelopment analysis model for evaluating green supply chain management. International Journal of Production Economics, 147: 544-554.

Picazo-Tadeo A J, Beltrán-Esteve M, Gómez-Limón J A. 2012. Assessing eco-efficiency with directional distance functions. European Journal of Operational Research, 220(3): 798-809.

Seiford L M, Zhu J. 2005. A response to comments on modeling undesirable factors in efficiency evaluation. European Journal of Operational Research, 2(161): 579-581.

Shi X. 2016. Environmental efficiency analysis based on relational two-stage DEA model. RAIRO-Operations Research, 50(4-5): 965-977.

Song M L, An Q X, Zhang W, et al. 2012. Environmental efficiency evaluation based on data envelopment analysis: A review. Renewable and Sustainable Energy Reviews, 16(7): 4465-4469.

Song M L, Guan Y. 2014. The environmental efficiency of Wanjiang demonstration area: A Bayesian estimation approach. Ecological Indicators, 36: 59-67.

Song M L, Peng J, Wang J L, et al. 2018. Environmental efficiency and economic growth of China: a Ray slack-based model analysis. European Journal of Operational Research, 269(1): 51-63.

Song M L, Zhang J, Wang S H. 2015. Review of the network environmental efficiencies of listed petroleum enterprises in China. Renewable and Sustainable Energy Reviews, 43: 65-71.

Sueyoshi T, Yuan Y, Li A, et al. 2017. Methodological comparison among radial, non-radial and intermediate approaches for DEA environmental assessment. Energy Economics, 67: 439-453.

Wang C H, Gopal R D, Zionts S. 1997. Use of data envelopment analysis in assessing information technology impact on firm performance. Annals of Operations Research, 73: 191-213.

Wang K, Lu B, Wei Y M. 2013. China's regional energy and environmental efficiency: A Range-Adjusted Measure based analysis. Applied Energy, 112: 1403-1415.

Wang Q W, Su B, Zhou P, et al. 2016. Measuring total-factor CO_2 emission performance and technology gaps using a non-radial directional distance function: A modified approach. Energy Economics, 56: 475-482.

Wu J, An Q X, Xiong B B, et al. 2013. Congestion measurement for regional industries in China: A data envelopment analysis approach with undesirable outputs. Energy Policy, 57: 7-13.

Wu J, An Q X, Yao X, et al. 2014. Environmental efficiency evaluation of industry in China based on a new fixed sum undesirable output data envelopment analysis. Journal of Cleaner Production, 74: 96-104.

Wu J, Yin P Z, Sun J, et al. 2016b. Evaluating the environmental efficiency of a two-stage system with undesired outputs by a DEA approach: An interest preference perspective. European Journal of Operational Research, 254(3): 1047-1062.

Wu J, Zhu Q Y, Chu J F, et al. 2015. Two-stage network structures with undesirable intermediate outputs reused: A DEA based approach. Computational Economics, 46(3): 455-477.

Wu J, Zhu Q Y, Chu J F, et al. 2016a. Measuring energy and environmental efficiency of transportation systems in China based on a parallel DEA approach. Transportation Research Part D: Transport and Environment, 48: 460-472.

Yang L, Ouyang H, Fang K, et al. 2015. Evaluation of regional environmental efficiencies in China based on super-efficiency-DEA. Ecological Indicators, 51: 13-19.

Zhou G, Chung W, Zhang X. 2013. A study of carbon dioxide emissions performance of China's transport sector. Energy, 50: 302-314.

Zhou P, Ang B W, Poh K L. 2006. Slacks-based efficiency measures for modeling environmental performance. Ecological Economics, 60(1): 111-118.

Zhou X, Xu Z, Yao L, et al. 2018. A novel Data Envelopment Analysis model for evaluating industrial production and environmental management system. Journal of Cleaner Production, 170: 773-788.

第2章　数据包络分析(DEA)基本理论

本章主要介绍环境绩效评价相关的基础知识，具体包括数据包络分析(data envelopment analysis，DEA)的基本概念、基本模型以及环境绩效评价的基本概念。

2.1　DEA 概述

DEA 是一个运筹学与数理经济学的交叉研究领域。它是根据多项投入指标和多项产出指标，利用线性规划的方法，对具有可比性的同类型决策单元进行相对有效性评价的一种非参数分析方法。DEA 方法自 1978 年由美国著名运筹学家 Charnes 和 Cooper 等提出以来，已广泛应用于不同行业，比如医院、高校、银行和企业等。

DEA 作为一种非参数绩效评估方法，其不需要对生产函数形式进行预先估计或假定，从而避免了各种主观因素的影响。DEA 评价的是决策单元之间的相对效率(产出与投入之间的加权和之比)，较之于其他方法，DEA 方法在处理多投入多产出系统的效率评价问题方面具有绝对优势，其不仅可以用线性规划来判断决策单元对应的点是否位于有效生产前沿面上，而且可以得到很多有价值的管理信息。比如，通过横向的比较，可以测算出决策单元的效率表现情况，找出决策单元无效或者低效的原因从而给出无效决策单元的标杆以指导未来的发展方向；通过纵向研究可以得出生产力水平、技术进步等信息。与另一个效率评估方法——随机前沿分析方法(stochastic frontier approach，SFA)相比，其在处理具有多投入指标和多产出指标系统绩效评估方面有得天独厚的优势。

2.2　DEA 的基本概念

1. 决策单元(decision making unit，DMU)

在现实生产和服务活动中经常遇到这样的管理问题：一段时间后需要对同类的部门或人员进行排序或绩效评价，其中被评估的每个部门或人员被称为决策单元(DMU)。由此可知，评估中的决策单元可以是一个将投入转化为产出的实体，如高校、企业、医院、银行等。在活动中需要消耗的人、财、物称为投入(输入)指标；在活动中表明活动成效的变量称为产出(输出)指标。例如，对某地区同类空调生产企业的经营效益进行评价，每个企业就是一个决策单元；企业的人员、固定资产投资等则是投入指标；企业的空调产量、空调质量等则为产出指标。

基本的 DEA 模型在进行效率评估时，要求决策单元具有同质性，即各个决策单元处于相同的外部环境、具有相同的目标和任务以及具有相同的投入和产出指标。如果决策单元不满足同质性，则需要经过一定处理才能使用 DEA 模型进行绩效评估，相关研究可以参考 Cook 等(2013)和 Imanirad 等(2015)。

2. 生产可能集(production possibility set，PPS)

假定有 n 个被评估对象，其中每个被评估对象为决策单元 DMU。每个决策单元使用 m 种投入生产出 s 种产出且具有相同的环境和任务。假设 $X_j=(x_{1j},\cdots,x_{mj})^{\mathrm{T}}$ 和 $Y_j=(y_{1j},\cdots,y_{sj})^{\mathrm{T}}$ 分别为 $\mathrm{DMU}_j(j=1,\cdots,n)$ 的投入向量和产出向量；$X_j\geqslant 0$，$Y_j\geqslant 0$，$j=1,\cdots,n$，即投入或产出指标的值大于等于 0，且至少有一个指标是正的。此外，x_{ij} 表示第 j 个决策单元的第 i 项投入，y_{rj} 表示第 j 个决策单元的第 r 项产出，则可以用如下集合 T 表示所有生产活动构成的集合为生产可能集 PPS，即

$$T=\{(X,Y):\text{投入}X\text{ 可以生产出}Y\} \tag{2.1}$$

3. 公理体系

根据魏权龄(2004)，可知 DEA 方法主要依赖于以下公理体系：

公理 2.1　对于一个实际生产 (X_j,Y_j)，投入向量 $X_j=(x_{1j},\cdots,x_{mj})^{\mathrm{T}}$ 和产出向量 $Y_j=(y_{1j},\cdots,y_{sj})^{\mathrm{T}}$，这个活动理所当然是一种可行的生产活动。

公理 2.2　对于生产可能集中的任意两个生产活动，$(X,Y)\in T$ 和 $(\hat{X},\hat{Y})\in T$，以及任意 $\alpha\in[0,1]$，均存在 $\alpha(X,Y)+(1-\alpha)(\hat{X},\hat{Y})=(\alpha X+(1-\alpha)\hat{X},\alpha Y+(1-\alpha)\hat{Y})\in T$。

公理 2.3　相对于生产可能集的某一生产活动 $(X,Y)\in T$，如果任意一个生产活动 $(\hat{X},\hat{Y})$ 满足 $\hat{X}\geqslant X$ 和 $\hat{Y}\leqslant Y$，则其在生产可能集中，即 $(\hat{X},\hat{Y})\in T$。

公理 2.4a　对于生产可能集的任意一个生产活动 $(X,Y)\in T$ 和任意 $\alpha\in[0,+\infty)$，则有 $\alpha(X,Y)=(\alpha X,\alpha Y)\in T$。

公理 2.4b　对于生产可能集的任意一个生产活动 $(X,Y)\in T$ 和任意 $\alpha\in[0,1]$，则有 $\alpha(X,Y)=(\alpha X,\alpha Y)\in T$。

公理 2.4c　对于生产可能集的任意一个生产活动 $(X,Y)\in T$ 和任意 $\alpha\in[1,+\infty)$，则有 $\alpha(X,Y)=(\alpha X,\alpha Y)\in T$。

根据魏权龄(2004)的定义，公理 2.1 称为平凡公理，公理 2.2 称为凸性公理，

公理 2.3 称为无效性公理，公理 2.4a 称为锥性公理，公理 2.4b 称为收缩性公理，公理 2.4c 称为扩张性公理。其中公理 2.3 的含义是以较多的投入总是可以生产出较少的产出；公理 2.4a 的含义是在投入增加(或减少)到多倍时，可以生产的产出也可以增加(或减少)到相同倍数；公理 2.4b 的含义是在投入减少到某个比例时，产出也可以减少到相同的比例；公理 2.4c 的含义是在投入增加到某个倍数时，产出也可以增加到相同的倍数。

由于不同的生产可能集所代表的生产活动不同，在对决策单元的绩效评估中，需要结合实际应用背景选择合适的生产可能集。通过上述公理的含义，可以知道：满足公理 2.1、2.2、2.3 条件下的生产可能集为规模报酬可变的生产可能集；满足公理 2.1、2.2、2.3、2.4a 条件下的生产可能集为规模报酬不变的生产可能集；满足公理 2.1、2.2、2.3、2.4b 条件下的生产可能集为规模报酬非增的生产可能集；满足公理 2.1、2.2、2.3、2.4c 条件下的生产可能集为规模报酬非减的生产可能集。各生产可能集表达式具体如下：

生产规模报酬可变的生产可能集为

$$T_{\mathrm{VRS}}=\left\{(X,Y):X_i\geqslant\sum_{j=1}^{n}\lambda_j x_{ij},i=1,\cdots,m;Y_r\leqslant\sum_{j=1}^{n}\lambda_j y_{rj},r=1,\cdots,s;\sum_{j=1}^{n}\lambda_j=1\right\} \tag{2.2}$$

生产规模报酬不变的生产可能集为

$$T_{\mathrm{CRS}}=\left\{(X,Y):X_i\geqslant\sum_{j=1}^{n}\lambda_j x_{ij},i=1,\cdots,m;Y_r\leqslant\sum_{j=1}^{n}\lambda_j y_{rj},r=1,\cdots,s\right\} \tag{2.3}$$

生产规模报酬非增的生产可能集为

$$T_{\mathrm{NIRS}}=\left\{(X,Y):X_i\geqslant\sum_{j=1}^{n}\lambda_j x_{ij},i=1,\cdots,m;Y_r\leqslant\sum_{j=1}^{n}\lambda_j y_{rj},r=1,\cdots,s;\sum_{j=1}^{n}\lambda_j\leqslant 1\right\} \tag{2.4}$$

生产规模报酬非减的生产可能集为

$$T_{\mathrm{NDRS}}=\left\{(X,Y):X_i\geqslant\sum_{j=1}^{n}\lambda_j x_{ij},i=1,\cdots,m;Y_r\leqslant\sum_{j=1}^{n}\lambda_j y_{rj},r=1,\cdots,s;\sum_{j=1}^{n}\lambda_j\geqslant 1\right\} \tag{2.5}$$

4. 生产前沿面(production frontier，PF)

生产可能集中所有有效点构成的曲面被称为生产前沿面。它表示生产可能集保持现有的投入获得的最大的产出或保持现有的产出消耗最小投入的边界。因此，生产前沿面上的点对应的投入和产出组合为最优的。根据魏权龄(2004)，有效生产前沿面的定义为：

定义 2.1 假设 $\omega\geqslant 0$，$\mu\geqslant 0$，$L=\left\{(X,Y)|\omega^{\mathrm{T}}X-\mu^{\mathrm{T}}Y=0\right\}$ 满足 $T\subset\left\{(X,Y)|\omega^{\mathrm{T}}\right.$

$X-\mu^{T}Y\geqslant 0\}$ 且 $L\cap T\neq\phi$，则生产可能集 T 的弱有效面为 L，而相对应的弱生产前沿面为 $L\cap T$。特别地，若 $\omega\geqslant 0$，$\mu\geqslant 0$，则称 L 为 T 的有效面，生产可能集 T 的生产前沿面为 $L\cap T$。

5. 效率

单投入、单产出的决策单元的绩效评估一般通过产出与投入的比例表示，对于多投入、多产出的决策单元，其绩效为产出的加权求和值与投入的加权求和值的比例。需要说明一点的是，本书在没有特别说明的情况下，所提的效率是指通过 DEA 模型求解所得的决策单元的相对效率值，其表示为被评估 DMU 实际产生水平与前沿产出水平的比值。如果被评估 DMU 在生产前沿面上，那么其是有效的；否则，其为无效决策单元。

2.3　DEA 的基本模型

本小节将介绍 DEA 方法的两个最基本模型：一个是 CCR 模型，另一个是 BCC 模型。前者由著名的运筹学家 Charnes、Cooper 和 Rhodes 等于 1978 年提出，是最早的 DEA 模型，根据三位作者的姓氏首字母，该模型被命名为 CCR 模型。

假设有 n 个被评估的决策单元，每个 DMU 使用同种类型的投入产生同种类型的产出。$X_j=(x_{1j},\cdots,x_{mj})^{\mathrm{T}}$ 和 $Y_j=(y_{1j},\cdots,y_{sj})^{\mathrm{T}}$ 分别为 DMU_j 的投入向量和产出向量。每个决策单元的绩效(效率)为加权产出值与加权投入值的比值，被评估决策单元记为 DMU_0。CCR 模型表示如下：

$$\begin{aligned}
&\mathrm{Max}\frac{\sum_{r=1}^{s}u_r y_{r0}}{\sum_{i=1}^{m}w_i x_{i0}}\\
&\text{s.t.}\quad \frac{\sum_{r=1}^{s}u_r y_{rj}}{\sum_{i=1}^{m}w_i x_{ij}}\leqslant 1,\\
&\qquad u_r\geqslant 0, r=1,\cdots,s,\\
&\qquad w_i\geqslant 0, i=1,\cdots,m.
\end{aligned}\tag{2.6}$$

通过 Charnes-Cooper 变换，令 $t=\dfrac{\sum_{r=1}^{s}u_r y_{r0}}{\sum_{i=1}^{m}w_i x_{i0}}$， $\mu=tu$， $\omega=tw$，模型(2.6)可以转变为如下线性规划。

$$
\begin{aligned}
&\operatorname{Max}\sum_{r=1}^{s}\mu_r y_{r0} \\
\text{s.t. } &\sum_{r=1}^{s}\mu_r y_{rj}-\sum_{i=1}^{m}\omega_i x_{ij}\leqslant 0, \\
&\sum_{i=1}^{m}\omega_i x_{i0}=1, \\
&\mu_r\geqslant 0, r=1,\cdots,s, \\
&\omega_i\geqslant 0, i=1,\cdots,m.
\end{aligned}
\tag{2.7}
$$

由于该模型是乘数形式，称上述模型为乘数形式的 CCR 模型。

定义 2.2 若模型(2.7)的最优值为 1，则被评价决策单元 DMU_0 为有效的；如果最优值小于 1，则被评价决策单元 DMU_0 为非有效的。

模型(2.7)的对偶模型为

$$
\begin{aligned}
&\operatorname{Min}\theta \\
\text{s.t. } &\sum_{j=1}^{n}\lambda_j x_{ij}\leqslant \theta x_{i0}, i=1,\cdots,m, \\
&\sum_{j=1}^{n}\lambda_j y_{rj}\geqslant y_{r0}, r=1,\cdots,s, \\
&\lambda_j\geqslant 0, j=1,\cdots,n.
\end{aligned}
\tag{2.8}
$$

由于该模型对应于生产的包络结构，将上述模型称为包络形式的 CCR 模型。

定义 2.3 若模型(2.8)的最优值为 1，则被评价决策单元 DMU_0 为有效的；如果最优值小于 1，则被评价决策单元 DMU_0 为非有效的。

根据 2.1 节描述的 DEA 基本概念，可知 CCR 模型是基于规模报酬不变的假设。1984 年 Banker、Charnes 和 Cooper 在 CCR 模型基础上给出了基于规模报酬可变假设下的 DEA 模型，简称 BCC 模型。

$$
\begin{aligned}
&\text{Min}\theta \\
\text{s.t.}\ &\sum_{j=1}^{n}\lambda_j x_{ij} \leqslant \theta x_{i0}, i=1,\cdots,m, \\
&\sum_{j=1}^{n}\lambda_j y_{rj} \geqslant y_{r0}, r=1,\cdots,s, \\
&\sum_{j=1}^{n}\lambda_j = 1, \\
&\lambda_j \geqslant 0, j=1,\cdots,n.
\end{aligned} \tag{2.9}
$$

类似地，称上述模型为包络形式的 BCC 模型，其对偶模型如下：

$$
\begin{aligned}
&\text{Max}\sum_{r=1}^{s}\mu_r y_{r0} - \mu_0 \\
\text{s.t.}\ &\sum_{r=1}^{s}\mu_r y_{rj} - \sum_{i=1}^{m}\omega_i x_{ij} - \mu_0 \leqslant 0, \\
&\sum_{i=1}^{m}\omega_i x_{i0} = 1, \\
&\mu_r \geqslant 0, r=1,\cdots,s; \\
&\omega_i \geqslant 0, i=1,\cdots,m
\end{aligned} \tag{2.10}
$$

模型(2.10)称为乘数形式的 BCC 模型。

2.4　环境绩效的基本概念

1. 环境绩效

传统 DEA 模型在评价决策单元时往往只考虑人力、资金、消耗物质等投入指标和产量、收益、利润等产出指标。这些产出指标都是希望越大越好，因此也称为期望的产出。但是生产过程中除了生产各种产品和服务等期望产出外，也可能产生二氧化碳、二氧化硫、废水、固体废物排放等希望越少越好的产出，我们把这类指标定义为非期望产出。例如，在对造纸厂进行环境绩效评估时，不仅需要考虑纸产量期望产出，也需要考虑废水排放量这类非期望产出。

由于在环境绩效评价中存在非期望的产出，我们不能简单地使用传统 DEA 进行绩效评估，必须考虑新的处理方法评估环境绩效。学者们将这种同时考虑投入、期望产出和环境因素类非期望产出的系统绩效通常称为环境绩效，而相应的评价称为环境绩效评价(Zhou et al.，2008；Sueyoshi et al.，2017)。

2. 强可处置性和弱可处置性

强可处置性包括投入的强可处置性和产出的强可处置性。

投入的强可处置性：如果新投入X'相对于原投入X增加或非减，$X' \geqslant X$，则形成的新产出集包含原产出集，也就是说产出不会减少，即$P(X) \subseteq P(X')$。

产出的强可处置性：保持投入X不变的情况下，对于所有现有产出$Y \in P(X)$按照任意方向进行减少（即减少部分或全部产出），减少后的产出Y'都是可行的。即对于$0 \leqslant Y' \leqslant Y$，有$Y' \in P(X)$。

弱可处置性包括投入的弱可处置性和产出的弱可处置性。

投入的弱可处置性：如果所有的投入X以相同的比例增加为βX，$\beta \geqslant 1$，则形成的新产出集包含原产出集，即$P(X) \subseteq P(\beta X)$。

产出的弱可处置性：保持投入X不变的情况下，对于所有当前产出Y，$Y \in P(X)$按照比例$0 \leqslant \theta \leqslant 1$减少后仍能保持可行，即$\theta Y \in P(X)$。

根据上述定义可知，在投入强可处置下，投入的增加不会带来产出的减少；而在投入的弱可处置下，投入的增加有可能带来产出的减少。

3. 考虑环境因素的生产可能集

假设生产过程中既生产了期望产出，也生产了非期望产出，$X_j = (x_{1j}, \cdots, x_{mj})^{\mathrm{T}}$、$U_j = (u_{1j}, \cdots, u_{bj})^{\mathrm{T}}$和$Y_j = (y_{1j}, \cdots, y_{sj})^{\mathrm{T}}$分别代表$\mathrm{DMU}_j (j = 1, \cdots, n)$的投入向量、非期望产出向量和期望产出向量，相应的生产可能集描述如下：

$$T = \left\{ (X, Y, U) : X\text{可以生产出}(Y, U) \right\} \tag{2.11}$$

根据上述弱可处置性及强可处置性定义，对于考虑环境因素的系统，假设(X,Y,U)在生产可能集中，即$(X,Y,U) \in T$，对于任何Y'，如果$Y' \leqslant Y$，$U' \geqslant U$，则$(X,Y',U') \in T$，那么该产出是强可处置的。如果对于任意$\mu \in [0,1]$，满足$(X, \mu Y, \mu U) \in T$，那么该产出是弱可处置的。

4. 非期望产出的常用处理方法

非期望产出的处理方法是指 DEA 评价模型中如何处理非期望产出。只有模型能同时考虑到期望指标（如经济指标）和非期望指标（如污染指标），才能更加客观地评价决策单元的环境绩效。DEA 模型中处理非期望产出的第一个工作由 Färe 等于 1989 年提出，在此项工作之后，众多学者对其进行了拓展，并提出了新的非期望产出处理方法。根据现有 DEA 文献提出的关于非期望产出的处理方法，可以将其分为直接处理方法和间接处理方法两大类。

1) 直接处理方法

非期望产出的直接处理方法可以进一步分为四小类。

第一类直接处理方法是基于弱可处置假设的非期望产出处理办法。在这个假设下，非期望产出是弱可自由处理的，期望产出是强可自由处理的。基于 Färe 等(2004)，在非期望产出弱可处置下的生产技术满足条件：

$$\begin{aligned}&\text{对于任意一个生产过程}(X,Y,U)\in T\text{ 和 }0\leqslant\theta\leqslant 1\text{，那么}(X,\theta Y,\theta U)\in T\\&\text{对于任意一个生产过程}(X,Y,U)\in T\text{，如果}U=0\text{，那么}Y=0\end{aligned}\tag{2.12}$$

第二类直接处理方法是基于 Russell 测度的非期望产出处理方法：

$$D_T(X,Y,U)=\text{Inf}\left\{f(\theta_i,\phi_r,\phi_k):(\theta_i X,\phi_r Y,\phi_k U)\in T\right\}\tag{2.13}$$

第三类直接处理方法是基于松弛量的非期望产出处理方法：

$$D_T(X,Y,U)=\text{Inf}\left\{f(s^-,s^+,s^{--}):(X-s^-,Y+s^+,U-s^{--})\in T\right\}\tag{2.14}$$

第四类直接处理方法是基于方向距离函数(DDF)的处理方法：

$$D_T(X,Y,U,g)=\sup\left\{\beta:(X-\beta g_X,Y+\beta g_Y,U-\beta g_U)\in T\right\}\tag{2.15}$$

2) 间接处理方法

第一种间接处理方法是将非期望产出当成期望投入处理(Liu and Sharp，1999)。该方法的出发点在于一个有效 DMU 总是希望自己的投入越少，期望产出越大，而非期望产出越小。由于简洁清晰，此方法被广泛运用到绩效评估中(Bian and Yang, 2010；Shi et al., 2010)，其缺点是改变了生产的物理投入产出关系。

第二种间接处理方法是首先对非期望产出指标进行数据转换，然后采用根据转换后的数据通过传统 DEA 模型获得环境效率。例如，Scheel(2001)、Seiford 和 Zhu(2002)采用了线性单调递减变化方法，将足够大的正标量 β 加到非期望产出的相反数中，使得变化后的指标值为正，即，$f(U)=-U+\beta$。Golany 和 Roll(1989)采用了非线性单调递减的数据转换方法，即，$f(U)=1/U$。它通过单调递减函数 f 将非期望产出转换为期望产出。

上述多种非期望产出的处理方法具有各自的优势和不足，选择哪种非期望产出处理方法需要根据具体的研究问题和背景决定。

参考文献

魏权龄. 2004. 数据包络分析. 北京：科学出版社.

Banker R D, Charnes A, Cooper W W. 1984. Some models for estimating technical and scale inefficiencies in data envelopment analysis. Management Science, 30(9): 1078-1092.

Bian Y W, Yang F. 2010. Resource and environment efficiency analysis of provinces in China: A DEA approach based on Shannon's entropy. Energy Policy, 38(4): 1909-1917.

Charnes A, Cooper W W, Rhodes E. 1978. Measuring the efficiency of decision making units. European Journal of Operational Research, 2(6): 429-444.

Cook W D, Harrison J, Imanirad R, et al. 2013. Data envelopment analysis with nonhomogeneous DMUs. Operations Research, 61(3): 666-676.

Färe R, Grosskopf S. 2006. New directions: efficiency and productivity. Springer Science & Business Media, 3.

Färe R, Grosskopf S, Lovell C K, et al. 1989. Multilateral productivity comparisons when some outputs are undesirable: a nonparametric approach. The Review of Economics and Statistics, 90-98.

Golany B, Roll Y. 1989. An Application Procedure for DEA. Omega, 1(3): 237-250.

Imanirad R, Cook W D, Aviles-Sacoto S V, et al. 2015. Partial input to output impacts in DEA: The case of DMU-specific impacts. European Journal of Operational Research, 244(3): 837-844.

Liu W B, Sharp J. 1999. "DEA Models via Goal Programming. " Data Envelopment Analysis in the Service Sector. Wiesbaden, Deutscher Universitätsverlag, 79-101.

Scheel H. 2001. Undesirable outputs in efficiency valuations. European Journal of Operational Research, 132(2): 400-410.

Seiford L M, Zhu J. 2002. Modeling undesirable factors in efficiency evaluation. European Journal of Operational Research, 142(1): 16-20.

Shi G M, Bi J, Wang J N. 2010. Chinese regional industrial energy efficiency evaluation based on a DEA model of fixing non-energy inputs. Energy Policy, 3(10): 6172-6179.

Sueyoshi T, Yuan Y, Li A, et al. 2017. Methodological comparison among radial, non-radial and intermediate approaches for DEA environmental assessment. Energy Economics, 67: 439-453.

Zhou P, Ang B W, Poh K L. 2008. A survey of data envelopment analysis in energy and environmental studies. European Journal of Operational Research, 189(1): 1-18.

第二部分

区域环境整体效率分析篇

第 3 章　中国城市群环境效率研究

3.1　问题的提出

中国经济以粗放型增长方式使得 GDP 获得飞速增长，但同时也产生了严重的环境污染与资源浪费问题。2008～2017 年，中国能源消耗总量逐年上升，从 29.1 亿 t 标准煤升至 44.9 亿 t 标准煤，成为了世界上最大的能源消费国。环境污染也日益严重，中国大部分城市深受雾霾困扰，2017 年全国 338 个地级及以上城市中，仅 29%的城市环境空气质量达标了。2017 年中国整体的工业废气排放量已高达 83.86 万亿 m^3，其中，CO_2 排放量达到 1749 万 t，氮氧化物的排放量达到 1741 万 t，烟(粉)尘的排放量为 1503 万 t。2017 年中国废水排放量达到 777.4 亿 t，同比增长 2.03%，其中城市生活污水占中国废水排放总量的 76.48%，相比 2016 年增长 5.07%。以上数据显示出中国能源问题和环境问题严峻，已经成为影响中国经济社会可持续发展的重要阻碍，中国节能减排事业还需要不断努力。

为了贯彻绿色可持续发展理论，缓解环境问题，发展过程中就必须尽可能使用较少的能源投入获得较多的经济产出，同时控制环境污染即非期望产出的量。要想实现能源消费改革、环境污染治理，就需要正确评价当前中国城市能源环境效率。

3.2　考虑公众关切的能源环境效率评价模型构建

假设存在 n 个 DMU，定义第 j 个 DMU 为 DMU_j，每个 DMU 都使用 m 种投入 $X=\left(x_1,x_2,\cdots,x_m\right)$，得到 s 种期望产出 $Y=\left(y_1,y_2,\cdots,y_s\right)$ 和 k 种非期望产出 $B=\left(b_1,b_2,\cdots,b_k\right)$，那么相对应的生产技术可能集表示如下：

$$T=\left\{\left(X,Y,B\right):X\text{ 能生产出}\left(Y,B\right)\right\} \tag{3.1}$$

根据生产理论，生产技术可能集 T 具有封闭性、有界性和凸性三个特征，这意味着有限的输入只能产生有限的输出。此外，假定投入和期望产出是强可处置性的，依据 Färe 等(1989)和 Chung 等(1997)，对期望产出与非期望产出施加两条假设，如下所示：

(1)零结合性假设：如果 $\left(X,Y,B\right)\in T$ 且 $B=0$，那么 $Y=0$；

(2)弱可处置性假设：如果 $(X,Y,B)\in T$ 且 $0<\theta\leqslant 1$，那么 $(X,\theta Y,\theta B)\in T$ 零结

合性假设表明在实际生产过程中，非期望产出肯定伴随生产而存在，唯一能消除非期望产出的方法只有停止经济活动。弱可处置性假设表明不能只让非期望产出变少，但可以让期望产出和非期望产出都按比例减少。

然而，T并不能直接地运用于实证分析，因为它缺少确定的形式，通常的做法是使用 DEA 方法转化T(Oh and Lee，2010；Zhang et al.，2013)，本章将探索城市水平的能源环境效率，在 VRS 假设条件下重新构建了生产技术可能集，如公式(3.2)所示：

$$T=\left\{(X,Y,B)\middle|\sum_{j=1}^{n}\lambda_j X_j \leqslant X_j,\sum_{j=1}^{n}\lambda_j Y_j \geqslant Y_j,\right.$$
$$\left.\sum_{j=1}^{n}\lambda_j B_j = B_j,\sum_{j=1}^{n}\lambda_j = 1,\lambda_j \geqslant 0, j=1,2,\cdots,n\right\} \tag{3.2}$$

在上述公式中，λ是非负的强度变量，$\sum_{j=1}^{n}\lambda_j = 1$代表规模报酬可变的假设，即 VRS 条件，对非期望产出施加的约束条件以等式形式表现，使得生产满足弱可处置性与零结合性这两个假设。

接下来依据 DEA 理论和 DDF 模型的结合，就能够构建不同关切视角下的 DEA 评估模型，为了避免径向 DDF 模型中对减排效率的高估，本章采用了 Sun 等(2017)研究中所构建的非径向DDF模型。本章所构建的不同关切下的扩展DEA模型如下：

1. 环境产出关切模型(environmental concern model，ECM)

$$\begin{aligned}
&\text{Max}\left[\nu+\varepsilon(\alpha+\beta)\right]\\
&\text{s.t.} \sum_{j=1}^{n}\lambda_j x_{ij} \leqslant x_{i0}-\alpha x_{i0}, i=1,\cdots,m\\
&\sum_{j=1}^{n}\lambda_j y_{rj} \geqslant y_{r0}+\beta y_{r0}, r=1,\cdots,s\\
&\sum_{j=1}^{n}\lambda_j b_{tj} = b_{t0}-\nu b_{t0}, t=1,\cdots,k\\
&\sum_{j=1}^{n}\lambda_j = 1\\
&\lambda_j \geqslant 0, j=1,\cdots,n
\end{aligned} \tag{3.3}$$

下标 0 代表被评估的城市或区域，$\varepsilon > 0$代表小于任意正值并且大于 0 的值，即阿基米德无穷小量(在实际应用中，一般取值为10^{-6})，α、β和ν都是比例向量。上述模型中，我们只关切非期望产出，所以将它命名为环境产出关切模型，

通过模型(3.3)计算后，对于第i个城市，能源环境效率为

$$\theta_i = 1 - \nu_i - \varepsilon(\alpha_i + \beta_i) \tag{3.4}$$

2. 环境产出-投入关切模型(environmental-input concern model，EICM)

如果关切环境产出和投入，那么模型(3.3)中的目标函数就得改变，而且要预先设置权重偏好，本章为了简化分析和计算，将环境产出和投入的权重都设为1/2，然后构建环境产出-投入关切模型。

$$\begin{aligned}
&\text{Max}\left(\frac{1}{2}\nu + \frac{1}{2}\alpha + \varepsilon\beta\right) \\
&\text{s.t. } \sum_{j=1}^{n} \lambda_j x_{ij} \leqslant x_{i0} - \alpha x_{i0}, i = 1,\cdots,m \\
&\sum_{j=1}^{n} \lambda_j y_{rj} \geqslant y_{r0} + \beta y_{r0}, r = 1,\cdots,s \\
&\sum_{j=1}^{n} \lambda_j b_{tj} = b_{t0} - \nu b_{t0}, t = 1,\cdots,k \\
&\sum_{j=1}^{n} \lambda_j = 1 \\
&\lambda_j \geqslant 0, j = 1,\cdots,n
\end{aligned} \tag{3.5}$$

通过上述模型计算后，对于第i个城市，能源环境效率为

$$\theta_i = 1 - \frac{1}{2}\nu_i - \frac{1}{2}\alpha_i - \varepsilon\beta_i \tag{3.6}$$

3. 环境产出-部分投入关切模型(environmental-partial-input concern model，EpICM)

如果关切环境产出和其中某一种投入，比如说第m种投入，那么非径向DDF模型可以表示为

$$\begin{aligned}
&\text{Max}\left[\frac{1}{2}\nu + \frac{1}{2}\bar{\alpha} + \varepsilon(\alpha + \beta)\right] \\
&\text{s.t. } \sum_{j=1}^{n} \lambda_j x_{ij} \leqslant x_{i0} - \alpha x_{i0}, i = 1,\cdots,m-1 \\
&\sum_{j=1}^{n} \lambda_j x_{mj} \leqslant x_{m0} - \bar{\alpha} x_{m0}, i = m
\end{aligned}$$

$$\sum_{j=1}^{n}\lambda_j y_{rj} \geqslant y_{r0} + \beta y_{r0}, r = 1,\cdots,s$$

$$\sum_{j=1}^{n}\lambda_j b_{tj} = b_{t0} - \nu b_{t0}, t = 1,\cdots,k$$

$$\sum_{j=1}^{n}\lambda_j = 1$$

$$\lambda_j \geqslant 0, j = 1,\cdots,n \tag{3.7}$$

模型(3.7)被称作环境产出-部分投入关切模型，从本章来看，当第 m 种投入代表人均耗水时，将该模型命名为环境产出-水投入关切模型(environmental-partial-input(water) concern model，EpIwCM)；当第 m 种投入代表人均用电时，将该模型命名为环境产出-电投入关切模型(environmental-partial-input(electricity) concern model，EpIeCM)；当第 m 种投入代表人均耗气时，将该模型命名为环境产出-气投入关切模型(environmental-partial-input(gas) concern model，EpIgCM)。

在模型(3.7)计算下，对于第 i 个城市，能源环境效率为

$$\theta_i = 1 - \frac{1}{2}\nu - \frac{1}{2}\bar{\alpha} - \varepsilon(\alpha + \beta) \tag{3.8}$$

4. 投入关切模型(input concern model，ICM)

当只关切投入时，非径向 DDF 模型就可以表示为

$$\begin{aligned}
&\mathrm{Max}\left[\alpha + \varepsilon(\beta + \nu)\right] \\
&\text{s.t. } \sum_{j=1}^{n}\lambda_j x_{ij} \leqslant x_{i0} - \alpha x_{i0}, i = 1,\cdots,m \\
&\sum_{j=1}^{n}\lambda_j y_{rj} \geqslant y_{r0} + \beta y_{r0}, r = 1,\cdots,s \\
&\sum_{j=1}^{n}\lambda_j b_{tj} = b_{t0} - \nu b_{t0}, t = 1,\cdots,k \\
&\sum_{j=1}^{n}\lambda_j = 1 \\
&\lambda_j \geqslant 0, j = 1,\cdots,n
\end{aligned} \tag{3.9}$$

将模型(3.9)命名为投入关切模型，在该模型下，第 i 个城市的能源环境效率为

$$\theta_i = 1 - \alpha_i - \varepsilon(\beta_i + \nu_i) \tag{3.10}$$

此外，根据城市规模等级可以将中国所有城市分为若干组，在群组水平的分析中，每组引入虚拟的理想 DMU。假设所有城市被分为若干组，每组中有 n 个 DMU，将理想 DMU 用 DMU_{n+1} 表示：

当 $x_{i,n+1}=\min\left(x_{i1},\cdots,x_{in}\right), y_{r,n+1}=\max\left(y_{r1},\cdots,y_{rn}\right)$，$b_{t,n+1}=\min\left(b_{t1},\cdots,b_{tn}\right)$ 时，$x_{n+1}=\left(x_{1,n+1},\cdots,x_{i,n+1},\cdots,x_{m,n+1}\right)^{\mathrm{T}}, y_{n+1}=\left(y_{1,n+1},\cdots,y_{r,n+1},\cdots,y_{s,n+1}\right)^{\mathrm{T}}, b_{n+1}=\left(b_{1,n+1},\cdots,b_{t,n+1},\cdots,b_{k,n+1}\right)^{\mathrm{T}}$ 相对应的生产技术可能集可表示为

$$
\begin{aligned}
T=\Big\{(X,Y,B)\,|&\sum_{j=1}^{n}\lambda_j X_j+\lambda_{n+1}X_{n+1}\leqslant X_j,\sum_{j=1}^{n}\lambda_j Y_j+\lambda_{n+1}Y_{n+1}\geqslant Y_j,\\
&\sum_{j=1}^{n}\lambda_j B_j+\lambda_{n+1}B_{n+1}=B_j,\sum_{j=1}^{n}\lambda_j+\lambda_{n+1}=1,\lambda_j\geqslant 0,j=1,2,\cdots,n,n+1\Big\}
\end{aligned}
\tag{3.11}
$$

包含理想 DMU 的环境产出关切模型(ECM)形式如下：

$$
\begin{aligned}
&\mathrm{Max}[\nu+\varepsilon(\alpha+\beta)]\\
&\text{s.t. }\sum_{j=1}^{n}\lambda_j x_{ij}+\lambda_{n+1}x_{i,n+1}\leqslant x_{i0}-\alpha x_{i0},i=1,\cdots,m\\
&\sum_{j=1}^{n}\lambda_j y_{rj}+\lambda_{n+1}y_{r,n+1}\geqslant y_{r0}+\beta y_{r0},r=1,\cdots,s\\
&\sum_{j=1}^{n}\lambda_j b_{tj}+\lambda_{n+1}b_{t,n+1}=b_{t0}-\nu b_{t0},t=1,\cdots,k\\
&\sum_{j=1}^{n}\lambda_j+\lambda_{n+1}=1\\
&\lambda_j\geqslant 0,j=1,\cdots,n,n+1
\end{aligned}
\tag{3.12}
$$

包含理想 DMU 的环境产出-投入关切模型(EICM)形式如下：

$$
\begin{aligned}
&\mathrm{Max}\left(\frac{1}{2}\nu+\frac{1}{2}\alpha+\varepsilon\beta\right)\\
&\text{s.t. }\sum_{j=1}^{n}\lambda_j x_{ij}+\lambda_{n+1}x_{i,n+1}\leqslant x_{i0}-\alpha x_{i0},i=1,\cdots,m\\
&\sum_{j=1}^{n}\lambda_j y_{rj}+\lambda_{n+1}y_{r,n+1}\geqslant y_{r0}+\beta y_{r0},r=1,\cdots,s\\
&\sum_{j=1}^{n}\lambda_j b_{tj}+\lambda_{n+1}b_{t,n+1}=b_{t0}-\nu b_{t0},t=1,\cdots,k\\
&\sum_{j=1}^{n}\lambda_j+\lambda_{n+1}=1\\
&\lambda_j\geqslant 0,j=1,\cdots,n,n+1
\end{aligned}
\tag{3.13}
$$

包含理想 DMU 的环境产出-部分投入关切模型(EpICM)形式如下：

$$
\begin{aligned}
&\text{Max}\left[\frac{1}{2}\nu+\frac{1}{2}\overline{\alpha}+\varepsilon(\alpha+\beta)\right]\\
&\text{s.t.}\ \sum_{j=1}^{n}\lambda_j x_{ij}+\lambda_{n+1}x_{i,n+1}\leqslant x_{i0}-\alpha x_{i0}, i=1,\cdots,m-1\\
&\quad\ \sum_{j=1}^{n}\lambda_j x_{mj}+\lambda_{n+1}x_{m,n+1}\leqslant x_{m0}-\overline{\alpha}x_{m0}, i=m\\
&\quad\ \sum_{j=1}^{n}\lambda_j y_{rj}+\lambda_{n+1}y_{r,n+1}\geqslant y_{r0}+\beta y_{r0}, r=1,\cdots,s\\
&\quad\ \sum_{j=1}^{n}\lambda_j b_{tj}+\lambda_{n+1}b_{t,n+1}=b_{t0}-\nu b_{t0}, t=1,\cdots,k\\
&\quad\ \sum_{j=1}^{n}\lambda_j+\lambda_{n+1}=1\\
&\quad\ \lambda_j\geqslant 0, j=1,\cdots,n,n+1
\end{aligned}
\tag{3.14}
$$

包含理想 DMU 的投入关切模型(ICM)形式如下：

$$
\begin{aligned}
&\text{Max}\left[\alpha+\varepsilon(\beta+\nu)\right]\\
&\text{s.t.}\ \sum_{j=1}^{n}\lambda_j x_{ij}+\lambda_{n+1}x_{i,n+1}\leqslant x_{i0}-\alpha x_{i0}, i=1,\cdots,m\\
&\quad\ \sum_{j=1}^{n}\lambda_j y_{rj}+\lambda_{n+1}y_{r,n+1}\geqslant y_{r0}+\beta y_{r0}, r=1,\cdots,s\\
&\quad\ \sum_{j=1}^{n}\lambda_j b_{tj}+\lambda_{n+1}b_{t,n+1}=b_{t0}-\nu b_{t0}, t=1,\cdots,k\\
&\quad\ \sum_{j=1}^{n}\lambda_j+\lambda_{n+1}=1\\
&\quad\ \lambda_j\geqslant 0, j=1,\cdots,n,n+1
\end{aligned}
\tag{3.15}
$$

3.3 关于城市能源环境效率的实证分析

3.3.1 评价指标的选取

根据已有文献研究发现，各学者在评价能源环境效率时选取的指标非常多样化，表 3.1 中展示了部分文献中所选取的投入与产出指标。

表 3.1　能源环境效率相关文献中投入与产出指标汇总

作者	投入指标	期望产出指标	非期望产出指标
程丹润和李静(2009)	劳动力，资本，能源消费	GDP	废水，废气，固体废弃物
王兵等(2010)	劳动力，资本，能源消费	GRP	SO_2，COD
Wang 等(2013)	资本，劳动力，煤，石油，气	GDP	CO_2，SO_2
He 等(2013)	净固定资产，员工人数，能源	价值增值	废气，废水，固体污染物
Yuan 等(2013)	固定资产，当前资产，员工人数	总产值	废水，SO_2，烟尘
Zhang 和 Choi(2013)	劳动力，资本，能源投入	GDP	SO_2，COD，CO_2
Wang 和 Feng(2015)	劳动力，资本，能源投入	GDP	SO_2，COD，CO_2
Zhou 等(2016)	劳动力，资本，能源投入	GDP	废水，SO_2，烟尘

从表中可以发现，劳动力、固定资产、能源消费是较为常见的投入指标，然而，本章为了简化指标个数，并未将劳动力作为其中单独的指标，而是选择人均指标作为投入指标。鉴于数据的可得性和有效性，我们收集了中国 239 个城市的能源环境数据来分析效率，所有数据均来源于中国统计年鉴。依据过去的文献研究，结合本章的研究内容，考虑数据可得性，最终选取了以下投入产出指标：

(1) 人均固定资产。将固定资产投资和房地产开发之和作为总资本，年末户籍人口作为总人口，人均固定资产指标就等于总资本与总人口的比值。

(2) 人均能耗。水、电、天然气是居民生活中最常使用的资源，也是最常见的工业指标，因此使用水、电、气的人均能耗作为能源投入指标，人均耗水等于供水总量比上总人口，人均耗电等于年度用电总量除以总人口，人均耗气等于总天然气供应量(煤气和天然气之和)与用气人数的比值。

(3) 人均 GDP。经济发展水平是城市最重要的产出，因此，选取人均 GDP 为期望产出(Wang et al., 2013；Zhou et al., 2012)。

(4) 人均污染物排放。三种工业污染排放物分别为工业废水、工业废气(包括工业烟尘和 SO_2)和工业固体废弃物，然而搜集城市污染物数据时，只有工业废水、工业烟尘和 SO_2 的数据是可得的，并且不同城市也面临着不同的主要污染，因此，本章只选择其中的工业废水和工业烟尘这两种污染物，人均废水排放、人均烟尘排放这两个指标就是本章的非期望产出指标。

表 3.2 为所选取的中国 239 个城市 7 个指标的统计性描述，从表中可以看出，7 个指标均存在显著的差异性，例如，3 个能源输入指标的最大值都大于最小值的 100 倍及以上。在样本中，人均固定资产最大值为鄂尔多斯市的 17.4 万元，一线城市虽然固定资产总值较大，但人口集聚，因此人均固定资产指标反而不能排到前列，双鸭山市的人均固定资产值最小，仅为 0.83 万元；所有城市的人均用水量为 41.57t，昭通市最低为 2.68t，东莞市最高为 797.09t，东莞市作为经济快速发展、

人口激增的代表性地区之一，对水资源需求量巨大，2015 年人均耗水量位居全国首位，目前，东莞市已开始全面控制全市用水量，并制定各行各业的用水定额指标；人均耗电的平均值为 26.83×100kW·h，河池市人均耗电最小，乌海市人均耗电最大，63 个城市的人均耗电值高于平均值；人均耗气的平均值为 336.80m^3，其中南平市的人均耗气值最大，河池市的人均耗气值最小。从人均 GDP 这一指标来看，昭通市人均 GDP 最小，而内蒙古鄂尔多斯市人均 GDP 高达 207163.00 元，甚至超过北京市、上海市等经济发展水平相对比较高的城市，内蒙古属于人口分布相对均衡、经济发展较为集中的地区，其中鄂尔多斯市资源丰富，经济产值居内蒙古第一，因此人均 GDP 较高，但是鄂尔多斯市的经济发展结构以资源型企业为主，尤其依赖煤炭产业，资源浪费、环境污染都是鄂尔多斯市的潜在风险。人均废水排放量的平均值仅为 17.21t，160 个城市的人均废水排放量位于平均值以下，最小值为巴中市的 0.43t，最大值为东莞市的 104.76t，东莞市人均用水量和人均废水排放都排在第一，可以看出，应特别关注东莞市的水资源利用问题；秦皇岛市的人均烟尘排放量在所有城市中最大，而深圳市的人均烟尘排放量最小。

表 3.2 投入与产出变量的描述性统计

变量		单位	平均值	标准差	最大值	最小值
投入	人均固定资产	万元	4.38	2.70	17.40	0.83
	人均耗水	t	41.57	71.19	797.09	2.68
	人均耗电	100 kW·h	26.83	41.90	355.57	0.53
	人均耗气	m^3	336.80	562.42	5100.00	8.53
期望产出	人均 GDP	元	52996.78	30128.15	207163.00	13097.00
非期望产出	人均废水	t	17.21	16.01	104.76	0.43
	人均烟尘排放	kg	15.27	4.78	62.91	0.34

3.3.2 分析和讨论

1. 城市水平效率分析

中国 239 个城市在不同关切下的能源环境效率值都依据前文 3.2 部分所构建的模型计算。

为了测试在不同关切下计算的效率值是否存在显著差异，使用了 Spearman 等级相关系数方法，检验结果列入表 3.3 中，ECM 和 EICM 两种模型下计算的效率值之间的 p 值为 0.9605，表明环境产出关切和环境产出-投入关切下的能源环境效率值在 1%的显著性水平上存在显著差异。同样地，其他两两模型之间的效率值也都存在显著差异，这说明在不同关切下，能源环境效率值和排序确实有所不同。

表 3.3　各模型之间的 Spearman 等级相关关系

	ECM	EICM	EpIwCM	EpIeCM	EpIgCM	ICM
ECM	1					
EICM	0.9605***	1				
EpIwCM	0.9139***	0.9157***	1			
EpIeCM	0.9314***	0.9387***	0.9142***	1		
EpIgCM	0.9490***	0.9449***	0.8669***	0.9115***	1	
ICM	0.7467***	0.8341***	0.8006***	0.8101***	0.7822***	1

注：***为 1%显著水平上的相关性(双尾)。

附录表 A.1 中展示了 239 个城市在 6 种不同关切下的效率值，在 ECM、EICM、EpIwCM、EpIeCM 和 EpIgCM 这 5 种模型计算下，有 63 个城市是有效的(效率值等于 1)，有效城市占总体的 26.36%，这 5 种模型虽然都关切不同，但有一个共同点，都关切了环境产出，意味着在包含环境产出关切的不同关切下，即 ECM、EICM、EpIwCM、EpIeCM 和 EpIgCM 这 5 种模型计算出来的有效 DMU 集相同。

根据只关切环境产出的 ECM 模型计算结果，所有城市的平均效率值为 0.52，在 176 个非有效城市中，141 个城市都处于平均效率值以下，说明大多数城市在环境产出关切下效率值都未达到全国平均水平。在所有非有效城市中，只有 5 个城市的环境效率值位于 0.8 以上，20 个城市的效率值在 0.6~0.8，31 个城市的效率值位于 0.4~0.6，还有 120 个城市的效率值低于 0.4，如图 3.1 所示，效率值在 0.4 以下的城市占总体的 50.21%。以上数据说明目前大部分城市环境效率都低下，并且距离有效前沿面还有很大的改进空间。

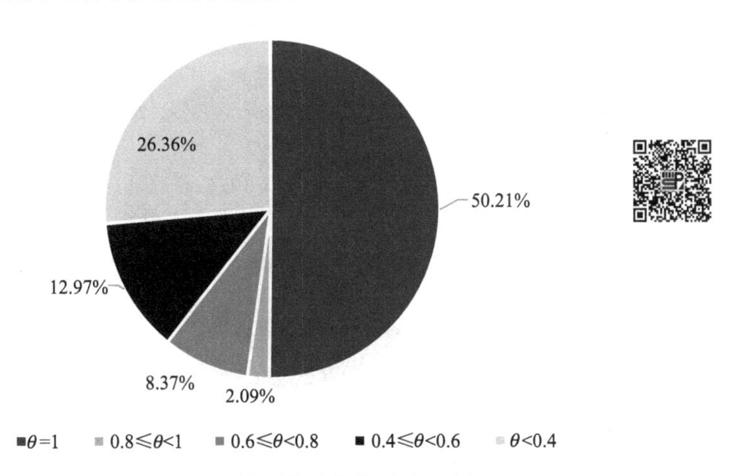

图 3.1　ECM 模型的效率值分布比例

在模型 EICM 计算结果中，如果关切非期望产出和投入，那么所有城市的平均效率值为 0.7，高于仅关切环境产出时的平均效率值，在所有非有效城市中，60 个城市的效率值在 0.6~0.8，从图 3.2 中可以看出占到全体城市的 25.10%，71 个城市的效率值在 0.4~0.6，占到 29.71%，还有 9.62%的城市效率值低于 0.4，大部分城市的效率值位于 0.4~1.0。

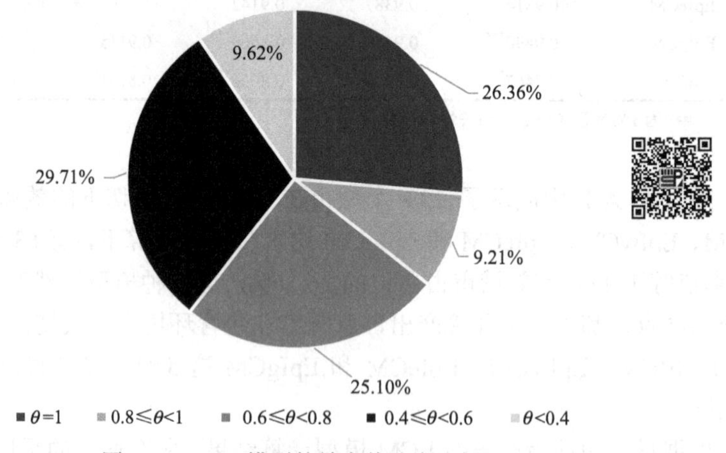

图 3.2　EICM 模型的效率值分布比例

在关切环境产出和水资源投入的 EpIwCM 模型中，所有城市的平均效率值为 0.57，图 3.3 展示了效率值分布区间的比例情况，仅 28.45%的城市能源(水关切)环境效率值在 0.8 以上，65 个城市的能源(水关切)环境效率值在 0.4~0.6，占总体的 27.20%，87 个城市的能源(水关切)环境效率值小于 0.4，占总体的 36.40%。超过半数，也就是说大部分城市的效率值都低于 0.6，在目前的经济产出水平上，各个城市的环境保护和用水效率有很大的提升空间。

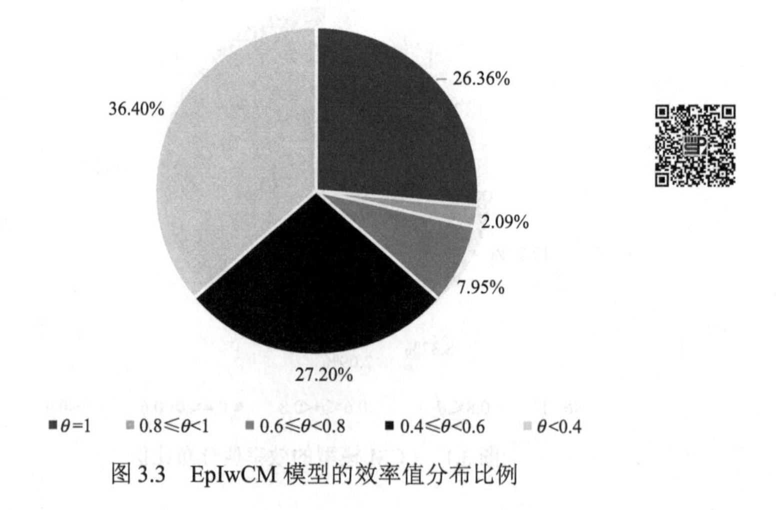

图 3.3　EpIwCM 模型的效率值分布比例

在关切环境产出和电力投入的 EpIeCM 模型中，所有城市的平均效率值为 0.55，在非有效城市中，只有 5 个城市的能源环境效率值位于 0.8 以上，但 100 个城市的能源环境效率值低于 0.4，如图 3.4 所示，效率值 0.4 以下的占到了总体的 41.84%，可见，很多城市在电力方面的效率非常低，电力利用效率有待进一步提升。

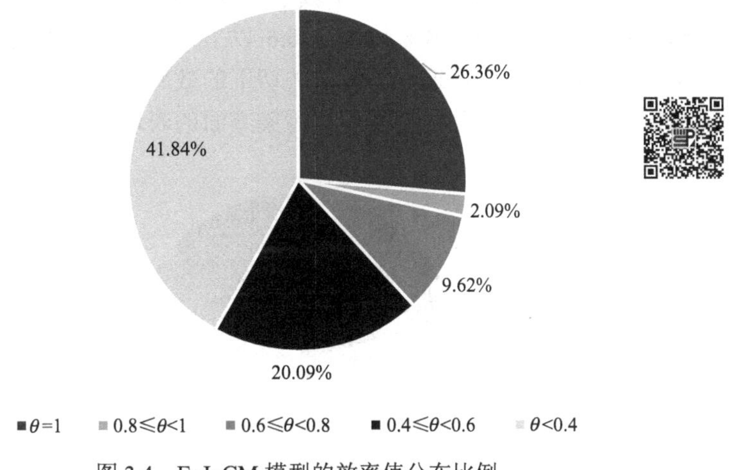

图 3.4　EpIeCM 模型的效率值分布比例

在关切环境产出和天然气投入的 EpIgCM 模型计算中，所有城市的平均效率值为 0.57，图 3.5 展示了效率值分布的比例情况，图 3.5 中的效率分布情况与图 3.3 的 EpIwCM 模型效率分布较为相近，效率值在 0.6 以下的占总体 59.83%，说明大多数城市的能源(天然气)环境效率低下，需特别关注提升天然气资源在使用中的效率。

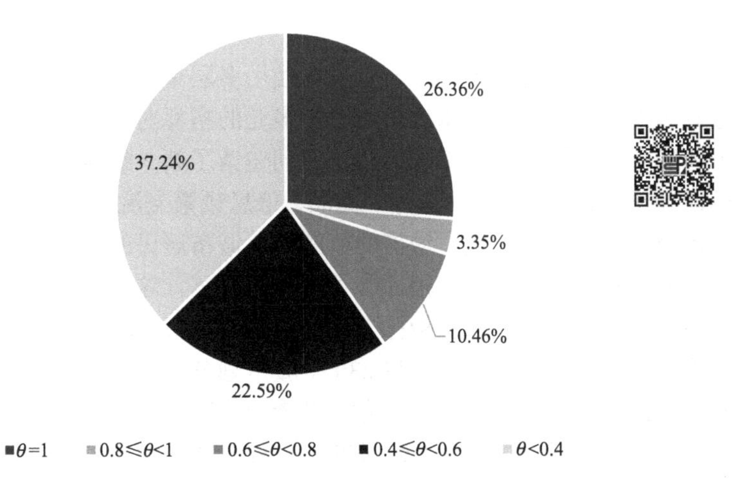

图 3.5　EpIgCM 模型的效率值分布比例

在只关切投入的ICM模型计算结果中，所有城市的平均效率值为0.78，投入关切下有54个有效城市，与其他5个模型相比，只关切投入时的有效单元数减少了，但平均效率值却要高于其他5种关切下的平均效率值，如图3.6所示。在非有效城市中，61个城市的能源效率高于0.8，74个城市的效率值在0.6~0.8，41个城市的效率值在0.4~0.6，只有9个城市的效率值低于0.4，表明当关切重点放在能源消耗时，大部分城市效率值都在0.6以上，与环境产出关切模型相比较，环境产出关切下的效率值普遍低于投入关切下的效率值，说明中国大部分城市在能源消耗方面的绩效表现要优于在环境污染方面的表现。

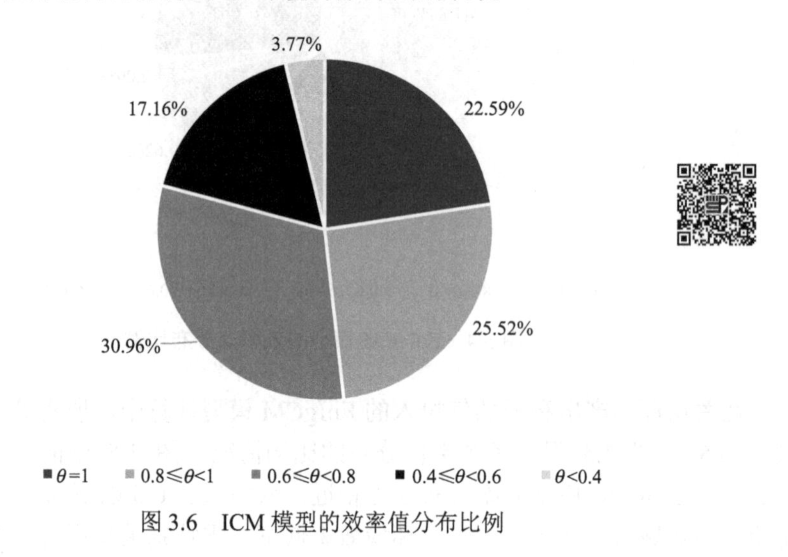

图3.6 ICM模型的效率值分布比例

2. *群组水平效率分析*

根据已有的研究文献，各学者倾向使用多层聚类分析，将城市按照规模、地理位置等因素进行分类，本章采用更加多元的指标对城市进行分类，分类标准来源于《第一财经》周刊。《第一财经》周刊邀请了新一线城市研究机构的专家制定指标，考虑到城市是资本、人才、商品、信息频繁交流之地，最终选定5个指标，分别是商业资源的集中度、城市的枢纽性、城市居民的活跃度、生活方式的多样性与未来可塑性，对这5个指标给予适当的权重。这5个指标里面又包括不同的二级指标，成分分析在二级指标下进行，并计算每个城市最后的得分，进行完这些步骤，最后使用聚类分析，将239个城市划分为一线、二线、三线、四线、五线这5组，一线城市有18个，二线城市有27个，三线城市有65个，四线城市有70个，五线城市有59个，五组城市在6种不同关切模型下的效率值分别展示在附录表A.2~附录表A.6中。

在每组城市中，增加了一个理想 DMU，理想 DMU 满足所在组中投入最小、期望产出最大以及非期望产出最小的条件，因此理想 DMU 必定是有效的，其效率值为 1。表 3.4 中显示了 5 组城市在不同关切下效率值的特点，一线城市中，在 6 种不同关切模型下都存在 7 个有效城市，除了一线城市、三线和四线城市在不同关切下的有效城市数没有变化，二线城市与五线城市中的有效城市数在不同关切下存在不同。从表 3.4 还能看出，所有一线城市在不同关切下的平均效率值存在差异，在包含环境产出关切的 5 种关切模型下的平均效率值都低于投入关切模型下的平均效率值，在 ICM 模型中计算的平均效率值大于其他 5 种模型中的平均效率值这一特点在二线、三线、四线、五线城市中也都存在。

表 3.4　各组城市在不同关切下的效率值特点

组别		ECM	EICM	EpIwCM	EpIeCM	EpIgCM	ICM
一线城市	平均效率值	0.62	0.72	0.64	0.64	0.62	0.81
	有效城市数	7	7	7	7	7	7
二线城市	平均效率值	0.51	0.67	0.56	0.55	0.58	0.82
	有效城市数	7	7	6	6	7	8
三线城市	平均效率值	0.28	0.43	0.35	0.34	0.32	0.57
	有效城市数	12	12	12	12	12	12
四线城市	平均效率值	0.44	0.52	0.45	0.43	0.42	0.57
	有效城市数	12	12	12	12	12	12
五线城市	平均效率值	0.29	0.38	0.33	0.27	0.27	0.45
	有效城市数	9	8	8	8	8	8

1) 一线城市

18 个一线城市在 6 种关切下的所有效率值数据都展示在附录表 A.2 中，图 3.7 反映了一线城市能源环境效率的特点，从图 3.7 中能看出，有 7 个城市在 6 种不同关切下始终处于有效前沿面上，它们是沈阳市、大连市、上海市、长沙市、深圳市、重庆市和西安市，它们是评估其他城市效率的标杆，然而，这 7 个城市并非都属于经济发达区域，也并非都是东南沿海地区，沈阳市和大连市位于东北部，重庆市和西安市位于西部，长沙市位于中部，上海市和深圳市位于东部，说明在一线城市中，经济发展水平和地理位置并不是影响能源环境效率的主要因素，比如沈阳市和大连市的 GDP 都很低，这两个城市的人均能耗也远远低于其他城市。

在非有效城市中，除了北京市，一线城市在只关切投入的 ICM 模型中计算的效率值都高于其他 5 种模型中的效率值，说明在大多数一线城市中，能源效率通常都高于环境效率，一线城市未来应当在减排方面花费更多精力。当仅关切环境产出时，北京市的效率值为0.96；然而，只关切投入时，北京市的效率值仅为0.77，说明北京的能源消耗问题十分严峻，未来北京市应格外加强节能行动开展力度；苏州市在ECM、EpIeCM和EpIgCM模型下的效率值甚至低于0.2，说明苏州市的环境效率及用电、用气效率都很低；东莞市在ECM、EpIwCM和EpIeCM模型中的效率值低于0.1，可见未来东莞市提高能源环境效率的工作重点应是减排、节水和节电。

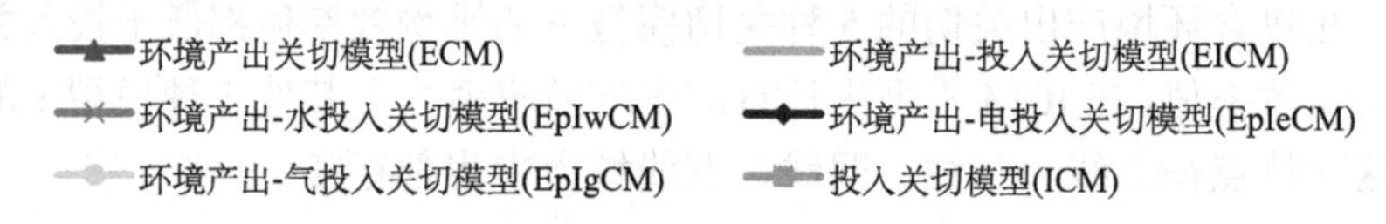

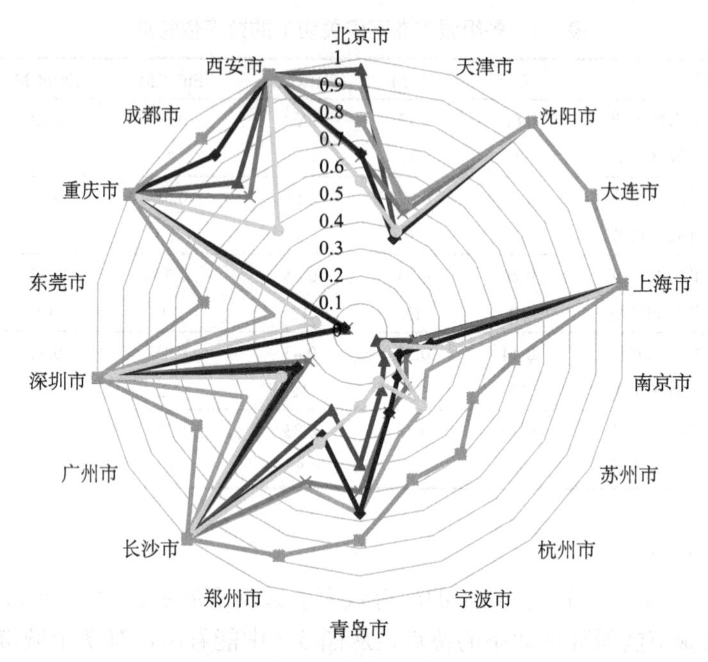

图3.7 一线城市效率值雷达图

2）二线城市

27个二线城市在不同关切下的效率值展示在附录表A.3，从图3.8中可以发现在只关切投入的ICM模型中，有效率值为1的8个城市，即长春市、哈尔滨市、无锡市、金华市、台州市、福州市、厦门市和海口市，当用ECM、EICM和EpIgCM计算效率时，7个城市是有效的，相比ICM模型有效集，少了一个哈尔滨市，哈尔滨市的人均耗水、人均耗电、人均耗气都很低，但环境污染治理不到位，因此，哈尔滨市只在关切投入时为有效城市，在关切中包含环境产出关切时，哈尔滨市就成了无效城市。如图3.8所示，海口市在关切环境产出和人均耗水的EpIwCM

模型中是有效城市，但在关切环境产出和人均耗气（EpIgCM）以及关切环境产出和人均耗电（EpIeCM）这两种情况下的效率值较低，说明海口市在水电气三种能源的利用中，水、电存在过度消耗能源浪费的问题。

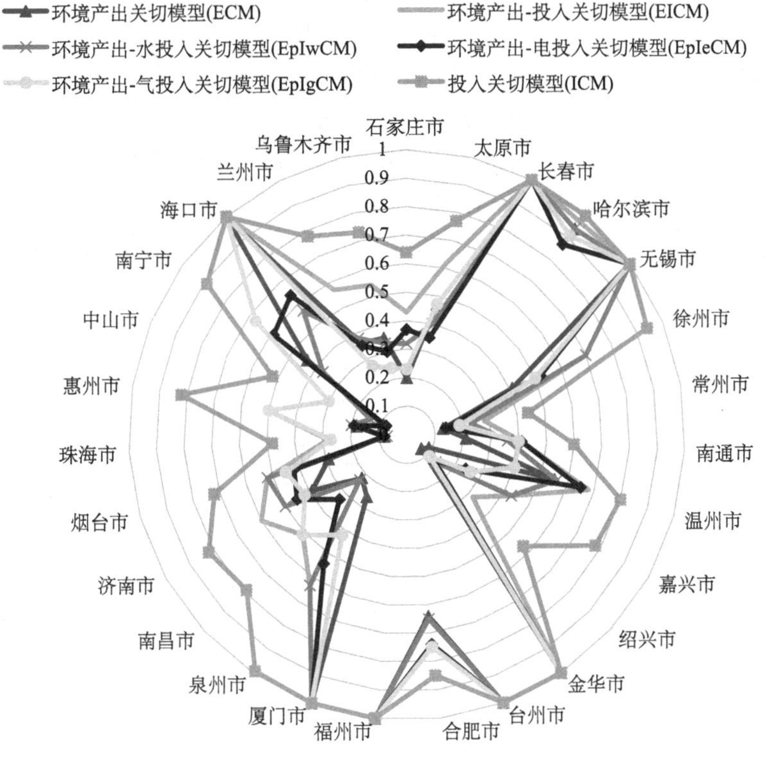

图 3.8　二线城市效率值雷达图

对于每个非有效城市，在不同关切下的效率值均存在显著差异，比如，济南市在只关切环境产出的 ECM 模型中的效率值为 0.39，但在只关切投入的 ICM 模型中却为 0.82；嘉兴市、绍兴市、珠海市、中山市在环境产出关切的 ECM 模型中效率值低于 0.1，说明这四个地区的环境效率急需提高，此外，绍兴市在三种不同能源关切下（EpIwCM、EpIeCM、EpIgCM）的效率值都低于 0.2，说明绍兴市水、电、气的利用效率都很低，未来在大力发展经济的同时一定需注意节约能源，鼓励低能耗式发展。在投入关切模型中，我们计算出来的效率值总是高于其他关切下计算的效率值。

3）三线城市

65 个三线城市在不同关切下的效率值展示在附录表 A.4，在 6 种关切模型下的有效城市集相同，12 个有效城市分别是沧州市、舟山市、漳州市、上饶市、东营市、株洲市、汕头市、清远市、揭阳市、三亚市、南充市和丽江市，大都位于东部和中部地区。三线城市经济发展水平并不是很高，通常要弱于一线和二线城市。比较每个城市在不同关切下的效率值，如附录图 B.1 所示，大多数城市在环境产出关切的 ECM 模型下计算的效率值最低。三线城市环境产出关切模型的平均效率值仅为 0.28，低于四线城市环境产出关切模型的平均效率值，意味着即使三线城市经济发展程度高于四线城市，但环境污染却比四线城市更严重，三线城市还处在牺牲环境质量来服务经济发展的阶段。

在非有效城市中，仅莆田市、宁德市、南阳市、襄阳市和桂林市的环境效率在 0.2 及以上，三线城市的三种能源的利用效率也较低，其中包头市在 EpIwCM、EpIeCM、EpIgCM 这三种能源环境产出关切下的效率值都低于 0.1，说明包头市在能源利用方面还有很大的改进空间。

4) 四线城市

70 个四线城市在不同关切下的效率值展示在附录表 A.5，在 6 种不同关切模型中，都有 12 个相同的有效城市，分别是承德市、鄂尔多斯市、本溪市、佳木斯市、阜阳市、六安市、安阳市、周口市、遂宁市、宜宾市、曲靖市和榆林市。在环境产出-水关切的 EpIwCM 模型计算中，所有四线城市的平均效率值为 0.45，当关切非期望产出和人均耗气时，所有四线城市的平均效率值为 0.43，在环境产出-气投入关切的 EpIgCM 模型计算中，所有四线城市的平均效率值为 0.42，可以看出，四线城市对天然气的使用效率要稍低于用水、用电效率。从附录图 B.2 中能看出，对于大多数四线城市来说，投入关切模型下效率值总是大于其他 5 个包含环境产出关切模型的效率值。

在非有效城市中，通化市、淮南市、景德镇市三市在 ECM、EpIwCM 和 EpIeCM 模型中的效率值均低于 0.1，说明这三市急需改进环境效率和用水用电效率。所有四线城市中只有景德镇市和湘潭市在环境产出-气投入关切的 EpIgCM 模型中效率值低于 0.1，景德镇市作为中国陶瓷产业化基地，对水、电、气等能源生产要素的需求高，但是利用效率却有待提高。

5) 五线城市

59 个五线城市在不同关切下的效率值展示在附录表 A.6，在环境产出关切模型 ECM 中，有 9 个城市的效率值为 1，它们是乌海市、双鸭山市、绥化市、莱芜市、河池市、来宾市、巴中市、毕节市和昭通市。在其他关切包含能源投入的关切模型下，有 8 个城市是有效的，缺少了一个巴中市，巴中市的废水和人均烟尘排放要少于其他城市，因此，在只关切环境产出时，巴中市的环境效率较高，但巴中市的能源利用还有很大改进空间。如附录表 A.6 所示，所有五线城市在每种关切模型下计算的能源环境效率平均值都低于 0.5，五线城市的经济发展水平较为落后，能源浪费和环境污染问题都很严峻，因此，应重点关注五线城市的节能减排问题。

在非有效城市中，25个城市在环境产出关切的ECM模型下的效率值要小于0.1，14个城市在环境用水关切的EpIwCM模型中效率值低于0.1，25个城市在环境产出-电投入关切的EpIeCM模型中效率值不高于0.1，26个城市在环境用气关切的EpIgCM模型中效率值不高于0.1，说明五线城市大部分的环境效率和能源利用效率都很低，五线城市需要在大力发展经济的同时实行节能减排政策。

3.4　影响区域环境效率因素的回归分析

鉴于中国的现实国情，参考相关文献，并考虑数据的可得性原则，本章确定了如下四个指标作为分析影响中国城市能源环境效率的因素。

1）经济发展水平

城市经济发展水平用城市人均GDP来表示，以往多数文献认为经济发展水平与能源环境效率高度相关，经济基础能为节能降耗技术提供支撑，当我们有实力进行技能减排技术研发与大规模应用时，能源环境与经济社会发展将进入良性循环，但中国城市经济发展水平是不均衡的，不同关切模型下的能源环境效率值也存在显著差异。

2）产业结构

产业结构用第二产业的产出值占该市GDP的比重来表示，中国产业经历了由第一产业向第二产业与第三产业转变的历程，第二产业也就是重工业企业，大多属于资源、劳动密集型企业，是能源消费的主要对象和环境污染的主要来源，因此，优化改进和转型产业结构，淘汰落后产能，实现整体的经济结构调整对节能减排具有一定的影响。

3）经济开放度

实际外国投资表明经济开放度，对外开放体现了全球一体化进程的加快，分析经济开放度对能源环境效率的影响有助于在国内国外市场进行有效的资源分配，经济开放度越高，越有利于能源环境效率改进，但也有可能在经济开放过程中，给外国污染物转移制造了机会。周杰琦和汪同三（2017）分析外商投资与环境效率的关系，发现外商投资在一定程度上对能源环境既有正面又有负面影响，如果外资企业生产技术水平较高，注重环保，那么它对环境的危害并不大，但事实上外商投资大多流入了发展中国家的是高能耗、高污染企业，致使发展中国家陷入了“比较优势陷阱”或者“国际外包陷阱”（陈继勇和黄蔚，2009），对发展中国家的能源环境效率产生了一些负面影响。

4）政府干预

政府干预一般使用政府财政支出与GDP的比率表示，它能测度政府在能源环境建设中所扮演的角色，过去政府干预一般选择优先发展重工业等第二产业，并推行鼓励进口替代政策(师博和沈坤荣，2013)；但如今，政府干预的重点发生变化，政府鼓励自主创新，鼓励高科技产业发展，限制约束能源消耗和环境污染排放指标，因此适当的政府干预可能对指导地区可持续发展具有积极的作用。

所有数据均来自《中国统计年鉴》(2016)和《中国城市统计年鉴》(2016)。

表 3.5 是针对 4 个解释变量的描述性统计，所有城市的人均 GDP 平均值为 52996.78 元，标准差为 30128.15 元，表明城市之间经济发展水平存在明显差异，鄂尔多斯市人均 GDP 最大，昭通市人均 GDP 最小；产业结构的平均值为 47%，最大值是攀枝花的 71%，最小值是海口的 19%，说明不同城市间的产业结构也大大不同；不同城市吸引外资的能力不一致，经济开放度的标准差高达 239031.14，天津市的实际外商投资在所有城市中最高，达到了 2113444.00 万美元，而安康市的实际外国投资只有 103.00 万美元，在所有城市中处于最低水平；政府平均干预为 20%，表明政府财政支出与地区 GDP 之比为 20%，最小值为大庆市的 7%，最大值为昭通市的 57%。

表 3.5 解释变量的描述性统计

变量	单位	平均值	标准差	最大值	最小值
人均 GDP	元	52996.78	30128.15	207163.00	13097.00
产业结构	%	47	9	71	19
实际外商投资	万美元	103712.62	239031.14	2113444.00	103.00
政府干预	%	20	8	57	7

运用 DMU 方法评估的效率值属于截断的离散分布数据，Tobin(1958)提出的 Tobit 模型可以解决受限数据或者截断因变量的模型构造问题，因此本章构建 Tobit 回归模型来研究影响能源环境效率的因素，所构建的完整模型形式如下(针对特定的观测值 i)：

$$\mathrm{EE}_i = \beta_0 + \beta_1 \ln \mathrm{ED}_i + \beta_2 \mathrm{IS}_i + \beta_3 \ln \mathrm{EO}_i + \beta_4 \mathrm{GI}_i + \varepsilon_i \tag{3.16}$$

其中，i 代表第 i 个城市；因变量 EE(energy and environmental efficiency)代表被评估城市在不同关切模型下计算的能源环境效率值；ED(the level of economic development)代表经济发展水平；IS(industrial structure)代表产业结构；EO(economic openness)代表经济开放度；GI(government intervention)代表政府干预；β 代表影响因素的系数；ε 代表随机干扰项。由于经济发展水平和经济开放度的数值相对较大，为了减少多重共线性、解决异方差性问题，经济发展水平和经济开放度两个指标的数据都以对数形式计算。

Tobit 回归模型采用 STATA 13.0 计算，结果显示如表 3.6 所示。

表 3.6　回归分析结果

变量	ECM	EICM	EpIwCM	EpIeCM	EpIgCM	ICM
ED	0.2073***	0.1447***	0.1704***	0.17059***	0.2160***	0.1156***
IS	–0.5432**	–0.4849***	–0.3341	–0.3567	–0.4577*	–0.2593
EO	–0.0444***	–0.0313***	–0.0321**	–0.0359***	–0.0411***	–0.0218**
GI	0.6183	0.3637	0.5895*	0.6276*	0.6430*	0.2090
固定值	–1.1184	–0.3793	–0.8906	0.9250	–1.2360**	–0.1581

*、**、***分别代表显著性水平为 10%、5% 和 1%。

(1) 当因变量是 6 种不同关切模型下的效率值时，在 1%的显著性水平上，经济发展水平会显著地正面影响能源环境效率值。随着经济规模不断扩大与收入水平不断增长，人们对居住的环境质量有着越来越高的要求，经济发展影响污染物的排放和处理，人均 GDP 越高，污染物处理设施和节能设备就会越强，因此，大力发展地方经济对提高节能减排绩效表现具有重大作用。

(2) 当因变量为 ECM、EICM 和 EpIgCM 模型中的效率值时，产业结构这一因素对能源环境效率有显著的负面影响。通过比较发现，第二产业比重较大时，环境效率、能源环境效率和用气效率都会变低，对环境污染的影响要大于对能源消耗的影响，总工业产出占 GDP 的比例越大，能源环境效率值越小，第二产业主要包括工业企业等。中国的城市经济具有十分明显的产业集聚特征，一方面，工业的繁荣促进了城市经济的蓬勃发展，另一方面，工业也导致城市的环境负担加重。因此，优化工业导向的第二产业在总产业中的占比、优化污染密集型企业、加快结构转型、提高第三产业比重，是推动城市能源环境效率不断改进提高的重要路径。

当因变量是 EpIwCM、EpIeCM 和 ICM 模型中的效率值时，产业结构和能源环境效率之间没有明显的负相关关系，结果表明，产业结构这一因素对能源投入效率、用水及用电效率均没有显著影响。

(3) 当因变量是 6 种关切模型下的效率值时，经济开放度对能源环境效率不存在显著的负向影响，但是在不同关切下，显著水平不相同。一般情况下，经济开放意味着资源、贸易、市场等与国外不断融合，规模不断扩大，而跨国投资的企业在全球化经营中，有可能无形中将能源浪费与环境污染进行转移，说明无序的对外开放会降低能源环境效率，国外资金流也许会导致高能耗、高污染产业转移，因此当政府在吸引投资时，选择合适的产品和产业对外开放是非常重要的。

(4) 当因变量是 ECM、EICM 和 ICM 模型下的效率值时，政府干预与能源环境效率无显著的正相关关系。也就是说，适当的政府干预可以指导节能减排行动，但是这个影响效果并不显著，减排应当按照资源来而不是盲目的政府指导。

当因变量是 EpIwCM、EpIeCM 和 EpIgCM 模型下的效率值时，在 10%的显著性水平上，政府干预显著的积极正面影响能源环境效率。也就是说，政府干预对指导用水、用电、用气具有显著影响，有利于节水、节电、节气行动不断推进。

由上可见，在环境产出与能源投入之间，随着关切点的变化，经济发展水平、产业结构、经济开放度和政府干预对能源环境效率会有不同影响，对于中国不同城市来说，应结合自身情况区别分析，因地制宜，有针对性地运用各种方法措施提高能源环境效率。

参考文献

陈继勇, 黄蔚. 2009. 外商直接投资区位选择行为及影响因素研究. 世界经济研究, (06): 49-54.

程丹润, 李静. 2009. 环境约束下的中国省区效率差异研究: 1990-2006. 财贸研究, 20(1): 13-17.

师博, 沈坤荣. 2013. 政府干预, 经济集聚与能源效率. 管理世界, 10: 6-18.

王兵, 吴延瑞, 颜鹏飞. 2010. 中国区域环境效率与环境全要素生产率增长. 经济研究, 5(95): 95-109.

周杰琦, 汪同三. 2017. 外商投资、环境监管与环境效率——理论拓展与来自中国的经验证据. 产业经济研究, (04): 67-79.

He F, Zhang Q, Lei J, et al. 2013. Energy efficiency and productivity change of China's iron and steel industry: Accounting for undesirable outputs. Energy Policy, 54: 204-213.

Oh D H, Lee J D. 2010. A metafrontier approach for measuring Malmquist productivity index. Empirical Economics, 38(1): 47-64.

Sun J S, Yuan Y, Yang R, et al. 2017. Performance evaluation of chinese port enterprises under significant environmental concerns: an extended dea-based analysis. Transport Policy, 60: 75-86.

Tobin, J. 1958. Estimation of relationships for limited dependent variables. Econometrica: Journal of the Econometric Society, 24-36.

Wang H, Zhou P, Zhou D Q. 2013. Scenario-based energy efficiency and productivity in China: a non-radial directional distance function analysis. Energy Economics, 40: 795-803.

Wang Z H, Feng C. 2015. Performance evaluation of the energy, environmental, and economic efficiency and productivity in China: an application of global data envelopment analysis. Applied Energy, 147: 617-626.

Yuan P, Cheng S, Sun J, et al. 2013. Measuring the environmental efficiency of the Chinese industrial sector: A directional distance function approach. Mathematical and Computer Modelling, 58(5-6): 936-947.

Zhang N, Choi Y. 2013. Environmental energy efficiency of China's regional economies: a non-oriented slacks-based measure analysis. The Social Science Journal, 50(2): 225-234.

Zhang N, Zhou P, Choi Y. 2013. Energy efficiency, CO_2 emission performance and technology gaps in fossil fuel electricity generation in Korea: A meta-frontier non-radial directional distance function analysis. Energy Policy, 56: 653-662.

Zhou D Q, Wang Q W, Su B, et al. 2016. Industrial energy conservation and emission reduction

performance in China: A city-level nonparametric analysis. Applied Energy, 166: 201-209.
Zhou P, Ang B W, Wang H. 2012. Energy and CO_2 emission performance in electricity generation: a non-radial directional distance function approach. European Journal of Operational Research, 221(3): 625-635.

附　录　A

表 A.1　中国城市能源环境效率值

城市	ECM	EICM	EpIwCM	EpIeCM	EpIgCM	ICM
北京市	1.0000	1.0000	1.0000	1.0000	1.0000	1.0000
天津市	0.3756	0.5950	0.5650	0.3140	0.5238	0.5667
石家庄市	0.1278	0.3454	0.2021	0.2173	0.2242	0.4535
唐山市	0.3490	0.6523	0.3420	0.2378	0.4195	0.6971
秦皇岛市	1.0000	1.0000	0.3233	0.2001	1.0000	0.8998
邯郸市	0.7008	0.4964	0.3302	0.2795	0.3628	0.5919
邢台市	0.2874	0.5545	0.4060	0.2660	0.3825	0.6925
保定市	0.4164	0.6789	0.5152	0.3640	0.5825	0.7077
张家口市	0.1826	0.4248	0.2395	0.1952	0.2939	0.5010
承德市	0.6623	0.7330	0.5283	0.5726	0.6706	0.6329
沧州市	1.0000	1.0000	1.0000	1.0000	1.0000	1.0000
廊坊市	0.5503	0.7195	0.5432	0.3632	0.3654	0.7061
衡水市	0.4809	0.7146	0.6636	0.3114	0.5140	0.7225
太原市	0.3635	0.5613	0.3069	0.2607	0.4136	0.4323
大同市	0.1235	0.3765	0.1522	0.1571	0.2923	0.4435
阳泉市	1.0000	1.0000	0.4914	0.4098	1.0000	0.3967
长治市	0.1075	0.3649	0.1771	0.2376	0.2887	0.5377
晋城市	0.0913	0.3129	0.2660	0.2269	0.1510	0.4923
朔州市	0.2835	0.4785	0.3706	0.2116	0.3887	0.5492
运城市	0.1380	0.5034	0.5006	0.2285	0.1681	0.7241
忻州市	0.1002	0.4052	0.2213	0.2949	0.2433	0.5217
临汾市	0.1207	0.4141	0.4130	0.2181	0.2115	0.5920
呼和浩特市	0.6341	0.8171	0.5539	0.6149	0.6422	0.8545
包头市	0.5537	0.7136	0.4148	0.3284	0.5761	0.6512
乌海市	1.0000	1.0000	1.0000	1.0000	1.0000	0.9989
赤峰市	0.3602	0.6687	0.3048	0.3613	0.5015	0.8110
通辽市	1.0000	1.0000	1.0000	1.0000	1.0000	1.0000
鄂尔多斯市	1.0000	1.0000	1.0000	1.0000	1.0000	1.0000
呼伦贝尔市	1.0000	1.0000	1.0000	1.0000	1.0000	1.0000

续表

城市	ECM	EICM	EpIwCM	EpIeCM	EpIgCM	ICM
巴彦淖尔市	0.2356	0.5691	0.4861	0.2712	0.2299	0.7736
乌兰察布市	1.0000	1.0000	1.0000	1.0000	1.0000	1.0000
沈阳市	0.6895	0.9982	0.4340	0.4525	0.7768	0.9415
大连市	1.0000	1.0000	1.0000	1.0000	1.0000	0.9234
鞍山市	0.2907	0.5554	0.2065	0.2171	0.4397	0.6325
抚顺市	0.5815	0.7642	0.4179	0.4286	0.4950	0.5820
本溪市	1.0000	1.0000	1.0000	1.0000	1.0000	1.0000
锦州市	0.2582	0.5881	0.2074	0.2989	0.4197	0.7727
营口市	1.0000	1.0000	1.0000	1.0000	1.0000	1.0000
阜新市	1.0000	1.0000	0.5466	0.7260	1.0000	0.9999
盘锦市	1.0000	1.0000	1.0000	1.0000	1.0000	1.0000
长春市	1.0000	1.0000	1.0000	1.0000	1.0000	1.0000
吉林市	0.1240	0.3830	0.1361	0.1836	0.2542	0.4725
四平市	0.5336	0.7668	0.4152	0.7116	0.7214	0.9607
通化市	0.1731	0.5461	0.1865	0.3591	0.4895	0.6720
白山市	0.9272	0.7387	0.3210	0.4387	0.7387	0.9995
松原市	0.5227	0.7239	0.4502	0.3923	0.4580	0.7091
哈尔滨市	0.9998	0.8474	0.5252	0.5655	0.7458	0.7384
齐齐哈尔市	0.2238	0.5550	0.2198	0.2349	0.4410	0.7410
鹤岗市	1.0000	1.0000	1.0000	1.0000	1.0000	0.9994
双鸭山市	1.0000	1.0000	1.0000	1.0000	1.0000	1.0000
大庆市	1.0000	1.0000	1.0000	1.0000	1.0000	0.9592
佳木斯市	0.8311	0.9988	0.5234	0.7867	0.8678	0.9431
七台河市	0.1712	0.5657	0.1970	0.2016	0.2891	0.7576
绥化市	1.0000	1.0000	1.0000	1.0000	1.0000	1.0000
上海市	1.0000	1.0000	0.4865	0.4883	1.0000	0.6952
南京市	0.3854	0.6803	0.3709	0.4242	0.6768	0.9646
无锡市	1.0000	1.0000	0.4704	0.4475	1.0000	0.9707
徐州市	0.4116	0.7024	0.5023	0.4022	0.4608	0.7990
常州市	0.6298	0.8149	0.3039	0.2018	0.6204	0.6180
苏州市	1.0000	1.0000	1.0000	1.0000	1.0000	0.9855
南通市	1.0000	1.0000	1.0000	1.0000	1.0000	1.0000
连云港市	0.2491	0.5762	0.2964	0.3382	0.4005	0.6720
淮安市	0.9975	0.7457	0.5000	0.4579	0.5833	0.7721
盐城市	1.0000	1.0000	0.7477	0.6647	1.0000	0.9688
扬州市	1.0000	1.0000	1.0000	1.0000	1.0000	1.0000

续表

城市	ECM	EICM	EpIwCM	EpIeCM	EpIgCM	ICM
镇江市	0.3328	0.6650	0.4980	0.4381	0.3802	0.7925
泰州市	1.0000	1.0000	1.0000	1.0000	1.0000	1.0000
宿迁市	0.4451	0.6734	0.4136	0.2947	0.5032	0.6754
杭州市	1.0000	1.0000	0.8496	0.6826	1.0000	0.9401
宁波市	0.3123	0.6402	0.5238	0.3723	0.3677	0.9974
温州市	0.5115	0.6732	0.5361	0.5111	0.4748	0.6205
嘉兴市	0.4657	0.7273	0.5961	0.6389	0.6976	0.9989
湖州市	0.1800	0.5627	0.3378	0.2582	0.2445	0.7074
绍兴市	0.2288	0.6144	0.5093	0.3816	0.3342	0.9959
金华市	0.5436	0.7718	0.5712	0.6153	0.6745	0.9942
衢州市	0.0818	0.4841	0.1885	0.1433	0.2342	0.6593
舟山市	1.0000	1.0000	1.0000	1.0000	1.0000	1.0000
台州市	0.9969	0.9773	0.9108	0.9314	0.9479	0.9997
合肥市	0.6906	0.8121	0.4550	0.5398	0.8105	0.6005
芜湖市	0.3026	0.5180	0.3279	0.3205	0.4261	0.5447
蚌埠市	0.2683	0.4854	0.2006	0.2371	0.4235	0.5695
淮南市	0.0894	0.3299	0.1599	0.1155	0.2836	0.3001
马鞍山市	0.0903	0.3215	0.1283	0.1073	0.2222	0.3471
淮北市	0.1259	0.3522	0.2037	0.1715	0.2582	0.4202
铜陵市	0.0377	0.1897	0.0882	0.0630	0.1453	0.2133
安庆市	0.8217	0.9109	0.3840	0.4276	0.9992	0.9048
黄山市	0.5008	0.7146	0.4016	0.4456	0.6731	0.5623
滁州市	0.2588	0.4405	0.2532	0.2591	0.2884	0.4560
阜阳市	1.0000	1.0000	1.0000	1.0000	1.0000	1.0000
宿州市	0.4165	0.6701	0.5723	0.3707	0.5715	0.6781
六安市	0.7190	0.8308	0.5567	0.5833	0.7400	0.8483
亳州市	0.9319	0.9660	0.7304	0.7423	0.9526	0.9155
池州市	0.2686	0.5244	0.2864	0.3308	0.4161	0.6110
宣城市	0.1809	0.3596	0.2645	0.2121	0.2484	0.4163
福州市	0.9996	0.9994	0.5429	0.6243	0.9182	0.9067
厦门市	1.0000	1.0000	1.0000	1.0000	1.0000	1.0000
莆田市	0.8144	0.8907	0.8122	0.6430	0.6984	0.7735
三明市	1.0000	1.0000	0.4702	0.3201	1.0000	0.7416
泉州市	1.0000	1.0000	0.6584	0.6718	1.0000	0.9996
漳州市	1.0000	1.0000	1.0000	1.0000	1.0000	1.0000
南平市	0.5348	0.7097	0.5308	0.4380	0.2873	0.6221

续表

城市	ECM	EICM	EpIwCM	EpIeCM	EpIgCM	ICM
龙岩市	0.8391	0.9195	0.7080	0.8162	0.9195	0.9120
宁德市	1.0000	1.0000	1.0000	1.0000	1.0000	1.0000
南昌市	0.6654	0.8327	0.3965	0.5086	0.8327	0.6884
景德镇市	0.0982	0.4038	0.2187	0.3361	0.1419	0.7337
萍乡市	0.3723	0.4885	0.3691	0.2613	0.3259	0.8452
九江市	0.1066	0.3566	0.2416	0.2665	0.2231	0.5122
新余市	0.1562	0.5336	0.1744	0.1297	0.4773	0.9981
鹰潭市	1.0000	1.0000	1.0000	1.0000	1.0000	1.0000
赣州市	0.2654	0.5805	0.3000	0.3353	0.4232	0.7148
吉安市	0.5421	0.7621	0.5582	0.6444	0.6019	0.8409
宜春市	0.0958	0.4189	0.3248	0.3482	0.2754	0.6079
抚州市	0.2989	0.6107	0.2894	0.3896	0.4524	0.6249
上饶市	0.5700	0.7849	0.4478	0.5643	0.6605	0.8029
济南市	0.5285	0.7602	0.4618	0.4916	0.5756	0.7771
青岛市	0.6686	0.8343	0.8325	0.6764	0.3878	0.9955
淄博市	0.1599	0.5028	0.2855	0.2317	0.2163	0.6502
枣庄市	0.2306	0.5581	0.3086	0.3468	0.4018	0.7370
东营市	1.0000	1.0000	1.0000	1.0000	1.0000	1.0000
烟台市	1.0000	1.0000	1.0000	1.0000	1.0000	1.0000
潍坊市	0.3343	0.5929	0.4999	0.4355	0.4164	0.7420
济宁市	0.2520	0.6095	0.3680	0.3567	0.4203	0.9999
泰安市	1.0000	1.0000	1.0000	1.0000	1.0000	0.9993
威海市	1.0000	1.0000	1.0000	1.0000	1.0000	1.0000
日照市	0.1612	0.4988	0.2356	0.1243	0.2472	0.5784
莱芜市	0.2377	0.4893	0.2607	0.1621	0.2854	0.5003
临沂市	0.1680	0.3767	0.2949	0.1675	0.2723	0.5527
德州市	0.2026	0.4830	0.3084	0.3030	0.2848	0.6394
聊城市	0.6183	0.7994	0.6516	0.6455	0.6213	0.8046
滨州市	0.2417	0.5954	0.4876	0.3010	0.4412	0.9992
菏泽市	1.0000	1.0000	1.0000	1.0000	1.0000	1.0000
郑州市	0.2101	0.5653	0.3835	0.2352	0.4527	0.9454
洛阳市	0.3817	0.5593	0.3672	0.3101	0.4279	0.5962
安阳市	0.4325	0.5049	0.6320	0.1781	0.2005	0.9452
鹤壁市	0.2000	0.4746	0.2493	0.2201	0.3597	0.5777
新乡市	0.2301	0.5020	0.3420	0.3338	0.3948	0.5780
濮阳市	0.2772	0.5224	0.3246	0.2507	0.3994	0.5897

续表

城市	ECM	EICM	EpIwCM	EpIeCM	EpIgCM	ICM
许昌市	1.0000	1.0000	0.7388	0.8169	1.0000	0.8584
漯河市	0.9965	0.9943	0.7630	0.5897	0.7454	0.7278
三门峡市	0.1709	0.5523	0.5270	0.4254	0.1367	0.8158
南阳市	0.5210	0.6821	0.5788	0.4306	0.5445	0.5713
商丘市	0.4869	0.7434	0.6533	0.3218	0.5909	0.7999
周口市	1.0000	1.0000	1.0000	1.0000	1.0000	1.0000
驻马店市	0.4961	0.7055	0.5482	0.4194	0.5786	0.8277
黄石市	0.1272	0.3278	0.1844	0.1631	0.1543	0.4395
十堰市	0.9975	0.8344	0.4964	0.5654	0.8094	0.6928
宜昌市	0.4818	0.7409	0.7244	0.7377	0.7286	0.9545
襄阳市	0.7040	0.8520	0.8069	0.8232	0.7655	0.8375
鄂州市	0.2720	0.4593	0.2606	0.2001	0.3247	0.4841
荆门市	0.2074	0.4145	0.2596	0.2295	0.2730	0.5070
孝感市	0.2925	0.4842	0.3990	0.4085	0.3672	0.4960
荆州市	0.2199	0.4071	0.2973	0.2586	0.3010	0.4471
黄冈市	1.0000	1.0000	1.0000	1.0000	1.0000	1.0000
咸宁市	0.3301	0.4965	0.4263	0.4089	0.2997	0.4916
随州市	1.0000	1.0000	0.4236	0.5719	1.0000	0.7115
长沙市	1.0000	1.0000	1.0000	1.0000	1.0000	1.0000
株洲市	1.0000	1.0000	1.0000	1.0000	1.0000	1.0000
湘潭市	0.1863	0.4248	0.2118	0.1971	0.1317	0.4353
衡阳市	0.2545	0.5479	0.2598	0.2914	0.3454	0.6737
邵阳市	0.5878	0.7780	0.4699	0.6513	0.5519	0.7620
岳阳市	0.3215	0.6365	0.4271	0.4581	0.4305	0.9983
常德市	1.0000	1.0000	1.0000	1.0000	1.0000	1.0000
张家界市	1.0000	1.0000	0.5634	0.5740	1.0000	0.8851
益阳市	0.2236	0.5352	0.3375	0.3412	0.3463	0.6737
郴州市	0.4043	0.6162	0.4888	0.5188	0.5378	0.6465
永州市	0.3803	0.6794	0.3166	0.4547	0.6039	0.6809
怀化市	0.4541	0.7223	0.3534	0.5293	0.5795	0.8553
娄底市	0.1647	0.5232	0.2962	0.2530	0.3697	0.7564
广州市	1.0000	1.0000	1.0000	1.0000	1.0000	0.7864
韶关市	0.3190	0.6283	0.2785	0.3050	0.4755	0.7313
深圳市	1.0000	1.0000	1.0000	1.0000	1.0000	1.0000
珠海市	0.3375	0.6662	0.4353	0.4166	0.6643	0.8909
汕头市	0.9023	0.9505	0.7224	0.6413	0.8654	0.8821

续表

城市	ECM	EICM	EpIwCM	EpIeCM	EpIgCM	ICM
江门市	0.1914	0.5180	0.3330	0.3367	0.2723	0.9987
茂名市	1.0000	1.0000	1.0000	1.0000	1.0000	1.0000
惠州市	0.3942	0.6847	0.3621	0.3451	0.6649	0.6587
梅州市	1.0000	1.0000	1.0000	1.0000	1.0000	1.0000
汕尾市	1.0000	1.0000	1.0000	1.0000	0.9992	0.7271
阳江市	0.5496	0.7745	0.6776	0.5385	0.7451	0.9559
清远市	0.3693	0.6846	0.2254	0.1769	0.5933	0.7391
东莞市	0.1016	0.3206	0.1088	0.1113	0.2706	0.2831
中山市	0.2279	0.6101	0.4343	0.2034	0.5718	0.7185
揭阳市	1.0000	1.0000	1.0000	1.0000	1.0000	1.0000
云浮市	1.0000	1.0000	1.0000	1.0000	1.0000	1.0000
南宁市	0.4887	0.7355	0.3376	0.4339	0.6533	0.6089
柳州市	0.2580	0.5687	0.1502	0.2338	0.5155	0.6149
桂林市	0.6498	0.7875	0.5043	0.6870	0.6765	0.7183
梧州市	0.6676	0.8251	0.5060	0.5324	0.8112	0.6881
北海市	0.3983	0.6245	0.4694	0.4003	0.4876	0.5721
防城港市	0.3458	0.6069	0.2923	0.2683	0.5520	0.7204
钦州市	1.0000	1.0000	1.0000	1.0000	1.0000	0.6581
贵港市	0.7646	0.8823	0.4214	0.3869	0.8204	0.8716
玉林市	1.0000	1.0000	0.6271	0.6874	1.0000	0.7967
百色市	0.3830	0.6086	0.4846	0.3577	0.5381	0.6788
贺州市	1.0000	1.0000	0.7732	0.4284	1.0000	0.7219
河池市	1.0000	1.0000	1.0000	1.0000	1.0000	1.0000
来宾市	1.0000	1.0000	1.0000	1.0000	1.0000	1.0000
崇左市	1.0000	1.0000	1.0000	1.0000	1.0000	1.0000
海口市	1.0000	1.0000	1.0000	1.0000	1.0000	1.0000
三亚市	1.0000	1.0000	1.0000	1.0000	1.0000	1.0000
重庆市	0.2753	0.4878	0.3015	0.2688	0.2936	0.5349
成都市	0.6379	0.8099	0.7000	0.6498	0.5998	0.8320
自贡市	1.0000	1.0000	0.6606	0.8613	1.0000	0.9814
攀枝花市	0.2082	0.4593	0.1684	0.1569	0.1506	0.3856
泸州市	0.5729	0.6617	0.5089	0.4765	0.4396	0.5047
德阳市	1.0000	1.0000	0.4402	0.5689	1.0000	0.9987
绵阳市	0.3717	0.6424	0.3900	0.3913	0.4244	0.9109
广元市	1.0000	1.0000	1.0000	1.0000	1.0000	1.0000
遂宁市	1.0000	1.0000	1.0000	1.0000	1.0000	1.0000

续表

城市	ECM	EICM	EpIwCM	EpIeCM	EpIgCM	ICM
内江市	0.2854	0.6182	0.3519	0.3846	0.4877	0.7997
乐山市	0.1350	0.4010	0.2659	0.1379	0.2432	0.6354
南充市	1.0000	1.0000	1.0000	1.0000	1.0000	1.0000
眉山市	0.2545	0.5904	0.4023	0.3599	0.4762	0.8270
宜宾市	1.0000	1.0000	1.0000	1.0000	1.0000	1.0000
广安市	0.9715	0.9798	0.7334	0.5586	0.6939	0.8281
达州市	0.5472	0.7710	0.5819	0.4526	0.4988	0.7214
雅安市	0.3048	0.5961	0.2973	0.2032	0.4930	0.5255
巴中市	1.0000	1.0000	1.0000	1.0000	1.0000	1.0000
资阳市	1.0000	1.0000	1.0000	1.0000	1.0000	1.0000
安顺市	0.6151	0.7867	0.4963	0.3844	0.7059	0.7655
毕节市	1.0000	1.0000	1.0000	1.0000	1.0000	1.0000
铜仁市	0.5315	0.7269	0.3790	0.5017	0.5780	0.5896
曲靖市	1.0000	1.0000	1.0000	1.0000	1.0000	1.0000
玉溪市	1.0000	1.0000	1.0000	1.0000	1.0000	1.0000
保山市	1.0000	1.0000	0.4697	0.3074	1.0000	0.6253
昭通市	1.0000	1.0000	1.0000	1.0000	1.0000	1.0000
丽江市	1.0000	1.0000	1.0000	1.0000	1.0000	1.0000
西安市	0.9973	0.7065	0.6316	0.5050	0.5414	0.6105
咸阳市	1.0000	1.0000	0.3312	0.6371	1.0000	0.8298
渭南市	1.0000	1.0000	0.4151	0.6993	1.0000	0.8174
榆林市	1.0000	1.0000	1.0000	1.0000	1.0000	1.0000
安康市	1.0000	1.0000	1.0000	1.0000	1.0000	1.0000
商洛市	1.0000	1.0000	1.0000	1.0000	1.0000	1.0000
兰州市	0.2061	0.3837	0.2035	0.1937	0.2269	0.3858
武威市	0.2011	0.4284	0.3840	0.2355	0.1489	0.3791
张掖市	0.1830	0.4823	0.2619	0.1597	0.2842	0.6507
酒泉市	0.5243	0.7571	0.3861	0.4914	0.7571	0.8173
西宁市	0.1786	0.3450	0.1855	0.1695	0.1705	0.2726
乌鲁木齐市	0.3034	0.4923	0.2549	0.2467	0.2670	0.4198

表 A.2　一线城市能源环境效率值

城市	ECM	EICM	EpIwCM	EpIeCM	EpIgCM	ICM
北京市	0.96	0.89	0.64	0.65	0.55	0.77
天津市	0.38	0.46	0.46	0.36	0.39	0.50
沈阳市	1.00	1.00	1.00	1.00	1.00	1.00

续表

城市	ECM	EICM	EpIwCM	EpIeCM	EpIgCM	ICM
大连市	1.00	1.00	1.00	1.00	1.00	1.00
上海市	1.00	1.00	1.00	1.00	1.00	1.00
南京市	0.20	0.40	0.21	0.27	0.35	0.59
苏州市	0.07	0.29	0.20	0.17	0.11	0.49
杭州市	0.14	0.37	0.27	0.22	0.36	0.59
宁波市	0.23	0.42	0.32	0.32	0.20	0.58
青岛市	0.49	0.67	0.59	0.67	0.28	0.77
郑州市	0.31	0.61	0.59	0.41	0.44	0.88
长沙市	1.00	1.00	1.00	1.00	1.00	1.00
广州市	0.29	0.49	0.22	0.27	0.34	0.70
深圳市	1.00	1.00	1.00	1.00	1.00	1.00
东莞市	0.06	0.33	0.05	0.06	0.17	0.59
重庆市	1.00	1.00	1.00	1.00	1.00	1.00
成都市	0.71	0.84	0.64	0.84	0.48	0.92
西安市	1.00	1.00	1.00	1.00	1.00	1.00

表 A.3　二线城市能源环境效率值

城市	ECM	EICM	EpIwCM	EpIeCM	EpIgCM	ICM
石家庄市	0.20	0.43	0.32	0.37	0.23	0.64
太原市	0.47	0.62	0.40	0.35	0.47	0.77
长春市	1.00	1.00	1.00	1.00	1.00	1.00
哈尔滨市	0.94	0.97	0.94	0.87	0.91	1.00
无锡市	1.00	1.00	1.00	1.00	1.00	1.00
徐州市	0.41	0.70	0.70	0.52	0.50	0.94
常州市	0.13	0.28	0.23	0.14	0.19	0.44
南通市	0.21	0.41	0.36	0.41	0.40	0.60
温州市	0.55	0.68	0.56	0.65	0.40	0.80
嘉兴市	0.09	0.43	0.43	0.24	0.26	0.78
绍兴市	0.07	0.32	0.14	0.13	0.11	0.57
金华市	1.00	1.00	1.00	1.00	1.00	1.00
台州市	1.00	1.00	1.00	1.00	1.00	1.00
合肥市	0.64	0.75	0.65	0.74	0.75	0.85
福州市	1.00	1.00	1.00	1.00	1.00	1.00
厦门市	1.00	1.00	1.00	1.00	1.00	1.00
泉州市	0.26	0.63	0.63	0.54	0.42	0.99
南昌市	0.22	0.51	0.23	0.33	0.51	0.79

续表

城市	ECM	EICM	EpIwCM	EpIeCM	EpIgCM	ICM
济南市	0.39	0.60	0.50	0.45	0.42	0.82
烟台市	0.29	0.52	0.52	0.42	0.45	0.72
珠海市	0.08	0.28	0.07	0.08	0.27	0.48
惠州市	0.18	0.50	0.20	0.19	0.50	0.82
中山市	0.09	0.30	0.14	0.08	0.30	0.52
南宁市	0.44	0.67	0.37	0.59	0.67	0.89
海口市	1.00	1.00	0.57	0.64	1.00	1.00
兰州市	0.36	0.57	0.38	0.35	0.27	0.78
乌鲁木齐市	0.35	0.54	0.33	0.30	0.24	0.73

表 A.4　三线城市能源环境效率值

城市	ECM	EICM	EpIwCM	EpIeCM	EpIgCM	ICM
唐山市	0.06	0.16	0.10	0.05	0.09	0.25
秦皇岛市	0.12	0.43	0.24	0.16	0.14	0.75
邯郸市	0.17	0.32	0.26	0.18	0.19	0.46
邢台市	0.06	0.45	0.45	0.24	0.25	0.83
保定市	0.18	0.47	0.35	0.30	0.22	0.76
沧州市	1.00	1.00	1.00	1.00	1.00	1.00
廊坊市	0.09	0.30	0.30	0.17	0.07	0.50
呼和浩特市	0.07	0.15	0.08	0.08	0.09	0.22
包头市	0.05	0.09	0.06	0.03	0.07	0.13
鞍山市	0.06	0.19	0.06	0.06	0.13	0.33
抚顺市	0.12	0.33	0.09	0.09	0.09	0.54
营口市	0.08	0.46	0.10	0.06	0.46	0.80
盘锦市	0.04	0.32	0.07	0.05	0.32	0.59
吉林市	0.05	0.15	0.05	0.08	0.07	0.25
齐齐哈尔市	0.10	0.54	0.19	0.23	0.12	0.98
大庆市	0.07	0.40	0.06	0.05	0.10	0.74
连云港市	0.08	0.23	0.14	0.15	0.12	0.38
淮安市	0.16	0.28	0.18	0.18	0.18	0.40
盐城市	0.11	0.27	0.27	0.20	0.20	0.40
扬州市	0.16	0.29	0.16	0.18	0.26	0.30
镇江市	0.05	0.11	0.07	0.07	0.06	0.17
泰州市	0.18	0.26	0.26	0.22	0.17	0.31
湖州市	0.04	0.17	0.10	0.07	0.05	0.29

续表

城市	ECM	EICM	EpIwCM	EpIeCM	EpIgCM	ICM
衢州市	0.02	0.23	0.09	0.06	0.05	0.43
舟山市	1.00	1.00	1.00	1.00	1.00	1.00
芜湖市	0.07	0.14	0.09	0.09	0.09	0.21
蚌埠市	0.14	0.34	0.12	0.19	0.11	0.54
马鞍山市	0.03	0.11	0.05	0.04	0.06	0.18
莆田市	0.34	0.33	0.28	0.27	0.28	0.32
三明市	0.03	0.22	0.22	0.10	0.11	0.41
漳州市	1.00	1.00	1.00	1.00	1.00	1.00
南平市	0.09	0.27	0.27	0.17	0.05	0.44
龙岩市	0.07	0.28	0.13	0.11	0.28	0.48
宁德市	0.21	0.48	0.48	0.34	0.39	0.76
九江市	0.05	0.22	0.18	0.20	0.08	0.38
赣州市	0.07	0.42	0.25	0.35	0.16	0.76
上饶市	1.00	1.00	1.00	1.00	1.00	1.00
淄博市	0.03	0.13	0.05	0.04	0.04	0.23
东营市	1.00	1.00	1.00	1.00	1.00	1.00
潍坊市	0.08	0.23	0.23	0.16	0.14	0.34
济宁市	0.08	0.27	0.19	0.16	0.13	0.46
泰安市	0.17	0.38	0.34	0.37	0.21	0.46
威海市	0.10	0.17	0.11	0.10	0.17	0.24
临沂市	0.10	0.31	0.25	0.15	0.08	0.52
洛阳市	0.10	0.20	0.16	0.11	0.14	0.31
南阳市	0.26	0.45	0.45	0.39	0.20	0.62
宜昌市	0.06	0.18	0.15	0.14	0.17	0.25
襄阳市	0.20	0.34	0.22	0.33	0.28	0.36
孝感市	0.14	0.46	0.32	0.46	0.13	0.76
荆州市	0.15	0.38	0.31	0.35	0.16	0.58
株洲市	1.00	1.00	1.00	1.00	1.00	1.00
衡阳市	0.12	0.34	0.17	0.23	0.14	0.56
岳阳市	0.14	0.30	0.20	0.24	0.19	0.43
汕头市	1.00	1.00	1.00	1.00	1.00	1.00
江门市	0.14	0.38	0.14	0.20	0.32	0.57
清远市	1.00	1.00	1.00	1.00	1.00	1.00
揭阳市	1.00	1.00	1.00	1.00	1.00	1.00
柳州市	0.05	0.16	0.05	0.09	0.15	0.28
桂林市	0.21	0.36	0.21	0.36	0.24	0.49

续表

城市	ECM	EICM	EpIwCM	EpIeCM	EpIgCM	ICM
三亚市	1.00	1.00	1.00	1.00	1.00	1.00
绵阳市	0.19	0.49	0.26	0.31	0.20	0.78
南充市	1.00	1.00	1.00	1.00	1.00	1.00
丽江市	1.00	1.00	1.00	1.00	1.00	1.00
咸阳市	0.09	0.49	0.17	0.49	0.10	0.90
西宁市	0.09	0.16	0.08	0.07	0.06	0.24

表 A.5　四线城市能源环境效率值

城市	ECM	EICM	EpIwCM	EpIeCM	EpIgCM	ICM
张家口市	0.29	0.33	0.27	0.23	0.28	0.31
承德市	1.00	1.00	1.00	1.00	1.00	1.00
大同市	0.24	0.38	0.26	0.23	0.34	0.40
运城市	0.39	0.67	0.67	0.41	0.53	0.89
临汾市	0.29	0.55	0.54	0.41	0.37	0.66
赤峰市	0.35	0.46	0.32	0.35	0.39	0.40
通辽市	0.26	0.47	0.33	0.24	0.46	0.54
鄂尔多斯市	1.00	1.00	1.00	1.00	1.00	1.00
呼伦贝尔市	0.14	0.44	0.40	0.37	0.35	0.73
本溪市	1.00	1.00	1.00	1.00	1.00	1.00
锦州市	0.22	0.35	0.18	0.21	0.28	0.40
阜新市	0.31	0.64	0.26	0.26	0.31	0.97
四平市	0.43	0.61	0.39	0.57	0.58	0.72
通化市	0.06	0.19	0.08	0.09	0.19	0.33
佳木斯市	1.00	1.00	1.00	1.00	1.00	1.00
宿迁市	0.38	0.39	0.37	0.29	0.25	0.33
淮南市	0.09	0.18	0.09	0.07	0.17	0.26
安庆市	0.39	0.44	0.33	0.33	0.37	0.44
黄山市	0.57	0.42	0.36	0.38	0.36	0.26
滁州市	0.22	0.28	0.25	0.26	0.15	0.31
阜阳市	1.00	1.00	1.00	1.00	1.00	1.00
宿州市	0.30	0.43	0.39	0.27	0.25	0.55
六安市	1.00	1.00	1.00	1.00	1.00	1.00
宣城市	0.22	0.29	0.29	0.27	0.16	0.28
景德镇市	0.07	0.15	0.09	0.09	0.05	0.23
吉安市	0.41	0.57	0.51	0.49	0.50	0.59

续表

城市	ECM	EICM	EpIwCM	EpIeCM	EpIgCM	ICM
宜春市	0.22	0.39	0.35	0.39	0.19	0.50
抚州市	0.37	0.43	0.34	0.42	0.33	0.39
枣庄市	0.12	0.18	0.13	0.10	0.18	0.24
日照市	0.12	0.24	0.18	0.12	0.13	0.26
德州市	0.21	0.24	0.20	0.17	0.17	0.26
聊城市	0.24	0.28	0.27	0.19	0.21	0.32
滨州市	0.09	0.17	0.14	0.06	0.17	0.23
菏泽市	0.29	0.60	0.40	0.25	0.16	0.90
安阳市	1.00	1.00	1.00	1.00	1.00	1.00
新乡市	0.19	0.29	0.18	0.16	0.22	0.35
许昌市	0.20	0.28	0.28	0.21	0.16	0.35
商丘市	0.59	0.73	0.73	0.43	0.39	0.79
周口市	1.00	1.00	1.00	1.00	1.00	1.00
驻马店市	0.44	0.54	0.48	0.36	0.28	0.62
黄石市	0.14	0.18	0.14	0.12	0.11	0.20
十堰市	0.47	0.44	0.29	0.30	0.44	0.40
黄冈市	0.75	0.81	0.81	0.80	0.47	0.83
咸宁市	0.45	0.48	0.45	0.48	0.26	0.34
湘潭市	0.16	0.19	0.14	0.14	0.09	0.17
邵阳市	0.49	0.57	0.43	0.57	0.30	0.63
常德市	0.23	0.30	0.24	0.23	0.16	0.35
郴州市	0.17	0.22	0.22	0.17	0.18	0.28
怀化市	0.27	0.48	0.36	0.37	0.48	0.63
娄底市	0.27	0.49	0.41	0.30	0.39	0.65
韶关市	0.17	0.33	0.16	0.13	0.22	0.46
茂名市	0.54	0.64	0.49	0.34	0.27	0.74
梅州市	0.41	0.67	0.38	0.33	0.38	0.92
汕尾市	0.70	0.67	0.52	0.51	0.63	0.62
阳江市	0.28	0.37	0.25	0.19	0.28	0.41
梧州市	0.29	0.31	0.23	0.22	0.29	0.32
北海市	0.27	0.22	0.18	0.16	0.19	0.18
玉林市	0.84	0.75	0.68	0.72	0.59	0.54
泸州市	0.47	0.41	0.34	0.31	0.27	0.35
德阳市	0.20	0.30	0.22	0.20	0.12	0.39
遂宁市	1.00	1.00	1.00	1.00	1.00	1.00
内江市	0.48	0.64	0.50	0.60	0.35	0.61

续表

城市	ECM	EICM	EpIwCM	EpIeCM	EpIgCM	ICM
乐山市	0.20	0.30	0.24	0.15	0.15	0.37
眉山市	0.15	0.28	0.24	0.19	0.16	0.41
宜宾市	1.00	1.00	1.00	1.00	1.00	1.00
雅安市	0.54	0.56	0.49	0.42	0.41	0.40
曲靖市	1.00	1.00	1.00	1.00	1.00	1.00
玉溪市	0.11	0.39	0.22	0.12	0.39	0.64
渭南市	0.36	0.52	0.31	0.52	0.22	0.67
榆林市	1.00	1.00	1.00	1.00	1.00	1.00

表 A.6　五线城市能源环境效率值

城市	ECM	EICM	EpIwCM	EpIeCM	EpIgCM	ICM
衡水市	0.20	0.36	0.36	0.15	0.16	0.47
阳泉市	0.43	0.35	0.31	0.31	0.23	0.26
长治市	0.03	0.12	0.09	0.10	0.08	0.21
晋城市	0.02	0.11	0.11	0.05	0.03	0.19
朔州市	0.04	0.11	0.11	0.03	0.05	0.18
忻州市	0.06	0.18	0.11	0.18	0.05	0.28
乌海市	1.00	1.00	1.00	1.00	1.00	1.00
巴彦淖尔市	0.03	0.17	0.17	0.04	0.03	0.30
乌兰察布市	0.11	0.33	0.33	0.28	0.07	0.55
白山市	0.05	0.11	0.06	0.04	0.11	0.18
松原市	0.06	0.12	0.10	0.05	0.05	0.18
鹤岗市	0.03	0.50	0.05	0.03	0.09	0.97
双鸭山市	1.00	1.00	1.00	1.00	1.00	1.00
七台河市	0.03	0.37	0.04	0.02	0.04	0.72
绥化市	1.00	1.00	1.00	1.00	1.00	1.00
淮北市	0.06	0.13	0.09	0.05	0.07	0.20
铜陵市	0.02	0.04	0.02	0.01	0.02	0.06
亳州市	0.33	0.53	0.45	0.31	0.22	0.69
池州市	0.06	0.14	0.11	0.06	0.08	0.22
萍乡市	0.07	0.12	0.11	0.06	0.04	0.17
新余市	0.01	0.07	0.03	0.01	0.04	0.12
鹰潭市	0.15	0.20	0.17	0.15	0.16	0.20
莱芜市	1.00	1.00	1.00	1.00	1.00	1.00
鹤壁市	0.07	0.14	0.09	0.05	0.08	0.20

续表

城市	ECM	EICM	EpIwCM	EpIeCM	EpIgCM	ICM
濮阳市	0.11	0.20	0.17	0.09	0.09	0.28
漯河市	0.38	0.32	0.31	0.24	0.27	0.25
三门峡市	0.04	0.18	0.18	0.06	0.03	0.32
鄂州市	0.03	0.08	0.05	0.03	0.04	0.12
荆门市	0.05	0.11	0.08	0.04	0.04	0.18
随州市	0.13	0.18	0.15	0.12	0.15	0.23
张家界市	0.30	0.42	0.24	0.20	0.19	0.53
益阳市	0.08	0.21	0.17	0.10	0.08	0.33
永州市	0.11	0.24	0.15	0.13	0.09	0.36
云浮市	0.20	0.26	0.22	0.25	0.22	0.31
防城港市	0.04	0.10	0.06	0.04	0.08	0.16
钦州市	0.55	0.63	0.43	0.48	0.63	0.51
贵港市	0.08	0.38	0.20	0.10	0.12	0.68
百色市	0.12	0.24	0.24	0.11	0.13	0.34
贺州市	0.29	0.40	0.32	0.20	0.36	0.35
河池市	1.00	1.00	1.00	1.00	1.00	1.00
来宾市	1.00	1.00	1.00	1.00	1.00	1.00
崇左市	0.09	0.28	0.27	0.12	0.21	0.45
自贡市	0.25	0.35	0.20	0.18	0.15	0.45
攀枝花市	0.02	0.09	0.02	0.01	0.01	0.15
广元市	0.37	0.42	0.30	0.22	0.21	0.47
广安市	0.17	0.34	0.34	0.16	0.10	0.51
达州市	0.16	0.32	0.26	0.16	0.12	0.48
巴中市	1.00	0.65	0.60	0.64	0.53	0.31
资阳市	0.40	0.47	0.47	0.34	0.22	0.54
安顺市	0.18	0.32	0.21	0.11	0.14	0.46
毕节市	1.00	1.00	1.00	1.00	1.00	1.00
铜仁市	0.24	0.28	0.16	0.19	0.15	0.32
保山市	0.11	0.29	0.27	0.15	0.14	0.44
昭通市	1.00	1.00	1.00	1.00	1.00	1.00
安康市	0.30	0.45	0.45	0.21	0.26	0.61
商洛市	0.51	0.75	0.74	0.50	0.31	0.95
武威市	0.11	0.19	0.18	0.10	0.06	0.25
张掖市	0.06	0.21	0.13	0.04	0.08	0.35
酒泉市	0.07	0.12	0.10	0.06	0.12	0.17

附　录　B

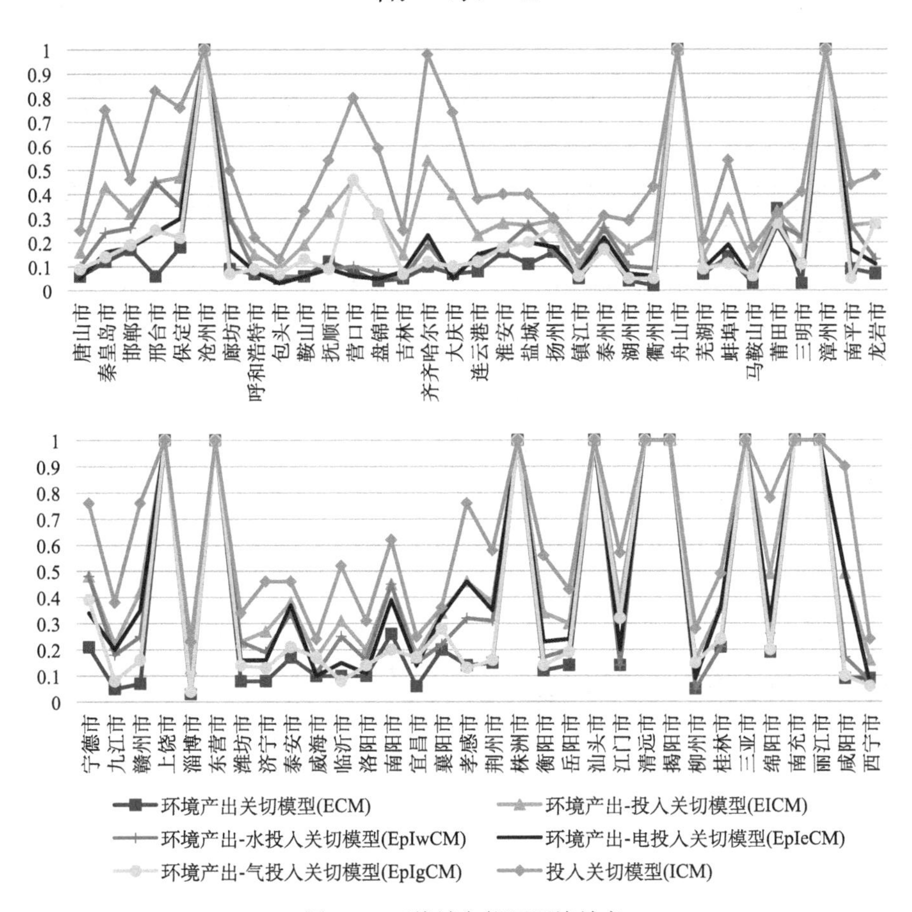

图 B.1　三线城市能源环境效率

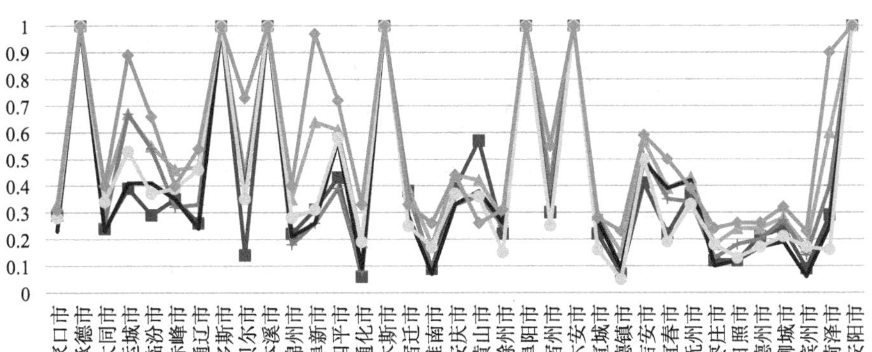

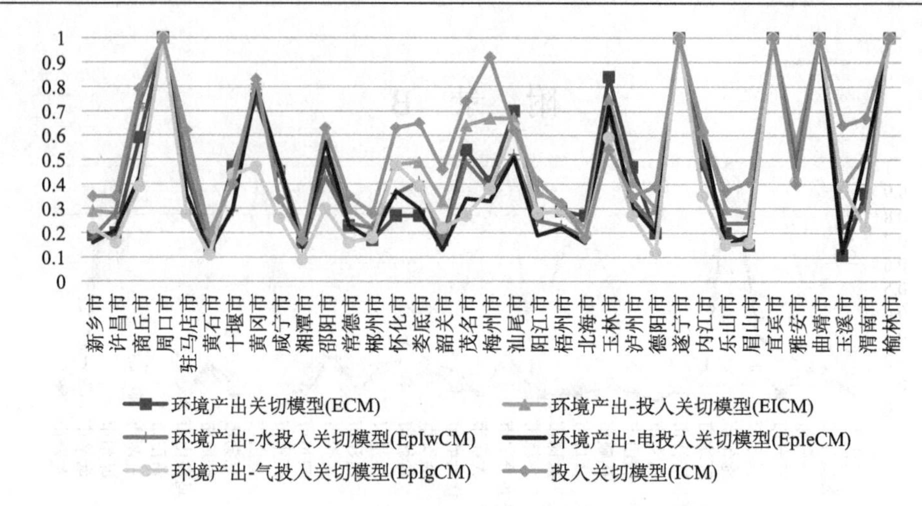

图 B.2　四线城市能源环境效率

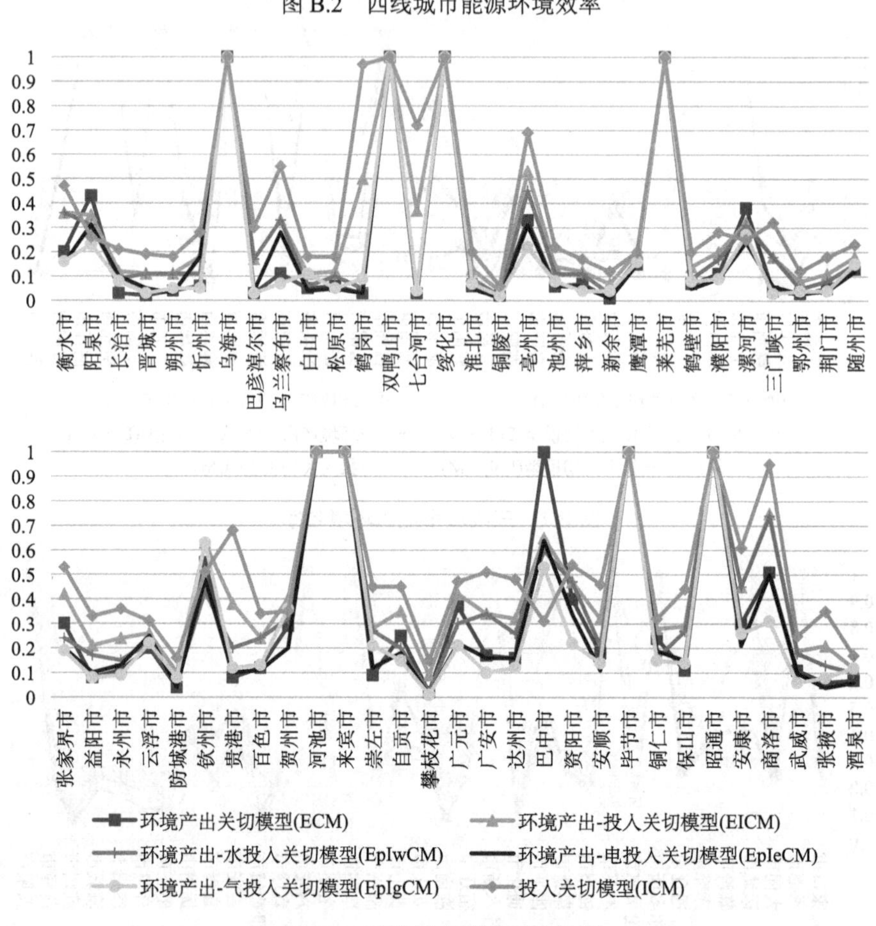

图 B.3　五线城市能源环境效率

第 4 章　中国湘江流域环境效率研究

近几十年来，湘江流域社会经济快速发展的同时，工业、生活废水、废气的排放量也显著增加，造成了湘江流域生态环境的极大破坏，违背了可持续发展的理念。为了解决环境污染问题，许多学者采取了数据包络分析(DEA)方法来衡量和提升中国各个行业和地方的环境绩效。然而，这些研究工作得到的标杆通常是决策单元达到有效前沿面距离最远的目标，从而导致其难以被决策单元所接受。同时，目前鲜有关注湘江流域水污染问题的环境绩效评价研究。本章在考虑非期望产出的基础上，建立了一种新的基于范围调整测度(range adjusted measure，RAM)的最近目标 DEA 模型，并将该方法运用于我国湘江流域的环境绩效评估分析中。

4.1　背 景 介 绍

湘江，是湖南省辖区内最大的河流，被誉为湖南人民的母亲河。湘江流域是湖南省人口最稠密、社会经济文化最发达、城市化水平最高的区域，同时也是资源和环境压力最大的区域。近年来，随着现代化进程的快速推进，流域内水污染、大气污染及水资源短缺等环境恶化现象逐渐显现，已经严重威胁到人们赖以生存的生态环境，并成为了社会经济可持续发展的制约因素。为了解决环境污染问题，中国和湖南省地方都颁布了诸多环保法规，以推进清洁生产技术的实施，减少污染的产生与排放，从而实现经济和环境的可持续发展(Li and Lin，2016)。而环境绩效评价则能够为企业或地方实施具体的应对方案提供科学合理的依据。

环境绩效评价能够科学、及时地指出区域存在的环境薄弱点，为环境治理与生态保护指明方向，是生态环境改善的前提。然而，由于缺乏科学的环境绩效评价方法和改进效率的具体措施，我国湘江流域的水环境治理仍然任重道远。环境绩效可以综合衡量经济因素和环境因素，有效地反映出湘江流域水系统生态状况(Song et al.，2012；Fang et al.，2013)。衡量环境绩效和确定改进标杆是当务之急，DEA 是环境绩效评价中能够有效衡量环境绩效和确定改进标杆的方法之一。

DEA 作为一种非参数线性规划绩效评估方法被广泛地应用于环境绩效评价中(Färe et al.，1989；Leleu，2013；Zhou et al.，2012；Li and Lin，2016)。Song 等(2012)对环境绩效 DEA 模型的相关研究进行了总结，并根据非期望产出的处理方法把环境绩效的评估方法分成三种。第一种处理方法是基于松弛变量的测量方法，如 SBM 模型(slack-based measure)。这类方法通过非期望产出的松弛变量处理非期望产出(Tone，2001)，可以同时测量投入和产出的非有效性，它突破了传统绩效改进的径向测量方法。第二种处理非期望产出的方法主要是基于 Färe 等(1989)提出的弱可处置性假设，在这种假设下，不需要对非期望产出进行数据处理。目前，已有大量的文献研究采用弱可处置性假设来处理非期望产出(Leleu，2013；Zhou et al.，2012；Miao et al.，2016)。第三种处理方法是将非期望产出视为可自由处理的投入，但这种方法无法反映真实的生产过程(Hailu and Veeman，2001；An et al.，2017)。上述处理方法各有优劣，Liu 等(2010)指出各处理方法需要反映出现实问题中非期望产出、期望产出和投入之间的经济意义，而对于处理非期望产出方法的选择则由具体的研究背景及问题来决定。

以往的研究大部分都是在测量决策单元环境绩效的同时设定了达到环境有效的“最远”目标，因此，对于传统最远目标的 DEA 效率测度方法，其设定的标杆(目标)难以被决策单元所接受。相比之下，基于“最近”目标的评估方法可以为非有效决策单元的投入和产出指明具体的改进方向，使得它们以最小的努力达到有效。目前，主要有两类最近目标的方法。一类是最小化所选择距离的最近目标 DEA 模型，如 Frei 和 Harker(1999)通过最大限度地减少达到有效生产前沿面的欧几里得距离或加权欧几里得距离找出最近目标(Baek and Lee，2009；Amirteimoori and Kordrostami，2010；Aparicio and Pastor，2013)。Gonzalez 和 Alvarez(2001)提出了最小化到生产前沿面投入缩减和的方式获得达到有效前沿面的最短路径，从而为无效决策单元找到最近的标杆。Portela 等(2004)采用定向距离函数法确定了决策单元的最近目标。Jahanshahloo 等(2012)提出了到强有效前沿的最小距离法，即通过将 L_1 距离的最小化来确定标杆(或称为生产前沿上的投影点)的效率测算方法。Briec 和 Lemaire(1999)以及 Briec 和 Leleu(2003)使用 Hölder 距离函数获得被评估决策单元达到有效前沿面的最短距离。Ando 等(2012)指出了基于 Hölder 规范的最小距离测量方法在强有效生产前沿面上不满足弱单调性,并在自由可支配集的基础上提出了一种满足弱单调性的最小距离测量方法。为了实现强单调性，Aparicio 和 Pastor(2014b)基于强单调的扩展生产可能集为产出导向模型提供了一个解决方案。Fukuyama 等(2014)采用了最小距离 p-范数无效的测量方法，可以满足在强有效生产前沿面上的强单调性来获得决策单元的最近目标。An 等(2015)提出了基于增强型 Russell 模型(enhanced Russell measure)的最近距离 DEA 模型，并将该模型应用到中国火力发电企业的环境绩效评估中。另一类是最小化(或最大化)效率测量指标的最近目标 DEA 模型，如 Portela 和 Thanassoulis(2003)最大化 BRWZ 指标(Brockett et al.，1997)以获得最近的目标。Aparicio 等(2007，2013)提出了几个数学规划模型以找到最近的目标，其中基于相似性标准给出了不同的效率测度方法(如范围调整测度、Russell 测度、基于松弛量的测度），以确保被评估的决策单元能够找到帕累托有效边界上最近的投影点。

为了全面评估湘江流域水系统的环境绩效，并为其设置最近目标以实现环境有效，本章首先在考虑非期望产出的基础上，建立一种新的最近目标数据包络分析模型。新模型以范围调整测度(range adjusted measure，RAM)模型为基础，RAM模型不仅可以保持 SBM 模型的非径向性的优势，而且能够解决投入产出指标中存在非正数的问题(丁黎黎 等,2018),从而更加适应评估一般性的系统环境绩效。最后，将所建立的最近目标 DEA 模型应用于湘江流域水系统环境绩效评估，为生态环境改进设定标杆。

4.2　传统 RAM 模型及最近目标设定

目前，RAM 模型和最近目标方法模型作为 DEA 中效率测度和寻找最近目标的代表性方法，得到了大量的研究和应用，本章将在这两种方法的基础上构建新模型。

假设有 n 个决策单元(DMUs),每个 DMU 消耗 m 种投入生产出 s 种产出；x_{ij} 表示 DMU_j 的第 i 种投入量；y_{rj} 表示 DMU_j 的第 r 种产出量；则 $X_j=(x_{1j},\cdots,x_{mj})\geqslant 0$，$X_j\neq 0$，$j=1,\cdots,n$；$Y_j=(y_{1j},\cdots,y_{sj})\geqslant 0$，$Y_j\neq 0$，$j=1,\cdots,n$ 表示 DMU_j 的整个生产活动。在此假设下，规模报酬不变情况下的 RAM(Cooper et al.，1999)效率模型可表示如下：

$$
\begin{aligned}
&\text{Min}\left[1-\frac{1}{m+s}\left(\sum_{i=1}^{m}\frac{s_{i0}^{-}}{R_i^{-}}+\sum_{r=1}^{s}\frac{s_{r0}^{+}}{R_r^{+}}\right)\right]\\
&\text{s.t.}\ \sum_{j=1}^{n}\lambda_j x_{ij}+s_{i0}^{-}=x_{i0},i=1,\cdots,m\\
&\qquad \sum_{j=1}^{n}\lambda_j y_{rj}-s_{r0}^{+}=y_{i0},r=1,\cdots,s\\
&\qquad \lambda_j,s_{i0}^{-},s_{r0}^{+}\geqslant 0;j=1,\cdots,n
\end{aligned}
\tag{4.1}
$$

模型(4.1)中，λ_j 表示未知变量(通常称为结构或强度变量)，通过凸组合连接投入和产出向量，其中，$R_i^{-}=\text{Min}_j\{x_{ij}\}-\text{Min}_j\{x_{ij}\}$，$R_r^{+}=\text{Max}_j\{y_{rj}\}-\text{Min}_j\{y_{rj}\}$ 表示第 i 个投入和第 r 个产出的范围；s_{i0}^{-} 和 s_{r0}^{+} 分别被评估决策单元 DMU_0 第 i 个投入的松弛变量和第 r 个产出的松弛变量，代表着无效 DMU_j 和参考点 $\left(x_{i0}-s_{i0}^{-*},y_{r0}+s_{r0}^{+*}\right)$ 之间的距离，而上标*则代表了模型中的最优解。假设 $\left(\lambda_j^{*},s_{i0}^{-*},s_{r0}^{+*}\right)$ 为模型(4.1)的最优解，当模型(4.1)目标函数的最优值为 1 时，则被评估的决策单元 DMU_0 是有效的；否则，DMU_0 是无效的。值得注意的是，这个

模型和 SBM 模型的区别是目标函数不同，当模型(4.1)的目标函数变为 $\text{Min}_{\lambda_j,s_{i0}^-,s_{r0}^+}\left[\left(1-\frac{1}{m}\sum_{i=1}^{m}\frac{s_{i0}^-}{x_{i0}}\right)/\left(1+\frac{1}{s}\sum_{r=1}^{s}\frac{s_{r0}^+}{y_{r0}}\right)\right]$ (Tone，2001)，此模型就变成了 SBM 模型。与 SBM 模型相比，RAM 模型不仅保持了 SBM 模型的非径向优势，而且能够解决投入产出指标中存在非正数的问题。

定义 4.1 用$(X_j,Y_j)(j=1,\cdots,n)$表示所有决策单元的生产活动，即由 DMUs 构成的生产可能集 T 为

$$T=\left\{(X,Y)\mid X\geqslant\sum_{j=1}^{n}\lambda_j X_j,\ Y\leqslant\sum_{j=1}^{n}\lambda_j Y_j,\ \lambda_j\geqslant 0\right\}$$

通过定义 4.1，生产可能集(PPS)的有效前沿面$\partial(T)$可以表示为生产可能集中非支配点(有效生产点)构成的超曲面，可表示为

$$\partial(T)=\left\{(X,Y)\in P\middle|X'\leqslant X,Y'\geqslant Y\Rightarrow(X',Y')=(X,Y)\right\} \tag{4.2}$$

或在乘数模型中表示为

$$\partial(T)=\{(X,Y)\big|-vX+wY=0,-vX_j+wY_j\leqslant 0,j=1,\cdots,n,v>0_m,w>0_m\} \tag{4.3}$$

假设生产可能集中的极强有效生产端点的集合为 E，则有效前沿面$\partial(T)$具体表达式如定理 4.1。

定理 4.1 有效前沿面$\partial(T)$可表达为

$$\partial(T)=\left\{(X,Y)\in\Re_+^{m+s}\ \middle|\ \begin{array}{c}X=\sum_{j\in E}\lambda_j X_j,Y=\sum_{j\in E}\lambda_j Y_j,\\ -vX_j+wY_j+d_j=0,j\in E\\ v>1_m,w>1_s\\ d_j\leqslant Mb_j,j\in E\\ \lambda_j\leqslant M(1-b_j),j\in E\\ d_j,\lambda_j\geqslant 0,b_j\in\{0,1\},j\in E\end{array}\right\}$$

其中，M 是个足够大的常量。

证明： 由于证明过程与 Aparicio 等(2007)相似，在这里省略这一证明。

定理 4.1 表示在生产可能集上支配被评估决策单元(X_o,Y_o)的帕累托有效面上的点可以表示为生产前面上极强有效点的组合。更重要的是，达到帕累托有效边界最小距离的不可行点的集合可以用一组线性约束表示。将上述有效前沿面的表达用于最小化目标设定模型中，可以找到非有效 DMU_0 的最近目标，如 Aparicio 等(2007)提出的 mADD 模型。

4.3　考虑非期望产出的最近目标单阶段系统环境绩效评价模型

假定有 n 个独立的决策单元 $\mathrm{DMU}_j(j=1,\cdots,n)$，每个决策单元 $\mathrm{DMU}_j(j=1,\cdots,n)$ 使用 m 种投入 $x_{ij}(i=1,\cdots,m)$ 生产 s 种期望产出 $y_{rj}(r=1,\cdots,s)$，同时生产 q 种非期望产出 $z_{pj}(p=1,\cdots,q)$。由此，可获得系统的生产可能集如定义 4.2 所示。

定义 4.2　假设 $(X_j,Y_j,Z_j)(j=1,\cdots,n)$ 表示存在非期望产出的所有决策单元生产活动，其生产可能集表示如下：

$$T_{\text{env}}=\{(X,Y,Z)\mid X\geqslant\sum_{j=1}^{n}X_j\lambda_j,Y\leqslant\sum_{j=1}^{n}Y_j\lambda_j,Z\geqslant\sum_{j=1}^{n}Z_j\lambda_j,\lambda_j\geqslant 0\}$$

其中，λ_j 表示未知变量(通常称为结构或强度变量)，通过凸组合连接投入和产出向量。此生产可能集是基于规模报酬不变(constant returns to scale，CRS)，通过增加约束 $\sum_{j=1}^{n}\lambda_j=1$ 可使此生产可能集变成规模报酬可变(variable returns to scale，VRS)的形式。

在定义 4.2 中，非期望产出被视为投入处理，这与 Liu 和 Sharp(1999)的处理方式类似。选择这种方式的原因在于被评估决策单元总是希望投入和非期望产出最小化，并且期望产出最大化。正如 Liu 等(2010)指出，如果只想从这个角度研究运营效率，就没有必要将投入和产出区分开，只需要区分出希望最小化和希望最大化的指标。

基于 RAM 模型，首先构建考虑存在非期望产出的 RAM 模型，然后据此测量被评估决策单元 DMU_0 的环境绩效，其模型表达如下：

$$\begin{aligned}
&\mathrm{Min}\left[1-\frac{1}{m+p+s}\left(\sum_{i=1}^{m}\frac{s_{i0}^{-}}{R_i^{-}}+\sum_{p=1}^{q}\frac{s_{p0}^{--}}{R_p^{--}}+\frac{1}{s}\sum_{r=1}^{s}\frac{s_{r0}^{+}}{R_i^{+}}\right)\right]\\
&\text{s.t. }\sum_{j=1}^{n}\lambda_j x_{ij}+s_{i0}^{-}=x_{i0},i=1,\cdots,m,\\
&\qquad\sum_{j=1}^{n}\lambda_j y_{rj}-s_{r0}^{+}=y_{r0},r=1,\cdots,s,\\
&\qquad\sum_{j=1}^{n}\lambda_j z_{pj}+s_{p0}^{--}=z_{p0},p=1,\cdots,q,\\
&\qquad\lambda_j,s_{i0}^{-},s_{r0}^{+},s_{p0}^{--}\geqslant 0,j=1,\cdots,n,i=1,\cdots,m;r=1,\cdots,s;p=1,\cdots,q.
\end{aligned}\tag{4.4}$$

其中，$R_i^{-}=\mathrm{Max}_j\left\{x_{ij}\right\}-\mathrm{Min}_j\left\{x_{ij}\right\}$，$R_p^{--}=\mathrm{Max}_j\left\{z_{pj}\right\}-\mathrm{Min}_j\left\{z_{pj}\right\}$，$R_r^{+}=\mathrm{Max}_j\left\{y_{rj}\right\}-\mathrm{Min}_j\left\{y_{rj}\right\}$。可见，模型(4.4)可以同时从投入、产出的角度出发，测量被评价单

元与目标(参考)单元之间的差距，s_{i0}^{-}、s_{r0}^{+}和s_{p0}^{--}分别为DMU_0第i个投入的松弛变量、第r个期望产出的松弛变量和第p个非期望产出的松弛变量。假设($\lambda_j^*, s_{i0}^{-*}, s_{r0}^{+*}, s_{p0}^{--*}$)是模型(4.4)的一组最优解，被评估决策单元典环境效率值可以通过公式(4.5)得到。

$$\rho_e = 1 - \frac{1}{m+p+s}\left(\sum_{i=1}^{m}\frac{s_{i0}^{-*}}{R_i^-} + \sum_{p=1}^{q}\frac{s_{p0}^{--*}}{R_p^{--}} + \frac{1}{s}\sum_{r=1}^{s}\frac{s_{r0}^{+*}}{R_i^+}\right) \tag{4.5}$$

当模型(4.4)的最优目标值公式(4.5)等于 1 时，DMU_0是经典环境有效；否则，它是经典环境无效的。可以看出，根据模型(4.4)和公式(4.5)计算出的决策单元的经典环境效率是基于最远目标获得的，即通过最大化投入和产出的松弛变量值获得。

用集合H表示生产可能集T_{env}中所有经典环境极强有效决策单元的集合，通过定义 4.2，可类似地表示其有效生产前沿面为$\partial(T_{\text{env}})$。它是由非可支配点组成，表示为

$$\partial(T_{\text{env}}) = \{(X,Y,Z)\in P \mid X' \leqslant X, Y' \geqslant Y, Z' \leqslant Z \Rightarrow (X',Y',Z') = (X,Y,Z)\} \tag{4.6}$$

或在乘数模型中表示为

$$\begin{aligned}\partial(T_{\text{env}}) = \{(X,Y,Z) \mid & -vX + wY - \pi Z = 0, -vX_j + wY_j - \pi Z_j \leqslant 0, \\ & j = 1,\cdots,n, v > 0_m, w > 0_m, \pi > 0_m\}\end{aligned} \tag{4.7}$$

不同于模型(4.4)，基于集合H，建立以下最近目标模型用于评估每个 DMU 的环境绩效，同时找到其最近标杆。

$$\begin{aligned}
\text{Max} & \left[1 - \frac{1}{m+p+s}\left(\sum_{i=1}^{m}\frac{s_{i0}^{-}}{R_i^-} + \sum_{p=1}^{q}\frac{s_{p0}^{--}}{R_p^{--}} + \frac{1}{s}\sum_{r=1}^{s}\frac{s_{r0}^{+}}{R_i^+}\right)\right] \\
\text{s.t.} \quad & \sum_{j\in H}\lambda_j x_{ij} + s_{i0}^{-} = x_{i0}, i = 1,\cdots,m, \\
& \sum_{j\in H}\lambda_j y_{rj} - s_{r0}^{+} = y_{r0}, r = 1,\cdots,s, \\
& \sum_{j\in H}\lambda_j z_{pj} + s_{p0}^{--} = z_{p0}, p = 1,\cdots,q, \\
& -\sum_{i=1}^{m} v_i x_{ij} - \sum_{p=1}^{q}\pi_p z_{ij} + \sum_{r=1}^{s} w_r y_{rj} + d_j = 0, j \in H, \\
& v_i \geqslant \frac{1}{(m+q+s)R_i^-}, \ i = 1,\cdots,m, \\
& \pi_p \geqslant \frac{1}{(m+q+s)R_p^{--}}, \ p = 1,\cdots,q,
\end{aligned}$$

$$
\begin{aligned}
& w_r \geqslant \frac{1}{(m+q+s)R_i^+}, \quad r=1,\cdots,s, \\
& d_j \leqslant Mb_j, j \in H, \\
& \lambda_j \leqslant M(1-b_j), j \in H, \\
& b_j \in \{0,1\}, d_j \geqslant 0, \lambda_j \geqslant 0, j \in H, \\
& s_{i0}^-, s_{r0}^+, s_{p0}^{--} \geqslant 0, i=1,\cdots,m; r=1,\cdots,s; p=1,\cdots,q.
\end{aligned} \tag{4.8}
$$

其中，s_{i0}^-、s_{r0}^+和s_{p0}^{--}分别为DMU_0第 i 个投入的松弛变量、第 r 个期望产出的松弛变量和第 p 个非期望产出的松弛变量，m 是足够大的常量。第 1~3 个约束条件表示计算支配DMU_0的极有效点的线性组合；第 4~7 个约束条件是对应于考虑环境因素的 RAM 模型的乘数模型约束，但仅考虑对于集合 H 中极强有效 DMU 的限制，这些约束条件确保了所有的生产可能集T_{env}里的点位于这些超平面上或其内部；第 8~10 个约束是确定哪个 DMU 作为被评估决策单元参考点的关键条件。如果$\lambda_j > 0$，那么 $b_j = 0$，$d_j = 0$。因此，如果DMU_j是参考点之一，那么它必然属于超平面$-\sum_{i=1}^{m} v_i x_{ij} - \sum_{p=1}^{q} \pi_p z_{pj} + \sum_{r=1}^{s} w_r y_{rj} + d_j = 0$。如果$\lambda_j = 0$，那么$d_j \geqslant 0$，这表示$\mathrm{DMU}_j$不是评估$\mathrm{DMU}_0$的参考点。

对比模型(4.4)和模型(4.8)的约束，可得模型(4.8)的最优解肯定是模型(4.4)的可行解，因此可以推导出以下定理。

定理 4.2　模型(4.4)的最优值不大于模型(4.8)的最优值。

假定(λ_j^*, s_{i0}^{-*}，s_{r0}^{+*}，s_{p0}^{--*}，v_i^*，π_p^*，w_r^*，d_j^*，b_j^*)是最近目标模型(4.8)的最优解，那么被评估决策单元DMU_0的最近目标为

$$
\left(\hat{x}_{i0} = x_{i0} - s_{i0}^{-*}, \hat{y}_{r0} = y_{r0} + s_{i0}^{+*}, \hat{z}_{p0} = z_{p0} - s_{p0}^{--*}\right) \tag{4.9}
$$

同时，基于最近目标的DMU_0的环境绩效值可以通过公式(4.10)获得

$$
\rho_{\text{env}} = 1 - \frac{1}{m+p+s}\left(\sum_{i=1}^{m} \frac{s_{i0}^{-*}}{R_i^-} + \sum_{p=1}^{q} \frac{s_{p0}^{--*}}{R_p^{--}} + \frac{1}{s}\sum_{r=1}^{s} \frac{s_{r0}^{+*}}{R_i^+}\right) \tag{4.10}
$$

值得注意的是，当且仅当模型(4.8)中所有的松弛变量s_{i0}^{-*}、s_{r0}^{+*}和s_{p0}^{--*}都为 0 时，环境绩效值ρ_{env}等于 1，此时DMU_0是基于最近目标环境有效的。

定理 4.3　如果被评估DMU_0是经典环境有效的，那么DMU_0一定是最近目标环境有效的。

证明：根据经典环境绩效的定义，对于一个经典环境有效的DMU_0，其对应的模型(4.4)的最优松弛变量$(s_{i0}^{-*}, s_{r0}^{+*}, s_{p0}^{--*})$都等于 0。从模型(4.4)和模型(4.8)的约束条件可以看出，模型(4.4)中经典环境有效 DMU 的最优松弛变量($s_{i0}^{-*} = 0, s_{r0}^{+*} =$

$0, s_{p0}^{--*}=0)$一定是模型(4.8)的一个可行解。由于$s_{i0}^{-*}\geqslant 0$、$s_{r0}^{+*}\geqslant 0$和$s_{p0}^{--*}\geqslant 0$，因此被评估决策单元DMU_0一定是最近目标环境有效的。

4.4 最近目标的RAM模型在湘江流域环境绩效评估的应用

通过4.2节与4.3节建立的环境绩效评估模型，我们对中国湘江流域的城市水系统进行环境绩效评估，从而获得其经典的水环境绩效和考虑最近目标的水环境绩效。

4.4.1 指标选择和数据来源

根据研究目的和数据的获得性，本章选择了2008~2014年湘江流域7个城市的15个监测区域作为研究对象。在投入指标方面，选择人力、资本和能源消耗三个指标。水污染程度衡量指标一般包括溶解氧(DO)、总磷(TP)、氨氮、pH、高锰酸盐等多个指标，但因为DEA要求决策单元个数是指标个数的2倍以上，且上述指标间存在着较强的相关性，为了实现评估结果的可靠性，选择其中两个重要的水环境指标，即DO和TP。由于一般环境指标都是非期望产出，这里利用DO的倒数DO'作为环境指标，TP则直接作为非期望产出之一。此外，选用各个地区的GDP作为期望产出指标。这些数据来源于中国统计年鉴、湖南省统计年鉴和湖南省水质监测站。

从表4.1可以看出，2008~2014年，劳动力、资本和能源消费的平均值在逐年增加，该情况基本反映了经济实体的发展规模；水质溶解氧含量平均值整体降低和总磷含量平均值整体上升说明整体水质环境在研究期间内恶化；而溶解氧和总磷的方差趋于稳定，则表明环境表现方面的波动性并没有扩大。反观经济方面的表现，则有较大的不同。从表4.1可以得出，GDP的平均值和方差逐年上升，这表明研究期间内湘江流域经济逐年增长并且差异性在逐年增大。

表4.1 2008~2014年投入产出指标的描述性统计

年份		人力/万人	资本/亿元	能源消耗/万t标准煤	DO'/(mg/L)	GDP/亿元	TP/(mg/L)
2008	均值	325.084	443.3067	532.8767	7.752	1105.261	0.0583
	方差	9570.854	263485.7	31145.79	1.4982	622951.1	0.0013
	最大值	422.84	1702.3	888.24	11.14	3000.98	0.139
	最小值	159.63	174.55	184.26	6.1	528.4	0.01
2009	均值	334.9227	637.028	557.576	7.9013	1303.315	0.0639
	方差	407564.7	10825.21	32527.86	1.5125	1031122	0.0012

续表

年份		人力/万人	资本/亿元	能源消耗/万 t 标准煤	DO'/(mg/L)	GDP/亿元	TP/(mg/L)
2009	最大值	440.03	2200.62	891.75	11.18	3744.76	0.138
	最小值	175.66	242.05	196.76	5.89	568.31	0.007
2010	均值	344.5127	833.5107	592.6167	7.6727	1588.619	0.0794
	方差	12402.9	638096.8	37822.98	0.5239	1517310	0.0016
	最大值	458.31	2785.99	969.25	9.16	4547.06	0.146
	最小值	172.72	305.1	219.62	6.15	678.71	0.007
2011	均值	341.3636	1100.734	498.0357	7.7936	1974.079	0.0683
	方差	13321.07	990766.4	27342.7	0.8571	2489730	0.0014
	最大值	466.39	3433.33	804.04	9.93	5619.33	0.141
	最小值	169.33	425.25	168.43	6.82	847.26	0.005
2012	均值	354.9207	1373.709	570.002	7.6893	2220.991	0.0715
	方差	13447.33	1123715	39811.78	0.3275	3009651	0.0019
	最大值	470.18	3956.06	1052.41	8.47	6399.91	0.161
	最小值	175.46	581.91	225.09	6.27	1002.65	0.005
2013	均值	360.392	1741.072	532.8767	7.5767	2472.869	0.0653
	方差	13443.71	1332636	31145.79	0.3448	3768624	0.0013
	最大值	475.44	4539.39	888.24	8.75	7153.13	0.143
	最小值	184.48	787.57	184.26	6.5	1118.17	0.008
2014	均值	361.268	2116.535	557.576	7.4107	2718.79	0.0653
	方差	13709.77	1882373	32527.86	0.3259	4494915	0.002
	最大值	476.45	5435.75	891.75	8.54	7824.81	0.172
	最小值	180.3	938.94	196.76	6.68	1210.86	0.005

4.4.2　湘江流域水系统环境绩效评估分析

在本节中，对湘江流域 15 个监测区域的水环境绩效进行评估，为了评估每个区域每年的水环境绩效，将每年每个区域作为一个被评估对象，即决策单元，然后使用模型(4.4)和公式(4.5)得到每个区域的经典水环境效率，如表 4.2 所示。

表 4.2　2008~2014 年 15 个监测区域的经典水环境效率

城市	区域	2008	2009	2010	2011	2012	2013	2014	平均值
永州	潇水	1.0000	0.6755	0.6754	0.6952	0.6952	0.6704	0.6771	0.7270
	主干	0.9941	0.6695	0.6634	0.6894	0.6894	0.6718	0.6593	0.7196
衡阳	春陵水	0.9674	1.0000	0.9965	1.0000	1.0000	0.5784	0.5606	0.8719

续表

城市	区域	2008	2009	2010	2011	2012	2013	2014	平均值
衡阳	蒸水	0.9666	0.9391	1.0000	0.9752	0.9752	0.5306	0.5676	0.8506
	耒水	0.9560	0.8722	0.9359	0.9615	0.9615	0.5711	0.5663	0.8321
	洣水	1.0000	0.9456	1.0000	—	—	0.5610	0.5659	0.8145
	主干	0.9836	0.9521	0.9864	0.9800	0.9800	0.5590	0.5567	0.8568
株洲	渌水	0.8982	0.7253	0.6245	0.7205	0.7205	0.6548	0.6567	0.7144
	主干	1.0000	0.7586	0.7150	0.8424	0.8424	0.6713	0.7125	0.7917
湘潭	涟水	0.7409	0.7129	0.6545	0.7098	0.7098	0.6717	0.6483	0.6926
	主干	0.7094	0.6209	0.5922	0.6513	0.6513	0.6559	0.6641	0.6493
长沙	浏阳河	0.8693	0.9060	0.7856	1.0000	1.0000	0.9459	0.8951	0.9146
	主干	0.8860	0.8713	0.8367	1.0000	1.0000	1.0000	1.0000	0.9420
郴州	耒水	1.0000	0.7939	0.7799	1.0000	1.0000	0.8781	1.0000	0.9217
娄底	涟水	0.6062	0.5503	0.5284	0.5596	0.5596	0.5126	0.4563	0.5390
平均值		0.9052	0.7996	0.7850	0.8418	0.8418	0.6755	0.6791	

在表 4.2 中，效率值为 1 的区域表示它在对应的那一年是经典水环境有效的。由于衡阳洣水水域 2011~2012 年的数据缺失，所以无法获得对应两年的经典环境绩效。湘江流域水系统的整体经典环境绩效呈现逐年下降的趋势。其中，表现较好的城市区域有长沙浏阳河区域、长沙主干区域以及郴州的耒水区域，它们的平均经典水环境效率都大于 0.9。娄底的涟水区域表现最差，其平均经典水环境效率为 0.539。根据各水域所在城市，可得湘江流域的 7 个城市水系统的经典环境效率。

从表 4.3 中可以看出，近几年湘江流域城市的经典水环境绩效整体上在不断降低。2008～2014 年，长沙的水环境绩效表现最好，其次是郴州，娄底的表现最差。导致效率差异的原因是长沙作为省会，经济水平最高，同时对环保的重视程

表 4.3　2008~2014 年 7 个湘江流域城市的平均经典水环境效率

城市	2008	2009	2010	2011	2012	2013	2014	平均值
永州	0.9971	0.6725	0.6694	0.6923	0.6923	0.6711	0.6682	0.7233
衡阳	0.9747	0.9418	0.9838	0.9792	0.9792	0.5600	0.5634	0.8546
株洲	0.9491	0.7420	0.6698	0.7814	0.7814	0.6631	0.6846	0.7530
湘潭	0.7252	0.6669	0.6234	0.6805	0.6805	0.6638	0.6562	0.6709
长沙	0.8776	0.8886	0.8112	1.0000	1.0000	0.9730	0.9475	0.9283
郴州	1.0000	0.7939	0.7799	1.0000	1.0000	0.8781	1.0000	0.9217
娄底	0.6062	0.5503	0.5284	0.5596	0.5596	0.5126	0.4563	0.5390

度比其他地区更大，环保投入也更多。对于表现最差的娄底，当地政府需要重视经济与环境的协同发展。此外，表 4.2 中确定的经典环境有效的区域将被用于形成模型(4.8)中的有效集合 H，以获得最近目标水环境效率和最近目标，其结果如表 4.4 所示。

表 4.4　2008~2014 年 15 个监测区域的最近目标水环境效率

城市	区域	2008	2009	2010	2011	2012	2013	2014	平均值
永州	潇水	1.0000	0.9857	0.9943	0.9086	0.9086	0.9142	0.8631	0.9392
	主干	0.9941	0.9806	0.9836	0.9000	0.9000	0.9171	0.8692	0.9349
衡阳	春陵水	0.9674	1.0000	0.9987	1.0000	1.0000	0.9916	0.9751	0.9904
	蒸水	0.9666	0.9996	1.0000	0.9814	0.9814	0.9896	0.9642	0.9833
	耒水	0.9560	0.9839	0.9925	0.9771	0.9771	0.9969	0.9969	0.9829
	洣水	1.0000	0.9805	1.0000	—	—	0.9898	0.9962	0.9933
	主干	0.9836	0.9996	1.0000	0.9929	0.9929	0.9855	0.9778	0.9903
株洲	渌水	0.8982	0.9548	0.8768	0.9038	0.9038	0.9111	0.8718	0.9029
	主干	1.0000	0.9751	0.9340	0.9291	0.9291	0.9143	0.8693	0.9358
湘潭	涟水	0.7433	0.7339	0.7729	0.7695	0.7695	0.7814	0.7787	0.7642
	主干	0.8682	0.8300	0.7759	0.7898	0.7898	0.7588	0.7515	0.7948
长沙	浏阳河	1.0000	1.0000	0.9845	1.0000	1.0000	0.9459	0.8951	0.9751
	主干	0.9875	1.0000	1.0000	1.0000	1.0000	1.0000	1.0000	0.9982
郴州	耒水	1.0000	0.9634	0.9531	1.0000	1.0000	0.9951	1.0000	0.9874
娄底	涟水	0.6267	0.6558	0.7080	0.8678	0.8678	0.8610	0.8616	0.7784
平均值		0.9328	0.9362	0.9316	0.9300	0.9300	0.9302	0.9114	

衡阳洣水水域的数据缺失，导致无法获得该区域的最近目标环境绩效。表 4.4 中效率值为 1 的区域表示它在相应年份的最近目标水环境是有效的。2008~2014 年，这些水域的平均最近目标环境绩效趋于一致，效率值约在 0.93，这点和经典水环境绩效有很大区别。表现最好的年份为 2009 年，最差的年份为 2014 年，但效率值差别较小，可以忽略不计。从各水域历年情况来看，长沙的主干区域、衡阳的洣水区域、衡阳的主干区域、衡阳的春陵水区域表现都很好，效率值均大于 0.99。从表 4.4 最后一列可以看出，最近目标水环境无效的程度都很小，水环境效率值大都在 0.9 以上。这在一定程度上表明湘江流域的水系统生态环境水平基本差不多，且都在较高的层次，这也表明了湖南省在湘江水质污染控制方面取得了一些成就。

通过对比表 4.2 和表 4.4 数据，可以发现基于最近目标方法得到的各地区的平均水环境效率均大于平均经典水环境效率。为了便捷性，后续中出现的水环境效率都是指基于最近目标方法模型(4.8)获得的水环境效率。与经典效率评估方法相比，水环境无效的区域可以通过更少的努力来达到有效，并通过使用我们提出的模型获得每个无效区域的最近目标。类似地，表 4.5 中列出 7 个湘江流域城市的水环境效率。

表 4.5　2008~2014 年 7 个湘江流域城市的平均最近目标水环境效率

城市	2008	2009	2010	2011	2012	2013	2014	平均值
永州	1.0000	1.0000	0.9803	1.0000	1.0000	1.0000	0.9455	0.9894
衡阳	1.0000	0.8609	1.0000	1.0000	0.6969	0.7604	0.6946	0.8590
株洲	1.0000	0.9858	0.9436	1.0000	1.0000	1.0000	0.9591	0.9841
湘潭	1.0000	0.9546	0.9363	1.0000	0.9811	0.9287	1.0000	0.9715
长沙	0.8884	0.9207	0.9044	0.9752	1.0000	1.0000	1.0000	0.9555
郴州	1.0000	1.0000	0.9244	0.9911	0.8847	0.9203	0.8915	0.9446
娄底	1.0000	0.9093	0.8789	0.8639	0.8803	0.9016	0.8623	0.8995

我们可以看到近几年平均水环境绩效有所提高。与经典水环境效率相比，基于最近目标方法的水环境效率值更稳定，城市之间的水环境绩效差异很小并都处于较高的水平。结果表明无效地区的最近目标是稳定的，并且这些目标也更容易被实现。

由于每年各个区域的标杆分析过程都是类似的，在这里，仅列出 2014 年各区域实现水环境有效的最近目标，以论证本章提出的方法。

表 4.6 中黑体标注的区域在 2014 年都是水环境有效的，其中包括长沙的主干区域和郴州的耒水区域，这些区域不需要进行效率改进和设定最近目标。这些区域大都分布在长株潭城市群，它们不仅经济发展相对较好，而且在环境保护方面做得很好，因此也是水环境有效的。除了这些水环境有效的区域，水环境无效的区域为了达到有效需要减少投入(劳动力、资本存量和能源消耗)或增加 GDP 和溶解氧，减少总磷。以娄底涟水区域为例，为了达到水环境有效，应减少人力投入 406.68 个单位和能源消耗 374.551 个单位，保持资本投入量，增加溶解氧含量 0.14 个单位和减少总磷含量 0.043 个单位，同时保持生产总值。其他无效区域可以采用类似的方法来提高其水环境绩效。值得指出的是，这里提出的方法，不仅可以测量各个地区的水环境效率，还可以为各个无效的区域提供最近目标。因此，我们提出的方法对于指导地方政府制定相关经济和环境政策具有强大的吸引力。例如，如果环境方面表现比较弱，政府应该出台一些政策来刺激企业利用高科技来提高污染处理率，或者关闭水污染严重的企业以减少环境污染。

表 4.6　2014 年 15 个监测区域基于最近目标的变化量

城市	区域	人力	资本	能源消耗	溶解氧	总磷	GDP
永州	潇水	550.068	41.792	0.000	1.903	0.030	0.000
	主干	550.068	41.792	0.000	1.445	0.037	0.000
衡阳	春陵水	184.384	35.211	0.000	0.000	0.000	0.000
	蒸水	424.333	41.332	0.000	0.000	0.000	0.000
	耒水	0.000	0.000	0.000	0.000	0.000	135.443
	洣水	0.000	0.000	0.000	0.000	0.000	168.212
	主干	281.390	24.594	0.000	0.000	0.000	0.000
株洲	渌水	540.097	0.000	46.880	2.883	0.011	0.000
	主干	174.354	0.000	89.065	3.583	0.000	0.000
湘潭	涟水	532.808	0.000	380.547	4.686	0.000	0.000
	主干	562.859	0.000	377.081	6.703	0.001	0.000
长沙	浏阳河	0.000	0.000	0.000	0.433	0.091	0.000
	主干	**0.000**	**0.000**	**0.000**	**0.000**	**0.000**	**0.000**
郴州	**耒水**	**0.000**	**0.000**	**0.000**	**0.000**	**0.000**	**0.000**
娄底	涟水	406.680	0.000	374.551	0.140	0.043	0.000

4.5　本 章 小 结

现有的环境绩效评估研究确定的基准(目标)通常是被评估决策单元达到有效的最远目标，因此付出的努力也将是最大的。在本章中，为了使被评估的生态系统通过最小的努力达到环境有效，构建了基于 RAM 模型的最近目标数据包络分析方法，并利用该方法研究了中国湘江流域水系统的环境绩效。

研究结果表明，2008~2014 年间中国湘江流域水系统的平均环境效率保持在较高的水平，这表明湖南省在水污染防治监管等方面采取了措施并取得了一定的成效。与传统(经典)的环境效率方法相比，基于本章提出的最近目标方法的环境效率值较大，并且通过该方法可使各个无效区域通过最小努力达到水环境有效。此外，水环境有效的区域大都是经济发达的城市，如长沙和株洲。因此，其他水环境无效的区域可以向这些地区学习，根据自己的经济水平和环境情况制定相应的政策以提高水环境绩效。为了改进湘江流域的水环境效率，我们提出以下政策建议：

(1) 根据标杆分析发现，水环境效率低的区域应该合理利用人力、资本和能源去提高水环境效率。

(2)为了对湘江流域的水质污染进行防治，郴州、衡阳、长沙等城市应该合作制定治污和水质保护计划，水环境无效的区域向水环境有效的区域学习。

(3)控制水体污染物的排放量并加大污水处理力度，从而实现湘江流域水环境效率的提升。此外，对那些污染严重，经济效益差并且排污设施不达标的厂进行相应的处罚。

参考文献

丁黎黎, 郑海红, 刘新民. 2018. 海洋经济生产效率、环境治理效率和综合效率的评估. 中国科技论坛, (03): 48-57.

Amirteimoori A, Kordrostami S. 2010. A Euclidean distance-based measure of efficiency in data envelopment analysis. Optimization, 59(7): 985-996.

An Q X, Pang Z, Chen H, et al. 2015. Closest targets in environmental efficiency evaluation based on enhanced Russell measure. Ecological Indicators, 51: 59-66.

An Q X, Wen Y, Xiong B, et al. 2017. Allocation of carbon dioxide emission permits with the minimum cost for Chinese provinces in big data environment. Journal of Cleaner Production, 142: 886-893.

Ando K, Kai A, Maeda Y, et al. 2012. Least distance based inefficiency measures on the Pareto-efficient frontier in DEA. Journal of the Operations Research Society of Japan, 55(1): 73-91.

Aparicio J, Pastor J T. 2013. A well-defined efficiency measure for dealing with closest targets in DEA. Applied Mathematics and Computation, 219(7): 9142-9154.

Aparicio J, Pastor J T. 2014a. On how to properly calculate the Euclidean distance-based measure in DEA. Optimization, 63(3): 421-432.

Aparicio J, Pastor J T. 2014b. Closest targets and strong monotonicity on the strongly efficient frontier in DEA. Omega, 44: 51-57.

Aparicio J, Ruiz J L, Sirvent I. 2007. Closest targets and minimum distance to the Pareto-efficient frontier in DEA. Journal of Productivity Analysis, 28(3): 209-218.

Baek C, Lee J. 2009. The relevance of DEA benchmarking information and the least distance measure. Mathematical and Computer Modelling, 49: 265-275.

Bian Y W, Yang F. 2010. Resource and environment efficiency analysis of provinces in China: a DEA approach based on Shannon's entropy. Energy Policy, 38: 1909-1917.

Briec W, Leleu H. 2003. Dual representations of non-parametric technologies and measurement of technical efficiency. Journal of Productivity Analysis, 20(1): 71-96.

Briec W, Lemaire B. 1999. Technical efficiency and distance to a reverse convex set. European Journal of Operational Research, 114(1): 178-187.

Brockett P L, Rousseau J J, Wang Y, et al. 1997. Implementation of DEA models using GAMS. Research Report, 765.

Chen C M, Du J, Huo J, et al. 2012. Undesirable factors in integer-valued DEA: Evaluating the operational efficiencies of city bus systems considering safety records. Decision Support Systems, 54(1): 330-335.

Chen L, Jia G. 2017. Environmental efficiency analysis of China's regional industry: a data envelopment analysis (DEA) based approach. Journal of Cleaner Production, 142: 846-853.

Cooper W W, Park K S, Pastor J T. 1999. RAM: a range adjusted measure of inefficiency for use with additive models, and relations to other models and measures in DEA. Journal of Productivity Analysis, 11(1): 5-42.

Fang K N, Hong X X, Li S X, et al. 2013. Choosing competitive industries in manufacturing of China under low-carbon economy: A three-stage DEA analysis. International Journal of Climate Change Strategies and Management, 5(4): 431-444.

Färe R, Grosskopf S, Lovell C A K, Pasurka C. 1989. Multilateral productivity comparisons when some outputs are undesirable: A nonparametric approach. The Review of Economics and Statistics, 71: 90-98.

Frei F X, Harker P T. 1999. Projections onto efficient frontiers: theoretical and computational extensions to DEA. Journal of Productivity Analysis, 11(3): 275-300.

Fukuyama H, Maeda Y, Sekitani K, et al. 2014. Input-output substitutability and strongly monotonic p-norm least distance DEA measures. European Journal of Operational Research, 237(3): 997-1007.

Gonzalez E, Alvarez A. 2001. From efficiency measurement to efficiency improvement: the choice of a relevant benchmark. European Journal of Operational Research, 133(3): 512-520.

Goto M, Otsuka A, Sueyoshi T. 2014. DEA (Data Envelopment Analysis) assessment of operational and environmental efficiencies on Japanese regional industries. Energy, 66: 535-549.

Hailu A, Veeman T. 2001. Non-parametric productivity analysis with undesirable outputs: an application to Canadian pulp and paper industry. American Journal Agriculture Economics, 83: 605-616.

Han Y M, Geng Z Q, Gu X B, et al. 2015. Energy efficiency analysis based on DEA integrated ISM: A case study for Chinese ethylene industries. Engineering Applications of Artificial Intelligence, 45: 80-89.

Jahanshahloo G R, Vakili J, Mirdehghan S M. 2012. Using the minimum distance of DMUs from the frontier of the PPS for evaluating group performance of DMUs in DEA. Asia-Pacific Journal of Operational Research, 29(02): 1250010.

Leleu H. 2013. Shadow pricing of undesirable outputs in nonparametric analysis. European Journal of Operational Research, 231: 474-480.

Li K, Lin B Q. 2015. The improvement gap in energy intensity: Analysis of China's thirty provincial regions using the improved DEA (data envelopment analysis) model. Energy, 84: 589-599.

Li K, Lin B Q. 2016. Heterogeneity analysis of the effects of technology progress on carbon intensity in China. International Journal of Climate Change Strategies and Management, 8(1): 129-152.

Liu W B, Meng W, Li X X, Zhang D Q. 2010. DEA models with undesirable inputs and outputs. Annals of Operations Research, 173: 177-194.

Liu W B, Sharp J. 1999. DEA models via goal programming // Westermann G. Data Envelopment Analysis in the Service Sector. Wiesbaden: Deutscher Universititatsverlag, 79-101.

Miao Z, Geng Y, Sheng J. 2016. Efficient allocation of CO_2 emissions in China: a zero sum gains data envelopment model. Journal of Cleaner Production, 112: 4144-4150.

Ng Y C, Chang M K. 2003. Impact of computerization on firm performance: a case of Shanghai manufacturing enterprises. The Journal of the Operational Research Society, 54: 1029-1037.

Oh D H. 2010. A metafrontier approach for measuring an environmentally sensitive productivity growth index. Energy Economics, 32(1): 146-157.

Portela M C A S, Borges P C, Thanassoulis E. 2003. Finding closest targets in non-oriented DEA models: the case of convex and non-convex technologies. Journal of Productivity Analysis, 19(2): 251-269.

Portela M C A S, Thanassoulis E, Simpson G. 2004. Negative data in DEA: a directional distance approach to bank branches. Journal of the Operational Research Society, 55(10): 1111-1121.

Ruiz J L, Segura J V, Sirvent I. 2014. Benchmarking and target setting with expert preferences: An application to the evaluation of educational performance of Spanish universities. European Journal of Operational Research, 242(2): 594-605.

Shi G M, Bi J, Wang J N. 2010. Chinese regional industrial energy efficiency evaluation based on a DEA model of fixing non-energy inputs. Energy Policy, 38: 6172-6179.

Song M L, An Q X, Zhang W, et al. 2012. Environmental efficiency evaluation based on data envelopment analysis: a review. Renewable and Sustainable Energy Reviews, 16(7): 4465-4469.

Tone K. 2001. A slacks-based measure of efficiency in data envelopment analysis. European Journal of Operational Research, 130(3): 498-509.

Tone K. 2004. Dealing with Undesirable Outputs in DEA: A Slacks-based Measure(SBM) Approach. Toronto: Presentation At NAPW III, 44-45.

Wu J, An Q X, Xiong B B, et al. 2013. Congestion measurement for regional industries in China: A data envelopment analysis approach with undesirable outputs. Energy Policy, 57: 7-13.

Wu J, Xiong B B, An Q X, et al. 2017. Total-factor energy efficiency evaluation of Chinese industry by using two-stage DEA model with shared inputs. Annals of Operations Research, 255(1-2): 257-276.

Zhang Y J, Da Y B. 2015. The decomposition of energy-related carbon emission and its decoupling with economic growth in China. Renewable and Sustainable Energy Reviews, 41: 1255-1266.

Zhe L, Yong G, Hung-Suck P, et al. 2016. An emergy-based hybrid method for assessing industrial symbiosis of an industrial park. Journal of Cleaner Production, 114: 132-140.

Zhou P, Ang B W, Wang H. 2012. Energy and CO_2 emission performance in electricity generation: A non-radial directional distance function approach. European Journal of Operational Research, 221: 625-635.

第 5 章　中国省级区域环境效率研究

5.1 引　　言

自 1978 年我国实行改革开放政策以来，经济取得了显著的发展。根据中国国家统计局(NBSC)的数据，从 1979 年到 2013 年，国内生产总值(GDP)年均增长率为 15.73%。这一增长趋势使我国成为继美国之后的世界第二大经济体(Bi et al.，2012)。随着经济的快速发展，我国的能源消耗也在快速增长。例如，Wang(2010)表示我国已经超过美国成为世界上最大的能源消费国。快速增长的能源消耗不可避免地造成了严重的环境问题(Wang et al.，2007；Wang et al.，2013a；Song and Wang，2014；Wu et al.，2015)。因此能源短缺和环境问题已经成为我国经济增长和社会发展的重大困难(Zhou et al.，2008a；Wu et al.，2013；Wu et al.，2014；Saharidis，2017)。

为了平衡能源的合理利用、环境污染和可持续发展，我国出台了许多能源与环境法规。例如，在 2006 年至 2010 年的“十一五”规划中，我国设定了单位 GDP 能耗降低 20%和主要污染物排放总量降低 10%的目标。近年来，能源与环境绩效评价被认为是节约能源、保护环境和减缓全球气候变化的重要手段，因此受到越来越多的关注(Wang et al.，2013a)。由于我国不同省份的能源消费结构和环境保护政策不同，不同省份的区域能源与环境绩效可能存在较大差异(Wang et al.，2013b)。因此，为了节约能源和保护环境，有必要对我国的区域能源与环境效率进行评价。

传统意义上主要有两种的方法来衡量效率。一种是参数随机前沿分析(SFA)方法；另一种是非参数数据包络分析(DEA)方法(Coelli et al.，2005)。Wu 等(2014)指出 SFA 方法只适用于输出场景，其结果很大程度上取决于生产函数的预测形式。因此，可能会因为使用了错误的生产函数形式而得到错误的结果。由 Charnes 等(1978)开发的 DEA 是一种基于规划的技术，用于测量一组同质决策单元(DMUs)的相对效率(Cooper et al.，2007；Song et al.，2013；Cook and Seiford，2009；Sharma and Yu，2013；Yang et al.，2015)。DEA 作为一种非参数技术，它不需要生产前沿面的任何先验函数形式，并且能够有效地度量多输入多输出系统的效率(Smirlis et al.，2012；Panta et al.，2013；Huang et al.，2015；Wu et al.，2009)。近年来，DEA 被广泛应用于医院的绩效评价和标杆管理中(Karagiannis and Velentzas，2012；Dimas et al.，2012)，如企业供应链(Chen et al.，2006)和其他实体(Halkos et al.，2015；Shabani et al.，2012；Ibanez and McCalley，2011；Tsolas and Charles，2015)。由于任何经济活动都是利用能源资源(煤、石油等)和其他非能源资源(资本、劳动力等)共同生产出期望产出(GDP)和非期望产出(CO_2、废物等)的过程，因此本章采用 DEA 构建全要素效率评价框架。近年来，DEA 被广泛应用于能源与环境效率的研究。在能源效率方面，Ramanathan(2000)运用 DEA 方法比较了替代运输方式的能源效率。Hu 和 Wang(2006)运用 DEA 模型对 1995~2002 年期间中国 29 个行政区域的全要素能源效率指数进行了分析。Hu 和 Lee(2008)采用 DEA 方法测度中国能源利用效率。Wu(2012)提出了几种 DEA 模型来评价中国 28 个地区的工业能效。

在环境效率方面，Färe 等(1989)首次尝试使用非线性规划处理非期望产出。Seiford 和 Zhu(2002)采用了考虑非期望产出的径向 DEA 模型，通过减少非期望产出和增加期望产出来提高环境效率。Zhou 等(2008b)利用 DEA 技术将产出划分为期望产出和非期望产出来计算全球 8 个地区的碳排放效率。Song 和 Wang(2014)首先计算了 1992 年、1999 年、2007 年和 2012 年中国的区域环境效率，然后从政府调控和技术进步的角度对省级环境效率进行分解。Yang 等(2015)利用 2000~2010 年中国 30 个省份的数据，基于环境超效率 DEA 模型对中国环境效率进行了测度。

此外，也有一些将能源与环境效率结合起来直接论述的文献。例如，Bian 和 Yang(2010)采用多种 DEA 模型同时评估资源效率和环境效率。Shi 等(2010)基于三种扩展的 DEA 模型对中国 28 个行政区域的能源与环境整体技术效率、纯技术效率和规模效率进行了测度。Wang 等(2012)建立了多个基于环境生产技术的 DEA 效率模型，对 28 个省份的环境效率、经济效率和经济环境效率进行了评价。Wang 等(2013a)采用了基于非参数方法的范围调整测度，对 2006~2010 年中国区域能源与环境效率进行了评估。Wang 等(2013b)利用 DEA 窗口分析技术对 2000~2008 年中国 29 个行政区域的截面数据和时间序列数据进行了能源与环境效率的测度。

在本章中，在 Bian 和 Yang(2010)和 Wang 等(2013b)的研究基础上提出了一个改进的 DEA 模型，用以衡量中国 34 个省级区域在“十一五”(2006~2010 年)期间的能源与环境全要素效率。特别是，我们提出的能源与环境全要素效率测量考虑了一个联合生产框架，包括非能源投入(劳动力和资本)和能源投入(总能源消耗)以及期望产出(GDP)和非期望产出(废气)。此外，为了反映考虑了非期望产出和能源投入的效率和生产率的动态变化，本章采用了基于 DEA 的 Malmquist 指数方法。Malmquist 指数被进一步划分为技术效率变化(TEC)和技术进步变化(TPC)，以反映这两个方面的变化趋势。

5.2 模型构建

在本节中，首先提出了一个非径向 DEA 模型来评价能源与环境的全要素效率。然后，利用基于 DEA 的 Malmquist 指数来分析效率和生产力随时间的变化，探讨能源与环境的全要素效率。

5.2.1 评价能源与环境绩效的 DEA 模型

假设有 n 个 DMU，表示为$\mathrm{DMU}_j\ (j=1,\cdots,n)$，每个 DMU 代表中国的一个行政区。每个$\mathrm{DMU}_j\ (j=1,\cdots,n)$消耗 m 个被标记为$\boldsymbol{X}=(X_{1j},X_{2j},\cdots,X_{mj})^{\mathrm{T}}$的非能源投入和$d$个被标记为$\boldsymbol{E}=(E_{1j},E_{2j},\cdots,E_{dj})^{\mathrm{T}}$的能源投入，以生产 s 个被标记为$\boldsymbol{Y}=(Y_{1j},Y_{2j},\cdots,Y_{sj})^{\mathrm{T}}$的期望产出和$p$个被标记为$\boldsymbol{F}=(F_{1j},F_{2j},\cdots,F_{pj})^{\mathrm{T}}$的非期望产出。

在 DEA 文献中，处理非期望产出的方法多种多样，主要分为两类(Song et al.，2012；Chen and Delmas，2012)。第一类是基于非期望产出的弱可处置性假设(Färe et al.，1989；Färe et al.，2005；Zhou et al.，2012)；第二类是对非期望产出的强可处置性假设。在第二类假设下，学者们提出了两种处理非期望产出的方法。一种方法是把非期望产出当作投入处理(Tyteca，1997；Shi et al.，2010；Macpherson et al.,2013)；另一种方法是一种包含非线性或线性单调递减变化的转换方法(Scheel，2001；Seiford and Zhu，2002)。针对 DEA 文献中普遍存在的非期望产出的弱可处置性假设，本章选择了该假设来建立新的 DEA 模型。相应的体现规模收益不变的 DEA 生产技术 T 可以表示如下：

$$
\begin{aligned}
T=\{(\boldsymbol{X},\boldsymbol{E},\boldsymbol{Y},\boldsymbol{F})\mid\ & \sum_{j=1}^{n}\lambda_j X_{ij}\leqslant \boldsymbol{X}_i,\quad i=1,\cdots,m\\
& \sum_{j=1}^{n}\lambda_j E_{kj}\leqslant \boldsymbol{E}_k,\quad k=1,\cdots,d\\
& \sum_{j=1}^{n}\lambda_j Y_{rj}\geqslant \boldsymbol{Y}_r,\quad r=1,\cdots,s\\
& \sum_{j=1}^{n}\lambda_j F_{gj}= \boldsymbol{F}_g,\quad g=1,\cdots,p\\
& \lambda_j\geqslant 0,\qquad j=1,\cdots,n\}
\end{aligned}
\tag{5.1}
$$

在此非期望产出是由工业生产过程中的燃料燃烧产生的。如果能源消耗减少，相应的非期望产出也应减少。因此，根据 Shi 等(2010)和 Wang 等(2013b)的研究成果，给出了以下用以评估DMU_0的能源与环境全要素绩效的基于径向 DEA

的模型。

$$
\begin{aligned}
&\text{Min } \theta \\
&\text{s.t.} \quad \sum_{j=1}^{n} \lambda_j X_{ij} \leqslant X_{i0}, \qquad i=1,\cdots,m \\
&\qquad \sum_{j=1}^{n} \lambda_j E_{kj} \leqslant \theta E_{k0}, \qquad k=1,\cdots,d \\
&\qquad \sum_{j=1}^{n} \lambda_j Y_{rj} \geqslant Y_{r0}, \qquad r=1,\cdots,s \\
&\qquad \sum_{j=1}^{n} \lambda_j F_{gj} = \theta F_{g0}, \qquad g=1,\cdots,p \\
&\qquad \lambda_j \geqslant 0, \qquad j=1,\cdots,n
\end{aligned}
\tag{5.2}
$$

模型(5.2)在给定的非能量投入水平和期望产出水平下，按比例尽可能地减少能量投入和非期望产出的数量。显然，能源与环境效率指数为 0~1。指数越大，说明该地区在节能环保方面的表现越好。

一旦通过求解模型(5.2)得到了最优解(θ^*, λ_j^*)，就可以确定每个 DMU 的所有投入/产出的有效目标为$\left(\sum_{j=1}^{n} \lambda_j^* X_{ij}, \sum_{j=1}^{n} \lambda_j^* E_{kj}, \sum_{j=1}^{n} \lambda_j^* Y_{rj}, \sum_{j=1}^{n} \lambda_j^* F_{tj}\right)$。

上述能源与环境全要素效率测度是一种径向 DEA 效率指标。Zhou 等(2007)和 Zhou 和 Ang(2008)表明这种径向测量方法在能源与环境的效率比较上可能具有微弱的辨别能力。因此，根据 Bian 和 Yang(2010)和 Wang 等(2013b)的研究，将径向能源与环境效率测量扩展到以下非径向测量。

$$
\begin{aligned}
&\text{Min} \quad \frac{1}{2}\left(\frac{1}{d}\sum_{k=1}^{d}\theta_k + \frac{1}{p}\sum_{g=1}^{p}\theta_g\right) \\
&\text{s.t.} \quad \sum_{j=1}^{n} \lambda_j X_{ij} \leqslant X_{i0}, \qquad i=1,\cdots,m \\
&\qquad \sum_{j=1}^{n} \lambda_j E_{kj} \leqslant \theta_k E_{k0}, \qquad k=1,\cdots,d \\
&\qquad \sum_{j=1}^{n} \lambda_j Y_{rj} \geqslant Y_{r0}, \qquad r=1,\cdots,s \\
&\qquad \sum_{j=1}^{n} \lambda_j F_{gj} = \theta_g F_{g0}, \qquad g=1,\cdots,p \\
&\qquad \lambda_j \geqslant 0, \qquad j=1,\cdots,n
\end{aligned}
\tag{5.3}
$$

模型(5.3)可以通过对任何能源投入和非期望产出使用不同的非比例调整来评估能源与环境效率。换句话说，在测量 DMU 的能源与环境效率时，该测量方法能够考虑能源投入混合效应和非期望产出混合效应。此外，需要指出的是，能源与环境效率是通过使用不同的非比例调整来衡量的，而统一的效率是通过决策者为这两个效率分数分配指定的权重来计算的。与 Bian 和 Yang(2010)和 Wang 等(2013b)相似，本章将权重均设置为 1/2，但决策者也可以对这些分数赋予不同的权重，以表示能源利用绩效和环境保护绩效的不同偏好。

5.2.2 Malmquist 指数动态评估模型构建

在本研究中，对中国不同地区的能源和环境效率进行了不仅仅一年的评估，而是对 2006 ~2010 年的“十一五”规划进行了评估，“十一五”规划可以被看作一个动态的评估，提供了更多关于效率变化的有用信息。Malmquist(1953)提出的 Malmquist 指数在 DEA 文献中被广泛用于评价动态效率(Färe et al.，1994；Mahadevan，2002；Chen et al.，2003；Camanho and Dyson，2006)。因此，将 Malmquist 指数分析扩展到能源和环境绩效的动态评价中。

让$(\boldsymbol{X}^t,\boldsymbol{E}^t,\boldsymbol{Y}^t,\boldsymbol{F}^t)$表示周期$t, t=1,\cdots,T$的生产过程。用以下四个步骤的结果定义 Malmquist 指数。

将$(\boldsymbol{X}_0{}^t,\boldsymbol{E}_0{}^t,\boldsymbol{Y}_0{}^t,\boldsymbol{F}_0{}^t)$与 t 时刻的经验生产边界(EPF)进行比较，即通过以下线性程序计算$\theta^t{}_0(\boldsymbol{X}_0^t,\boldsymbol{E}_0^t,\boldsymbol{Y}_0^t,\boldsymbol{F}_0^t)$。

$$
\begin{aligned}
&\theta^t{}_0(\boldsymbol{X}_0^t,\boldsymbol{E}_0^t,\boldsymbol{Y}_0^t,\boldsymbol{F}_0^t)=\text{Min}\frac{1}{2}\left(\frac{1}{d}\sum_{k=1}^{d}\theta_k+\frac{1}{p}\sum_{g=1}^{p}\theta_g\right)\\
&\text{s.t.}\quad \sum_{j=1}^{n}\lambda_j X_{ij}^t\leqslant X_{i0}^t, \qquad i=1,\cdots,m\\
&\qquad \sum_{j=1}^{n}\lambda_j E_{kj}^t\leqslant \theta_k E_{k0}^t, \qquad k=1,\cdots,d\\
&\qquad \sum_{j=1}^{n}\lambda_j Y_{rj}^t\geqslant Y_{r0}^t, \qquad r=1,\cdots,s\\
&\qquad \sum_{j=1}^{n}\lambda_j F_{gj}^t=\theta_g F_{g0}^t, \qquad g=1,\cdots,p\\
&\qquad \lambda_j\geqslant 0, \qquad j=1,\cdots,n
\end{aligned}
\tag{5.4}
$$

(1)将$(\boldsymbol{X}_0{}^{t+1},\boldsymbol{E}_0{}^{t+1},\boldsymbol{Y}_0{}^{t+1},\boldsymbol{F}_0{}^{t+1})$与 t+1 时刻的经验生产边界(EPF)进行比较，即通过以下线性程序计算$\theta_0^{t+1}(\boldsymbol{X}_0^{t+1},\boldsymbol{E}_0^{t+1},\boldsymbol{Y}_0^{t+1},\boldsymbol{F}_0^{t+1})$。

$$
\theta_0^{t+1}(\boldsymbol{X}_0^{t+1},\boldsymbol{E}_0^{t+1},\boldsymbol{Y}_0^{t+1},\boldsymbol{F}_0^{t+1})=\mathrm{Min}\frac{1}{2}\left(\frac{1}{d}\sum_{k=1}^{d}\theta_k+\frac{1}{p}\sum_{g=1}^{p}\theta_g\right)
$$

$$
\begin{aligned}
\text{s.t.}\quad & \sum_{j=1}^{n}\lambda_j X_{ij}^{t+1}\leqslant X_{i0}^{t+1}, && i=1,\cdots,m\\
& \sum_{j=1}^{n}\lambda_j E_{kj}^{t+1}\leqslant \theta_k E_{k0}^{t+1}, && k=1,\cdots,d\\
& \sum_{j=1}^{n}\lambda_j Y_{rj}^{t+1}\geqslant Y_{r0}^{t+1}, && r=1,\cdots,s\\
& \sum_{j=1}^{n}\lambda_j F_{gj}^{t+1}=\theta_g F_{g0}^{t+1}, && g=1,\cdots,p\\
& \lambda_j\geqslant 0, && j=1,\cdots,n
\end{aligned}
\tag{5.5}
$$

(2)将$(\boldsymbol{X}_0{}^t,\boldsymbol{E}_0{}^t,\boldsymbol{Y}_0{}^t,\boldsymbol{F}_0{}^t)$与 t+1 时刻的经验生产边界(EPF)进行比较，即通过以下线性程序计算$\theta_0^{t+1}(\boldsymbol{X}_0^t,\boldsymbol{E}_0^t,\boldsymbol{Y}_0^t,\boldsymbol{F}_0^t)$。

$$
\theta_0^{t+1}(\boldsymbol{X}_0^{t},\boldsymbol{E}_0^{t},\boldsymbol{Y}_0^{t},\boldsymbol{F}_0^{t})=\mathrm{Min}\frac{1}{2}\left(\frac{1}{d}\sum_{k=1}^{d}\theta_k+\frac{1}{p}\sum_{g=1}^{p}\theta_g\right)
$$

$$
\begin{aligned}
\text{s.t.}\quad & \sum_{j=1}^{n}\lambda_j X_{ij}^{t+1}\leqslant X_{i0}^{t}, && i=1,\cdots,m\\
& \sum_{j=1}^{n}\lambda_j E_{kj}^{t+1}\leqslant \theta_k E_{k0}^{t}, && k=1,\cdots,d\\
& \sum_{j=1}^{n}\lambda_j Y_{rj}^{t+1}\geqslant Y_{r0}^{t}, && r=1,\cdots,s\\
& \sum_{j=1}^{n}\lambda_j F_{gj}^{t+1}=\theta_g F_{g0}^{t}, && g=1,\cdots,p\\
& \lambda_j\geqslant 0, && j=1,\cdots,n
\end{aligned}
\tag{5.6}
$$

(3)将$(\boldsymbol{X}_0{}^{t+1},\boldsymbol{E}_0{}^{t+1},\boldsymbol{Y}_0{}^{t+1},\boldsymbol{F}_0{}^{t+1})$与 t+1 时刻的经验生产边界(EPF)进行比较，即通过以下线性程序计算$\theta^t{}_0(\boldsymbol{X}_0^{t+1},\boldsymbol{E}_0^{t+1},\boldsymbol{Y}_0^{t+1},\boldsymbol{F}_0^{t+1})$。

$$
\theta_0^{t}(\boldsymbol{X}_0^{t+1},\boldsymbol{E}_0^{t+1},\boldsymbol{Y}_0^{t+1},\boldsymbol{F}_0^{t+1})=\mathrm{Min}\frac{1}{2}\left(\frac{1}{d}\sum_{k=1}^{d}\theta_k+\frac{1}{p}\sum_{g=1}^{p}\theta_g\right)
$$

$$
\begin{aligned}
\text{s.t.}\quad & \sum_{j=1}^{n}\lambda_j X_{ij}^{t}\leqslant X_{i0}^{t+1}, && i=1,\cdots,m\\
& \sum_{j=1}^{n}\lambda_j E_{kj}^{t}\leqslant \theta_k E_{k0}^{t+1}, && k=1,\cdots,d
\end{aligned}
$$

$$\sum_{j=1}^{n}\lambda_j Y_{rj}^t \geqslant Y_{r0}^{t+1}, \qquad r=1,\cdots,s$$
$$\sum_{j=1}^{n}\lambda_j F_{gj}^t = \theta_g F_{g0}^{t+1}, \quad g=1,\cdots,p \tag{5.7}$$
$$\lambda_j \geqslant 0, \qquad j=1,\cdots,n$$

(4) Malmquist 指数被定义为

$$M_0=\left[\frac{\theta_0^t(\boldsymbol{X}_0^{t+1},\boldsymbol{E}_0^{t+1},\boldsymbol{Y}_0^{t+1},\boldsymbol{F}_0^{t+1})}{\theta_0^t(\boldsymbol{X}_0^t,\boldsymbol{E}_0^t,\boldsymbol{Y}_0^t,\boldsymbol{F}_0^t)}\frac{\theta_0^{t+1}(\boldsymbol{X}_0^{t+1},\boldsymbol{E}_0^{t+1},\boldsymbol{Y}_0^{t+1},\boldsymbol{F}_0^{t+1})}{\theta_0^{t+1}(\boldsymbol{X}_0^t,\boldsymbol{E}_0^t,\boldsymbol{Y}_0^t,\boldsymbol{F}_0^t)}\right]^{1/2} \tag{5.8}$$

Malmquist 指数 M_0 测量了 t 和 t+1 期间的效率和生产力变化。如果 $M_0<1$，生产力下降；如果 M_0=1，生产力保持不变；如果 $M_0>1$，生产力提高。

根据 Färe 等(1992)的研究，Malmquist 指数 M_0 可分为两部分：

$$M_0=\frac{\theta_0^{t+1}(\boldsymbol{X}_0^{t+1},\boldsymbol{E}_0^{t+1},\boldsymbol{Y}_0^{t+1},\boldsymbol{F}_0^{t+1})}{\theta_0^t(\boldsymbol{X}_0^t,\boldsymbol{E}_0^t,\boldsymbol{Y}_0^t,\boldsymbol{F}_0^t)}\left[\frac{\theta_0^t(\boldsymbol{X}_0^{t+1},\boldsymbol{E}_0^{t+1},\boldsymbol{Y}_0^{t+1},\boldsymbol{F}_0^{t+1})}{\theta_0^{t+1}(\boldsymbol{X}_0^{t+1},\boldsymbol{E}_0^{t+1},\boldsymbol{Y}_0^{t+1},\boldsymbol{F}_0^{t+1})}\frac{\theta_0^t(\boldsymbol{X}_0^t,\boldsymbol{E}_0^t,\boldsymbol{Y}_0^t,\boldsymbol{F}_0^t)}{\theta_0^{t+1}(\boldsymbol{X}_0^t,\boldsymbol{E}_0^t,\boldsymbol{Y}_0^t,\boldsymbol{F}_0^t)}\right]^{1/2}$$

其中，右侧第一个分量度量了 t 和 t+1 期间技术效率(TEC)的变化，表示如下：

$$\text{TEC}_0=\frac{\theta_0^{t+1}(\boldsymbol{X}_0^{t+1},\boldsymbol{E}_0^{t+1},\boldsymbol{Y}_0^{t+1},\boldsymbol{F}_0^{t+1})}{\theta_0^t(\boldsymbol{X}_0^t,\boldsymbol{E}_0^t,\boldsymbol{Y}_0^t,\boldsymbol{F}_0^t)} \tag{5.9}$$

如果 $\text{TEC}_0<1$，技术效率下降；如果 TEC_0=1，技术效率保持不变；如果 $\text{TEC}_0>1$，技术效率提高。第二个分量是几何平均值，度量了 t 和 t+1 期间技术进步(TPC)的变化，表示如下：

$$\text{TPC}_0=\left[\frac{\theta_0^t(\boldsymbol{X}_0^{t+1},\boldsymbol{E}_0^{t+1},\boldsymbol{Y}_0^{t+1},\boldsymbol{F}_0^{t+1})}{\theta_0^{t+1}(\boldsymbol{X}_0^{t+1},\boldsymbol{E}_0^{t+1},\boldsymbol{Y}_0^{t+1},\boldsymbol{F}_0^{t+1})}\frac{\theta_0^t(\boldsymbol{X}_0^t,\boldsymbol{E}_0^t,\boldsymbol{Y}_0^t,\boldsymbol{F}_0^t)}{\theta_0^{t+1}(\boldsymbol{X}_0^t,\boldsymbol{E}_0^t,\boldsymbol{Y}_0^t,\boldsymbol{F}_0^t)}\right]^{1/2} \tag{5.10}$$

如果 $\text{TPC}_0<1$，技术进步下降；如果 TPC_0=1，技术进步保持不变；如果 $\text{TPC}_0>1$，技术进步提高。

5.3　中国区域环境效率实证研究

5.3.1　数据描述

本节介绍如何使用我们开发的方法评估中国省级区域在“十一五”期间(2006~2010 年)的能源与环境效率。正如 Golany 和 Roll(1989)所指出的评估的 DMU 的数量应大于所选投入和产出总数的 5 倍，否则结果的有效性和可信性将受到严重影响。因此，根据多项研究(Wang et al.，2013a；Wang et al.，2013b；Li et al.，2013)，选取了 5 个因素作为投入和产出。将劳动力和固定资产投资(即资本)作为两种非能源投入，将能源消耗作为唯一的能源投入，将 GDP 作为一种期望产出，将工业废气排放作为一种非期望产出。本书中使用的投入产出变量如表 5.1 所示。

表 5.1 投入和产出变量

投入/产出	变量	单位
非能源投入	劳动力	万人
	资本	亿元
能源投入	能源	万 t 标煤
期望产出	GDP	亿元
非期望产出	工业废气	亿 m^3

我们使用了“十一五”期间(2006~2010 年)的数据。遗憾的是，由于西藏自治区、香港、澳门和台湾地区的数据不完整，在本研究中不考虑。数据来源于《中国统计年鉴》和《中国能源统计年鉴》。数据的统计说明见表 5.2。

表 5.2 原始数据的描述性统计

年份	变量	投入			期望产出	非期望产出
		劳动力	投资	能源	GDP	废气
2006	平均值	245.20967	378.40	9684.57	11032.63	7750.82
	中位数	133.055	367.5	6948.5	7614	5528.375
	标准差	271.93735	210.21522	6167.393748	8619.6952	6289.1881
	最大值	1203.58	941	26759	39254	26587.76
	最小值	12.2	58	920	860	648.5
2007	平均值	262.439	440.63	10632.47	12938.50	9313.16
	中位数	141.835	377	7663	9372	6763.59
	标准差	295.71637	245.02	6764.41	9840.34	7475.62
	最大值	1307.4	1197	29177	48036	31777.01
	最小值	12.33	27	1057	1115	797.35
2008	平均值	294.52833	522.43	11256.77	13461.77	11097.30
	中位数	167.275	531.5	8289.5	9477.5	8405.285
	标准差	339.63043	308.43	7068.77	9963.18	8729.27
	最大值	1493.38	1550	30570	40219	36796.71
	最小值	12.61	36	1135	1345	1018.62

续表

年份	变量	投入			期望产出	非期望产出
		劳动力	投资	能源	GDP	废气
2009	平均值	294.31767	619.53	11907.93	14535.03	12162.08
	中位数	159.71	548.5	8906	11002.5	9163.625
	标准差	326.2036	364.34	7435.20	10499.63	9499.96
	最大值	1436.02	1880	32420	50779	39482.56
	最小值	12	56	1233	1353	1081.27
2010	平均值	318.09333	690.37	12983.70	17305.07	14551.15
	中位数	175.12	591.5	9758	13687.5	11020.3
	标准差	353.64423	433.57	8035.07	11964.98	11118.84
	最大值	1568	2093	34808	56324	46013.06
	最小值	12.44	61	1359	1360	1350.43

5.3.2　区域能源和环境效率结果分析与讨论

我们应用第 2 节提供的方法计算了“十一五”期间(2006~2010 年)30 个主要省级区域的能源与环境效率。首先使用模型(5.3)计算效率，评价的结果如表 5.3 所示。在表 5.3 中，第 3~7 列显示了 30 个省级区域从 2006 年到 2010 年的能源与环境效率，第 8 列列出了这 5 年能源与环境的平均效率。

表 5.3　30 个省级区域的能源和环境效率

序号	省级区域	2006	2007	2008	2009	2010	平均值
1	北京	1.000	1.000	1.000	1.000	1.000	1.000
2	天津	0.553	0.588	0.574	0.574	0.535	0.565
3	河北	0.274	0.258	0.270	0.245	0.243	0.258
4	山西	0.199	0.197	0.194	0.184	0.179	0.190
5	内蒙古	0.237	0.253	0.253	0.243	0.242	0.246
6	辽宁	0.322	0.337	0.285	0.325	0.332	0.320
7	吉林	0.486	0.498	0.456	0.441	0.434	0.463
8	黑龙江	0.549	0.497	0.444	0.378	0.400	0.454
9	上海	0.753	0.753	0.654	0.664	0.600	0.685
10	江苏	0.657	1.000	0.635	0.621	0.619	0.706
11	浙江	0.720	0.693	0.641	0.620	0.633	0.661
12	安徽	0.511	0.449	0.412	0.425	0.430	0.445
13	福建	0.700	0.653	0.603	0.582	0.554	0.618
14	江西	0.640	0.615	0.550	0.524	0.528	0.571

续表

序号	省份	2006	2007	2008	2009	2010	平均值
15	山东	0.529	0.497	0.467	0.458	0.428	0.476
16	河南	0.481	0.476	0.443	0.426	0.436	0.453
17	湖北	0.444	0.480	0.441	0.443	0.454	0.453
18	湖南	0.623	0.541	0.509	0.481	0.449	0.520
19	广东	1.000	0.947	0.794	0.749	0.743	0.846
20	广西	0.471	0.429	0.425	0.403	0.409	0.427
21	海南	1.000	1.000	1.000	1.000	1.000	1.000
22	重庆	0.427	0.411	0.408	0.345	0.370	0.392
23	四川	0.472	0.357	0.425	0.426	0.380	0.412
24	贵州	0.216	0.208	0.244	0.231	0.215	0.223
25	云南	0.389	0.368	0.349	0.326	0.316	0.349
26	陕西	0.520	0.504	0.427	0.409	0.407	0.453
27	甘肃	0.307	0.290	0.277	0.264	0.282	0.284
28	青海	0.211	0.205	0.188	0.184	0.187	0.195
29	宁夏	0.157	0.156	0.159	0.160	0.131	0.152
30	新疆	0.355	0.330	0.300	0.265	0.260	0.302

需要指出的是，能源与环境效率的价值越高，该省份的效率越高。由表 5.3 可以得出以下结论。首先，2006~2010 年，北京和海南表现良好。它们的能源与环境效率都等于 1，也就是说，它们在这 5 年里都是有效的。其次，宁夏表现最差，5 年来能源与环境效率分别为 0.157、0.156、0.159、0.160 和 0.131，5 年平均效率为 0.152。再次，在“十一五”期间，30 个省份中有超过一半省份的表现不佳。例如，有 20 个省份的平均能源与环境效率低于 0.5，其中河北为 0.258，山西为 0.190，内蒙古为 0.246，辽宁为 0.320，吉林为 0.463。再次，能源与环境效率的趋势并不乐观，大部分省份的能源与环境效率在 5 年内没有表现出明显的上升趋势。事实上，它们在一些省份还有下降的趋势。以新疆为例，能源与环境效率从 0.355 降至 0.330(2006~2007 年)，从 0.330 降至 0.300(2007~2008 年)，从 0.300 降至 0.265(2008~2009 年)，从 0.265 降至 0.260(2009~2010 年)。最后，我们得知发达地区通常比不发达地区表现更好。如北京、上海、江苏、广东等发达地区的平均能源与环境效率分别为 1.000、0.685、0.706 和 0.846。这一结果表明，中国省级区域的能源与环境效率并不乐观，国家和地方政府需要采取更多的行动以切实解决能源短缺和环境污染问题。

为了相对较大规模地分析能源与环境效率，将 30 个省级行政区域划分为东部地区、中部地区和西部地区。表 5.4 列出了这些地区及其组成省份。

表 5.4　区域划分

地区	省级区域
东部	北京，天津，河北，辽宁，山东，上海，江苏，浙江，福建，广东，海南
中部	山西，内蒙古，吉林，黑龙江，安徽，江西，河南，湖北，湖南，广西
西部	重庆，四川，贵州，云南，陕西，甘肃，青海，宁夏，新疆

由表 5.4 可知，东部、中部和西部分别有 11 个、10 个和 9 个省级行政区。在过去的 30 年里，东部地区是中国经济增长最快的地区。该地区人口稠密，是轻工业和外贸公司最多的地方。由于便利的交通和完善的基础设施，该地区吸引了最多的外资和最好的技术。中部地区总人口 3.61 亿，占全国人口的 28%。该地区的发展水平较东部地区低。西部地区占中国总面积的 71%。这个地区的经济发展落后于东部地区和中部地区。在图 5.1 中展示了三个地区的能源与环境平均效率。

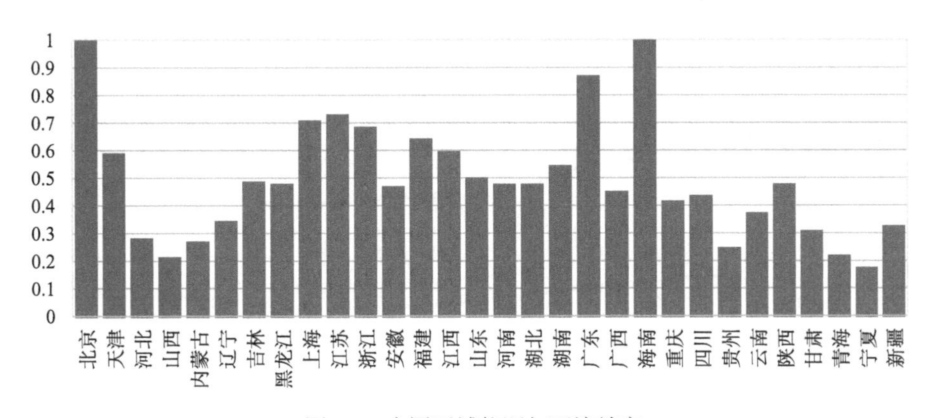

图 5.1　中国区域能源与环境效率

由图 5.1 可以得出以下结论。第一，在东部地区，11 个省级行政区中有 3 个(北京、广东、海南)为能源与环境高效地区，平均效率分数高于 0.8，7 个省级行政区(天津，辽宁，山东，上海，江苏，浙江和福建)的平均效率分数在 0.3 到 0.8 之间，只有一个省(河北)的平均效率分数低于 0.3。第二，在中部地区的江西省平均效率分数最高，但得分也不超过 0.8，这说明中部地区的能源与环境效率不高。该地区其他省级行政区的平均效率得分均在 0.6 以下，平均效率最低的是山西省的 0.190，其次是内蒙古的 0.246。第三，西部地区的 9 个省级行政区的效率得分均低于 0.5。

我们还计算了从 2006 年至 2010 年三大地区和全国每年的效率以及平均效率，结果如表 5.5 所示。

表 5.5　三大地区和全国的能源与环境效率

地区	2006	2007	2008	2009	2010	平均值
东部	0.683	0.702	0.629	0.622	0.608	0.649
中部	0.464	0.443	0.413	0.395	0.396	0.422
西部	0.339	0.314	0.309	0.290	0.283	0.307
全国	0.507	0.500	0.461	0.446	0.440	0.471

为了清楚地反映这三个地区的差异，将表 5.5 的能源与环境效率用图 5.2 说明。由图 5.2 可以得出以下结论。首先，从地区的角度就 2006~2010 年期间每年的效率得分来看，东部地区能量与环境的平均效率得分最高，其次是中部地区，最后是西部地区，但中西部地区的效率得分均低于全国平均效率水平。其次，这三个地区在 2007 年到 2010 年期间都有相似的增减趋势。最后，从 2006 年到 2009 年，全国能源与环境效率呈下降趋势。此后，从 2009 年到 2010 年，效率开始呈现上升趋势。

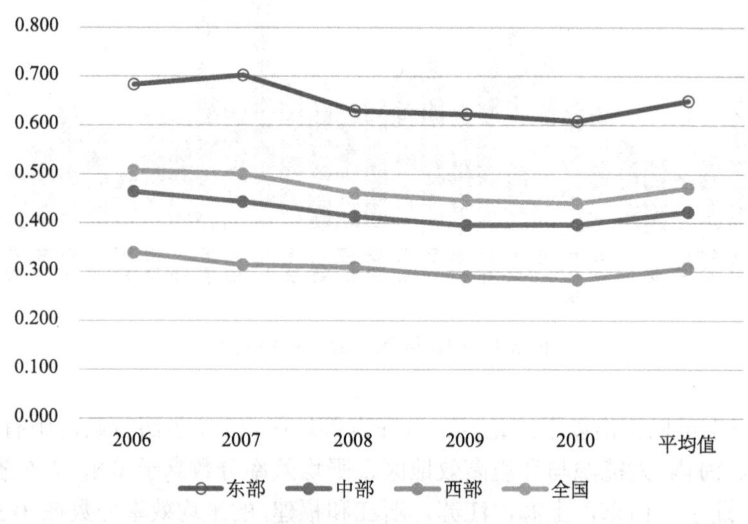

图 5.2　全国及其三大地区的能源和环境效率

5.3.3 Malmquist 指数的结果和讨论

为了动态分析每个地区在研究期间的生产力变化，并给出更详细清晰的论证，我们给出了 30 个省级区域 2006~2007 年、2007~2008 年、2008~2009 年和 2009~2010 年的 Malmquist 指数。将模型(5.4)~(5.8)应用于表 5.2 中的数据，可以计算出 Malmquist 指数 M。表 5.6 给出了 30 个省级区域在 5 年期间的 Malmquist 指数。

表 5.6　30 个省份的 Malmquist 指数

地区	省级区域	2006~2007*M*	2007~2008*M*	2008~2009*M*	2009~2010*M*	省平均值	地区平均值
东部	北京	1.063	1.293	1.144	1.026	1.132	1.084
	天津	1.185	1.176	1.060	1.016	1.110	
	河北	1.059	1.239	0.959	1.086	1.086	
	辽宁	1.170	0.998	1.207	1.116	1.123	
	山东	1.031	1.136	1.038	1.018	1.056	
	上海	0.920	1.141	1.075	0.968	1.026	
	江苏	1.393	1.080	1.036	1.065	1.144	
	浙江	1.054	1.133	1.026	1.113	1.081	
	福建	1.022	1.112	1.023	1.037	1.049	
	广东	1.027	1.027	0.999	1.080	1.033	
	海南	1.050	1.166	1.135	1.230	1.145	
中部	山西	1.093	1.178	1.003	1.061	1.084	1.078
	内蒙古	1.199	1.196	1.014	1.090	1.125	
	吉林	1.135	1.117	1.025	1.073	1.088	
	黑龙江	1.000	1.097	0.902	1.153	1.038	
	安徽	0.979	1.086	1.092	1.104	1.065	
	江西	1.067	1.073	1.007	1.101	1.062	
	河南	1.095	1.124	1.019	1.117	1.089	
	湖北	1.199	1.120	1.065	1.114	1.125	
	湖南	0.957	1.156	1.002	1.018	1.033	
	广西	1.026	1.166	1.004	1.107	1.076	
西部	重庆	1.074	1.192	0.896	1.171	1.083	1.075
	四川	0.841	1.433	1.062	0.973	1.077	
	贵州	1.075	1.411	1.003	1.013	1.125	
	云南	1.055	1.143	0.990	1.058	1.061	
	陕西	1.073	1.023	1.014	1.086	1.049	
	甘肃	1.047	1.151	1.012	1.164	1.094	
	青海	1.084	1.101	1.033	1.111	1.082	
	宁夏	1.099	1.225	1.065	0.890	1.070	
	新疆	1.037	1.111	0.935	1.069	1.038	

由表 5.6 可以得出以下结论。第一，30 个省级区域的 Malmquist 指数在研究期间内多数大于 1，这说明在 2006~2010 年期间，大部分省级区域的生产力每年都在提高。以北京为例，2006~2007 年，其生产率提高了 6.3%，2007~2008 年提高了 29.3%，2008~2009 年提高了 14.4%，2009~2010 年提高了 2.6%。还有一些省级区域的 Malmquist 指数低于 1，显然，河北省 2008~2009 年的 Malmquist 指数为 0.959，上海 2006~2007 年的 Malmquist 指数为 0.92。这些罕见的低于 1 的

Malmquist 指数表明 2006~2010 年这几个省份的生产力在下降。第二，2006~2010 年期间 30 个省级区域中 Malmquist 指数的最大值为四川省 2007~2008 年的 1.433，Malmquist 指数最小值为 2006~2007 年的 0.841。第三，在 2006~2010 年期间，30 个省级区域的 Malmquist 指数平均值均大于 1，说明每个省份在“十一五”期间生产力均有所提高。第四，东部地区、中部地区和西部地区的平均 Malmquist 指数分别为 1.084、1.078 和 1.075，这意味着，2006~2010 年这些地区的生产力分别提高了 8.4%、7.8%和 7.5%。这一结果表明，“十一五”期间，东部地区的生产力提高程度最高，中部次之，然后是西部。第五，我们发现所有 30 个省级区域的 Malmquist 指数在 4 个时间段内都没有表现出明显的上升或下降趋势。此外，大部分省级区域的生产力在 2006~2008 年和 2008~2010 年有上升趋势，因为多数省级区域 2007~2008 年(2009~2010 年)的 Malmquist 指数值大于 2006~2007 年(2008~2009 年)的指数值。然而，大部分省级区域的生产力在 2007~2009 年呈下降趋势，因为多数省级区域 2008~2009 年的 Malmquist 指数值小于 2007~2008 年的。以海南为例，其 Malmquist 指数均大于 1，即生产力逐年提高，但其改善趋势没有增加，因其 Malmquist 指数值分别为 1.050(2006~2007 年)、1.166(2007~2008 年)、1.135(2008~2009 年)和 1.230(2009~2010 年)。更准确地说，海南的生产力在 2006~2008 年(从 1.050 到 1.166)和 2008~2010 年(从 1.135 到 1.230)均有增长趋势，而在 2007~2009 年有下降趋势(从 1.166 到 1.135)。

运用第二节的模型(5.9)和(5.10)，将 Malmquist 指数分为技术效率(TEC)变化和技术进步(TPC)变化。结果如表 5.7 所示。

表 5.7 Malmquist 指数的 TEC 和 TPC

地区	省级区域	2006~2007		2007~2008		2008~2009		2009~2010		平均值	
		TEC	TPC	TEC	TPC	TEC	TPC	TEC	TPC	TEC	TPC
东部	北京	1.000	1.063	1.000	1.293	1.000	1.144	1.000	1.026	1.000	1.132
	天津	1.064	1.114	0.975	1.206	1.001	1.060	0.932	1.090	0.993	1.118
	河北	0.943	1.123	1.046	1.184	0.906	1.058	0.994	1.092	0.972	1.114
	辽宁	1.048	1.117	0.844	1.183	1.141	1.058	1.024	1.090	1.014	1.112
	山东	0.938	1.099	0.940	1.208	0.979	1.060	0.934	1.090	0.948	1.114
	上海	0.999	0.921	0.869	1.313	1.015	1.060	0.905	1.070	0.947	1.091
	江苏	1.521	0.916	0.635	1.702	0.978	1.059	0.998	1.067	1.033	1.186
	浙江	0.962	1.096	0.925	1.225	0.968	1.059	1.021	1.090	0.969	1.117
	福建	0.933	1.096	0.923	1.205	0.966	1.059	0.951	1.090	0.943	1.113
	广东	0.947	1.085	0.839	1.224	0.942	1.060	0.992	1.089	0.930	1.114
	海南	1.000	1.050	1.000	1.166	1.000	1.135	1.000	1.230	1.000	1.145
中部	山西	0.990	1.104	0.987	1.194	0.948	1.058	0.972	1.092	0.974	1.112

续表

地区	省级区域	2006~2007		2007~2008		2008~2009		2009~2010		平均值	
		TEC	TPC	TEC	TPC	TEC	TPC	TEC	TPC	TEC	TPC
中部	内蒙古	1.068	1.123	1.002	1.194	0.958	1.058	0.999	1.091	1.007	1.117
	吉林	1.024	1.108	0.915	1.220	0.967	1.061	0.985	1.089	0.973	1.120
	黑龙江	0.905	1.105	0.894	1.226	0.851	1.061	1.059	1.089	0.927	1.120
	安徽	0.877	1.116	0.918	1.183	1.033	1.058	1.012	1.092	0.960	1.112
	江西	0.960	1.111	0.895	1.199	0.952	1.059	1.009	1.091	0.954	1.115
	河南	0.990	1.107	0.930	1.209	0.961	1.060	1.025	1.090	0.977	1.116
	湖北	1.082	1.108	0.919	1.220	1.004	1.060	1.023	1.089	1.007	1.119
	湖南	0.868	1.102	0.941	1.228	0.945	1.061	0.935	1.089	0.922	1.120
	广西	0.913	1.124	0.989	1.180	0.949	1.058	1.014	1.092	0.966	1.113
西部	重庆	0.963	1.115	0.991	1.202	0.846	1.059	1.073	1.091	0.969	1.117
	四川	0.757	1.110	1.190	1.204	1.002	1.061	0.894	1.089	0.961	1.116
	贵州	0.963	1.116	1.173	1.202	0.946	1.060	0.930	1.090	1.003	1.117
	云南	0.945	1.117	0.948	1.206	0.934	1.059	0.970	1.090	0.949	1.118
	陕西	0.968	1.108	0.848	1.207	0.957	1.059	0.995	1.091	0.942	1.116
	甘肃	0.946	1.107	0.954	1.207	0.955	1.060	1.068	1.090	0.981	1.116
	青海	0.973	1.115	0.918	1.199	0.976	1.059	1.018	1.091	0.971	1.116
	宁夏	0.992	1.107	1.023	1.198	1.006	1.059	0.815	1.093	0.959	1.114
	新疆	0.929	1.116	0.911	1.220	0.882	1.060	0.981	1.089	0.926	1.121

由表 5.7 可以得出以下结论。第一，在 2006~2010 年，大部分省级区域的 TECs 值都低于 1，而大部分省级区域的 TPCs 值都高于 1。例如，2006~2007 年，TEC 值低于 1 的省级区域有 22 个，高于 1 的省级区域只有 8 个。相比之下，2006~2007 年，TPC 值低于 1 的省级区域只有两个(上海和江苏)。第二，从 2006 ~ 2010 年期间 TEC 和 TPC 的平均值来看，其中 23 个省级区域有技术效率下降趋势(即 TEC 值低于 1)，而所有省级区域的技术进步均有上升趋势(即 TPC 值高于 1)。第三，结合表 5.6 和表 5.7，得知由 TEC 和 TPC 中的哪个值导致 Malmquist 指数升高或降低。以安徽为例。其 2006~2007 年 Malmquist 指数为 0.979，说明安徽省生产力下降了 2.1%。这一结果是由技术效率的变化引起的，在 2006~2007 年的 TEC 值低于 1，然而技术进步有所提高，因为同一时间段内的 TPC 值大于 1。第四，就 TECs 的多种趋势来看，在 2006~2010 年期间，多数省级区域的技术效率没有上升或下降的趋势，即没有任何规律性的变化。虽然在 2006~2010 年期间，大部分省级区域的技术进步也没有增加或减少的趋势，但在 2006~2010 年的某部分阶段，所有省级区域却有相同的趋势。例如，2006~2008 年(2008~2010 年)所有省级区

域技术进步呈上升趋势，因为所有省级区域 2007~2008 年(2009~2010 年)的 TPCs 值均高于 2006~2007 年(2008~2009 年)的 TPCs 值。此外，2007~2009 年所有省级区域的技术进步呈下降趋势，因为 2008~2009 年所有省级区域的 TPCs 值均低于 2007~2008 年的 TPCs 值。

5.4 本章小结

在过去的三十年里，中国的经济一直在快速增长。经济的快速发展带来了国内生产总值(GDP)的增长，却伴随着能源短缺和环境污染等严重问题。评估中国省级区域的能源和环境绩效自然也就是可取的。

基于上述背景，本章运用 DEA 模型对“十一五”(2006~2010)期间我国 30 个省级区域和 3 大地区的能源与环境全要素效率进行了评价。特别是，本章衡量了一个联合生产框架，包括非能源投入(劳动力和资本)、能源投入(总能源消耗)以及期望产出(GDP)和非期望产出(废气)。此外，本章应用基于 DEA 的 Malmquist 指数来评估考虑了非期望产出和能源投入的生产力动态变化。

本章的主要实证结果表明：①在 2006~2010 年，北京和海南的能源与环境全要素效率最高。此外，大部分省级区域的能源与环境效率低下。因此，这两个省级区域可被视为效率低下省级区域提高能源与环境效率的基准。②从地区角度来看，东部地区能源与环境效率最高，中部次之，西部地区效率最差。这三个地区的效率差异可能是由经济发展不平衡造成的。③由 Malmquist 指数可知，2006~2010 年，大多数省级区域的生产率每年都有提高。在“十一五”期间，东部地区的生产力提高程度最高，中部次之，最后是西部。④将 Malmquist 指数分为技术效率变化(TEC)和技术进步变化(TPC)，得知大部分省级区域的技术效率呈下降趋势，而大部分省级区域的技术进步呈上升趋势。

参考文献

Banker R D, Charnes A, Cooper W W. 1984. Some models for estimating technical and scale inefficiencies in data envelopment analysis. Management Science, 30(9): 1078-1092.

Bi G, Feng C, Ding J, et al. 2012. Estimating relative efficiency of DMU: Pareto principle and Monte Carlo oriented DEA approach. INFOR: Information Systems and Operational Research, 50(1): 44-57.

Bi G B, Luo Y, Ding J J, et al. 2015. Environmental performance analysis of Chinese industry from a slacks-based perspective. Annals of Operations Research, 228(1): 65-80.

Bian Y W, Yang F. 2010. Resource and environment efficiency analysis of provinces in China: A DEA approach based on Shannon's entropy. Energ Policy, 38(4): 1909-1917.

Camanho A S, Dyson R G. 2006. Data envelopment analysis and Malmquist indices for measuring group performance. Journal of Productivity Analysis, 26 (1) : 35-49.

Charnes A, Cooper W W, Rhodes E. 1978. Measuring the efficiency of decision making units. European Journal of Operational Research, 2 (6) : 429-444.

Chen C M, Delmas M A. 2012. Measuring eco-inefficiency: a new frontier approach. Operations Research, 60 (5) : 1064-1079.

Chen Y, Ali A I. 2004. DEA Malmquist productivity measure: New insights with an application to computer industry. European Journal of Operational Research, 159 (1) : 239-249.

Chen Y, Liang L, Yang F. 2006. A DEA game model approach to supply chain efficiency. Ann Oper Res, 145 (1) : 5-13.

Coelli T J, Rao D S P, O'Donnell C J, et al. 2005. An introduction to efficiency and productivity analysis. Springer Science & Business Media.

Cook W D, Seiford L M. 2009. Data envelopment analysis (DEA) -Thirty years on. Eur J Oper Res, 192 (1) : 1-17.

Cooper W W, Seiford L M, Tone K. 2001. Data envelopment analysis: A comprehensive text with models, applications, references and DEA-solver software. Journal Operational Research Society, 52 (12) : 1408-1409.

Cooper W W, Ruiz J L, Sirvent I. 2007. Choosing weights from alternative optimal solutions of dual multiplier models in DEA. European Journal of Operational Research, 180(1): 443-458.

Dimas G, Goula A, Soulis S. 2012. Productive performance and its components in Greek public hospitals. Operational Research, 12 (1) : 15-27.

Färe R, Grosskopf S, Lindgren B, et al. 1994. Productivity developments in Swedish hospitals: a Malmquist output index approach. Data envelopment analysis: theory, methodology, and applications. Dordrecht: Springer, 1994: 253-272.

Färe R, Grosskopf S, Lovell C K, et al. 1989. Multilateral productivity comparisons when some outputs are undesirable: a nonparametric approach. The Review of Economics and Statistics, 90-98.

Färe R, Grosskopf S, Noh D W, et al. 2005. Characteristics of a polluting technology: theory and practice. J Econometrics, 126 (2) : 469-492.

Golany B, Roll Y. 1989. An application procedure for DEA. Omega, 17 (3) : 237-250.

Halkos G E, Tzeremes N G, Kourtzidis S A. 2015. Regional sustainability efficiency index in Europe: an additive two-stage DEA approach. Operational Research, 15 (1) : 1-23.

Hu J L, Lee Y C. 2008. Efficient three industrial waste abatement for regions in China. The International Journal of Sustainable Development and World Ecology, 15 (2) : 132-144.

Hu J L, Wang S C. 2006. Total-factor energy efficiency of regions in China. Energy Policy, 34 (17) : 3206-3217.

Huang C Y, Chiou C C, Wu T H, et al. 2015. An integrated DEA-MODM methodology for portfolio optimization. Operational Research, 15 (1) : 115-136.

Ibanez E, McCalley J D. 2011. Multiobjective evolutionary algorithm for long-term planning of the national energy and transportation systems. Energy Systems, 2 (2): 151-169.

Karagiannis R, Velentzas K. 2012. Productivity and quality changes in Greek public hospitals. Operational Research, 12 (1): 69-81.

Li H, Fang K N, Yang W, et al. 2013. Regional environmental efficiency evaluation in China: Analysis based on the Super-SBM model with undesirable outputs. Mathematical and Computer Modelling, 58 (5-6): 1018-1031.

Macpherson A J, Principe P P, Mehaffey M. 2013. Using Malmquist Indices to evaluate environmental impacts of alternative land development scenarios. Ecological Indicators, 34: 296-303.

Mahadevan R. 2002. A DEA approach to understanding the productivity growth of Malaysia's manufacturing industries. Asia Pacific Journal of Management, 19 (4): 587-600.

Malmquist S. 1953. Index numbers and indifference surfaces. Trabajos de Estadística, 4 (2): 209-242.

Panta M, Smirlis Y, Sfakianakis M. 2013. Assessing bids of Greek public organizations service providers using data envelopment analysis. Operational Research, 13 (2): 251-269.

Ramanathan R. 2000. A holistic approach to compare energy efficiencies of different transport modes. Energy Policy, 28 (11): 743-747.

Saharidis G K. 2017. Environmental Externalities Score: a new emission factor to model green vehicle routing problem. Energy Systems, 8 (4): 673-691.

Scheel H. 2001. Undesirable outputs in efficiency valuations. European Journal of Operational Research, 132 (2): 400-410.

Seiford L M, Zhu J. 2002. Modeling undesirable factors in efficiency evaluation. European Journal of Operational Research, 142 (1): 16-20.

Shabani Z, Rafiee S, Mobli H, et al. 2012. Optimization in energy consumption of carnation production using data envelopment analysis (DEA). Energy Systems, 3 (4): 325-339.

Sharma M J, Yu S J. 2013. Multi-Stage data envelopment analysis congestion model. Operational Research, 13 (3): 399-413.

Shi G M, Bi J, Wang J N. 2010. Chinese regional industrial energy efficiency evaluation based on a DEA model of fixing non-energy inputs. Energy Policy, 38 (10): 6172-6179.

Smirlis Y G, Zeimpekis V, Kaimakamis G. 2012. Data envelopment analysis models to support the selection of vehicle routing software for city logistics operations. Operational Research, 12 (3): 399-420.

Song M L, An Q X, Zhang W, et al. 2012. Environmental efficiency evaluation based on data envelopment analysis: A review. Renewable and Sustainable Energy Reviews, 16 (7): 4465-4469.

Song M L, Guo X, Wu K, et al. 2015. Driving effect analysis of energy-consumption carbon emissions in the Yangtze River Delta region. Journal of Cleaner Production, 103: 620-628.

Song M L, Wang S H. 2014. DEA decomposition of China's environmental efficiency based on search algorithm. Applied Mathematics and Computation, 247: 562-572.

Song M L, Yang L, Wu J, et al. 2013. Energy saving in China: Analysis on the energy efficiency via bootstrap-DEA approach. Energy Policy, 57: 1-6.

Tsolas I E, Charles V. 2015. Green exchange-traded fund performance appraisal using slacks-based DEA models. Operational Research, 15 (1) : 51-77.

Tyteca D. 1997. Linear programming models for the measurement of environmental performance of firms-concepts and empirical results. Journal of Productivity Analysis, 8 (2) : 183-197.

Wang Q W. 2010. Effective policies for renewable energy-the example of China's wind power—lessons for China's photovoltaic power. Renewable and Sustainable Energy Reviews, 14 (2) : 702-712.

Wang K, Lu B, Wei Y M. 2013a. China's regional energy and environmental efficiency: a range-adjusted measure based analysis. Applied energy, 112: 1403-1415.

Wang K, Wang C, Lu X, et al. 2007. Scenario analysis on CO_2 emissions reduction potential in China's iron and steel industry. Energy Policy, 35 (4) : 2320-2335.

Wang K, Yu S, Zhang W. 2013b. China's regional energy and environmental efficiency: A DEA window analysis based dynamic evaluation. Mathematical and Computer Modelling, 58 (5-6) : 1117-1127.

Wang Q W, Zhou P, Zhou D Q. 2012. Efficiency measurement with carbon dioxide emissions: the case of China. Applied Energy, 90 (1) : 161-166.

Wu H Q, Shi Y, Xia Q, et al. 2014. Effectiveness of the policy of circular economy in China: A DEA-based analysis for the period of 11th five-year-plan. Resources, Conservation and Recycling, 83: 163-175.

Wu J, An Q X, Xiong B, et al. 2013. Congestion measurement for regional industries in China: A data envelopment analysis approach with undesirable outputs. Energy Policy, 57: 7-13.

Wu J, An Q X, Yao X, et al. 2014. Environmental efficiency evaluation of industry in China based on a new fixed sum undesirable output data envelopment analysis. Journal of Cleaner Production, 74: 96-104.

Wu J, Liang L, Yang F. 2009. Achievement and benchmarking of countries at the Summer Olympics using cross efficiency evaluation method. European Journal of Operational Research, 197 (2) : 722-730.

Wu J, Zhu Q Y, Chu J F, et al. 2015. Two-stage network structures with undesirable intermediate outputs reused: A DEA based approach. Computational Economics, 46 (3) : 455-477.

Wu Y. 2012. Energy intensity and its determinants in China's regional economies. Energy Policy, 41: 703-711.

Yang B J, Zhang Y L, Zhang H J, et al. 2016. Factor-specific Malmquist productivity index based on common weights DEA. Operational Research, 16 (1) : 51-70.

Yang L, Ouyang H, Fang K, et al. 2015. Evaluation of regional environmental efficiencies in China based on super-efficiency-DEA. Ecological Indicators, 51: 13-19.

Zhou P, Ang B W, Poh K L. 2008a. A survey of data envelopment analysis in energy and environmental studies. European Journal of Operational Research, 189 (1) : 1-18.

Zhou P, Ang B W, Poh K L. 2008b. Measuring environmental performance under different environmental DEA technologies. Energy Economics, 30(1): 1-14.

Zhou P, Ang B W, Wang H. 2012. Energy and CO_2 emission performance in electricity generation: a non-radial directional distance function approach. European Journal of Operational Research, 221(3): 625-635.

Zhou P, Ang B W. 2008. Linear programming models for measuring economy-wide energy efficiency performance. Energy Policy, 36(8): 2911-2916.

Zhou P, Poh K L, Ang B W. 2007. A non-radial DEA approach to measuring environmental performance. European Journal of Operational Research, 178(1): 1-9.

第三部分

行业分析之工业篇

第6章　工业环境效率分析——考虑资源配置拥堵

最近几十年，尤其是改革开放以后，中国工业取得了飞速的发展。大量的投资带来了经济拥堵问题，而拥堵意味着资源的浪费，因此有必要对中国工业进行拥堵分析。目前已经有许多学者对拥堵问题进行了相关的研究，但是，之前的研究仅仅考虑了期望的产出。实际上，在生产过程中非期望产出大都伴随着期望产出同时出现。因此，在本章中，提出了一种同时考虑期望产出和非期望产出的拥堵判别方法，并将其应用于分析我国的工业情况。根据相应的结果提出对应的政策建议。

6.1　引　　言

近年来，随着全球气候变暖、资源越来越贫乏等社会问题的出现，资源与环境也越来越成为国内外关注的焦点。在过去30多年的时间里，我国经济建设取得了举世瞩目的成就，然而能源利用率不高、环境污染严重等问题也越来越成为制约我国经济发展的因素。为转变传统的粗放式经济增长模式，2005年，我国提出建设资源节约型、环境友好型社会(以下简称为“两型”)，即在资源节约、环境友好的前提下发展经济，实现社会的进步。

工业作为一个地区的重要产业，对区域经济发展、人民生活水平的提升等都起着至关重要的作用。中国的工业虽然在近年来得到了长足的发展，工业国内生产总值从2000年的40033.6亿元增加到2010年的160867亿元。然而，工业是一种能源消耗大、污染排放严重的产业。工业的发展带来的环境问题变得越来越严峻，比如水污染问题、固体废物污染等。高度的消耗资源并不利于经济的可持续发展，同时过度的使用资源也会带来资源的拥堵问题。拥堵问题是一种常见的经济现象，出现在当投入的减少带来部分产出增加而其他产出不变的时候(Cooper et al.，2001)。为了更好地指导中国工业的发展，测定拥堵有利于政府了解各地区资源使用情况，更为重要的是可以帮助政府重新分配资源以减少浪费。另外，本章将利用DEA方法对考虑非期望产出的拥堵问题进行研究，同时会对各地区工业的环境效率进行评估。

DEA方法已经广泛运用了各个领域，如学校、医院、银行等(Cooper et al.，2004)。自从Färe等于1985年首次提出测量拥堵的方法以来，目前主要有四种方法测定拥堵问题。

第一种方法是 Färe 等提出的径向模型。拥堵的判定是通过投入的弱可处置和强可处置差异来确定的。由于对于只有一个输入的系统来说，弱处理和强处理是一样的，所以这个模型在系统只有一个输入时无效。第二种方法是 Cooper 等于1996年提出的松弛测定方法。这种方法首先将产出固定到其偏好点上，然后计算投入的最大节约量，能够很好地避免方法一存在的缺陷，但是它不能够从纯技术效率的角度区分拥堵的效果。第三种方法是 Khodabakhshi(2009)提出的 one-model 方法，这种方法和第二种方法很像，都是基于投入的松弛组合。不过相比方法二，该方法的计算相对简单，方便进行实际运用。最后一种方法是 Wei 和 Yan(2004)提出的 new-model。这种方法采用了投入的弱处理方式，反映在规划中就是等式约束，于是在规划中对输入来说不可能存在任何的松弛；拥堵通过规划得出技术效率和纯技术效率的比值进行判定。这种方法也不存在前两种方法出现的问题。

基于上述模型方法，已经有很多应用。例如，Khodabakhshi(2009)运用 one-model 方法测定中国纺织工业的投入拥堵问题。Kao(2010)运用 new-model 方法判定了中国台湾森林的拥堵情况。Marques 和 Simões(2010)则通过三种不同的方法研究了机场的拥堵情况。

然而，上述方法只考虑了传统的拥堵情形——决策者期望更少的投入获得更多的产出。这里的隐含假设是所有的产出都是期望产出，越多越好。在实际生产中，非期望产出例如废气污染经常伴随着期望的产出产生。这些非期望产出是不需要的，但是又几乎不可避免。因此，构建一个研究框架判定同时存在期望产出和非期望产出的系统拥堵情况是极有必要的。幸运的是，目前非期望产出方面已有相关研究开展，我们将在这些已有研究的基础上提出判定拥堵的方法。

自从 Färe 等(1989)提出处理非期望产出问题时，该研究领域已经逐渐成为 DEA 研究的一个热门话题并且获得了广泛的运用。非期望领域的研究可以分为几大类。第一类的研究以 Färe 等(1989)为代表和基础，该类研究将假设非期望输出为弱可自由处理。这方面的研究已经获得了极大的发展(Färe et al.，1993；Seiford and Zhu，2005；Färe et al.，2005；Zhou et al.，2007；Zhou et al.，2008；Tone，2004)。第二类研究将非期望产出作为输入处理(Liu and Sharp，1999；Hailu and Veeman，2001；Dyckhoff and Allen，2001)。这个方法仅仅需要确定哪些指标是期望越小，哪些指标是期望越大，但是这一方法并不能反映一个真实的生产过程(Seiford and Zhu，2002)。第三类包括一个非线性单调递减转换方法(Scheel，2001)和一个线性单调转换方法(Seiford and Zhu，2002)。Scheel(2001)使用非期望产出的倒数 $f(u_i^k)=1/u_i^k$（其中 u_i^k 是非期望产出）作为新的产出值。Seiford 和 Zhu(2002)通过在取负值的非期望产出上加一个足够大的正数方式（$f(u_i^k)=u_i^k+\beta_i$）处理了非期望产出。第四类是 You 和 Yan(2011)提出的比例模型，在他们的模型中，非期望产出既不被看作投入，也不被看作产出。惩罚因子被引入取代非期望产出，新系统的产出由原期望产出除以惩罚因子获得。

本章选用 Seiford 和 Zhu(2002) 的方式处理非期望产出。原因有以下两点：首先，该方法比较简单易懂和方便计算；其次，它保持了生产过程的基本特征。结合 Wei 和 Yan(2004) 的研究，本章构建了测定含有非期望和期望产出系统的拥堵问题。但该方法用于中国 31 个地区工业的拥堵问题时发现有 5 个地区存在拥堵。整体上来看环境效率在各个区域的表现并不同，东部地区表现最好，中部地区次之，西部地区表现比较不理想。具体来说，北京、天津、上海、江苏、山东、广东和西藏表现较好，而河北、安徽、河南和四川表现较差。

6.2 传统拥堵模型

这节将简要介绍传统情形下(投入越少越好，产出越大越好)拥堵测度问题。首先，说明下规模报酬不变(CRS)、规模报酬可变(VRS)、规模报酬非递减(NDRS)和规模报酬非递增(NIRS)几种情形下的生产可能集。生产可能集如下：

$$P^{\mathrm{RTS}}=\left\{(x,y):Y\lambda\geqslant y,X\lambda\geqslant x,\sum_{j=1}^{n}\lambda_j\in\Gamma\right\}\tag{6.1}$$

其中 $\Gamma\in\{\mathrm{CRS, VRS, NDRS, NIRS}\}$。

四种规模收益情况分别对应如下：$\mathrm{CRS}=\left\{\sum_{j=1}^{n}\lambda_j \text{ is free}\right\}$，$\mathrm{VRS}=\left\{\sum_{j=1}^{n}\lambda_j=1\right\}$，$\mathrm{NDRS}=\left\{\sum_{j=1}^{n}\lambda_j\leqslant 1\right\}$，$\mathrm{NIRS}=\left\{\sum_{j=1}^{n}\lambda_j\geqslant 1\right\}$。“$\geqslant$”表示前者大于或等于后者，“$\leqslant$”表示前者小于或等于后者。$\lambda$是乘数矩阵，$X$ 是输入矩阵，Y是输出矩阵。

通过上述各类型生产可能集，可以获得以下输出型的 DEA 模型。

$$\begin{aligned}&\operatorname{Max}\ \delta\\&\text{s.t.}\ \sum_{j=1}^{n}\lambda_j x_{ij}\leqslant x_{i0}, i=1,\cdots,m.\\&\qquad\sum_{j=1}^{n}\lambda_j y_{rj}\geqslant \delta y_{r0}, r=1,\cdots,s.\\&\qquad\sum_{j=1}^{n}\lambda_j\in\Gamma, \lambda_j\geqslant 0, j=1,\cdots,n.\end{aligned}\tag{6.2}$$

其中 $\Gamma\in\{\mathrm{CRS,VRS,NDRS,NIRS}\}$，$\delta$ 代表决策单元 DMU_0 的效率值；λ_j 是 DMU_j 的乘子系数，代表着评价 DMU_0 时以其为参考的程度；x_{ij} 是 DMU_j 的第 i 个投入；y_{rj} 是 DMU_j 的第 r 个产出。下表“0”代表规划中待被评价单元。

当$\Gamma \in CRS$时，上述模型就是 CCR 模型(Charnes et al., 1978)；当$\Gamma \in VRS$时，就是 BCC 模型(Banker et al., 1984)；当$\Gamma \in NDRS$时，就是 FG 模型(Färe and Grosskopf, 1985)；当$\Gamma \in NIRS$时，就是 ST 模型(Seiford and Thrall, 1990)。

下面将着重介绍下 Wei 和 Yan(2004)的 new-model 模型。

$$
\begin{aligned}
&\text{Max } \delta \\
&\text{s.t. } \sum_{j=1}^{n} \lambda_j x_{ij} \leqslant x_{i0}, i = 1, \cdots, m. \\
&\qquad \sum_{j=1}^{n} \lambda_j y_{rj} \geqslant \delta y_{r0}, r = 1, \cdots, s. \\
&\qquad \sum_{j=1}^{n} \lambda_j = 1, \lambda_j \geqslant 0, j = 1, \cdots, n.
\end{aligned} \tag{6.3}
$$

当减少部分投入会带来产出增加，就意味着拥堵出现。以以上模型为基础，下面将介绍拥堵和弱拥堵的定义及关于弱拥堵的相关理论。

定义 6.1 假设DMU_0是 new-model 弱有效的。如果存在$(\hat{x}, \hat{y}) \in T_{NEW}$，$\hat{x} \leqslant x_0$且$\hat{x} \neq x_0$，$\hat{y} > y_0$，其中$T_{NEW} = \left\{ (x, y) \middle| \sum_{j=1}^{n} \lambda_j x_{ij} = x_{i0}, \sum_{j=1}^{n} \lambda_j y_{rj} \geqslant y_{r0}, \sum_{j=1}^{n} \lambda_j = 1, \lambda_j \geqslant 0 \right\}$，那么 DMU 存在拥堵。

定义 6.2 假设DMU_0是 new-model 弱有效的。如果存在$(\hat{x}, \hat{y}) \in T_{NEW}$，$\hat{x} \leqslant x_0$且$\hat{x} \neq x_0$，$\hat{y} \geqslant y_0$，其中$T_{NEW} = \left\{ (x, y) \middle| \sum_{j=1}^{n} \lambda_j x_{ij} = x_{i0}, \sum_{j=1}^{n} \lambda_j y_{rj} \geqslant y_{r0}, \sum_{j=1}^{n} \lambda_j = 1, \lambda_j \geqslant 0 \right\}$，那么 DMU 存在弱拥堵。

定理 6.1 对于 new-model 的弱有效决策单元，存在拥堵当且仅当它不是 BCC 弱有效的，当且仅当它既不是 FG 模型弱有效也不是 ST 模型弱有效。

定理 6.1 的详细证明可参考文献 Wei 和 Yan(2004)，这里就不再赘述。

6.3 考虑环境污染拥堵模型

本节考虑情形拥堵问题不同于传统情形，因为不是所有的产出都是期望越多越好。新情形下的产出可以分为两大类：期望产出和非期望产出。非期望产出对人们来说是不好的产出，比如污染，产出越少越好。而期望产出对人们来说则是越多越好。因此，含有非期望产出的拥堵问题将不同于传统的拥堵问题。假设x，y，u分别代表投入、期望产出和非期望产出。新情形下的拥堵存在于当减少一些投入x时会带来一些期望产出y的增加和非期望产出u的减少同时不改变其他的产出。

在判定这种情形的拥堵问题之前，需要对非期望产出进行一定处理。本章选用 Seiford 和 Zhu(2002)的方法。由于输入型的 DEA 模型在判定拥堵问题时会产生错误结果(Cooper et al.，2000)，本章选用输出型 DEA 模型，见模型(6.4)。

$$
\begin{aligned}
&\text{Max } \delta \\
&\text{s.t.} \quad \sum_{j=1}^{n} \lambda_j x_{ij} \leqslant x_{i0}, i=1,\cdots,m. \\
&\qquad \sum_{j=1}^{n} \lambda_j y_{rj} \geqslant \delta y_{r0}, r=1,\cdots,s. \\
&\qquad \sum_{j=1}^{n} \lambda_j o_{tj} \geqslant \delta o_{t0}, t=1,\cdots,k. \\
&\qquad o_{tj} = -u_{tj} + \alpha_t, \\
&\qquad \sum_{j=1}^{n} \lambda_j = 1, j=1,\cdots,n.
\end{aligned}
\tag{6.4}
$$

在模型(6.4)中，α_t 是一个可以让每个 o_{tj} 都变为正数的足够大数。第四个约束用于将非期望产出转化为一个便于处理的新的变量，这个新变量越大越好意味着非期望产出越少越好。第三个约束用于约束新变量在生产可能集内。上述模型称为 BCC SZ 模型。当关于 λ 的约束改变时，可以得到其他相应规模收益的 DEA 模型，比如，$\sum_{j=1}^{n}\lambda_j$ 是自由时(即没限制)对应 CCR SZ 模型，$\sum_{j=1}^{n}\lambda_j \leqslant 1$ 对应 FG SZ 模型，$\sum_{j=1}^{n}\lambda_j \geqslant 1$ 对应 ST SZ 模型。

相应判定拥堵的 New-model 定义为 Unew-model，如模型(6.5)所示。

$$
\begin{aligned}
&\text{Max } \delta \\
&\text{s.t.} \quad \sum_{j=1}^{n} \lambda_j x_{ij} = x_{i0}, i=1,\cdots,m. \\
&\qquad \sum_{j=1}^{n} \lambda_j y_{rj} \geqslant \delta y_{r0}, r=1,\cdots,s. \\
&\qquad \sum_{j=1}^{n} \lambda_j o_{tj} \geqslant \delta o_{t0}, t=1,\cdots,k. \\
&\qquad o_{tj} = -u_{tj} + \alpha_t, \\
&\qquad \sum_{j=1}^{n} \lambda_j = 1, j=1,\cdots,n.
\end{aligned}
\tag{6.5}
$$

比较模型(6.4)和模型(6.5)，可以发现它们的不同之处在于第一个约束，前者是松的，后者是紧的。模型(6.5)的最优解是模型(6.4)的可行解。此外，由于约束1的原因，模型(6.5)的生产可能集是封闭的。

定义 6.3 如果模型(6.5)的最优值是1，那么我们认为DMU_0对应于Unew-model是弱有效的。

定义 6.4 假设DMU_0是Unew-model弱有效的。如果存在$(\hat{x},\hat{y},\hat{u})\in T_{NEW}$，$\hat{x}\leqslant x_0$且$\hat{x}\neq x_0$，$\hat{y}>y_0$，$\hat{u}>u_0$，其中$T_{NEW}=\left\{(x,y)\left|\sum_{j=1}^{n}\lambda_j x_{ij}=x_{i0},\sum_{j=1}^{n}\lambda_j y_{rj}\geqslant y_{r0},\sum_{j=1}^{n}\lambda_j u_{rj}\geqslant u_{r0}\sum_{j=1}^{n}\lambda_j=1,\lambda_j\geqslant 0\right.\right\}$，那么DMU存在拥堵。

定义 6.5 假设DMU_0是Unew-model弱有效的。如果存在$(\hat{x},\hat{y},\hat{u})\in T_{NEW}$，$\hat{x}\leqslant x_0$且$\hat{x}\neq x_0$，$\hat{y}\geqslant y_0$，$\hat{u}>u_0$，其中$T_{NEW}=\left\{(x,y)\left|\sum_{j=1}^{n}\lambda_j x_{ij}=x_{i0},\sum_{j=1}^{n}\lambda_j y_{rj}\geqslant y_{r0},\sum_{j=1}^{n}\lambda_j u_{rj}\geqslant u_{r0}\sum_{j=1}^{n}\lambda_j=1,\lambda_j\geqslant 0\right.\right\}$，那么DMU存在弱拥堵。

定理 6.2 对于Unew-model弱有效单元DMU_0，存在拥堵当且仅当DMU_0不是BCC SZ模型弱有效，当且仅当DMU_0既不是FG SZ模型有效也不是ST SZ模型有效。

证明： 首先证明前半部分。对于Unew-model弱有效单元DMU_0，存在拥堵当且仅当DMU_0不是BCC SZ模型弱有效。

根据定义(6.4)，如果DMU_0是Unew-model弱有效单元存在拥堵，那么存在$\hat{x}\leqslant x_0$且$\hat{x}\neq x_0$，$\hat{y}>y_0$，$\hat{u}>u_0$。也就是说存在$\hat{\lambda}$满足

$$\begin{cases}\sum_{j=1}^{n}\hat{\lambda}_j x_{ij}=\hat{x}_{i0}\leqslant x_{i0},\\ \sum_{j=1}^{n}\hat{\lambda}_j y_{rj}\geqslant \hat{y}_{r0}>y_{r0},\\ \sum_{j=1}^{n}\hat{\lambda}_j o_{tj}\geqslant \hat{o}_{t0}>o_{t0},\\ o_{tj}=-u_{tj}+\alpha_t,\\ \sum_{j=1}^{n}\hat{\lambda}_j=1,\\ \lambda_j\geqslant 0,\end{cases}\quad 那么\quad \begin{cases}\sum_{j=1}^{n}\hat{\lambda}_j x_{ij}\leqslant x_{i0},\\ \sum_{j=1}^{n}\hat{\lambda}_j y_{rj}>y_{r0},\\ \sum_{j=1}^{n}\hat{\lambda}_j o_{tj}>o_{t0},\\ o_{tj}=-u_{tj}+\alpha_t,\\ \sum_{j=1}^{n}\hat{\lambda}_j=1,\\ \lambda_j\geqslant 0\end{cases}$$

肯定存在可行解。根据弱有效的定义，则 DMU_0 并不是 BCC SZ 模型弱有效的。

如果 Unew-model 弱有效单元 DMU_0 不是 BCC SZ 弱有效，那么必然存在 $\hat{\lambda}$ 满足 $\begin{cases} \sum_{j=1}^{n} \hat{\lambda}_j x_{ij} \leqslant x_{i0}, \\ \sum_{j=1}^{n} \hat{\lambda}_j y_{rj} > y_{r0}, \\ \sum_{j=1}^{n} \hat{\lambda}_j o_{tj} > o_{t0}, \\ o_{tj} = -u_{tj} + \alpha_t, \\ \sum_{j=1}^{n} \hat{\lambda}_j = 1, \\ \lambda_j \geqslant 0 \end{cases}$。因为 DMU_0 是 Unew-model 的弱有效单元，所以 $\begin{cases} \sum_{j=1}^{n} \hat{\lambda}_j x_{ij} = x_{i0}, \\ \sum_{j=1}^{n} \hat{\lambda}_j y_{rj} > y_{r0}, \\ \sum_{j=1}^{n} \hat{\lambda}_j o_{tj} > o_{t0}, \\ o_{tj} = -u_{tj} + \alpha_t, \\ \sum_{j=1}^{n} \hat{\lambda}_j = 1, \\ \lambda_j \geqslant 0 \end{cases}$ 不存在可行解。因此，$\hat{\lambda}$ 满足 $\begin{cases} \sum_{j=1}^{n} \hat{\lambda}_j x_{ij} \leqslant x_{i0}, \\ \sum_{j=1}^{n} \hat{\lambda}_j x_{ij} \neq x_{i0}, \\ \sum_{j=1}^{n} \hat{\lambda}_j y_{rj} > y_{r0}, \\ \sum_{j=1}^{n} \hat{\lambda}_j o_{tj} > o_{t0}, \\ o_{tj} = -u_{tj} + \alpha_t, \\ \sum_{j=1}^{n} \hat{\lambda}_j = 1, \\ \lambda_j \geqslant 0。 \end{cases}$ 由于 $\left(\sum_{j=1}^{n} \hat{\lambda}_j x_{ij}, \sum_{j=1}^{n} \hat{\lambda}_j y_{rj}, \sum_{j=1}^{n} \hat{\lambda}_j o_{tj} \right) \in T_{NEW}$，根据定义(6.4)，$DMU_0$ 存在拥堵。

同理，后半部分也很容易得到相应的证明。证毕！

6.4　中国工业环境效率实证研究

资源和环境是人类赖以生存的两大关键，且越来越受到国内外学者们的广泛关注。作为高资源消耗、高环境污染排放的工业企业，其可持续运作对区域经济健康发展起着重要的作用。分析中国区域工业的拥堵现状以及对应的环境问题能有效解决贸源的合理配置和环境污染等问题。本节将利用上述提出的模型方法对中国区域工业进行资源拥堵和环境效率分析。

6.4.1　数据描述

这节将对中国的 34 个省、自治区和直辖市进行分析(港澳台数据缺失)。由于当决策单元数小于 5 倍的投入产出指标数时会出现很多难于区分优劣的有效单元(Golany and Roll，1989)，因此根据工业特点的情况下，优选了 5 个指标作为投入和产出。投入有全行业固定资产投资(TIFA)和工业用电(EC)；产出有工业总产值(GIOV)、工业废气排放总量(TWGE)和废水排放总量(TWWD)。产出指标中工业总产值是期望产出，后两种产出是非期望产出。全行业固定资产投资是以货币形式表现的在一定时期内全社会建造和购置固定资产的工作量以及与此有关的费用的总称。该指标既是反映固定资产投资规模、结构和发展速度的综合性指标，又是观察工程进度和考核投资效果的重要依据。工业用电可以反映出工业对资源消耗的基本情况，因为大多数的工业对电力的依赖都是相当大的。工业总产值是最能反映工业期望产出的指标，同时工业废气和废水也是常见的工业非期望产出，因此把这三个因素选为产出指标。通过 2011 年中国统计年鉴可获得如表 6.1 的基本数据。

表 6.1　2010 年的工业表现数据

地区	固定资产投资/亿元	工业用电/(亿 kW · h)	工业总产值/亿元	工业废气排放总量/(亿 cu.m)	废水排放总量/亿 t
安徽	9121.829	1077.91	18732	17849	70971
北京	4554.356	809.9	13699.84	4750	8198
重庆	5049.258	626.44	9143.55	10943	45180
福建	6534.803	1315.09	21901.23	13507	124168
甘肃	2274.305	804.43	4882.68	6252	15352
广东	11903.36	4060.13	85824.64	24092	187031
广西	5166.135	993.24	9644.13	14520	165211
贵州	2483.012	835.38	4206.37	10192	14130
海南	903.8264	159.02	1381.25	1360	5782
河北	11737.07	2691.52	31143.29	56324	114232
黑龙江	5019.085	747.84	9535.15	10111	38921
河南	12868.24	2353.96	34995.53	22709	150406
湖北	7276.638	1330.44	21623.12	13865	94593
湖南	7374.157	1171.91	19008.83	14673	95605
内蒙古	6831.416	1536.83	13406.11	27488	39536
江苏	18977.92	3864.37	92056.48	31213	263760
江西	6696.149	700.51	13883.06	9812	72526

续表

地区	固定资产投资/亿元	工业用电/亿 kW·h	工业总产值/亿元	工业废气排放总量/亿 cu.m	废水排放总量/亿 t
吉林	6313.748	576.98	13098.35	8240	38656
辽宁	12480.94	1715.26	36219.42	26955	71521
宁夏	1193.702	546.77	1924.39	16324	21977
青海	789.5051	465.18	1481.99	3952	9031
陕西	5462.784	859.22	11199.84	13510	45487
山东	17664.34	3298.46	83851.4	43837	208257
上海	4252.32	1295.87	30114.41	12969	36696
山西	4702.091	1460	12471.33	35190	49881
四川	9790.274	1549.03	23147.38	20107	93444
天津	4571.888	645.74	16751.82	7686	19680
西藏	306.567	20.41	62.22	16	736
新疆	2749.838	661.96	5341.9	9310	25413
云南	4024.972	1004.07	6464.63	10978	30926
浙江	10246.41	2820.93	51394.2	20434	217426

根据上述中国地理区域的一般划分，可以将上述地区分为三个主要的区域：东部、中部和西部。东部包括北京、天津、河北、辽宁、上海、江苏、浙江、福建、山东和广东；中部地区包括山西、吉林、黑龙江、安徽、江西、河南、湖北和湖南；其他区域划分为西部地区。表 6.2 反映了各区域 2010 年的整体比例情况。

表 6.2　各区域的分布情况

地区	固定资产投资占比/%	工业用电占比/%	工业总产值占比/%	工业废气排放总量占比/%	废水排放总量占比/%
东部	49.17	54.10	66.27	46.57	52.68
中部	28.36	21.56	20.52	25.51	25.75
西部	22.47	24.34	13.21	27.92	21.57

表 6.2 显示，东部地区使用将近一半的固定资产投资和超过一半电力生产了将近三分之二的工业总产值和一半的环境污染。中部地区的值和西部较为接近，从此可以大致推测中西部的整体表现相差不大。

6.4.2　结果分析

根据原始数据，设定模型(6.4)和模型(6.5)的参数 $\alpha_1 = 57324$，$\alpha_2 = 264760$。非期望数据变换后作为新的产出指标。通过模型(6.4)，可以获得相应的 BCC 效率值，见表 6.3 第 2 列。为了比较，同时利用 Haulu 和 Veeman(2001)的方法(将非期望产出作为投入)计算相应的效率，结果见表 6.3 第 3 列；为了表述方便将其命名为 HV 模型。

表 6.3　两种模型得出的效率值

地区	BCC SZ 模型	HV 模型
安徽	1.2244	1.4779
北京	1	1
重庆	1.1598	1.7758
福建	1.1473	1.4618
甘肃	1.0475	2.6753
广东	1	1
广西	1.2596	2.5574
贵州	1.044	3.0386
海南	1.0158	2.4558
河北	1.3187	1.8813
黑龙江	1.136	2.0233
河南	1.29	1.6425
湖北	1.1574	1.5192
湖南	1.1946	1.5785
内蒙古	1.1282	2.3248
江苏	1	1
江西	1.1064	1.3064
吉林	1.057	1.1388
辽宁	1.0631	1.1356
宁夏	1.0829	3.5434
青海	1.0293	2.5239
陕西	1.1715	1.9671
山东	1	1
上海	1	1
山西	1.1852	2.6773
四川	1.2797	1.7108
天津	1	1
西藏	1	1
新疆	1.0899	2.9187
云南	1.1124	3.6839
浙江	1.1171	1.225

从表 6.3 可以看出，一个地区若是 BCC SZ 模型有效，那么它也是 HV 模型有效的，比如天津、江苏、广东和西藏。除此之外，可以发现一个 BCC SZ 模型高效率的地区，HV 模型可能是低效率的，比如青海和新疆。这两个模型效率值之间的相关性见表 6.4。

表 6.4　相关系数

		BCC SZ 模型	HV 模型
BCC SZ 模型	Pearson 相关系数	1	0.197
	P 值（双侧检验）	—	0.288
	样本数	31	31
HV 模型	Pearson 相关系数	0.197	1
	P 值（双侧检验）	0.288	—
	样本数	31	31

表 6.4 揭示了两个模型效率之间相关系数仅为 0.197，具有弱相关性。非相关性的双尾显著性检验为 0.288，因此无关性的假设不能被否定。比较表 6.3 中两个模型的结果可以看出，BCC SZ 模型的数值分布比 HV 模型数据值一致。再者，由于 BCC SZ 模型更能够反映真实的生产过程，本章选用它作为判定拥堵的基础。

同理，Unew-model 的效率值也可以得到。相应的结果放在表 6.5 的第三列。为了方便比较，BCC SZ 模型的结果被放在表 6.5 的第二列。通过上述结果，弱有效决策单元和非有效决策单元可以被确定下来。另外，通过定理 6.2 可以判定工业的拥堵情况。

表 6.5　两种模型下的拥堵测量

地区	BCC SZ 模型	HV 模型
安徽	1.2244	1
北京	1	1
重庆	1.1598	1.1032
福建	1.1473	1.1102
甘肃	1.0475	1
广东	1	1
广西	1.2596	1.1977
贵州	1.044	1
海南	1.0158	1.0086
河北	1.3187	1
黑龙江	1.136	1.094

续表

地区	BCC SZ 模型	HV 模型
河南	1.29	1.0471
湖北	1.1574	1.0943
湖南	1.1946	1.109
内蒙古	1.1282	1
江苏	1	1
江西	1.1064	1.0187
吉林	1.057	1
辽宁	1.0631	1
宁夏	1.0829	1.049
青海	1.0293	1
陕西	1.1715	1.1276
山东	1	1
上海	1	1
山西	1.1852	1.0203
四川	1.2797	1.0914
天津	1	1
西藏	1	1
新疆	1.0899	1.0684
云南	1.1124	1.0444
浙江	1.1171	1.0665

通过上表可以发现，北京、天津、上海、江苏、山东、广东这些 BCC SZ 模型有效单元都是中国的发达省市。这些地区有效(即达到有效前沿面)的最主要原因是这些地区的经济较发达，产出了较多的期望产出。与此相反的是，西藏有效的原因则是消耗了很少的电力以及产生了最少的工业废气污染。

通过表 6.5 第 3 列的数据，可以判定 Unew-model 有效的单元有：北京、天津、河北、内蒙古、辽宁、吉林、上海、江苏、安徽、山东、广东、西藏、甘肃和青海。8 个地区属于东部，2 个属于中部，4 个属于西部。由此可知，东部表现最好。

结合表 6.5 第 2 列数据，可以判定北京、天津、上海、江苏、山东、广东和西藏也是 BCC SZ 模型有效的，根据定理 6.2 可知这些地区是没有投入拥堵的。而其他的 Unew-model 有效单元，河北、内蒙古、辽宁、吉林和安徽则是存在拥堵的，因为它们是非 BCC SZ 弱有效单元。分析这 5 个地区可以发现，它们都是经济不发达省份和自治区，其中 4 个属于中部。这点说明中部的环境效率表现还不错，但是资源的利用存在不合理现象。合理有效地利用或分配资源可以进一步节约资源，提升资源利用效率。表 6.6 显示的是上述 5 个地区消除拥堵后的预期结果。

表 6.6　消除拥堵后的 5 个地区表现情况

地区	固定资产投资/亿元	工业用电/亿 kW · h	工业总产值/亿元	工业废气排放总量/亿 cu.m	废水排放总量/亿 t
安徽	4958.26	724.0246	18732	52365.74	264036
河北	5608.453	1286.118	31143.29	51715.55	263473.9
内蒙古	2518.683	566.6157	13406.11	54805.32	264193.4
吉林	3638.179	508.8509	13098.35	53685.82	264251.1
辽宁	7961.281	1432.406	36219.42	49362.72	263327.6

上述结果揭示了中国部分地区的工业投入减少会带来期望产出的增加和非期望产出的减少。以 2010 年河北省数据为例，在考虑资源配置前，利用了 11737.07 个单位的固定资产投入和 2691.52 个单位的电力投入可以生产 31143.29 个单位的工业总产值，56324 个单位的废气污染和 114232 个单位的废水污染（如表 6.1 所示）。实际上，在考虑资源配置后，如果减少投入，可能只需利用 5608.453 个单位的固定资产投入和 1286.118 个单位的电力投入就可以保证工业总产值不减少的情况下，进一步减少工业废气排放，如表 6.6 所示。

从上述分析可知，中国的经济发展速度将继续保持在较高的水平上。即使把非期望产出考虑进去，大多数的地区表现仍然很不错，尤其是东部区域。拥堵的情况主要出现在中部地区，这些地区可以通过资源的合理再分配和利用从而节约大量资源。

6.5　本 章 小 结

本章扩展了拥堵的定义，将其从传统的情形(只考虑期望的产出)发展到更广泛的情形(既考虑期望产出，又考虑非期望产出)。同时在此基础上，对我国各地区工业的拥堵情况进行了分析研究，发现东部的表现最为理想；中部地区的整体效率表现不错，但由于资源的不合理利用，出现了较多的资源拥堵问题，政府需要对资源合理地再分配；西部地区的整体效率表现不是很好，但很少出现拥堵问题，政府可以增加对其投入力度。

参 考 文 献

Banker R D, Charnes A, Cooper W W. 1984. Some models for estimating technical and scale inefficiencies in data envelopment analysis. Management Science, 30(9): 1078-1092.

Bian Y W, Yang F. 2010. Resource and environment efficiency analysis of provinces in China: A DEA approach based on Shannon's entropy. Energy Policy, 38: 1909-1917.

Charnes A, Cooper W W, Rhodes E. 1978. Measuring the efficiency of decision making units. European Journal of Operational Research, 2: 429-444.

Cook W D, Seiford L M. 2009. Data envelopment analysis (DEA) -Thirty years on. European Journal of Operational Research, 192: 1-17.

Cooper W W, Gu B S, Li S L. 2001. Comparisons and evaluations of alternative approaches to the treatment of congestion in DEA. European Journal of Operational Research, 132: 62-74.

Cooper W W, Seiford L M, Zhu J. 2000. A unified additive model approach for evaluating inefficiency and congestion with associated measures in DEA. Socio-Economic Planning Sciences, 34: 1-26.

Cooper W W, Seiford L M, Zhu J. 2004. Handbook on Data envelopment analysis. Kluwer Academic Publishers, London, 1-2.

Cooper W W, Thompson R G, Thrall R M. 1996. Introduction: Extensions and new developments in DEA. Annals of Operations Research, 66: 3-45.

Dyckhoff H, Allen K. 2001. Measuring ecological efficiency with data envelopment analysis (DEA). European Journal of Operational Research, 132: 312-325.

Färe R, Grosskopf S, Lovell C A K, et al. 1993. Deviation of shadow prices for undesirable outputs: a distance function approach. The Review of Economics and Statistics, 75: 374-380.

Färe R, Grosskopf S, Lovell C A K. 1989. Multilateral productivity comparisons when some outputs are undesirable: a nonparametric approach. The Review of Economics and Statistics, 71: 90-98.

Färe R, Grosskopf S, Lovell C K. 2013. The measurement of efficiency of production. Springer Science & Business Media, 6.

Färe R, Grosskopf S, Noh D W, et al. 2005. Characteristics of a polluting technology: theory and practice. Journal of Econometrics, 126: 469-492.

Golany B, Roll Y. 1989. An application procedure for DEA. Omega, 1(3): 237-250.

Guo X D, Zhu L, Fan Y, et al. 2011. Evaluation of potential reductions in carbon emissions in Chinese provinces based on environmental DEA. Energy Policy, 39: 2352-2360.

Hailu A, Veeman T. 2001. Non-parametric productivity analysis with undesirable outputs: an application to Canadian pulp and paper industry. American Journal of Agricultural Economics, 83(3): 605-616.

Kao C. 2010. Congestion measurement and elimination under the framework of data envelopment analysis: International Journal of Production Economics, 123: 257-265.

Khodabakhshi M. 2009. A one-model approach based on relaxed combinations of inputs for evaluating input congestion in DEA. Journal of Computational and Applied Mathematics, 230(2): 443-450.

Liu W, Sharp J. 1999. DEA models via goal programming. Data envelopment analysis in the service sector, Deutscher Universitätsverlag, Wiesbaden, 79-101.

Marques R C, Simões P. 2010. Measuring the influence of congestion on efficiency in worldwide airports. Journal of Air Transport Management, 16: 334-336.

Scheel H. 2001. Undesirable outputs in efficiency evaluations. European Journal of Operational Research, 132: 400-410.

Seiford L M, Thrall R M. 1990. Recent developments in DEA: The mathematical programming approach to frontier analysis. Journal of Econometrics, 46: 7-38.

Seiford L M, Zhu J. 2005. A response to comments on modeling undesirable factors in efficiency evaluation. European Journal of Operational Research, 161 (2): 579-581.

Seiford L M. Zhu J. 2002. Modeling undesirable factors in efficiency evaluation. European Journal of Operational Research, 142: 16-20.

Shi G M, Bi J, Wang J N. 2010. Chinese regional industrial energy efficiency evaluation based on a DEA model of fixing non-energy inputs. Energy Policy, 38: 6172-6179.

Tone K. 2004. Dealing with undesirable outputs in DEA: a Slacks-Based Measure (SBM) approach. Presentation at NAPW Ⅲ, Toronto.

Wei Q L, Yan H. 2004. Congestion and returns to scale in data envelopment analysis, European Journal of Operational Research, 153: 641-660.

You S, Yan H. 2011. A new approach in modeling undesirable output in DEA model. Journal of the Operational Research Society, 1: 1-11.

Zhou P, Ang B W, Poh K L. 2008. Measuring environmental performance under different environmental DEA technologies. Energy Economics, 30: 1-14.

Zhou P, Poh K L, Ang B W. 2007. A non-radial DEA approach to measuring environmental performance. European Journal of Operational Research, 178: 1-9.

第 7 章　工业环境效率分析——考虑环境污染排放限额

中国经济的快速发展加剧了环境污染和资源浪费等环境问题。由于工业是导致环境恶化的主要因素，因此工业的发展模式倍受政府和公众的关注。为避免过度污染，本章假设工业允许有一个固定的污染总量。如果一个省份的污染增加，则为了保持污染总量不变，其他省份就需要减少同等数量的污染量。然而，到目前为止，很少有研究考虑这种对产出的竞争。为评估中国 2007~2011 年工业环境效率，本章提出了一种新的数据包络分析方法，在决策单元效率改进过程中同时考虑了固定期望产出和可变期望产出。分析结果表明一些经济较发达省份的工业环境效率优于经济不发达省份；特别是所有有效的省份均为发达省份。因此，中国政府应该关注地区间不断增加的环境效率差异，并采取措施加以解决。

7.1　引　　言

自 1978 年“改革开放”以来，中国经济取得了显著成就。1979 年至 2010 年，中国国内生产总值(GDP)年均增长率为 9.91%，1984 年达到 15.2%的历史最高点，1990 年达到 3.8%的历史最低点。2010 年，中国成为继美国之后的世界第二大经济体(Zhang and Yang，2013)。2012 年，中国国内生产总值达到 519322 亿元。

然而，快速的工业化和低效的环境监管导致了许多环境问题，如能源资源的消耗、环境恶化和污染问题(Nordström and Vaughan，1999；Cherniwchan，2012；Wong，2013b)。中国政府对这些环境问题表示了极大的关注。为实现经济和环境的可持续发展，许多环境法规得到加强，清洁能源技术得到推广(Wong，2013a)。但是，由于缺乏专业评价和详细的环境目标，污染工业仍然能够获得廉价的土地、水、电、石油和银行贷款。在各种各样的环境问题中，工业废气引起了极大的关注，因为它们在很大程度上改变了大气的化学成分。为了限制或减少工业废气污染总量，决策者必须了解各省工业废气处理方面的表现。环境效率在效率评价体系中既考虑了经济因素，又考虑了环境因素，能够全面反映行业的经营状况(Song et al.，2012)。因此，对我国各省制定的环境目标进行效率评价是十分必要的。

衡量环境效率主要有两种方法。一种是随机前沿分析方法，这是一种参数化方法；另一种是 DEA 方法，是一种非参数方法(Coelli et al.，2005)。随机前沿分析方法适用于不受随机误差干扰的单产出情形；但该方法需要对生产函数进行估计，且结果在很大程度上取决于预估的函数形式。因此，若使用不正确的函数形式可能会得到不正确的结果。DEA 是一种非参数规划技术，用于测量一组同质决策单元(decision making units，DMUs)的相对效率(Cook and Seiford，2009；Sarkis and Weinrach，2001)。DEA 不需要对生产函数的函数形式进行假设，且可以很好地度量多投入多产出系统的效率。由于工业中的经济因素和环境因素涉及多个产出，本章选择 DEA 方法作为效率评价的工具。

非期望产出通常是在生产过程中伴随期望产出一起产生的一种产出，如烟尘污染和废弃物等(Pérez-Calderón et al.，2011；Zhang et al.，2008)，其值越小越好。有的学者运用一种定义为既考虑期望产出(如经济因素)又考虑非期望产出(如环境因素)的环境效率或生态效率的概念来解决非期望产出问题(Hua et al.，2007；Song et al.，2013)。另外，一些学者对 DEA 在环境效率或生态效率方面的应用进行了研究(Zaim and Taskin，2000；Hua et al.，2007；Sarkis and Corderio，2012；Nouri et al.，2013)。目前，利用 DEA 解决非期望产出问题已成为热点，且得到了广泛的研究。这方面的研究可分为两类：一类是直接方法，其中产出的强可处置性假设被弱可处置性假设替代(Färe et al.，1989；Seiford and Zhu，2005；Tone，2004; Zhou et al.，2008)；另一类是间接方法，包括将非期望产出作为投入(Liu and Sharp，1999；Haulu and Veeman，2001；Dyckhoff and Allen，2001)和单调减少变换方法(Scheel，2001；Seiford and Zhu，2002)两种处理方式。

以上衡量 DMU 效率值的方法均允许每个 DMU 在生产可能集(production possibility set，PPS)中自由改进其产出。这些方法基于 DMU 之间产出完全独立的假设，即任意给定 DMU 的产出不会影响其他 DMU 的产出。然而，我们经常会遇到这样的情况，即所有 DMU 的产出总量是固定的，比如某些国家或地区的污染限制，或者奥运会的金、银、铜牌总数等。在这些 DMU 中，一个 DMU 的损失(或收益)必须从其他 DMU 获得(或损失)，因此它们之间存在一种竞争关系。一些研究者已经对这种固定产出的问题进行了研究。Lins 等(2003)指出了总量固定的产出，即奥运会不同类型奖牌的数量，并建立了零和收益 DEA 模型(ZSG-DEA)。他们的模型提出了两种策略：一种假设所有 DMU 的产出减少量相等，另一种假设每个 DMU 的产出减少量与该 DMU 的每个产出成比例。然后，为在非期望产出存在情形下进行绩效评价，Gomes 和 Lins(2008)对 ZSG-DEA 模型进行了修改，并将其应用于二氧化碳排放的评价中。随后，Yang 等(2011)提出了固定产出 DEA 模型(FSODEA)，并提出了一种新的绩效改进策略，该策略以最小的产出改进来达到技术有效状态。但是，上述方法只是提高了固定产出的总量，并不能准确反映 DMU 的实际效率，因为 DMU 可能同时提高其产出。

已有研究表明，最小产出改进策略比前两种产出改进方法更有效，因为它可以提供关于最优对手的信息(Yang et al.，2011)。基于以上分析，本章在衡量 DMU 效率时，同时考虑了最小产出改进策略对各类产出(期望和非期望产出)进行调整。

我们提出了一种新的固定非期望产出 DEA 方法来评估 DMU 的效率。我们提出的模型同时包括期望和非期望产出。该方法的一个重要特征是，它还考虑了 DMU 之间对非期望产出的竞争。这是在评价环境效率时首次考虑竞争性产出和非竞争性产出的改进。此外，我们的 DEA 模型继承了传统 DEA 模型的标杆函数。

我们的模型可以更好地解释中国的环境效率。结果表明，我国不同地区的效率绩效存在差异。总体而言，经济较发达地区的环境效率高于经济不发达地区。我们还调查了 2007 年至 2011 年中国环境效率的变化情况。此外，本研究还可获得各省份可用于制定环境目标的工业的标杆。

本章中有很多首字母缩略词。为了使本章更具可读性，将其列出：DEA(数据包络分析)、DMU(同质决策单元)、GDP(国内生产总值)、PPS(生产可能性集)、ZSG-DEA(零和收益 DEA 模型)、FSODEA(固定和产出 DEA)、VRS(规模收益可变)、FAI(工业固定资产投资总额)、EC(工业用电)、RPI(地区工业生产总值)、ND(二氧化氮污染物排放)。

下一节将介绍 FSODEA 模型并描述我们提出的模型。第 3 节构建评价指标体系。在第 4 节中基于我们提出的方法，对中国 31 个地区的工业环境效率进行分析。在第 5 节中讨论我们提出的方法及中国工业环境效率的评价结果。最后一节对本章进行总结。

7.2 固定产出 DEA 模型

本节将介绍已往研究中的固定产出 DEA 模型，分析其在效率测量方面的不足，并提出新的模型。

7.2.1 期望产出对应的固定产出 DEA 模型

Yang 等(2011)在 VRS 假设情形下提出了考虑固定产出之间竞争关系的固定产出 DEA 模型。这个模型是产出导向的并且仅考虑了期望产出。他们的方法代表了这样一种情况：部分产出是固定的，一个参与者的收益(或损失)必须由其他参与者的损失(或收益)来补偿。

假设有 n 个 DMU，且每个 DMU 用 m 种不同的投入 x_{ik} 生产 s 种固定产出 y_{rk} 和 q 种可变产出 z_{pk}。Yang 等(2011)提出了一种两阶段的间接方法来解决其非线性规划问题。其中，第一阶段是获得最小的产出增加值以使 DMU_k 变得有效。该阶段对应模型如下所示：

$$
\begin{aligned}
\text{Min} \ & \sum_{r=1}^{s} u_r \beta_r \\
\text{s.t.} \ & \frac{\sum_{r=1}^{s} u_r (y_{rk} + \beta_r) + \sum_{p=1}^{q} w_p z_{pk} + \mu_0}{\sum_{i=1}^{m} v_i x_{ik}} = 1, \\
& \frac{\sum_{r=1}^{s} u_r (y_{rj} - S_{rj}) + \sum_{p=1}^{q} w_p z_{pj} + \mu_0}{\sum_{i=1}^{m} v_i x_{ij}} \leqslant 1, \forall j \neq k; \\
& \beta_r = \sum_{j=1, j \neq k}^{n} S_{rj}, 0 \leqslant S_{rj} \leqslant y_{rj}, \forall r, \forall j \neq k, \\
& \mu_0 \text{ 为自由变量}; v_i, u_r, w_p \geqslant 0, \forall i, \forall r, \forall p.
\end{aligned} \tag{7.1}
$$

其中，β_r 表示 DMU_k 第 r 个产出增加量，S_{rj} 表示 DMU_j 第 r 个产出增加量；v_i 是第 i 个投入的权重，u_r 是第 r 个固定产出的权重，w_p 是第 p 个可变产出的权重。以上变量以及 μ_0 均是决策变量。前两个约束表示效率值小于等于 1。第一个约束确保改变后的 DMU_k 实现最佳效率(即有效)；第二个约束确保其他 DMU 的效率值小于等于 1。添加第三个约束是因为所有 DMU 的第 r 个产出总和应该是一个固定值。目标函数测量的是 DMU_0 目前状态与其有效状态下的差距。在第二阶段中，DMU_k 的 DEA 效率值通过从第一阶段获得的最小产出增加值计算得到。有关该模型的更多详细信息，请参见 Yang 等(2011)。

以上方法适用于与 Lins 等(2003)中相同的竞争情形。不同的是，他们指出了一种新的绩效改进策略，通过最低限度改进产出使其达到技术有效。然而，这两种方法均通过改进固定产出使一个 DMU 达到有效。这不能准确反映出效率值，因为在 DEA 框架中每个 DMU 都有可能同时改进它们的产出。因此，需要一种新的模型来解决这一问题。在新模型中，每个 DMU 的所有产出都可以同时改变，并且还应考虑一些固定产出的竞争关系。

7.2.2　新的固定产出 DEA 模型

与 7.2.1 节中提到的方法不同，在衡量 DMU 效率时不仅考虑期望产出，还考虑非期望产出。我们的模型是产出导向的，并且可以调整被评价 DMU 不同类型的产出以实现有效状态。

基于所有产出均是期望产出的假设，我们提出新的模型。让 β_r，$S_{rj}(r=1,\cdots,s;\ j=1,\cdots,n)$ 含义与模型(7.1)一致。$\alpha_p(p=1,\cdots,q)$ 表示第 p 个产出

的增加量，可自由取值。这是因为在此时没有考虑竞争关系。因此，调整后新 DMU_k 的效率值为 $\dfrac{\sum_{r=1}^{s}u_r(y_{rk}+\beta_r)+\sum_{p=1}^{q}w_p(z_{pk}+\alpha_p)+\mu_0}{\sum_{i=1}^{m}v_i x_{ik}}$。考虑到固定产出的约束，一个新的投入导向 DEA 模型构建如下：

$$
\begin{aligned}
&\theta_k=\text{Max}\frac{\sum_{r=1}^{s}u_r(y_{rk}+\beta_r)+\sum_{p=1}^{q}w_p(z_{pk}+\alpha_p)+\mu_0}{\sum_{i=1}^{m}v_i x_{ik}}\\
&\text{s.t.}\quad \frac{\sum_{r=1}^{s}u_r(y_{rk}+\beta_r)+\sum_{p=1}^{q}w_p(z_{pk}+\alpha_p)+\mu_0}{\sum_{i=1}^{m}v_i x_{ik}}\leqslant 1,\\
&\qquad \frac{\sum_{r=1}^{s}u_r(y_{rj}-S_{rj})+\sum_{p=1}^{q}w_p z_{pj}+\mu_0}{\sum_{i=1}^{m}v_i x_{ij}}\leqslant 1,\ \forall j\neq k;\\
&\qquad \beta_r=\sum_{j=1,j\neq k}^{n}S_{rj},0\leqslant S_{rj}\leqslant y_{rj},\ \forall r,\forall j\neq k,\\
&\qquad \mu_0\text{为自由变量};v_i,u_r,w_p,\alpha_p\geqslant 0,\ \forall i,\forall r,\forall p.
\end{aligned}
\tag{7.2}
$$

然后，得到以下定理。

定理 7.1 模型(7.2)的最优值 θ_k^* 总是等于 1。

证明见附录 A。

模型(7.2)和(7.1)的目标函数不同，这是因为模型(7.2)中同时考虑了固定产出和可变产出的改进。

但是，在环境效率分析中，上述模型不能直接使用，因为 DMU 绩效与非期望产出(如烟尘污染和废弃物)的数量成反比。为了使 DMU 变得有效，固定非期望产出应越小越好。将非期望产出视为投入，该处理方式类似于 Dyckhoff 和 Alen(2001)。此处，为方便展示，竞争仅针对非期望产出，将这种类型的固定产出记为 y。

针对该类问题，以上模型需要进行小的修改。以模型(7.2)为例，将其修改为模型(7.3)。其他模型可以此类推。需要注意的是，由于非期望产出的值不能小于零，因此需要修改非期望产出的松弛约束。模型(7.2)中 $0\leqslant S_{rj}\leqslant y_{rj},\forall r,\forall j\neq k$ 应该修改为$0 \leqslant \beta_r \leqslant y_{rk}, \forall r$。

$$
\begin{aligned}
&\phi_k = \text{Max} \frac{\sum_{p=1}^{q} w_p (z_{pk} + \alpha_p) + \mu_0}{\sum_{i=1}^{m} v_i x_{ik} + \sum_{r=1}^{s} u_r (y_{rk} - \beta_r)} \\
&\text{s.t.} \quad \frac{\sum_{p=1}^{q} w_p (z_{pk} + \alpha_p) + \mu_0}{\sum_{i=1}^{m} v_i x_{ik} + \sum_{r=1}^{s} u_r (y_{rk} - \beta_r)} \leqslant 1, \\
&\qquad \frac{\sum_{r=1}^{s} u_r (y_{rj} - S_{rj}) + \sum_{p=1}^{q} w_p z_{pj} + \mu_0}{\sum_{i=1}^{m} v_i x_{ij} + \sum_{r=1}^{s} u_r (y_{rk} + S_{rj})} \leqslant 1, \ \forall j \neq k; \\
&\qquad \beta_r = \sum\nolimits_{j=1, j \neq k}^{n} S_{rj}, 0 \leqslant \beta_r \leqslant y_{rj}, \ \forall r, \\
&\qquad \mu_0 \text{ 为自由变量}; v_i, u_r, w_p, \alpha_p \geqslant 0, \ \forall i, \forall r, \forall p.
\end{aligned} \tag{7.3}
$$

尽管模型(7.3)和(7.2)不同，但以下定理仍然成立。

定理 7.2　模型(7.3)的最优值ϕ_k^*始终等于 1。

证明见附录 B。

定理 7.2 意味着改进后的 $\text{DMU}_k(x_k, y_k, z_k + \alpha)$ 可以达到生产前沿面。这为测量 DMU 效率值提供了一个理论基础，可以将非线性模型转换为线性模型。方法分为两个阶段。第一个阶段，基于最小化改进产出策略，DMU_k 可以变得有效，即 DMU_k 达到生产前沿面。第二阶段，通过 DMU_k 能达到的前沿面得到其效率值，并且由于 DMU 之间存在竞争关系，因此不同 DMU 的效率值是不同的。这个方法可以很好地避免对非线性规划模型(7.4)的求解，其无法转换成线性规划模型。

$$
\begin{aligned}
&E_k = \text{Max} \frac{\sum_{p=1}^{q} w_p z_{pk} + \mu_0}{\sum_{i=1}^{m} v_i x_{ik} + \sum_{r=1}^{s} u_r y_{rk}} \\
&\text{s.t.} \quad \frac{\sum_{p=1}^{q} w_p (z_{pk} + \alpha_p) + \mu_0}{\sum_{i=1}^{m} v_i x_{ik} + \sum_{r=1}^{s} u_r (y_{rk} - \beta_r)} \leqslant 1,
\end{aligned} \tag{7.4}
$$

$$\frac{\sum_{p=1}^{q} w_p z_{pj} + \mu_0}{\sum_{i=1}^{m} v_i x_{ij} + \sum_{r=1}^{s} u_r (y_{rk} + S_{rj})} \leqslant 1, \ \forall j \neq k;$$

$$\beta_r = \sum_{j=1, j\neq k}^{n} S_{rj}, 0 \leqslant \beta_r \leqslant y_{rj}, \ \forall r,$$

$$\mu_0 \text{ 为自由变量}; v_i, u_r, w_p, \alpha_p \geqslant 0, \ \forall i, \forall r, \forall p.$$

其中，目标函数用来衡量效率值。α_p 表示被评价 DMU_k 改进到有效时第 p 个可变产出的增加量。β_r 表示被评价 DMU_k 改进到有效时第 r 个固定非期望产出的减少量。S_{rj} 表示为使 DMU_k 变为有效 DMU_j 第 r 个固定非期望产出应该增加的量。第一个约束用来将 DMU_0 的效率值限制在小于 1 的范围。第二个约束是用来限制其他 DMU 效率值的。第三个约束是用来确保非期望产出总和不变。由于模型(7.4)中含有非线性规划，这类问题的求解通常是比较复杂和费时的。再者，很难直接求解该模型来获得其最优值。我们提出了两个步骤来求解这个非线性规划模型；具体参见附录 C。通过此方法，当与同年内其他区域相比时，可以得到一个区域该年的环境效率。因此，所有区域 2007 年到 2011 年的效率值都可以得到。

7.3 评价体系指标

根据 DEA 方法的理论，评价的 DMU 数量应大于所选投入产出总数的 5 倍；否则，可能存在许多无法辨别和进一步分析的有效 DMU(Golany and Roll，1989)。我们研究对象为我国的 31 个省级行政区域(香港、澳门和台湾资料暂缺)。本书研究对象可看作 31 个 DMU，根据行业特性选取了两个主要因素作为投入、两个主要因素作为产出。

投入为工业固定资产总投资(FAI)和工业用电(EC)。产出为区域工业生产总值(RPI)和二氧化氮污染物排放总量(ND)。由于可以衡量所有种类工业废气的指标，所以用 ND 间接地反映工业废气。这是可行的，因为 ND 是由大多数工业生产过程产生的，而其他污染物，如 COD 污染物排放与 ND 高度相关。本章数据来源于 2008~2012 年中国统计年鉴。根据中国政府的污染减排目标(BBC，2009)，假设所有省份的二氧化氮污染物排放总量是有限的。因此，为了保持固定的排放总量，若增加(或减少)一个 DMU 的二氧化氮值，则会导致其他 DMU 的二氧化氮值减少(或增加)相同的量。这种增加或减少的过程使得 DMU 二氧化氮污染物排放量的重新分配。我们的新方法能很好地解决这个问题。除了评价决策和管理部门的效率，结果还能给出被评价单位的管理方向。

接下来，我们从《中国统计年鉴》中收集相关数据(2008~2012 年)。数据的统计描述如表 7.1 所示。FAI 和 RPI 的计量单位都是亿元(约 1635 万美元)。

表 7.1　原始数据的描述性统计

年份	变量	FAI/亿元	EC/(亿 kW·h)	RPI/亿元	ND/万 t
2007	均值	3462.47	1050.50	3978.68	79.62
	方差	7037011.83	676273.51	15031665.91	2426.92
	最大值	10382.47	3394.05	14910.03	182.21
	最小值	183.55	15.00	27.62	0.19
2008	均值	4292.00	1108.06	4805.85	74.88
	方差	10221198.08	734500.36	20508694.44	2100.05
	最大值	12938.25	3504.82	17254.04	169.19
	最小值	210.07	16.00	29.68	0.20
2009	均值	5405.24	1180.49	5080.56	71.43
	方差	14771482.41	816413.72	22694621.01	1885.62
	最大值	15549.96	3609.64	18091.56	159.03
	最小值	243.88	17.70	33.11	0.20
2010	均值	6752.29	1354.80	6236.06	70.49
	方差	21738969.84	1053181.47	30307229.25	1806.21
	最大值	18977.92	4060.13	21462.72	153.78
	最小值	306.57	20.41	39.73	0.39
2011	均值	7730.70	1516.96	7479.86	71.55
	方差	28237976.16	1257845.86	39648110.07	2068.55
	最大值	22109.88	4399.02	24649.60	182.74
	最小值	350.44	23.77	48.18	0.42

从表 7.1 可以看出，总体上，工业固定资产、用电量以及地区工业生产总值呈现逐年上升的趋势，而 ND 水平呈现下降的趋势。这一趋势表明，中国在一定程度上已经有效地控制了发展过程中的污染。具体而言，工业固定资产投资比工业用电投资增长更快。我们发现了一个有趣的现象：2008~2009 年，FAI 保持高增长的同时 ND 保持高下降；而 EC 和 RPI 增长得非常缓慢。这可以解释为 2008 年严重的全球金融危机对中国产生的巨大影响。中国政府推进了 4 万亿计划来支持基础设施建设，其中包括卫生、文教、生态建设。这一举措使得 FAI 的增加和 ND 的减少。然而，由于全球金融危机的重大影响，经济无法立即复苏。当年只有一些投资促进了经济发展。因此，RPI 在 2008 年并没有大幅提高，但在 2008 年后迅速增加。虽然很多小工厂在 2008 年倒闭了，但是由于政府经济计划，大部

分主要的支柱产业仍然存在，比如钢铁企业和电力企业。因此，2008 年 EC 虽然增速缓慢，但仍然在上升。另一项发现是，FAI、EC 和 RPI 的方差近年来显著增大，说明中国各省之间存在较大差异。如果这些差异进一步扩大，可能会导致严重的社会问题，如财富不平等或社会动荡。中国政府正在努力解决这一问题。

7.4 中国区域工业环境效率分析

本节将对我们提出的新方法所获得的结果进行分析。首先，分析 2007~2011 年的数据。然后，从时间和地区两个维度对我国各省份环境效率进行分析。最后，基于我们的方法，为各省份提供了改进标杆。

7.4.1 环境效率分析

由于没有证据表明投入和产出之间存在任何比例关系，假设该行业规模收益可变。第 3 节提出的模型可以直接应用。通过该模型，计算出 2007~2011 年中国各地区的工业环境效率。结果见表 7.2 的第 2~6 列。表 7.2 中最后一列显示了这些年的平均效率。

表 7.2 2007~2011 年中国 31 个地区的效率

地区	2007	2008	2009	2010	2011	平均效率值
安徽	0.6664	0.5930	0.6614	0.7688	0.8171	0.7013
北京	1.0000	1.0000	1.0000	1.0000	1.0000	1.0000
重庆	0.6598	0.6240	0.8348	0.8680	0.8614	0.7696
福建	0.8080	0.7486	0.7998	0.8098	0.9408	0.8214
甘肃	0.7495	0.6504	0.5254	0.5069	0.4642	0.5793
广东	1.0000	1.0000	1.0000	1.0000	1.0000	1.0000
广西	0.6034	0.6131	0.5934	0.6450	0.6733	0.6256
贵州	0.5535	0.5362	0.4754	0.4455	0.3919	0.4805
海南	0.9351	0.9607	0.8323	0.7836	0.8193	0.8662
河北	0.6830	0.6836	0.6176	0.6166	0.6386	0.6479
黑龙江	1.0000	0.9717	0.8488	0.9211	0.9087	0.9300
河南	0.8113	0.8125	0.8088	0.8662	0.8605	0.8318
湖北	0.6781	0.6878	0.7708	0.8228	0.8872	0.7693
湖南	0.7154	0.7246	0.7628	0.8486	0.9264	0.7956
内蒙古	0.4905	0.5627	0.6200	0.6308	0.6165	0.5841
江苏	0.9710	0.9501	0.9715	0.9342	0.9155	0.9485
江西	0.8314	0.7446	0.7994	0.8965	0.8295	0.8203

续表

地区	2007	2008	2009	2010	2011	平均效率值
吉林	0.8764	0.7957	0.9043	0.9998	1.0000	0.9152
辽宁	0.7289	0.7643	0.7695	0.8451	0.8983	0.8012
宁夏	0.5589	0.6607	0.5824	0.5304	0.5578	0.5781
青海	0.8868	0.8968	0.8038	0.7818	0.8247	0.8388
陕西	0.7351	0.7392	0.7618	0.8110	0.7911	0.7677
山东	1.0000	1.0000	1.0000	1.0000	1.0000	1.0000
上海	1.0000	0.9048	0.8973	0.9452	0.9964	0.9487
山西	0.7268	0.7474	0.5586	0.6070	0.6330	0.6546
四川	0.6297	0.6435	0.6949	0.7748	0.8802	0.7246
天津	1.0000	1.0000	1.0000	1.0000	1.0000	1.0000
西藏	1.0000	1.0000	1.0000	1.0000	1.0000	1.0000
新疆	0.6756	0.6834	0.5604	0.6031	0.5318	0.6109
云南	0.5050	0.5019	0.4610	0.4780	0.4363	0.4765
浙江	0.9324	0.9166	0.8819	0.9023	0.9815	0.9229

表 7.2 显示，2007~2011 年，北京、广东、山东、天津和西藏均表现较好，且都是高效的。贵州和云南表现不佳，平均效率低于 0.5。虽然甘肃的平均效率为 0.5793，略高于贵州和云南，但这一趋势并不乐观，因为甘肃的效率每年都在下降。31 个地区的期望效率值(即平均效率)为 0.8091，方差为 0.035。这说明中国工业在污染排放和经济增长方面的平均绩效较好，不同地区的效率主要沿均值(期望值)方向分布。需要注意的是，工业环境效率值越大，说明该地区越有效。一个地区有效是指其效率值为 1；如果值小于 1，则该区域是无效的，它可以通过学习有效区域来改进自身产出从而达到有效。低效区域参考的有效区域可以从我们的规划模型中得到。

为了清楚地掌握这 31 个地区的趋势，将以上数据绘制在图 7.1 中。

我们发现，一些经济较发达省级地区，如北京和上海，比不发达的省份，如贵州和甘肃，表现相对较好。值得注意的是，所有有效省级地区都是经济较发达省级地区。五年来，上述地区呈现出四种趋势：稳步增长，如湖北；几乎没有变化，如北京、广东和江苏；持续减少，如甘肃和云南；波动不定，比如安徽和上海。为了定量分析经济发展水平与环境效率之间的关系，用 2007~2011 年的人均国内生产总值(GDP)来反映发展水平，用平均效率来反映这几年的环境效率。为此，采用皮尔逊相关系数法来衡量这种关系(Amdisen，1987)。相关系数 R 为 0.5857，表明环境效率与人均 GDP 呈正相关关系。然而，这种关系不是很牢固。

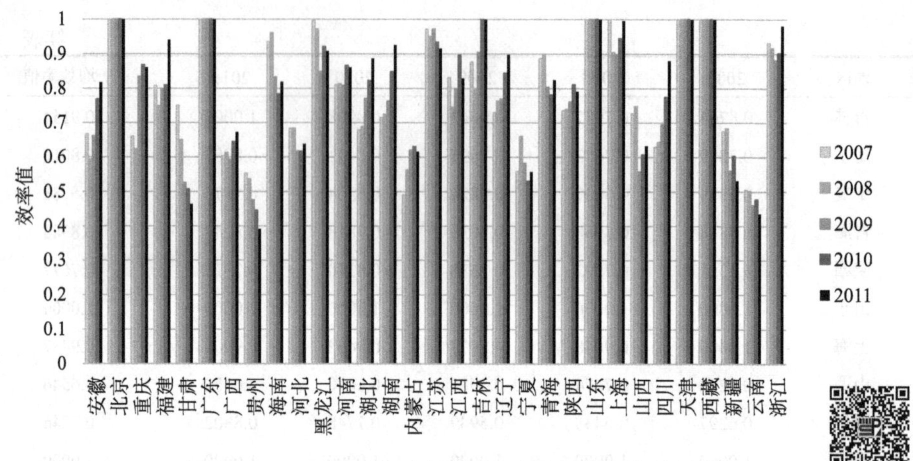

图 7.1　2007~2011 年中国 31 个地区效率变化趋势

此外，为了从更大的尺度上分析各省的效率变化趋势，进一步按华北、东北、华东、中南、西南和西北六大区域进行细分。每个地区包含的省级行政区域如表 7.3 所示。地区效率如表 7.4 所示。

表 7.3　按六大行政区细分

区域	省级行政区域
华北地区	北京，天津，河北，山西，内蒙古
东北地区	辽宁，吉林，黑龙江
华东地区	上海，江苏，浙江，安徽，福建，江西，山东
中南地区	河南，湖北，湖南，广东，广西，海南
西南地区	重庆，四川，贵州，云南，西藏
西北地区	陕西，甘肃，青海，宁夏，新疆

表 7.4　六大区域效率

区域	2007	2008	2009	2010	2011
华北地区	0.780069	0.798736	0.759249	0.770893	0.777638
东北地区	0.868416	0.843898	0.840877	0.921968	0.935655
华东地区	0.88703	0.836807	0.858774	0.893818	0.925828
中南地区	0.790545	0.799762	0.794668	0.827701	0.861133
西南地区	0.669597	0.661116	0.693223	0.713263	0.713967
西北地区	0.721186	0.72611	0.646758	0.646638	0.633936
方差	0.006961	0.005012	0.006919	0.011245	0.014613

从表 7.4 可知，东北、华东和中南地区的表现相对好于其他区域。华北地区的效率保持在几乎相同的水平。东北地区、华东地区、中南地区和西南地区效率逐年上升，而西北地区效率逐年下降。这一现象说明我国工业环境效率具有区域性特征。华东、中南、西南地区对技术工人和合格企业的吸引力要高于西北地区。许多技术工人从中国西北流向其他地区工作。此外，中国西北的自然资源也是有限的(Bao and Fang，2007)。从我国交通发展来看，西北地区的区位劣势日益凸显。以上现象解释了西北地区效率下降而其他区域效率上升的原因。此外，这六大地区的方差逐年增大，说明中国的地区差异显著。基于这些结果，中央政府需关注日益增长的地区差异，促进区域协调可持续发展。

7.4.2　中国 31 个地区的标杆

除了确定 DMUs 的效率之外，我们的方法还可以为 DMUs 的效率改进提供标杆。由于我们的模型是产出导向的，如果被评估 DMU 想要实现有效状态，它可同时减少其非期望产出和增加其期望产出。与此同时，将增加其他 DMU 的非期望产出，以保持排放总量不变。为了便于说明，仅以 2010 年为例。表 7.5 展示了所有 DMU 预期的产出值和当前产出相应的增加量(或减少量)。

表 7.5　2010 年 DMUs 的效率标杆

地区	RPI/亿元	RPI 的增量/亿元	ND/万 t	ND 的缩减量/万 t
安徽	5407.400	1357.681	53.208	0.377
北京	2763.990	0.000	11.505	0.000
重庆	3697.830	578.111	71.940	0.370
福建	6397.710	1458.399	40.905	0.386
甘肃	1602.870	2071.901	55.179	0.383
广东	21462.720	0.000	105.051	0.000
广西	3860.460	2220.969	90.383	0.377
贵州	1516.870	2543.450	114.883	0.384
海南	385.210	77.614	2.881	0.386
河北	9554.030	5524.462	123.378	0.374
黑龙江	4608.270	409.836	49.016	0.374
河南	11950.880	1743.565	133.870	0.372
湖北	6726.530	1304.520	63.258	0.371
湖南	6305.110	1005.424	80.131	0.355
内蒙古	5618.400	3390.491	139.410	0.377
江苏	19277.650	1278.246	105.049	0.386
江西	4286.760	506.938	55.707	0.375

续表

地区	RPI/亿元	RPI 的增量/亿元	ND/万 t	ND 的缩减量/万 t
吉林	3929.310	0.901	35.631	0.384
辽宁	8789.270	1447.753	102.221	0.357
宁夏	643.050	1035.503	31.075	0.372
青海	613.650	318.221	14.343	0.384
陕西	4558.970	1102.734	77.865	0.373
山东	18861.450	0.000	153.782	0.000
上海	6536.210	388.812	35.810	0.373
山西	4657.970	3128.310	124.920	0.375
四川	7431.450	1900.041	113.095	0.380
天津	4410.850	0.000	23.515	0.000
西藏	39.730	0.000	0.386	0.000
新疆	2161.390	1537.451	58.849	0.369
云南	2604.070	3034.159	50.070	0.373
浙江	12657.780	1242.755	67.834	0.386

这些标杆值为中国地方政府平衡经济增长和环境保护的发展提供了目标。例如，如果福建省打算变得有效，它应该将工业总产值增加 1458.399 亿元，在现有产出的基础上减少二氧化氮污染物排放 0.386 万 t。此外，通过分析应改变的因素，我们发现导致效率低下的主要因素是区域工业生产总值。区域工业生产总值改进的变化绝对值远大于二氧化氮污染的变化绝对值。正如第 7.3.2 节所示，中国各省之间的差异多年来一直在扩大。发达地区与大多数发展中地区的 RPI 差异较大，反映出中国的投资主要集中在发达地区。例如，安徽省要求除了改进 ND，还要将 RPI 提高 25%以提高效率。中国可以多关注不同地区经济差异的问题。

需要指出的是，通过本章方法，不仅可以得到有多少个被评估省份需要降低污染水平，而且还可以知道不同省份可以承担多少污染。如果在对任一地区进行评价时将所有 DMU 的改进方案呈现出来，内容就会太长。因此，我们仅给出被评价区域的改进方案。

7.4.3 结果讨论

通过上述方法，我们发现中国不同地区的环境表现有很大差异。2007~2011 年，北京、广东、山东、天津和西藏等地区环境表现良好；甘肃省和云南省等地区环境恶化；也有一些地区环境表现波动不定。我们从多个角度对这些现象进行了分析。表现良好的地区大多是经济较发达地区，西藏除外。这些发达地区已经制定了很多法规来保护环境。例如，上海通过技术改造减少废气排放，并对废水进行了集中回收，对污水处理厂予以补贴等。这些地区很早就意识到环境问题，并制定了一些有效的政策来保护环境。西藏不同于这些发达地区，其表现好的主要原因是工业化程度较低，环境未遭破坏。甘肃和云南这几年表现不佳，主要是由于标杆区域效率水平的大幅提升。由于 DEA 衡量的是被评价地区的相对效率，当标杆地区发展较快时，被评价地区的效率会下降。从第 4 节的结果来看，东部地区比西部地区表现好，这是地理位置造成的。在我国，相比西部地区，东部地区可以吸引更多的技术劳动力，技术劳动力是区域经济发展和生态环境提升的关键因素。中国政府已经意识到东、西两地区的差异逐年增大，并采取了一些措施来解决地区间日益增长的差异。

通过上述方法在中国工业的应用可以看出，本章的方法同时考虑了固定产出、二氧化氮污染物排放量以及可变产出和区域工业生产总值的改进方案。该方法为 DMU 成为有效提供了综合性建议，即 DMU 不仅要提高其竞争性产出(固定产出)，还要提高非竞争性产出(可变产出)。这比以往只考虑改进固定产出的研究，比如 Lins 等(2003)、Gomes 和 Lins(2008)、Yang 等(2011)等更贴近现实。在已往研究的模型中，为使被评价 DMU 变得有效，只有竞争性产出允许被调整。除了上述优点外，我们的模型也非常灵活。本章假设非期望产出之间也存在竞争关系。在期望产出也存在竞争的情况下，我们的方法只需要做一些小的修改，比如在期望产出中增加(或删去)松弛，以及在我们的模型中增加一些松弛约束。因此，我们的方法对于解决类似的问题具有很好的灵活性。

7.5 本 章 小 结

在过去的几十年里，中国经济显著增长。随着经济的快速发展，出现了许多环境问题。本章采用 DEA 方法对中国 31 个地区 2007~2011 年的环境效率进行评价。虽然已经有很多关于非期望产出的研究，但很少考虑到 DMU 之间的产出竞争关系。然而，在评估 DMU 效率时，已往的研究只考虑到固定产出的改进而忽略了其他产出，或者没有同时考虑这些产出。这与 DEA 方法的框架相矛盾，在 DEA 方法中，所有产出都可以同时得到改进。基于最小产量改进策略，我们提出了解决这一问题的新方法。此外，该方法在提升效率时也可以解决固定产出问题，并同时考虑了期望产出和非期望产出。由于在实际中，同时改进非期望产出和期望产出是比较常见的，因此我们的方法比以前的方法更加贴近现实。我们用这种方法分析了中国工业的污染物排放。从时间和地区两个角度出发，研究了 2007~2011 年中国 31 个地区的环境效率变化。同时，还给出了 2010 年各地区的标杆。

在本章中，我们将中国各地区的污染总量作为一个整体来考虑，没做区分。若考虑到不同地区的污染差异，例如上游位置的水污染与下游位置的水污染不同，我们的模型很难进行修改。此外，我们只考虑了国家的总污染，而未考虑各地区污染排放的变化。在未来的研究中，我们将分析污染转移机制对运行的影响。在我们的模型中增加一些特殊的约束，或者用一种新的方法适用于这种新场景。

也可基于本章方法进行一些扩展研究。当优先考虑经济因素，如期望产出(或环境因素，如非期望产出)，应该如何开展研究？当使用不同的方法来处理非期望产出，如非线性单调递减变换方法和引言部分介绍的其他方法，会得到什么结果？回答这些问题，并确定如何度量模型中 DMU 在考虑不确定非期望产出和期望产出时的效率，将是未来研究的有趣问题。

参 考 文 献

Amdisen A. 1987. Person's correlation coefficient, p-value, and lithium therapy. Biological Psychiatry, 22 (7): 926-928.

Bao C, Fang C L. 2007. Water resources constraint force on urbanization in water deficient regions: A case study of the Hexi Corridor, arid area of NW China. Ecological Economics, 62 (3-4): 508-517.

BBC. 2009. Where countries stand on Copenhagen. (2009-12-03)[2021-06-14]. http: //www.bbc.co.uk/worldservice/news/2009/12/091203_gzo_emissions. shtml.

Cherniwchan J. 2012. Economic growth, industrialization, and the environment. Resource and Energy Economics, 34 (4): 442-467.

Coelli T J, Prasada Rao D S, O'Donnell C J. 2005. An introduction to efficiency and productivity analysis (Second Edition). Springer.

Cook W D, Seiford L M. 2009. Data envelopment analysis (DEA) -Thirty years on. European Journal of Operational Research, 192 (1): 1-17.

Copeland B R. 2013. Trade and the Environment. In Palgrave handbook of international trade. Palgrave Macmillan, London, 423-496.

Dyckhoff H, Allen K. 2001. Measuring ecological efficiency with data envelopment analysis (DEA). European Journal of Operational Research, 132 (2): 312-325.

Färe R, Grosskopf S, Lovell C K, et al. 1989. Multilateral productivity comparisons when some outputs are undesirable: a nonparametric approach. The Review of Economics and Statistics, 90-98.

Golany B, Roll, Y. 1989. An Application Procedure for DEA. Omega, 1 (3): 237-250.

Gomes E G, Lins M P E. 2008. Modelling undesirable outputs with zero sum gains data envelopment analysis models. Journal of the Operational Research Society, 59 (5): 616-623.

Hua Z, Bian Y, Liang L. 2007. Eco-efficiency analysis of paper mills along the Huai River: an extended DEA approach. Omega. 35 (5): 578-587.

Lins M P E, Gomes E G, de Mello J C C S, et al. 2003. Olympic ranking based on a zero sum gains DEA model. European Journal of Operational Research, 148 (2), 312-322.

Liu W, Sharp J. 1999. DEA models via goal programming. Data envelopment analysis in the service sector. Deutscher Universitätsverlag, Wiesbaden, 79-101.

Nordström H, Vaughan S. 1999. Trade and the Environment. WTO Special Studies, (4).

Nouri J, Lotfi F H, Borgheipour H, et al. 2013. An analysis of the implementation of energy efficiency measures in the vegetable oil industry of Iran: a data envelopment analysis approach. Journal of Cleaner Production, 52: 84-93.

Pérez-Calderón E, Milanés-Montero P, Meseguer-Santamaría M L, et al. 2011. Eco-efficiency: Effects on economic and financial performance. Evidences from Dow Jones Sustainability Europe Index. Environmental Engineering & Management Journal, 10(12).

Sarkis J, Cordeiro J J. 2012. Ecological modernization in the electrical utility industry: An application of a bads-goods DEA model of ecological and technical efficiency. European Journal of Operational Research, 219(2): 386-395.

Sarkis J, Weinrach J. 2001. Using data envelopment analysis to evaluate environmentally conscious waste treatment technology. Journal of Cleaner Production, 9(5): 417-427.

Scheel H. 2001. Undesirable outputs in efficiency valuations. European Journal of Operational Research, 132(2): 400-410.

Seiford L M, Zhu J. 2002. Modeling undesirable factors in efficiency evaluation. European Journal of Operational Research, 142(1): 16-20.

Seiford L M, Zhu J. 2005. A response to comments on modeling undesirable factors in efficiency evaluation. European Journal of Operational Research, 161(2): 579-581.

Song M L, An Q X, Zhang W, et al. 2012. Environmental efficiency evaluation based on data envelopment analysis: A review. Renewable and Sustainable Energy Reviews, 16(7): 4465-4469.

Song M L, Zhang L, An Q X, et al. 2013. Statistical analysis and combination forecasting of environmental efficiency and its influential factors since China entered the WTO: 2002–2010–2012. Journal of Cleaner Production, 42: 42-51.

Tone K. 2004. Dealing with undesirable outputs in DEA: a Slacks-Based Measure(SBM) approach. Presentation at NAPW, Toronto, 3: 44-45.

Wong E. 2013a. As Pollution Worsens in China, Solutions Succumb to Infighting. The New York Times. Retrieved March, 22.

Wong E. 2013b. Cost of Environmental Damage in China Growing Rapidly Amid Industrialization. The New York Times. Retrieved March, 30.

Yang F, Wu D D, Liang L, et al. 2011. Competition strategy and efficiency evaluation for decision making units with fixed-sum outputs. European Journal of Operational Research, 212(3): 560-569.

Zaim O, Taskin F. 2000. Environmental efficiency in carbon dioxide emissions in the OECD: A non-parametric approach. Journal of Environmental Management, 58(2): 95-107.

Zhang B, Bi J, Fan Z Y, et al. 2008. Eco-efficiency analysis of industrial system in China: A data envelopment analysis approach. Ecological Economics, 68(1-2): 306-316.

Zhou P, Ang B W, Poh K L. 2008. Measuring environmental performance under different environmental DEA technologies. Energy Economics, 30(1): 1-14.

Zhou P, Poh K L, Ang B W. 2007. A non-radial DEA approach to measuring environmental

performance. European Journal of Operational Research, 178(1): 1-9.
Zhang W, Yang S Y. 2013. The influence of energy consumption of China on its real GDP from aggregated and disaggregated viewpoints. Energy Policy, 57: 76-81.

附录A　定理1的证明

如果有一个可行解使得模型(7.3)的目标函数值等于1，则定理1成立。

让$\hat{u}_0=0$，$\hat{w}_p=0\ (\forall p)$，$\alpha_p=0\ (\forall p)$，以及$\hat{S}_{rj}=y_{rj}(j\neq k)$。对$\forall v_i=\hat{v}_i$，总是存在$u_r=\hat{u}_r$使得$\sum_{r=1}^{s}u_r\left(y_{rk}+\sum_{j=1,j\neq k}^{n}y_{rj}\right)=\sum_{i=1}^{m}\hat{v}_i x_{ik}$。因此，我们可以得到

$$\frac{\sum_{r=1}^{s}\hat{u}_r(y_{rk}+\hat{\beta}_r)+\sum_{p=1}^{q}\hat{w}_p(z_{pk}+\hat{\alpha}_p)+\hat{\mu}_0}{\sum_{i=1}^{m}\hat{v}_i x_{ik}}=\frac{\sum_{r=1}^{s}\hat{u}_r\left(y_{rk}+\sum_{j=1,j\neq k}^{n}y_{rj}\right)}{\sum_{i=1}^{m}\hat{v}_i x_{ik}}=1$$

，并且

$$\frac{\sum_{r=1}^{s}\hat{u}_r(y_{rj}-\hat{S}_{rj})+\sum_{p=1}^{q}\hat{w}_p z_{pj}+\hat{\mu}_0}{\sum_{i=1}^{m}\hat{v}_i x_{ij}}=0\leqslant 1\ (\forall j\neq k)$$

。

这说明($\hat{u}_r$，$\hat{v}_i$，$\hat{w}_p$，$\hat{\alpha}_p$，$\hat{\beta}_r$，$\hat{S}_{rj}$)是模型(7.3)的一个可行解。证毕。

附录B　定理2的证明

如果有一个可行解使得模型(7.4)的目标函数值等于1，则定理2成立。

让$\hat{u}_0=0$，$\hat{v}_i=0\ (\forall i)$，$S_{rj}=0,\forall r,\forall j\neq k$以及$\beta_r=0,\forall r$。$\hat{\alpha}_p,\forall p$是一个足够大的正数。对$\forall u_r=\hat{u}_r$，总是存在$w_p=\hat{w}_p$使得$\frac{\sum_{p=1}^{q}\hat{w}_p(z_{pk}+\hat{\alpha}_p)+\hat{\mu}_0}{\sum_{i=1}^{m}\hat{v}_i x_{ik}+\sum_{r=1}^{s}\hat{u}_r(y_{rk}-\hat{\beta}_r)}=1$并且

$$\frac{\sum_{p=1}^{q}\hat{w}_p z_{pj}+\hat{\mu}_0}{\sum_{i=1}^{m}\hat{v}_i x_{ij}+\sum_{r=1}^{s}\hat{u}_r(y_{rj}+\hat{S}_{rj})}\leqslant 1$$

。

这说明($\hat{u}_r$，$\hat{v}_i$，$\hat{w}_p$，$\hat{\alpha}_p$，$\hat{\beta}_r$，$\hat{S}_{rj}$)是模型(7.4)的一个可行解。证毕。

附录 C　模型(7.4)的求解

第一阶段中，DMU_k 的最小产出增加汇总量可通过以下模型计算得到：

$$
\begin{aligned}
&\text{Min}\left[\sum_{r=1}^{s}u_r\beta_r+\sum_{p=1}^{q}w_p\alpha_p\right]\\
&\text{s.t.}\quad \frac{\sum_{p=1}^{q}w_p(z_{pk}+\alpha_p)+\mu_0}{\sum_{i=1}^{m}v_ix_{ik}+\sum_{r=1}^{s}u_r(y_{rk}-\beta_r)}=1,\\
&\frac{\sum_{p=1}^{q}w_pz_{pj}+\mu_0}{\sum_{i=1}^{m}v_ix_{ij}+\sum_{r=1}^{s}u_r(y_{rj}+S_{rj})}\leqslant 1,\ \forall j\neq k;\\
&\beta_r=\sum_{j=1,j\neq k}^{n}S_{rj},0\leqslant\beta_r\leqslant y_{rk},\ \forall r;\\
&\mu_0\text{ 为自由变量};v_i,u_r,w_p,\alpha_p\geqslant 0,\ \forall i,\forall r,\forall p.
\end{aligned}
\tag{7.5}
$$

这是一个非线性规划。让 $\beta_r=\sum_{j=1,j\neq k}^{n}S_{rj}$，$u_rS_{rj}=t_{rj}$，以及 $w_p\alpha_p=r_p$，然后通过 Charnes-Cooper 转换将模型(7.5)转换为线性规划，$\sum_{i=1}^{m}v_ix_{ik}+\sum_{r=1}^{s}u_r(y_{rk}-\beta_r)=1/R$，$Rv_i=\upsilon_i, Ru_r=\omega_r, Rw_p=\eta_p, Rt_{tj}=\tau_{rj}, Rr_p=\gamma_p$，以及 $R\mu_0=\xi_0$，如模型(7.6)所示。

$$
\begin{aligned}
&\text{Min}\quad\left(\sum_{r=1}^{s}\sum_{j=1}^{n}\tau_{rj}+\sum_{p=1}^{q}\gamma_p\right)\\
&\text{s.t.}\quad \sum_{p=1}^{q}\eta_pz_{pk}+\sum_{p=1}^{q}\gamma_p+\xi_0=1,\\
&-\sum_{i=1}^{m}\upsilon_ix_{ij}-\sum_{r=1}^{s}\omega_ry_{rj}-\sum_{r=1}^{s}\tau_{rj}+\sum_{p=1}^{q}\eta_pz_{pj}+\xi_0\leqslant 0,j\neq k,\\
&\sum_{i=1}^{m}\upsilon_ix_{ik}+\sum_{r=1}^{s}\omega_ry_{rk}-\sum_{r=1}^{s}\sum_{j=1,j\neq k}^{n}\tau_{rj}=1;\\
&0\leqslant\sum_{j=1,j\neq k}^{n}\tau_{rj}\leqslant\omega_ry_{rk},\ \forall r,\\
&\xi_0\text{ 为自由变量};\upsilon_i,\omega_r,\tau_{rj},\eta_p,\gamma_p\geqslant 0,\ \forall i,\forall r,\forall j,\forall p.
\end{aligned}
\tag{7.6}
$$

通过模型(7.6)的最优解和等式$u_r S_{rj} = t_{rj}$，模型(7.5)中最优解$\hat{S}_{rj}$可以直接得到，因为$\hat{S}_{rj} = \hat{t}_{rj} / \hat{u}_r = \dfrac{\hat{\tau}_{rj} / R}{\hat{w}_r / R} = \dfrac{\hat{\tau}_{rj}}{\hat{\omega}_r}$。当$\hat{\omega}_{rj} = 0$，让$\hat{S}_{rj} = 0$。通过$\beta_r = \sum_{j=1, j \neq k}^{n} S_{rj}$可以得到$\hat{\beta}_r$的值。又有$\hat{\alpha}_p = \hat{r}_p / \hat{w}_p = \hat{\gamma}_p / \hat{\eta}_p$，其中“∧”表示模型(7.6)中相应变量的最优解。

第二阶段中，所有DMU的效率值可以通过以下模型计算得到。

$$
\begin{aligned}
\text{Max} \quad & \frac{\sum_{p=1}^{q} w_p z_{pk} + \mu_0}{\sum_{i=1}^{m} v_i x_{ik} + \sum_{r=1}^{s} u_r y_{rk}} \\
\text{s.t.} \quad & \frac{\sum_{p=1}^{q} w_p (z_{pk} + \hat{\alpha}_p) + \mu_0}{\sum_{i=1}^{m} v_i x_{ik} + \sum_{r=1}^{s} u_r (y_{rk} - \hat{\beta}_r)} \leqslant 1, \\
& \frac{\sum_{p=1}^{q} w_p z_{pj} + \mu_0}{\sum_{i=1}^{m} v_i x_{ij} + \sum_{r=1}^{s} u_r (y_{rk} + \hat{S}_{rj})} \leqslant 1, \quad \forall j \neq k; \\
& \beta_r = \sum_{j=1, j \neq k}^{n} S_{rj}, 0 \leqslant \sum_{j=1, j \neq k}^{n} S_{rj} \leqslant y_{rk}, \quad \forall r, \\
& \mu_0 \text{ 为自由变量}; v_i, u_r, w_p \geqslant 0, \quad \forall i, \forall r, \forall p.
\end{aligned}
\tag{7.7}
$$

虽然模型(7.7)是一个非线性规划，但是它也可以通过Charnes-Cooper转换将其转换为线性规划。

$$
\begin{aligned}
\text{Max} \quad & \left(\sum_{p=1}^{q} \eta_p z_{pk} + \mu_0 \right) \\
\text{s.t.} \quad & -\sum_{r=1}^{s} \omega_r (y_{rk} - \hat{\beta}_r) + \sum_{p=1}^{q} \eta_p (z_{pk} + \hat{\alpha}_p) + \mu_0 - \sum_{i=1}^{m} \upsilon_i x_{ik} \leqslant 0, \\
& -\sum_{r=1}^{s} \omega_r (y_{rj} + \hat{S}_{rj}) + \sum_{p=1}^{q} \eta_p z_{pj} + \mu_0 - \sum_{i=1}^{m} \upsilon_i x_{ij} \leqslant 0, \quad \forall j \neq k; \\
& \sum_{i=1}^{m} \upsilon_i x_{ik} + \sum_{r=1}^{s} \omega_r y_{rk} = 1, \\
& \mu_0 \text{ 为自由变量}; \upsilon_i, \omega_r, \eta_p \geqslant 0, \quad \forall i, \forall r, \forall p.
\end{aligned}
\tag{7.8}
$$

通过模型(7.8)的计算，DMU_k，$k = 1, \cdots, n$ 的效率值都可以得到。模型(7.8)

的约束条件为权重变量$\upsilon_i,\omega_r,\eta_p$，$\forall i,\forall r,\forall p$ 构建了可行域，并保证效率值在 0 到 1 之间。这些约束从经济学角度构成了被评价 DMU_k 的生产前沿面。这和模型(7.4)是不同的，因为模型(7.4)中新 DMU 的产出值是未知的，但在模型(7.8)中是已知的。尽管这个方法看似有点复杂，但是它能够通过线性规划测量 DMU_k 的效率值。

第8章　工业环境效率分析——考虑全要素两阶段系统

近年来，中国工业发展迅速，然而随着工业的快速发展，能源消耗和环境污染等负面效应也逐渐显现出来并引起了政府管理者和学者们广泛的关注。本章将工业系统分为能源利用和污染处理两个阶段，以准确评估系统环境效率和系统全要素能源效率。基于工业系统的两阶段结构，构建一个新的考虑共享投入的两阶段数据包络分析模型，并将该模型应用于中国各行政区域的工业中进行分析。

8.1　引　　言

近年来，中国经济经历了高速发展，人均 GDP 和工业总产值等经济指标也出现大幅的增长。然而经济发展的同时也带来了诸多的环境问题，例如，西部地区的水资源短缺、西北部的荒漠化和中国大部分地区的空气雾霾等问题(Wang et al.，2014)。为了实现社会经济环境的可持续发展，中国必须考虑如何在保持经济快速增长的同时减少能源消耗和污染物排放。“十三五”规划指出，要在已经确定的全面建设小康社会目标的基础上，加大环境治理力度，努力实现生态环境质量总体改善。长久以来，我国工业生产总值在国内生产总值中所占比重很大，且2015年公布的中国工业发展报告中也曾指出，工业在未来很长一段时期内仍是支持国民经济发展的坚实力量。随着工业发展对能源需求的不断增加，工业和高耗能行业对国内生产总值的贡献率逐渐下降。但同时，由于国家节能减排任务要求工业加快转变发展方式并实施能源消耗总量控制，加大节能降耗力度，因此，进一步提高工业能源利用效率，建立资源节约型、环境友好型社会已成为当今社会发展的必然选择。而衡量和提高能源环境效率是减少最终能源消耗、提高工业竞争力和减少污染物排放(Oikonomou et al.，2009)，并实现可持续发展目标的基础。为了实现相应目标，有必要对中国过去工业的实际情况进行绩效分析，以便政策制定者能够采取更合理有效的措施来提高未来的环境绩效。

目前为止，绩效评估的方法主要包含两种：一种是随机前沿方法(SFA)，另一种是 DEA。SFA 是利用最大似然估计(MLE)的参数估计方法，该方法使用参数化建模方法来测量“前沿”值，从而通过进行前沿值评估能源效率。Boyd(2005)和Boyd等(2008)在美国“能源之星”计划中使用SFA方法来计算能源绩效指标。Lin和Wang(2014)结合过剩的能源投入和SFA方法来分析中国钢铁行业的全要素能源效率和相应的节能潜力。然而，SFA 方法中预先确定的生产函数可能与实际情况不符，并且 SFA 在处理多产出问题方面面临着巨大的挑战。与 SFA 方法相比，DEA 是一种用于测量一组同质决策单元（DMUs）相对效率的非参数规划方法。该方法是由 Charnes、Cooper 和 Rhodes 在 1978 年提出，其不需要对投入和产出之间特定函数关系进行假设，并且适用于处理具有多个投入和多个产出指标的决策单元（Charnes et al.，1978；Yang et al.，2011；Johnson and Ruggiero，2014）。目前，DEA 已成为效率评价和效率改进领域最为重要的研究方法之一，并广泛地应用于能源效率和环境绩效的评估中。

近几年，大量的研究采用传统的 DEA 模型（Hu and Wang，2006）、非径向 DEA 模型（Fukuyama and Weber，2009；Zhou et al.，2012；Zhang and Choi，2013）、基于 DEA 的 RAM 测度方法（Wang et al.，2013）和方向距离函数（DDF）模型（Wang et al.，2013a；Zhou et al.，2012）来进行能源和环境绩效评估。以往研究中的能源效率指数实际上是部分因素能源生产率（部分因素能源效率），即只考虑能源作为唯一的投入而忽略了非能源投入（例如劳动力和资本存量）和非期望产出。然而，所有实际的工业经济生产活动都是在消耗能源（如煤，石油，天然气）和其他资源（如劳动力、资本）的同时，生产期望产出（如 GDP）和非期望产出（如固体废物、二氧化硫、废水等污染物的排放）的联合生产过程。在现实的应用中，仅使用部分因素的能源生产率进行能源和环境效率评估会获得不合理的结果（Han et al.，2007；Hu and Wang，2006）。因此，为了获得更加准确的能源和环境效率，提出一种全因素能源效率（TFEE）指数方法（同时考虑能源投入、非能源投入、期望产出和非期望产出）就显得尤为重要。基于此，Hu 和 Wang（2006）提出使用全要素能源效率（TFEE）方法来评估中国 29 个行政区域在 1995~2002 年期间的能源效率，并发现 TFEE 与中国这些地区的人均收入呈 U 型关系。Zhang 等（2011）使用 DEA 窗口分析来调查发展中国家的全要素能源效率变化的动态趋势。Zhao 等（2014）采用了全要素能源效率指数来评估部门和省级全要素能源效率的变化，通过 TOBIT 回归分析，研究发现技术进步、能源价格和经济发展将对全要素能源效率产生积极的影响。这些相关的全要素能源效率研究考虑了能源投入、非能源投入（如劳动力、资本）和期望产出而忽略了非期望产出。基于此，Zhou 和 Ang（2008）提出了几种 DEA 型线性规划模型，这些模型在测量经济系统的全要素能源效率时，同时考虑了期望产出和非期望产出。Shi 等（2010）提出了一个扩展的 DEA 模型，将非期望产出作为投入来评估工业能源环境效率，并研究了中国 28 个行政区域的最大节能潜力。之后，Bai 等（2012）使用超效率 DEA 方法测量 1989~2009 年中国西部 11 个省的能源效率，在全要素能源的框架下同时考虑了期望产出和非期望产出。Wang 等（2013b）应用基于范围调整测量（RAM）的非参数方法评估了中国在 2006~2010 年期间的区域能源和环境绩效，在其效率评估模型中，能源和非能源投入以及期望和非期望产出均被认为是中国各地区能源消耗和经济生产的特征。

综上所述，大多数研究评估了行业或地区的全要素能源效率和环境效率，但很少关注中国工业的全要素能源效率和环境效率分析。在中国，工业在经济发展中起着至关重要的作用，在2012年，中国工业总产值(GIOV)约占中国国内生产总值(GDP)的38.5%，同时作为一个能源密集型行业，其能源消耗占最终能源消耗总量的70%(NBSC，2013，2014)。除此之外，工业污染也是中国污染的主要来源。因此，研究中国工业的全要素能源效率和环境效率更加意义重大。由于环境绩效评价方面的文献在前面章节已有详细介绍，这里就不再赘述。先前有关工业系统环境效率的研究，大多数将工业系统的内部结构视为“黑箱”，忽略其内部结构的影响，这种处理方式可能导致错误的测量结果。为了解决这个问题，在本章中，我们将中国工业过程分为两个阶段：工业能源利用阶段和工业污染治理阶段。第一阶段的主要工作是生产工业产品，第二阶段的主要工作是处理第一阶段产生的污染。基于此，工业行业的整体环境效率可分解为工业能源利用效率和工业污染治理效率两部分。通过分析两阶段的中国工业系统，可以有效地研究系统内部结构的效率，并对中国工业发展提供有价值的管理启示。

目前，关于DEA两段结构系统的研究有很多。Hampf(2014)提出了一个两阶段DEA模型用于评估美国发电厂的环境绩效。Cook等(2010)总结了与两阶段系统相关的DEA研究。基于Cook等(2010)的研究和最近两段DEA模型的相关发展，Halkos等(2014)对扩展变化的两阶段系统DEA模型进行了系统的概括，其中，扩展的两阶段系统只考虑了“外生的”投入作为第二阶段的投入变量的两阶段网络系统。基于Cook等(2010)和Halkos等(2014)的研究，两阶段DEA方法研究可以被简化为以下四类：①Wang等(1997)和Seiford和Zhu(1999)提出的标准的两阶段DEA方法。②Färe和Grosskopf(1996)提出的网络DEA方法。③Kao和Hwang(2008)和Chen等(2009)提出的关系两阶段DEA方法，这种方法假设了整体效率和子系统效率之间乘性或加性的关系。④Liang等(2008)提出的两阶段博弈论DEA方法，在他们的方法中，两个阶段被假设成博弈中的两个选手。

为了在评估决策单元环境效率的同时获得被评估决策单元的标杆，本章选择了Färe和Grosskopf(1996)提出的网络DEA方法。基于这个方法，首先，建立了一个新的两阶段DEA模型去评估中国每个行政区域工业行业整体的环境效率和标杆。然后，根据所获得的无效行政区域的标杆，进一步通过期望能源消耗和实际能源消耗的比率来获得工业的全要素能源效率。

8.2 基于全要素两阶段系统环境绩效评价模型

目前，在已有的环境绩效研究中，大都把被评估的系统视为一个不考虑内部结构的单阶段系统，忽略了对决策单元内部运行机制的深入研究(Castelli et al.,

2010)。与单阶段 DEA 模型相比，两阶段 DEA 模型可以将视为“黑箱”的 DMU 打开，将复杂的业务流程进行分解，计算出各个子阶段的绩效，进而可以为决策者提供更多的指导信息。在本章的中国工业的环境效率研究中，将工业系统分为能源利用过程子阶段和污染处理过程子阶段。能源利用过程集中在使用能源投入和非能源投入生产期望产出和非期望产出的过程，而污染处理过程集中在循环和处理能源利用过程中产生的非期望产出。

基于已有的中国工业行业效率评估的研究文献和中国工业行业的发展特征，以及指标数据的真实性和可获取性(如 Wu et al.，2014；Shi and Wang，2010)。第一阶段选择工业劳动力(ILF)、工业资本(IC)和工业能源消耗(IEC)作为投入指标，工业总产值(GIOV)、工业固体废物产生(ISWG)、工业废水排放(IWWD)和工业废气排放(IWGE)作为产出指标。基于 Wang 和 Wei(2014)的研究，使用“固定资产的净值”来反映“资本”。在第一阶段中，将工业资本(IC)和工业劳动力(ILF)视为非能源投入，将工业能源消耗(IEC)视为能源投入。第二阶段选择工业劳动力(ILF)、工业资本(IC)、工业污染治理投资(IIPT)和第一阶段的非期望产出作为投入，处置和利用固体废物、废水和废气的得到的产品产值(POVW)作为第二阶段产出。如图 8.1 所示。

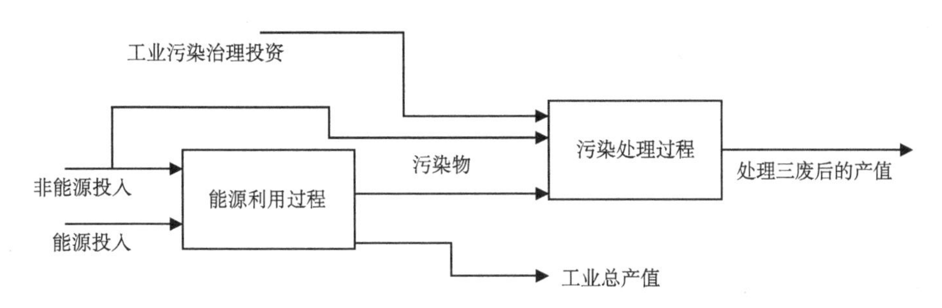

图 8.1　工业行业的两阶段网络结构

在工业系统中，工业劳动力和工业资本同时被用于能源利用阶段和污染处理阶段，例如，一些维护工人为这两个过程修理机器设备等固定资产，则这些资源是两个子系统的共享投入。目前，DEA 中共享投入处理方法的研究方法有很多，例如，加权限制(Beasley，1995；Cook et al.，2000)和加性目标函数(Cook and Hababou，2001)。值得注意的是，这些研究工作都没有考虑决策单元的内部结构。在处理网络结构系统中的共享投入时，Yu 和 Lin(2008)评估了具有共享投入的多活动网络结构的铁路系统的性能。Zha 和 Liang(2010)提出了一种方法来测量串联两阶段生产过程的绩效，其研究中共享投入可以在不同阶段自由分配。

如图 8.1 所示，中国工业系统是由能源利用过程子系统和污染处理过程子系统两个串联系统构成的，其中能源利用过程中的非期望产出是污染治理过程的投入。假设有 n 个 DMUs，每个 DMU 代表一个中国行政区域的工业系统(DMU_j，$j=1,\cdots,n$)。假设共享投入为 $X_j=(x_{1j},\cdots,x_{Mj})$，第一阶段的能源投入为 $Z_j=(z_{1j},\cdots,z_{Kj})$，第一阶段的期望产出为 $D_j=(d_{1j},\cdots,d_{Sj})$，第一阶段的非期望产出或第二阶段的投入为 $U_j=(u_{1j},\cdots,u_{Fj})$。除此之外，第二阶段新的投入为 $I_j=(i_{1j},\cdots,i_{Gj})$，第二阶段的产出为 $Y_j=(y_{1j},\cdots,y_{Hj})$，被评估的决策单元表示为 DMU_0。

在关于工业环境绩效的研究中，非期望产出(污染物)主要来自生产过程中的能源投入，如果能源消耗减少，非期望产出将随之减少。因此，采用弱处置性假设来处理非期望产出。正如 Färe 和 Grosskopf(2004)的研究，非期望产出弱可处置性指的是期望产出和非期望产出之间存在某种生产约束关系，即当减少非期望产出 D 时，期望产出 U 将同比例减少(Färe et al.，1989；Tone，2004；Zhou et al.，2008)。在非期望产出的处理方法中，弱可处置假设这一方法很重要，因为它能够使非期望产出建模为产出，同时考虑到期望产出和非期望产出之间的平衡关系，根据 Kuosmanen(2005)提出的在满足弱可处置性假设的规模报酬可变情况下的生产可能集的定义，图 8.1 所示的工业两阶段系统的相关生产可能集(PPS)如下：

$$
\begin{aligned}
T_{\text{two-stage}}=\{(x,z,d,u,i,y)\,|\,
&\text{第一阶段约束：}\\
&\sum_{j=1}^{n}(\rho^j+\mu^j)\alpha^j x_m^j \leqslant \alpha^{j'} x_m, && m=1,\cdots,M\\
&\sum_{j=1}^{n}(\rho^j+\mu^j) z_k^j \leqslant z_k, && k=1,\cdots,K\\
&\sum_{j=1}^{n}\rho^j d_s^j \geqslant d_s, && s=1,\cdots,S\\
&\sum_{j=1}^{n}\rho^j u_f^j = u_f, && f=1,\cdots,F\\
&\text{第二阶段约束：} && (8.1)\\
&\sum_{j=1}^{n}\rho^j u_f^j = u_f, && f=1,\cdots,F\\
&\sum_{j=1}^{n}(\rho^j+\mu^j) i_g^j \leqslant i_g, && g=1,\cdots,G\\
&\sum_{j=1}^{n}(\rho^j+\mu^j)(1-\alpha^j) x_m^j \leqslant (1-\alpha^{j'}) x_m, && m=1,\cdots,M\\
&\sum_{j=1}^{n}(\rho^j+\mu^j) y_h^j \geqslant y_h, && h=1,\cdots,H
\end{aligned}
$$

通用约束：

$$\sum_{j=1}^{n}(\rho^j+\mu^j)=1$$

$$\rho^j,\mu^j \geqslant 0, \qquad j=1,\cdots,n\}$$

在公式(8.1)中，$\alpha^j(0<\alpha^j<1)$是决策单元DMU_j第一阶段消耗共享投入所占的比例，而$1-\alpha^j$是DMU_j第二阶段消耗的共享投入的比例。ρ^j，μ^j是两阶段系统中的未知参数，$\sum_{j=1}^{n}\rho^j u_f^j=u_f$表示非期望产出的弱可处置性假设。约束条件$\sum_{j=1}^{n}\left(\rho^j+\mu^j\right)=1$表示该生产可能集是基于规模报酬可变的情形。两个阶段的生产可能集使用相同的强度变量ρ^j，μ^j，以保证工业系统的两个子系统合作以实现整体性能最优，即整体环境绩效最大化。这种关于生产可能集强度变量的处理方法可以参考 Maghbouli 等(2014)。

基于生产可能集(8.1)，建立了以下集中模型，用于测量两阶段系统的整体环境绩效。

$$\text{Min } e_0=\frac{1}{2}\left[\frac{1}{M+K+F}\left[\sum_{m=1}^{M}\beta_m+\sum_{k=1}^{K}\delta_k+\sum_{f=1}^{F}\theta_f\right]+\frac{1}{F+G+M}\left[\sum_{f=1}^{F}\theta_f+\sum_{g=1}^{G}\phi_g+\sum_{m=1}^{M}\varphi_m\right]\right]$$

s.t.第一阶段约束：

$$\sum_{j=1}^{n}(\rho^j+\mu^j)\alpha^j x_m^j \leqslant \beta_m\alpha^0 x_m^0, \qquad m=1,\cdots,M$$

$$\sum_{j=1}^{n}(\rho^j+\mu^j)z_k^j \leqslant \delta_k z_k^0, \qquad k=1,\cdots,K$$

$$\sum_{j=1}^{n}\rho^j d_s^j \geqslant d_s^0, \qquad s=1,\cdots,S$$

$$\sum_{j=1}^{n}\rho^j u_f^j=\theta_f u_f^0, \qquad f=1,\cdots,F$$

第二阶段约束：

$$\sum_{j=1}^{n}\rho^j u_f^j=\theta_f u_f^0, \qquad f=1,\cdots,F \tag{8.2}$$

$$\sum_{j=1}^{n}(\rho^j+\mu^j)i_g^j \leqslant \phi_g i_g^0, \qquad g=1,\cdots,G$$

$$\sum_{j=1}^{n}(\rho^j+\mu^j)(1-\alpha^j)x_m^j \leqslant \varphi_m(1-\alpha^0)x_m^0,\quad m=1,\cdots,M$$

$$\sum_{j=1}^{n}(\rho^j+\mu^j)y_h^j \geqslant y_h^0,\qquad h=1,\cdots,H$$

通用约束：

$$\sum_{j=1}^{n}(\rho^j+\mu^j)=1$$

$$LW^j \leqslant \alpha^j \leqslant UP^j \qquad j=1,\cdots,n$$

$$\rho^j,\mu^j \geqslant 0,\ 0\leqslant \beta_m,\delta_k,\theta_f,\phi_g,\varphi_m \leqslant 1,\qquad \text{for all } j,m,k,f,g,m.$$

在模型(8.2)中，约束条件$LW^j \leqslant \alpha^j \leqslant UP^j$用于避免极端和不合实际的权重值。目标函数最优值$e_0^*$定义为$\mathrm{DMU}_0$的整体环境绩效。当$e_0^*$等于1时，整个系统是环境有效的；否则，其为环境无效。整体环境效率e_0^*可以分解为两部分：第一部分$e_{10}=\frac{1}{M+K+F}\left[\sum_{m=1}^{M}\beta_m+\sum_{k=1}^{K}\delta_k+\sum_{f=1}^{F}\theta_f\right]$为第一阶段效率，即能源利用效率；第二部分$e_{20}=\frac{1}{F+G+M}\left[\sum_{f=1}^{F}\theta_f+\sum_{g=1}^{G}\phi_g+\sum_{m=1}^{M}\varphi_m\right]$为第二阶段效率，即污染物处理效率。如果$e_{10}^*=1$，则表示第一阶段是有效的；如果$e_{20}^*=1$，则表示第二阶段是有效的，当且仅当两个阶段都有效时，该系统才是整体环境有效的。模型(8.2)为非线性模型，为了降低其计算复杂度，令$\rho^j\alpha^j=a^j$，$\mu^j\alpha^j=b^j$，模型(8.2)可以转化为如下模型：

$$\text{Min } e_0=\frac{1}{2}\left[\frac{1}{M+K+F}\left[\sum_{m=1}^{M}\beta_m+\sum_{k=1}^{K}\delta_k+\sum_{f=1}^{F}\theta_f\right]+\frac{1}{F+G+M}\left[\sum_{f=1}^{F}\theta_f+\sum_{g=1}^{G}\phi_g+\sum_{m=1}^{M}\varphi_m\right]\right]$$

s.t.第一阶段约束：

$$\sum_{j=1,\neq 0}^{n}(a^j+b^j)x_m^j+(a^0+b^0)x_m^0 \leqslant \beta_m\alpha^0x_m^0,\qquad m=1,\cdots,M$$

$$\sum_{j=1}^{n}(\rho^j+\mu^j)z_k^j \leqslant \delta_k z_k^0,\qquad k=1,\cdots,K$$

$$\sum_{j=1}^{n}\rho^j d_s^j \geqslant d_s^0,\qquad s=1,\cdots,S$$

$$\sum_{j=1}^{n}\rho^j u_f^j=\theta_f u_f^0,\qquad f=1,\cdots,F$$

第二阶段约束：

$$
\begin{aligned}
&\sum_{j=1}^{n}\rho^{j}u_{f}^{j}=\theta_{f}u_{f}^{0}, && f=1,\cdots,F\\
&\sum_{j=1}^{n}(\rho^{j}+\mu^{j})i_{g}^{j}\leqslant\phi_{g}i_{g}^{0}, && g=1,\cdots,G \qquad (8.3)\\
&\sum_{j=1,\neq0}^{n}(\rho^{j}+\mu^{j}-a^{j}-b^{j})x_{m}^{j}+(\rho^{0}+\mu^{0}-a^{0}-b^{0})x_{m}^{0}\leqslant\varphi_{m}(1-\alpha^{0})x_{m}^{0}, && m=1,\cdots,M\\
&\sum_{j=1}^{n}(\rho^{j}+\mu^{j})y_{h}^{j}\geqslant y_{h}^{0}, && h=1,\cdots,H
\end{aligned}
$$

通用约束：

$$
\begin{aligned}
&\sum_{j=1}^{n}(\rho^{j}+\mu^{j})=1\\
&LW^{0}\leqslant\alpha^{0}\leqslant UP^{0}\\
&LW^{j}*\rho^{j}\leqslant a^{j}\leqslant UP^{j}*\rho^{j} && j=1,\cdots,n,\\
&LW^{j}*\mu^{j}\leqslant b^{j}\leqslant UP^{j}*\mu^{j} && j=1,\cdots,n,\\
&\rho^{j},\mu^{j},a^{j},b^{j}\geqslant0,0\leqslant\beta_{m},\delta_{k},\theta_{f},\phi_{g},\varphi_{m}\leqslant1, && \text{for all } j,m,k,f,g,m.
\end{aligned}
$$

由于 $\beta_m\alpha^0$ 和 $\varphi_m\alpha^0$ 存在于某些约束中，模型(8.3)仍然是非线性的。如果假设 α^0 为固定的值，则模型(8.3)可以变为线性规划。通过以下启发式算法，可以有效地求解模型(8.3)。

(1)将 α^0 的初始值设置为 LW^0，然后解相应的线性规划模型。如果它是可行的，则可以获得其相应的目标最优值。

(2)以一个非常小的步长 ε（例如 ε =00001)逐渐增加 α^0，直到到达上限 UP^0 为止。第 t 步的 $\alpha_t^0=LW^0+t\times\varepsilon,t=1,\cdots$，将每个 α_t^0 代入模型(8.3)，当该模型是可行时，可以获得相应目标函数的最优值 ed_0^t。

(3)比较步骤 b 获得的所有最优目标函数值 $ed_0^t,t=1,2,\cdots$，假设其最小值 e_0^*。那么 e_0^* 就是模型(8.3)的最优目标值。同时可以获得第一阶段的效率值 e_{10}^* 和第二阶段的效率值 e_{20}^*。

通过使用上述算法，可以求解非线性规划模型(8.3)并获得其最优解 $\rho^{j*},\mu^{j*},a^{j*},b^{j*},\beta_m^*,\delta_k^*,\theta_f^*,\phi_g^*,\varphi_m^*$。根据获得最优解求得系统整体环境效率，以及第一阶段和第二阶段的所对应的效率值。

此外，基于 Hu 和 Wang(2006)的研究，全要素能源效率(TFEE)指数定义为多因素生产过程中预期能源消耗与实际能源消耗的比率。基于该定义，可以通过提出的模型得出 TFEE 指数如下：

$$\mathrm{TFEE}_0 = \mathrm{DMU}_0\text{的预期能源消耗}/\mathrm{DMU}_0\text{的实际能源消耗} = \frac{1}{K}\sum_{k=1}^{K}\delta_k^* \tag{8.4}$$

8.3　工业环境效率实证分析

本节利用提出的两阶段网络 DEA 模型评估中国 30 个行政区域的工业全要素能源效率、工业整体环境效率、工业能源利用效率和工业污染物处理效率，并给出无效决策单元的标杆。

8.3.1　数据及指标

本节使用了中国 30 个行政区域的数据来评估“十一五”期间(2006~2010)中国工业系统的能源效率和环境绩效。该应用实例使用的投入和产出指标包括工业劳动力(ILF)、工业资本(IC)、工业能源消耗(IEC)、工业污染治理投资(IIPT)、工业总产值(GIOV)、工业固体废物产生(ISWG)、工业废水排放(IWWD)、工业废气排放(IWGE)，以及通过处置和利用固体废物、废水和废气得到的产品产值(POVW)。这些变量的单位分别为万名员工、十亿元、万 t 标准煤、十亿元、百万 t、吨、百万 t、百万元和十亿元。这些指标数据来自 2008~2011 年的《中国统计年鉴》《中国能源统计年鉴》和《中国环境统计年鉴》。由于缺乏西藏自治区的统计数据，本实证研究忽略西藏。这些指标的描述性统计分析见表 8.1。

表 8.1　各指标的描述性统计分析结果

年份	指标	ILF	IC	IEC	GIOV	ISWG	IWGE	IWWD	IIPT	POVW
2006	平均值	172.3	1690.9	6779.2	3418.4	5051.1	74.4	80038.5	161311.9	342258.6
	标准差	124.8	1543.9	4391	3296.7	3759.6	44.7	70312.9	142217.9	377342.1
	最大值	496.4	6894.8	18731.3	12500.2	14229	168.7	287181	596643.1	1497950.1
	最小值	13	134.8	644	217.6	147	2.3	7168	7773.2	10369.2
2007	平均值	178.4	2021.7	7442.7	4110.4	5854.2	71.3	82187.9	184123	450404.5
	标准差	130.3	1734.1	4816	3872.2	4503.9	42	72683.2	159263.5	523786
	最大值	505.9	7177.8	20423.9	14910	18688	158.3	268762	673420	2240597.9
	最小值	14.1	83.3	739.9	278.4	158	2.5	5960	3889	20431.2
2008	平均值	178.4	2541.7	7879.7	4965.1	6337.3	66.4	80519.6	180880	540441.2
	标准差	132.5	2053.4	5032.7	4517	4857.2	38.9	71152.9	168893.4	592634.8
	最大值	498	8342.4	21399	17254	19769	146.6	259999	844159	2409843
	最小值	14.7	119.5	794.5	321.2	220	2.1	5991	3774	41309

续表

年份	指标	ILF	IC	IEC	GIOV	ISWG	IWGE	IWWD	IIPT	POVW
2009	平均值	184.3	3176.9	8335.6	5248.8	6797.7	62.2	78097.2	147540.3	536073.5
	标准差	139.6	2502.9	5293.6	4750.7	5160.8	36.3	67539.6	108913	581425.5
	最大值	528.5	10304.6	22694	18091.6	21975.8	136.6	256160	515832	2513210
	最小值	16	144	863.1	300.6	200.9	2.1	7031	3563	24440
2010	平均值	192.5	3903.5	9088.6	6442.6	8031	62.1	79133.2	132325.7	592826.5
	标准差	150	2978	5720.7	5475.8	6635.8	36.1	70357.6	105065.6	650121.4
	最大值	563.2	12463.1	24365.6	21462.7	31688	138.3	263760	456759	2863867.2
	最小值	17.1	191.6	951.3	385.2	212	2.8	5782	4354	31623.2

如表 8.1 所示，劳动力、资本和工业能源消耗的平均值逐年增加，这意味着各地区的工业投入逐年增加。9 个指标变量的标准差都很高，这意味着不同地区的工业经济发展不平衡。

8.3.2　中国工业系统的效率分析

通过求解模型(8.3)和模型(8.4)，并设置 α^j 的上限和下限分别为 3%和 97%，可以获得中国每个行政区域工业的整体环境绩效，两个阶段的效率和工业系统的全要素能源效率。具体效率值如表 8.2 所示。

表 8.2　2006~2010 年中国 30 个行政区域工业系统的 4 种效率值

地区	全要素能源效率					整体环境效率				
	2006	2007	2008	2009	2010	2006	2007	2008	2009	2010
北京	0.934	0.957	1.000	1.000	1.000	0.737	0.759	1.000	1.000	1.000
天津	0.606	0.680	1.000	0.933	1.000	0.662	0.663	1.000	0.947	1.000
河北	0.578	0.955	1.000	0.822	1.000	0.416	0.516	1.000	0.634	1.000
山西	0.701	0.715	0.895	0.500	0.732	0.312	0.415	0.458	0.394	0.453
内蒙古	0.604	0.665	0.921	0.932	1.000	0.296	0.451	0.646	0.807	1.000
辽宁	0.424	0.662	0.643	0.669	0.635	0.313	0.404	0.458	0.471	0.579
吉林	0.264	0.484	0.626	0.625	1.000	0.413	0.445	0.524	0.567	1.000
黑龙江	0.347	0.390	0.967	0.603	0.800	0.485	0.489	0.662	0.500	0.843
上海	0.975	0.734	0.850	1.000	1.000	0.814	0.735	0.842	1.000	1.000
江苏	0.835	1.000	1.000	1.000	1.000	0.646	0.759	1.000	0.912	1.000
浙江	0.904	1.000	1.000	0.923	1.000	0.683	1.000	0.938	0.876	1.000
安徽	0.735	0.675	0.660	0.674	0.758	0.360	0.398	0.514	0.503	0.666
福建	0.478	0.319	0.499	0.612	0.338	0.396	0.423	0.455	0.505	0.550
江西	0.751	0.567	0.649	0.665	0.705	0.376	0.416	0.477	0.549	0.642

续表

地区	全要素能源效率					整体环境效率				
	2006	2007	2008	2009	2010	2006	2007	2008	2009	2010
山东	0.579	0.729	1.000	1.000	1.000	0.520	0.596	0.797	0.931	1.000
河南	0.485	0.712	0.657	0.599	0.829	0.403	0.436	0.554	0.563	0.740
湖北	0.546	0.549	0.636	0.800	0.754	0.431	0.475	0.516	0.541	0.609
湖南	0.937	0.938	0.863	0.758	0.785	0.394	0.445	0.515	0.529	0.655
广东	1.000	1.000	1.000	1.000	1.000	1.000	1.000	1.000	1.000	1.000
广西	0.439	0.834	0.789	0.786	0.871	0.362	0.408	0.455	0.443	0.543
海南	1.000	1.000	1.000	1.000	1.000	1.000	1.000	1.000	1.000	1.000
重庆	0.279	0.653	0.571	0.759	0.736	0.312	0.327	0.388	0.491	0.579
四川	0.667	0.834	0.545	0.563	0.745	0.345	0.354	0.400	0.464	0.640
贵州	0.575	0.804	0.836	0.752	0.808	0.371	0.408	0.457	0.402	0.436
云南	0.908	0.990	1.000	0.975	1.000	0.507	0.585	1.000	0.634	1.000
陕西	0.840	0.594	0.599	0.613	0.707	0.359	0.383	0.415	0.432	0.520
甘肃	0.889	0.719	0.884	0.762	0.725	0.349	0.436	0.484	0.495	0.527
青海	1.000	0.921	1.000	0.972	1.000	1.000	0.896	1.000	0.771	1.000
宁夏	0.278	0.592	0.702	0.628	0.862	0.320	0.331	0.375	0.373	0.557
新疆	0.671	0.398	0.744	0.582	0.721	0.391	0.399	0.457	0.407	0.559
平均值	0.674	0.736	0.818	0.784	0.850	0.499	0.545	0.660	0.638	0.770

地区	第一阶段效率					第二阶段效率				
	2006	2007	2008	2009	2010	2006	2007	2008	2009	2010
北京	0.771	0.811	1.000	1.000	1.000	0.702	0.707	1.000	1.000	1.000
天津	0.672	0.732	1.000	0.975	1.000	0.652	0.593	1.000	0.920	1.000
河北	0.383	0.556	1.000	0.600	1.000	0.448	0.477	1.000	0.667	1.000
山西	0.398	0.422	0.517	0.368	0.469	0.227	0.408	0.399	0.420	0.438
内蒙古	0.353	0.464	0.638	0.806	1.000	0.239	0.437	0.654	0.809	1.000
辽宁	0.329	0.452	0.491	0.514	0.562	0.296	0.356	0.424	0.429	0.595
吉林	0.341	0.439	0.545	0.583	1.000	0.485	0.451	0.504	0.550	1.000
黑龙江	0.403	0.432	0.720	0.505	0.816	0.566	0.546	0.603	0.495	0.870
上海	0.807	0.745	0.843	1.000	1.000	0.822	0.725	0.841	1.000	1.000
江苏	0.661	0.809	1.000	0.939	1.000	0.631	0.709	1.000	0.885	1.000
浙江	0.744	1.000	0.948	0.900	1.000	0.621	1.000	0.927	0.852	1.000
安徽	0.454	0.471	0.536	0.545	0.670	0.266	0.325	0.492	0.461	0.662
福建	0.432	0.406	0.499	0.554	0.513	0.359	0.439	0.411	0.457	0.588
江西	0.470	0.438	0.508	0.549	0.657	0.282	0.394	0.446	0.548	0.626
山东	0.542	0.628	0.840	0.948	1.000	0.498	0.564	0.753	0.914	1.000
河南	0.404	0.512	0.562	0.539	0.723	0.402	0.359	0.547	0.586	0.757

续表

地区	第一阶段效率					第二阶段效率				
	2006	2007	2008	2009	2010	2006	2007	2008	2009	2010
湖北	0.415	0.442	0.511	0.604	0.650	0.447	0.507	0.520	0.478	0.569
湖南	0.514	0.545	0.581	0.565	0.660	0.275	0.346	0.449	0.493	0.650
广东	1.000	1.000	1.000	1.000	1.000	1.000	1.000	1.000	1.000	1.000
广西	0.309	0.454	0.462	0.473	0.553	0.416	0.361	0.448	0.414	0.532
海南	1.000	1.000	1.000	1.000	1.000	1.000	1.000	1.000	1.000	1.000
重庆	0.263	0.414	0.427	0.555	0.619	0.362	0.240	0.350	0.427	0.540
四川	0.400	0.472	0.415	0.455	0.602	0.291	0.237	0.386	0.473	0.679
贵州	0.343	0.442	0.490	0.439	0.478	0.399	0.375	0.424	0.364	0.394
云南	0.536	0.606	1.000	0.664	1.000	0.479	0.563	1.000	0.605	1.000
陕西	0.499	0.435	0.467	0.492	0.592	0.219	0.331	0.362	0.371	0.449
甘肃	0.489	0.448	0.528	0.531	0.565	0.210	0.424	0.441	0.460	0.488
青海	1.000	0.873	1.000	0.849	1.000	1.000	0.919	1.000	0.693	1.000
宁夏	0.258	0.363	0.423	0.395	0.617	0.381	0.299	0.327	0.351	0.497
新疆	0.430	0.346	0.495	0.410	0.555	0.352	0.451	0.419	0.403	0.564
平均值	0.521	0.572	0.682	0.659	0.777	0.478	0.518	0.638	0.617	0.763

表 8.2 显示工业系统的平均全要素能源效率从 2006 年的 0.674 增加到 2010 年的 0.850。广东省和海南省在 2006~2010 年的全要素能源效率是有效的，除了这些全要素能源效率有效的地区外，北京市和江苏省的能源效率也较高，这表明这些地区的能源利用率相对较好。通过对这些地区进行分析后发现，广东、北京、江苏这些经济发达的地区通过引进更多的新技术，并将先进的机械技术融入生产中，从而提高能源利用的效率。低能效地区可以研究这些高能效地区的发展，并学习相关经验，以提高自身在能源利用方面的能力。从表 8.2 中还可以看出，大多数地区在 2006~2010 年工业系统整体环境效率、第一阶段效率以及第二阶段效率都有显著提高。其中，整体环境效率是在考虑系统内部两阶段结构的情况下整个工业系统的环境效率，它为两个子阶段效率的平均值。从表 8.2 可以看出内蒙古、辽宁、吉林、福建、江西、山东、河南、湖北、湖南、重庆、四川、陕西、甘肃 13 个地区的工业系统整体环境绩效逐年提高；北京和上海的工业整体环境绩效从无效到有效；广东和海南的工业整体环境绩效在研究期间一直有效。各地区的平均工业整体环境绩效值从 2006 年的 0.499 增加到 2010 年的 0.770，表明中国在“十一五”期间工业整体环境绩效显著增长。从表 8.2 中的阶段效率值也可以看出类似的现象。除此之外，第一阶段效率优于第二阶段效率，但二者差距在逐年减小。截至 2010 年底，两个阶段的平均效率几乎处于同一水平，造成这种现象

的原因是中国各级政府越来越重视环境污染问题，政府制定了许多环保政策鼓励绿色产业，惩治污染行业。例如，“十一五计划(2006~2010)”中的“中国国家环境保护计划”和“环境保护行政处罚办法”(2010)。

为了从更大的规模上分析工业系统环境绩效的变化，根据行政区划分将应用中的 30 个省级区域划分为六大行政区：华北、东北、华东、中南、西南和西北。各区域所包含的省级行政区如表 8.3 所示。

表 8.3　六大行政区域

区域	省份
华北	北京，天津，河北，山西，内蒙古
东北	辽宁，吉林，黑龙江
华东	上海，江苏，浙江，安徽，福建，江西，山东
中南	河南，湖北，湖南，广东，广西，海南
西南	重庆，四川，贵州，云南
西北	陕西，甘肃，青海，宁夏，新疆

根据六大行政区的划分，可以计算相应大行政区的工业系统在 2006~2010 年的工业系统的全要素能源效率、整体环境效率、第一阶段效率和第二阶段效率。各个效率变化如图 8.2 所示。

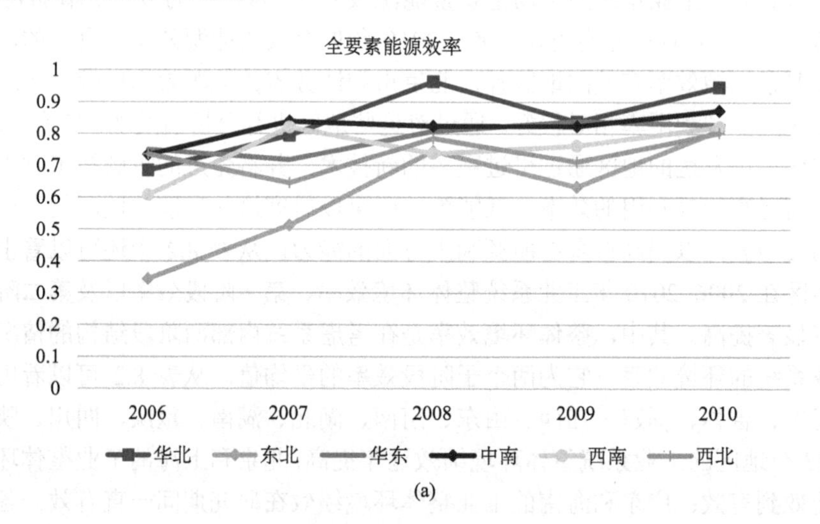

(a)

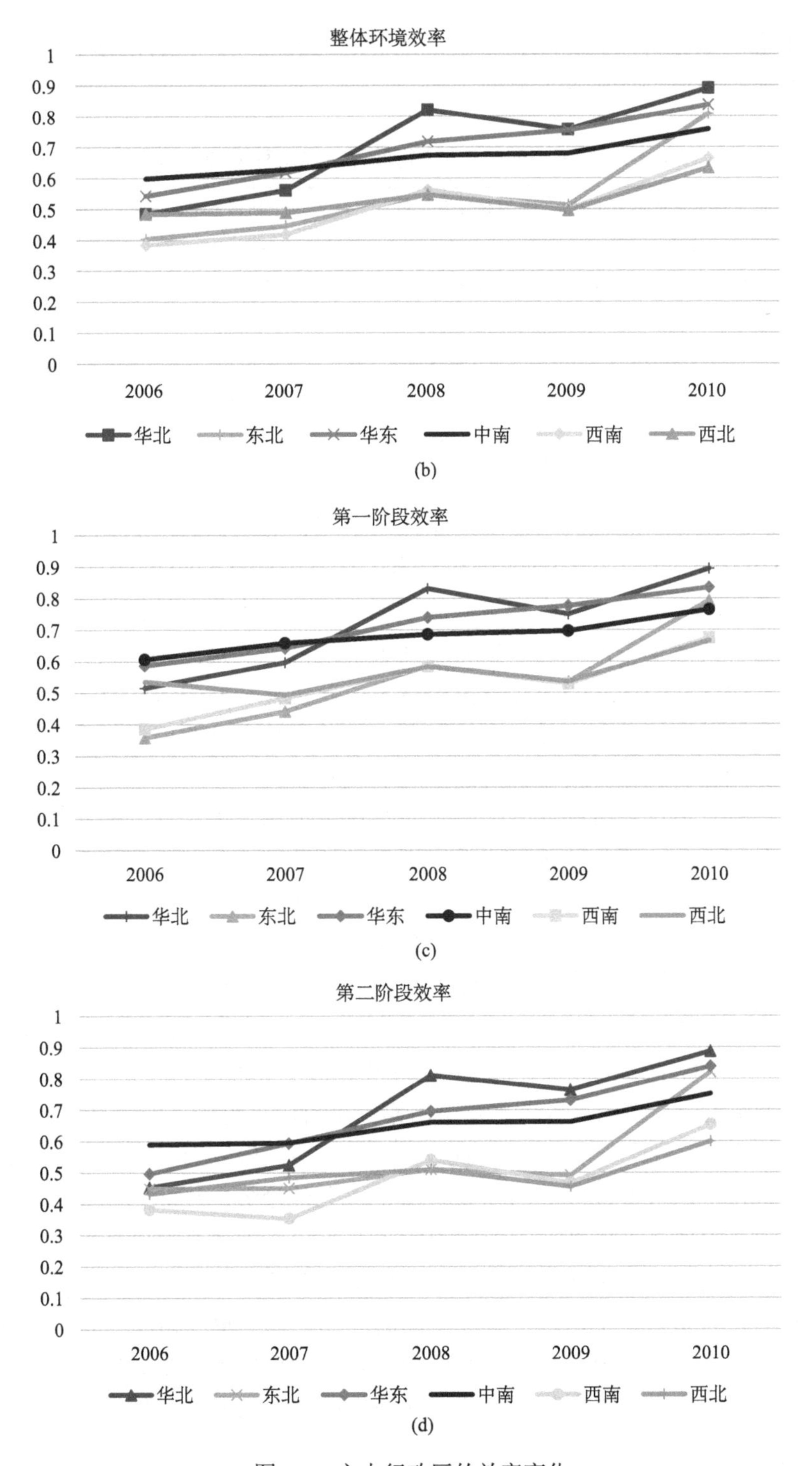

图 8.2　六大行政区的效率变化

为了进一步分析六大行政区中四种效率之间的差异，我们计算了这一时期内四种效率的平均值，如表 8.4 所示。

表 8.4　2006~2010 年六大行政区域的四种平均效率值

区域	全要素能源效率	整体环境效率	第一阶段效率	第二阶段效率
华北	0.8452	0.7026	0.7174	0.6879
东北	0.6094	0.5435	0.5422	0.5448
华东	0.7889	0.6936	0.7159	0.6714
中南	0.8189	0.6673	0.6826	0.6519
西南	0.7500	0.5051	0.5310	0.4792
西北	0.7362	0.5294	0.5624	0.4964

图 8.2(a)显示东北地区的全要素能源效率增长是最快的，从 2006 年的 0.345 增长到 2010 年的 0.812。其他地区的全要素能源效率呈波动趋势，华北地区从 2008 年开始实现了能源有效。结合表 8.4 的数据，可以看出华北地区的平均全要素能源效率最高，其次是中南地区。华北地区表现最好主要是因为北京、天津等地的许多工业企业推广应用先进节能减排新技术、新工艺和新设备达到了一定的节能减排。东北地区虽然拥有大量的自然资源，但其平均全要素能源效率最低，这与当地政府对先进节能减排技术利用的落后现状有关。

图 8.2(b)显示这段时间六大行政区的整体环境绩效都呈现上升趋势。此外，华北、华东和中南地区的整体环境效率高于其他地区。华北、西南和西北地区在 2009 年的整体环境绩效出现了大幅下降，这与 2008 年全球经济危机有着密切的关系。与这三个行政大区不同的是，华东地区的整体环境绩效在 2006~2010 年保持稳定增长，这表明他们的工业企业有很强的抵抗经济危机的能力，这种现象符合华东地区工业的实际发展情况，也反映了本方法的实效性。从图 8.2(c)和图 8.2(d)所显示的两个阶段的效率值来看，六大行政区的第一阶段效率高于同年第二阶段的效率，这表明工业系统的低效率主要是由第二个阶段引起的。而在 2010 年，这两个阶段效率几乎达到同一水平，这表明污染治理工作在这些年里取得了很大进展。

综上所述，六大行政区的四种效率都呈现上升趋势。华北、华东和中南地区的表现优于其他地区，这种现象表明中国工业系统的效率具有区域性。与东北，西南和西北地区相比，华北、华东和中南地区对熟练劳动力和合格企业更具吸引力，例如华北的北京、华东的上海和中南的广州。从 2007~2011 年间的《中国能源统计年鉴》中可以看出，东北和西南地区有限的自然资源是造成效率低的一个原因。基于这些结果，中国政府应该关注各地区之间的差异，促进中国各地区工业的均衡发展。

8.3.3　标杆分析

通过本章提出的模型，可以计算出每个行政区域工业系统的标杆，也就是说可以为每个无效决策单元的投入和产出设定目标值使其到达整体环境有效。由于本章中提出的模型是两阶段投入导向的模型，被评估的决策单元可以通过同时减少两个子过程的投入和非期望产出来实现整体环境有效。为了便于说明，以 2010 年为例来进行各行政区域的标杆分析，如表 8.5。

表 8.5　30 个行政区域工业系统的标杆

地区	ILF	IC	IEC	ISWG	IWGE	IWWD	ILF	IC	IIPT
北京	58.382	200.886	6954	1269	5.684	8198	92.866	319.543	19340
天津	25.217	733.129	6818	1862	21.762	19680	72.523	2108.457	164684
河北	64.432	2093.505	27531	31688	99.418	114232	139.467	4531.512	108588
山西	82.572	742.873	9941.777	1744.545	15.783	26151.07	89.597	797.413	80172.53
内蒙古	59.409	3299.688	16820	16996	119.298	39536	20.015	1111.660	132400
辽宁	113.473	1025.251	13544.2	2922.899	34.153	63624.26	113.714	1028.993	124530.2
吉林	56.150	2608.266	8297	4642	30.064	38656	41.843	1943.682	63366
黑龙江	75.186	863.894	9853.724	4714.134	22.853	38921	75.186	1155.685	49494
上海	147.556	1306.324	11201	2448	22.148	36696	10.596	93.809	94107
江苏	243.422	7340.785	25774	9064	100.245	263760	169.858	5122.347	185995
浙江	143.657	1318.511	16865	4268	65.389	217426	402.567	3694.840	119568
安徽	79.927	1384.349	8542.741	2265.759	24.257	61897.79	79.927	940.203	58895
福建	53.963	496.542	9809	2135.6	26.334	55004.01	125.710	1129.996	87267.1
江西	59.730	1032.312	6291.003	1929.706	22.432	62606.46	59.730	1391.847	42065.72
山东	48.808	1043.426	34808	16038	138.287	208257	464.957	9940.008	456759
河南	163.112	2712.498	17475.43	4734.086	59.950	136763	163.112	2782.342	125120
湖北	116.360	1050.719	10545.13	2400.085	28.466	74670.56	110.001	995.362	81824.4
湖南	104.675	1171.939	9390.738	2416.616	29.579	82909.01	104.675	1325.357	69105.21
广东	77.158	719.879	26908	5456	98.909	187031	486.040	4534.710	310584
广西	53.176	950.303	5782.762	1744.672	19.985	54994.36	53.176	1190.213	38642.68
海南	2.489	27.017	1359	212	2.817	5782	15.161	164.593	4354
重庆	62.960	563.021	6570.865	1352.422	14.078	30830.37	50.484	447.059	50810.5
四川	122.602	1350.966	12295.81	3107.189	33.172	74944.66	115.704	1852.948	71627
贵州	39.470	349.880	4072.245	568.1118	5.140	8516.107	29.028	253.859	29163.46
云南	77.827	1148.954	8674	9392	43.955	30926	42.276	624.123	106272
陕西	69.215	618.611	7918.749	1677.669	16.866	34821.22	61.630	546.276	63052.76
甘肃	33.281	345.834	3773.662	585.1506	6.618	15352	33.281	314.605	31768.91

续表

地区	ILF	IC	IEC	ISWG	IWGE	IWWD	ILF	IC	IIPT
青海	7.249	197.721	2568	1783	13.315	9031	9.807	267.504	9747
宁夏	11.527	262.327	2501.79	1253.212	8.693	10575.18	11.527	114.641	14924.62
新疆	32.282	367.586	3779.761	931.4257	10.001	25375.37	32.282	476.851	25419.72

表 8.5 中列出的标杆为中国地方政府平衡工业经济增长与环境保护发展从而实现工业系统环境有效提供了标杆。例如，如果山西省想要实现工业系统整体环境有效，则应减少其第一阶段的投入，其中工业劳动力减少到 82.572 万名员工，固定资产净值减少为 742.873 亿元，工业能源消耗量减少为 9941.777 万 t 标准煤。除此之外，需要减少第一阶段的非期望产出，工业固体废物、工业废气和工业废水分别减少为 1744.545 万 t、15.783 万 t 和 26151.07 万 t。第二阶段的投入中，工业劳动力减少到 89.597 万人，固定资产净值减少为 797.413 亿元，工业污染治理投资减少为 80172.53 万元。通过分析每个变量的变化比例，发现导致中国工业整体环境效率低下的主要原因是工业固体废物和工业废水的排放。因此，政策决策者应制定更为科学、合理、细致的环保政策并加大其实施力度，以达到低排放、低污染的发展要求。

8.4 本章小结

提高能源效率和环境绩效是实现节能、环保目标的回报率较高的方法之一。之前大多数的能源效率和环境绩效分析方法都是将评估的系统视为“黑箱”，不考虑其内部结构，这通常会导致结果的不可靠和不精确。为了解决这个问题，本章提出了一个两阶段 DEA 模型来衡量中国工业系统的整体环境绩效、能源利用效率、污染处理效率和全要素能源效率，并在 2006~2010 年中国 30 个行政区域统计数据的基础上运行该模型。此外，将 30 个行政区域分为 6 大行政区(华北、东北、华东、中南、西南和西北)，以分析大范围区域的效率。结果表明，研究期间中国工业整体环境效率大大提高，但六大行政区的整体环境绩效存在明显差异。根据这些研究结果，我们提出了政策建议，以期改善工业系统整体环境绩效和全要素能源效率。

通过本章研究，所获得的管理启示有：一是要充分利用煤炭、原油等工业资源。就各地区平均工业能源效率结果来看，中国华北地区表现最佳，而中国东北地区表现最差。这些相对低效率的区域可以通过以下方面得到改善：①引入新技术以降低工业能源强度(即每单位工业总产值的工业能源消耗)；②淘汰落后的技术和设备，采用新型低污染技术设备，节约用电，实现持续高效的发展。二是加强工业污染治理。与第一阶段工业能源利用效率相比，第二阶段工业污染处理效率较低。 此外，根据上述研究结果，我们发现第二阶段的低效率主要来自固体废物和废水的低效处理。 因此，政府应采取更多措施控制这些污染物，以提高工业的整体环境绩效，同时提高工业能源效率和环境效率。

参 考 文 献

Bai Y P, Niu J P, Hao Y P. 2012. Research of Regional Energy Efficiency Based on Undesirable Outputs and Its Influential Factors: A Case of Western China. Energy Procedia, 16: 802-809.

Beasley J E. 1995. Determining teaching and research efficiencies. Journal of the Operational Research Society, 46: 441-452.

Boyd G A. 2005. A method for measuring the efficiency gap between average and best practice energy use: the Energy Star industrial energy performance indicator. Journal of Industrial Ecology, 9(3): 51-65.

Boyd G, Dutrow E, Tunnessen W. 2008. The evolution of the Energy Star: energy performance indicator for benchmarking industrial plant manufacturing energy use. Journal of Cleaner Production, 16(6): 709-715.

Castelli L, Pesenti R, Ukovich W. 2010. A classification of DEA models when the internal structure of the Decision Making Units is considered. Annals of Operations Research, 173(1): 207-235.

Charnes A, Cooper W W, Rhodes E. 1978. Measuring the efficiency of decision making units. European Journal of Operational Research, 2(6): 429-444.

Chen Y, Cook W D, Li N, et al. 2009. Additive efficiency decomposition in two-stage DEA. European Journal of Operational Research, 196(3): 1170-1176.

Cook W D, Hababou M, Tuenter H J. 2000. Multicomponent efficiency measurement and shared inputs in data envelopment analysis: an application to sales and service performance in bank branches. Journal of Productivity Analysis, 14(3): 209-224.

Cook W D, Hababou M. 2001. Sales performance measurement in bank branches. Omega, 29(4): 299-307.

Cook W D, Liang L, Zhu J. 2010. Measuring performance of two-stage network structures by DEA: a review and future perspective. Omega, 38(6): 423-430.

Färe R, Grosskopf S, Brännlund R. 1996. Intertemporal production frontiers: with dynamic DEA. Boston: Kluwer Academic.

Färe R, Grosskopf S, Lovell C A K, et al. 1989. Multilateral productivity comparisons when some outputs are undesirable: a nonparametric approach. The Review of Economics and Statistics, 71(1): 90-98.

Färe R, Grosskopf S. 2004. New Directions: Efficiency and Productivity. Kluwer Academic Publishers, Boston.

Fukuyama H, Weber W L. 2009. A directional slacks-based measure of technical efficiency.

Socio-economic Planning Sciences, 43(4): 274-287.

NBSC (National Bureau of Statistics of China). 2013. Chinese Statistical Yearbook 2013. Beijing: China Statistics Press (in Chinese).

NBSC (National Bureau of Statistics of China). 2014. Chinese Statistical Yearbook 2014. Beijing: China Statistics Press (in Chinese).

Halkos G E, Tzeremes N G, Kourtzidis S A. 2014. A unified classification of two-stage DEA models. Surveys in Operations Research and Management Science, 19(1): 1-16.

Hampf B. 2014. Separating environmental efficiency into production and abatement efficiency: a nonparametric model with application to US power plants. Journal of Productivity Analysis, 41(3): 457-473.

Han Z Y, Fan Y, Jiao J L, et al. 2007. Energy structure, marginal efficiency and substitution rate: an empirical study of China. Energy, 32(6): 935-942.

Hu J L, Wang S C. 2006. Total-factor energy efficiency of regions in China. Energy Policy, 34(17): 3206-3217.

Johnson A L, Ruggiero J. 2014. Nonparametric measurement of productivity and efficiency in education. Annals of Operations Research, 221(1): 197-210.

Kao C, Hwang S N. 2008. Efficiency decomposition in two-stage data envelopment analysis: An application to non-life insurance companies in Taiwan. European Journal of Operational Research, 185(1): 418-429.

Kuosmanen T. 2005. Weak disposability in nonparametric production analysis with undesirable outputs. American Journal of Agricultural Economics, 87(4): 1077-1082.

Liang L, Cook W D, Zhu J. 2008. DEA models for two-stage processes: Game approach and efficiency decomposition. Naval Research Logistics, 55(7): 643-653.

Lin B, Wang X. 2014. Exploring energy efficiency in China' s iron and steel industry: A stochastic frontier approach. Energy Policy, 72: 87-96.

Maghbouli M, Amirteimoori A, Kordrostami S. 2014. Two-stage network structures with undesirable outputs: A DEA based approach. Measurement, 48: 109-118.

Oikonomou V, Becchis F, Steg L, et al. 2009. Energy saving and energy efficiency concepts for policy making. Energy Policy, 37(11): 4787-4796.

Patterson M G. 1996. What is energy efficiency? Concepts, indicators and methodological issues. Energy Policy, 24(5): 377-390.

Seiford L M, Zhu J. 1999. Profitability and marketability of the top 55 U. S. commercial banks. Management Science, 45(9): 1270-1288.

Shi G M, Bi J, Wang J N. 2010. Chinese regional industrial energy efficiency evaluation based on a DEA model of fixing non-energy inputs. Energy Policy, 3(10): 6172-6179.

Tone K. 2004. Dealing with undesirable outputs in DEA: A slacks-based measure(SBM) approach. Presentation At NAPW III, Toronto, 44-45.

Wang C H, Gopal R D, Zionts S. 1997. Use of data envelopment analysis in assessing information technology impact on firm performance. Annals of Operations Research, 73: 191-213.

Wang H, Xu J Y, Zhang M, et al. 2014. A study of the meteorological causes of a prolonged and severe haze episode in January 2013 over central-eastern China. Atmospheric Environment, 98: 146-157.

Wang H, Zhou P, Zhou D Q. 2013a. Scenario-based energy efficiency and productivity in China: A non-radial directional distance function analysis. Energy Economics, 40: 795-803.

Wang K, Lu B, Wei Y M. 2013b. China's regional energy and environmental efficiency: A Range-Adjusted Measure based analysis. Applied Energy, 112: 1403-1415.

Wang K, Wei Y M. 2014. China's regional industrial energy efficiency and carbon emissions abatement costs. Applied Energy, 130: 617-631.

Wu H Q, Shi Y, Xia Q, et al. 2014. Effectiveness of the policy of circular economy in China: A DEA-based analysis for the period of 11th five-year-plan. Resources, Conservation and Recycling, 83: 163-175.

Yang F, Wu D X, Liang L, et al. 2011. Supply chain DEA: production possibility set and performance evaluation method. Annals of Operations Research, 185: 195-211.

Yu M M, Lin E T. 2008. Efficiency and effectiveness in railway performance using a multi-activity network DEA model. Omega, 36 (6) : 1005-1017.

Zha Y, Liang L. 2010. Two-stage cooperation model with input freely distributed among the stages. European Journal of Operational Research, 205 (2) : 332-338.

Zhang N, Choi Y. 2013. Environmental energy efficiency of China's regional economies: A non-oriented slacks-based measure analysis. The Social Science Journal, 50 (2) : 225-234.

Zhang X P, Cheng X M, Yuan J H, et al. 2011. Total-factor energy efficiency in developing countries. Energy Policy, 39 (2) : 644-650.

Zhao X L, Yang R, Ma Q. 2014. China's total factor energy efficiency of provincial industrial sectors. Energy, 65: 52-61.

Zhou P, Ang B W, Poh K L. 2008. A survey of data envelopment analysis in energy and environmental studies. European Journal of Operational Research, 189 (1) : 1-18.

Zhou P, Ang B W, Poh K L. 2008. Measuring environmental performance under different environmental DEA technologies. Energy Economics, 30 (1) : 1-14.

Zhou P, Ang B W, Wang H. 2012. Energy and CO_2 emission performance in electricity generation: A non-radial directional distance function approach. European Journal of Operational Research, 221 (3) : 625-635.

Zhou P, Ang B W. 2008. Linear programming models for measuring economy-wide energy efficiency performance. Energy Policy, 36 (8) : 2911-2916.

第9章　工业环境效率分析——考虑指数转移变换

利用数据包络分析(DEA)方法对我国工业能源效率进行评价，提出了一种新的非期望产出到期望产出的指数变换，该方法可以作为各种经典模型计算环境效率的 DEA 方法的一种有益补充。与现有的转换方式不同，指数模型应该提供更灵活的方法来处理非期望产出，且允许使用者通过设置参数来调整转换函数的斜率和分布。本章采用了一种使变换后的期望产出之间的标准方差最大化的策略来确定指数模型的最优参数值。本章所提出的 DEA 模型对 2010~2014 年我国工业部门的能源绩效进行了实证分析，结果表明中国工业的大部分行业表现不佳，尤其是与能源开采相关的行业。根据效率评价结果，计算各部门如何通过节能减排实现效率提升，并据此提出各部门具体的改进目标值。

9.1　引　　言

近几十年来，随着经济的快速增长，中国的能源消费和污染物排放量显著增加，成为全球最大的二氧化碳排放国和第二大能源消费国。中国政府已经意识到提高能源效率是解决全国日益严重的环境问题的唯一途径。在“十一五”和“十二五”期间(2006~2010 年、2011~2015 年)，中国的能源消耗量下降了 20%和 16%，到 2030 年二氧化碳排放量将下降。由于化石燃料的消耗，工业部门是中国环境污染的主要来源之一。2017 年发布的《中国统计年鉴》显示，1978 年至 2015 年，我国工业贡献了 34%以上的国内生产总值，甚至有多年的贡献比例超过了 40%，但消耗了高比例能源，排放了大量二氧化碳(Zhu et al., 2018)。为了在保持经济增长的同时减少排放和节约能源，绿色生产绩效提升被认为是促进工业部门可持续发展的重要途径(Yang et al.，2017)。

我国在能源效率的测度方面已经进行了大量的研究，其中既考虑了参数方法，也考虑了非参数方法。例如，Ang(2010)提出了一个跟踪经济范围内能源效率趋势的分析框架，他构建了一个指数分解分析(IDA)模型作为能源政策分析工具。另一种常用的性能测量参数方法是随机前沿分析(SFA)，它也被广泛应用于量化因素对计算能效的影响(Wang et al.，2016)。例如，Zhou 等(2012)从生产效率的角度提出了一个 SFA 模型来估计整个经济体的能源效率绩效；Lin 和 Du(2013)利用 SFA 模型分析了 1997~2010 年中国 30 个行政区域的能源效率。但是 SFA 方法要求事先指定一个明确的函数形式，这使得它容易被错误指定(Wang et al.，2017)。

在数据包络分析(DEA)的基础上进行了大量的环境效率分析。DEA 方法是最流行的非参数方法之一，它起源于 Charnes 等(1978)的一篇论文。DEA 用于评估一组具有多个输入和多个输出的同质决策单元(DMU)的效率(Cook et al., 2009)。Cooper 等(2007)通过总结 DEA 方法的研究成果，认为 DEA 方法是一种有效的效率计算方法。效率得分仅通过输入和输出数据进行评估，而不需要关于变量或决策单元之间关系的信息(Lewis and Sexton，2004)。由于这些优势，DEA 被广泛用于评估学校(Charnes et al., 1997)、医院(Mitropoulos et al., 2015)、银行分行(Portela et al., 2004)、环境效率(Song et al., 2018a)、酒店(Wu et al., 2011)和交通(Schefczyk，1993；Barros and Dieke，2008)的效率。

能源与环境绩效评估的各种 DEA 模型已经被提出，而能源效率的衡量在中国越来越受到重视。Zhou 等(2018)构建了零和增益 DEA 模型，利用每日空气质量指数(AQI)数据对中国省级空气质量进行测量。Wang 等(2016)采用两阶段 DEA 模型对中国新能源企业的创新效率进行了测度，该模型同时考虑了研发过程和营销过程。一些学者，如 Liu 等(2017)构建了基于同行评估的决策单元绩效衡量交叉效率 DEA 模型。也有许多环境研究直接关注中国工业。例如，Song 等(2018b)考虑事故死亡的煤矿生产效率测算。Chen 等(2018)确定了中国地级市二氧化碳、工业二氧化硫和粉尘排放、工业废水排放的空间特征。Song 等(2018c)利用基于超效率松弛模型的数据包络分析(SBM-DEA)对中国 30 个省份的全要素能源效率进行了测算。Song 和 Wang(2014)应用 DEA 分解方法计算了中国几年来的区域环境效率得分。在实际应用中，非期望产出经常存在，尤其是在能源效率的测量中(Wu et al.，2017)。使用 DEA 计算能源效率的主要问题是如何处理不期望的输出(Zhou and Ang，2008)，因为传统的 DEA 模型都是针对理想的输入和输出而制定的。

处理不需要的输出可以避免数据转换。人们可以将不期望的输出视为理想的输入，Liu 和 Sharp(1999)初步尝试了这种方法。这种方法简单、优雅，是研究作业效率的一种有吸引力的方法，但它改变了实际的投入产出关系。最近有几篇关于用方向距离函数(DDF)处理非期望产出的 DEA 模型，如 Färe 和 Grosskopf(2004)、Wu 等(2018 年)。但当使用这种 DDF 模型时，使用了弱自由处置性，不利于进一步的优化分析(Liu et al.，2010)。为了分析能效计算中对环境的负面影响，许多学者利用数据转换的方法将不期望的输出转化为期望的输出，有两个主要的方法来处理不受欢迎的输出。第一种方法是构造一个线性函数来处理不期望的输出 U，即 $f(U) = -U + \xi$ (Ali and Seiford，1990；Scheel，2001)，这种方法在不同的领域有着广泛的应用。Seiford 和 Zhu(2002)采用线性变换规划的 DEA 模型对 30 家造纸厂的效率进行了测度；Liang 等(2009)应用类似模型对中国安徽省 17 个城市的生态绩效进行评估；利用线性转换函数处理不良产出，

Mousavi-Avval 等(2012)分析了伊朗理发业生产的技术和规模效率，并确定了不同农场规模的能源浪费情况；Wu 等(2016)将该模型应用于中国区域公路运输系统的计量。但 Liu 等(2010)指出，基于上述线性变换的效率结果取决于选择变量ξ。Jin 等(2001)认为线性变换不是分析燃煤污染的最佳选择，因为这种技术可能不会显示出非期望产出之间的差异。处理不期望输出的另一种方法是构造一个非线性函数，例如将不需要的输出U转换成期望的变量，即$f(U)=1/U$ (Golany and Roll，1989；Lovell et al.，1995)。这种方法也广泛应用于不同领域，如宏观经济绩效(Lovell et al.，1995)和环境效率(Scheel，2001)。这种转换会缩小不需要的输出之间的差距，特别是当不需要的输出值很大时。

通过上述线性和非线性变换可知，环境污染对人类健康的影响之间的负关系不是线性的，而是非线性的(Jin et al.，2001)。随着污染物浓度的增加，呼吸系统症状和慢性阻塞性肺疾病的危险性差异减小，但这种关系不是简单的线性关系，而是呈指数趋势。Jin 等(2001)得出结论，对于人体肺部而言，微粒和硫酸盐的浓度对数每增加一个单位，成人呼吸道症状和慢性阻塞性肺病的风险分别增加 3.01~3.63 倍和 3.03~3.66 倍。Hu 等(2015)和 Jary 等(2016)也得出结论，空气污染对人体健康的危害是指数关系，而不是线性关系。不幸的是，目前还没有公开的研究基于指数函数的转换来处理不需要的输出。

本章基于指数函数构造了一个新的非期望产出转换模型，并在此基础上构建了中国 38 个工业部门 2010~2014 年能源效率的 DEA 模型。本章的其余部分安排如下。第 2 节介绍了指数函数和考虑不良产出的 DEA 模型。第 3 节用一个数值例子来说明这个模型。第 4 节运用新模型对中国工业的能源效率进行了分析。结论见第 5 节。

9.2 基于指数转移的环境绩效评价模型

本章提出了考虑非期望产出的新 DEA 模型，方法结构如图 9.1 所示。按照这个结构，可以逐步测量决策单元的效率得分。步骤如下：

步骤 1：检查数据集中是否考虑了任何不需要的输出。在没有不良产出的情况下，利用传统的 DEA 方法计算效率得分。否则，移到步骤 2。

步骤 2：利用本章提出的指数函数，将非期望产出转化为期望产出。

步骤 3：使用 DEA 模型来衡量所有决策单元的绩效。

步骤 4：利用效率得分和转换函数计算效率指标。

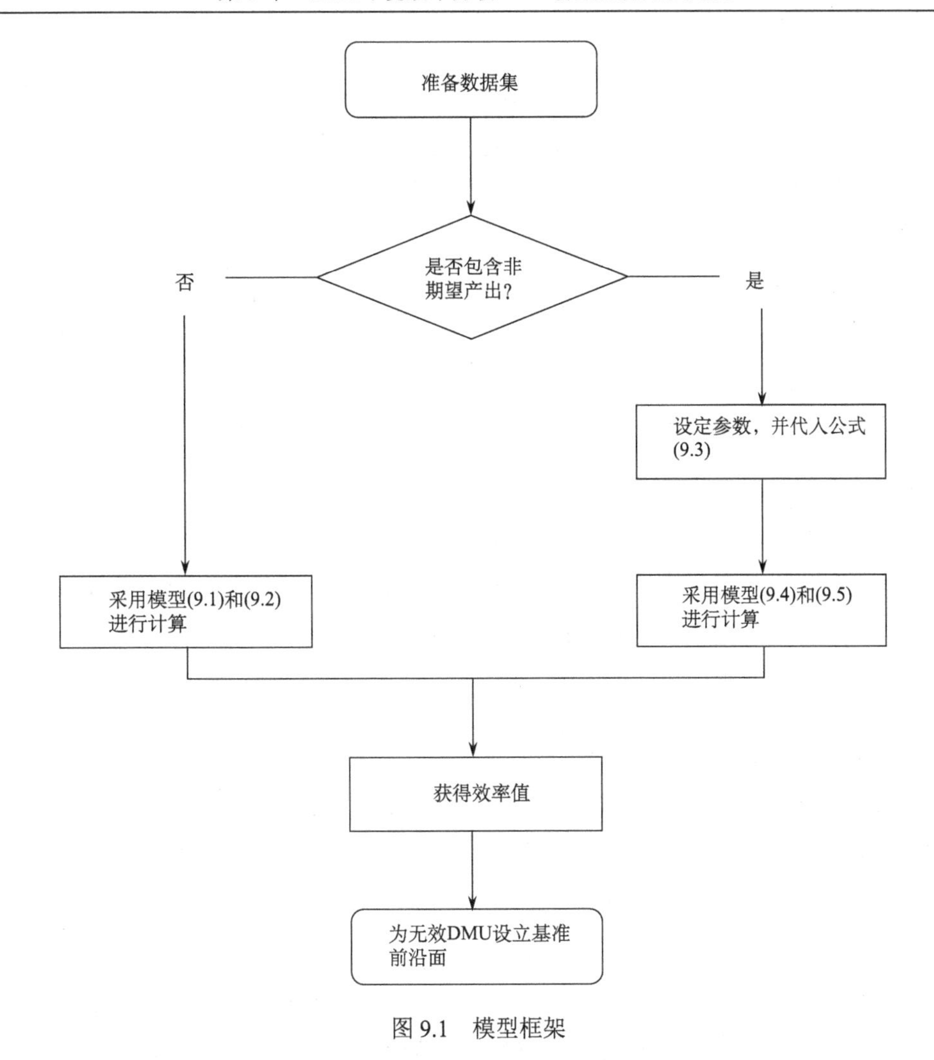

图 9.1　模型框架

9.2.1　基本 DEA 模型

假设有 n 个 DMU 具有 m 个输入和 s 个输出。对于每个 DMU_j，第 i 个输入和 r 个输出表示为 x_{ij} 和 y_{rj}，则 CCR 模型的乘数形式如下：

$$E_{\mathrm{CCR}} = \mathrm{Max}\sum_{r=1}^{s}\mu_r y_{r0}$$

$$\text{s.t.} \sum_{i=1}^{m}\omega_i x_{i0} = 1$$

$$\sum_{i=1}^{m}\omega_i x_{ij} - \sum_{r=1}^{s}\mu_r y_{rj} \geqslant 0, \quad j = 1,2,\cdots,n$$

$$\begin{aligned} &\omega_i \geqslant 0, \quad i=1,2,\cdots,m \\ &\mu_r \geqslant 0, \quad r=1,2,\cdots,s \end{aligned} \tag{9.1}$$

通过求解上述模型(9.1)，可以将最优解 E_{CCR} 定义为 CCR 效率得分。此外，基于可变规模收益率(VRS)假设的 BCC 模型可以表示如下：

$$\begin{aligned} &E_{\mathrm{BCC}} = \mathrm{Max}\sum_{r=1}^{s}\mu_r y_{r0} - \mu_0 \\ &\mathrm{s.t.} \sum_{i=1}^{m}\omega_i x_{i0} = 1 \\ &\sum_{i=1}^{m}\omega_i x_{ij} - \sum_{r=1}^{s}\mu_r y_{rj} + \mu_0 \geqslant 0, (j=1,2,\cdots,n) \\ &\omega_i \geqslant 0, \quad i=1,2,\cdots,m \\ &\mu_r \geqslant 0, \quad r=1,2,\cdots,s \end{aligned} \tag{9.2}$$

在上面的模型(9.2)中，被评估的 DMU 的效率得分是 E_{BCC}，而 DMU(表示 DMU_0)是有效的当且仅当 $E_{\mathrm{BCC}}=1$。但是，这些传统的 DEA 方法不能用来计算决策单元在存在非期望产出时的效率。

9.2.2　非期望产出的指数变换函数

假设每个 DMU 的输出分为期望产出和非期望产出，表示为 y^{D}_{rj}(r=1，2，⋯，s)和 y^{U}_{pj}(p=1，2，⋯，k)。使用下面的指数函数来转换不需要的输出。

$$\widehat{y}_p^U = (1-\varepsilon_p)^{y_p^U}, \quad p=1,2,\cdots,k \tag{9.3}$$

在上面的公式中，$\varepsilon_p \in (0,1)$ 是管理者根据自己的偏好给出的参数，或者是由某种特定的策略决定的参数。该公式是一种将非期望产出转化为期望产出的柔性模型，其中斜率由参数 ε_p 的选择来控制。本节通过将交易结果与现有的线性公式 $f(u)=-u+\xi$ 和非线性公式 $f(u)=1/u$ 进行比较，并将 $f(u)=-u+\xi$ 设为 $f(u)=1-0.01u$，以便于斜率的比较。基于这 3 个不同函数的结果如图 9.2 所示。很明显，任何一个线性公式的曲线都是平坦的，这可能不会显示出不良输出值之间的差异，而非线性公式的曲线是陡峭的。传统的非线性公式 $f(u)=1/u$ 的斜率是固定的，而新提出的指数模型的斜率可以通过选择不同的斜率 ε_p 来改变。通过设置合适值，可以选择线性和非线性模型之间的理想变换。

图 9.3 显示了不同转换模型的导数。结果表明，线性 $f(u)=-u+\xi$ 的导数是一条平行于 x 轴的稳定线，而非线性 $f(u)=1/u$ 的导数是最陡的曲线。新指数模型在其他两个模型之间有导数曲线，并且可以通过选择 ε_p 来决定。

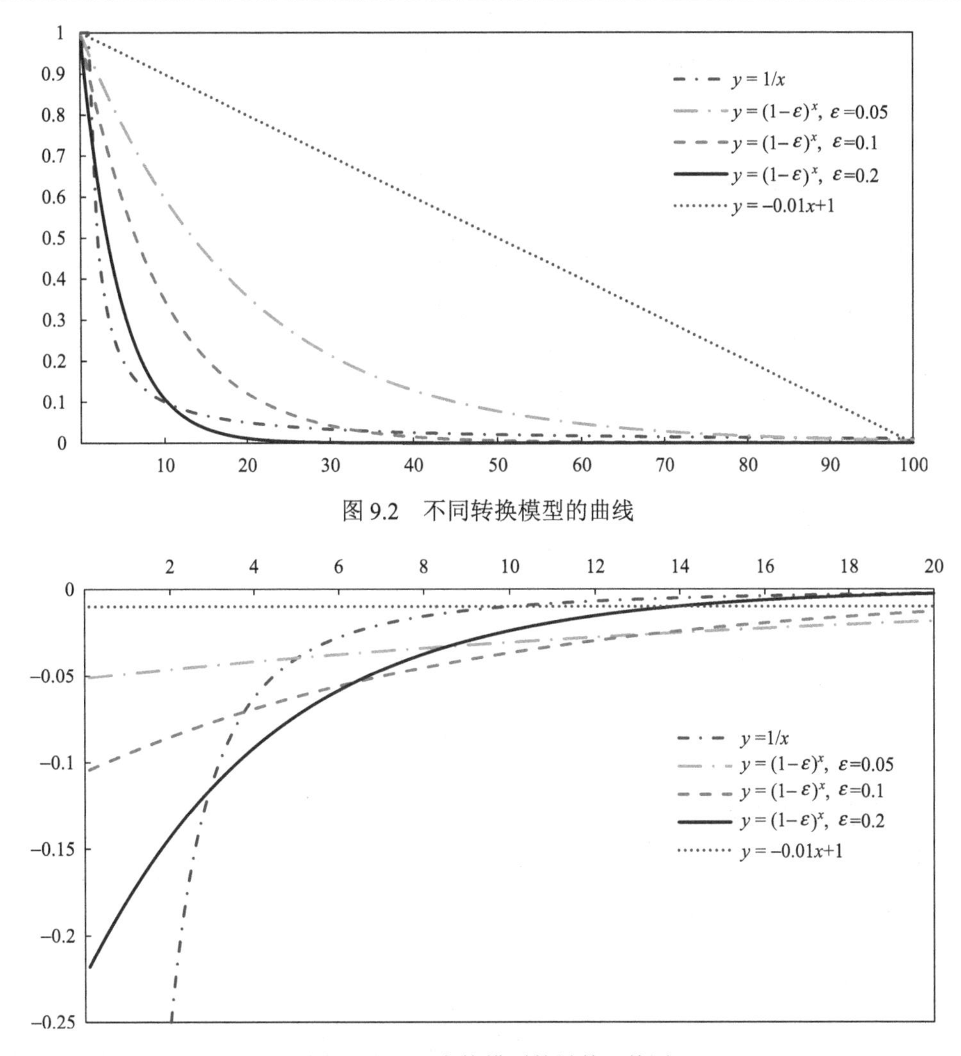

图 9.2　不同转换模型的曲线

图 9.3　不同变换模型的导数函数图

9.2.3　衡量能源效率的 DEA 模型

在指数模型(9.3)的基础上，建立了基于 CRS 和 VRS 假设的能源效率 DEA 模型。

$$E_{CCR}=\mathrm{Max}\left(\sum_{r=1}^{s}\mu_r y_{r0}^{D}+\sum_{p=1}^{k}\varphi_p \hat{y}_{p0}^{U}\right)$$

$$\text{s.t.}\sum_{i=1}^{m}\omega_i x_{i0}=1$$

$$
\begin{aligned}
&\sum_{i=1}^{m}\omega_i x_{ij}-\sum_{r=1}^{s}\mu_r y_{rj}^{D}-\sum_{p=1}^{s}\varphi_p \widehat{y}_{pj}^{U}\geqslant 0,\quad j=1,2,\cdots,n\\
&\omega_i\geqslant 0,\quad i=1,2,\cdots,m\\
&\mu_r\geqslant 0,\quad r=1,2,\cdots,s\\
&\varphi_p\geqslant 0,\quad p=1,2,\cdots,k
\end{aligned}
\tag{9.4}
$$

在模型(9.4)中，基于 CRS，$\omega_i(i=1,2,\cdots,m)$，$\mu_r(r=1,2,\cdots,s)$，$\varphi_p(i=1,2,\cdots,k)$是附加在输入、期望产出和非期望产出上的权重。基于 VRS 假设的模型如下：

$$
\begin{aligned}
&E_{BCC}=\text{Max}\left(\sum_{r=1}^{s}\mu_r y_r^{D}+\sum_{p=1}^{k}\varphi_p \widehat{y}_p^{U}\right)+\mu_0\\
&\text{s.t.}\sum_{i=1}^{m}\omega_i x_i=1\\
&\sum_{i=1}^{m}\omega_i x_{ij}-\sum_{r=1}^{s}\mu_r y_{rj}^{D}-\sum_{p=1}^{s}\varphi_p \widehat{y}_{pj}^{U}+\mu_0\geqslant 0,\quad j=1,2,\cdots,n\\
&\omega_i\geqslant 0,\quad i=1,2,\cdots,m\\
&\mu_r\geqslant 0,\quad r=1,2,\cdots,s\\
&\varphi_p\geqslant 0,\quad p=1,2,\cdots,k
\end{aligned}
\tag{9.5}
$$

与模型(9.4)相似，将模型(9.5)的最优值 E_{BCC} 定义为基于 VRS 的能效得分。

9.2.4　变量 ε 的选择

如图 9.2 和图 9.3 所示，变量 ε 的选择决定了改造后的非期望产出结果，对节能效果有显著影响。一个大的 ε 数值可能会使大部分转换后的 $\widehat{y}_p^U$ 数据太小，这将影响判别程度和后续计算的准确性。相比之下，一个小的 ε 数值会导致 $\widehat{y}_p^U$ 在一个很小的范围内分布，这可能会影响到歧视的程度。

通过试验可能的 ε 值或使用特定的策略来确定它的数值。本章采用标准方差最大化的策略来计算参数：

$$
\text{Max}\left\|(1-\varepsilon)^{y_p^U}-\sum_{q=1}^{k}(1-\varepsilon)^{y_q^U}/n\right\|_2 \tag{9.6}
$$

利用模型(9.6)，可以得到转换后数据的标准方差最大化的 ε^*。利用模型(9.6)的最优结果，可以计算出一组具有最大离散度的非期望产出，该离散度可以区分不同 DMU 的性能。

9.3　算 例 演 示

为了说明指数模型对非期望产出的转换，用一个包含两个输入、一个期望产出和一个非期望产出的 7 个决策单元的数值例子。所有数据见表 9.1。

利用模型(9.6)来确定这个 ε 数值例子中的值。由于模型(9.6)是非线性的，采用 MATLAB 中的穷举搜索法进行计算，每个步长取 0.0001。可以得到指数变换的最佳值 ε=0.5226。另外，在线性变换中把 K 设为 10。表 9.1 的最后三行显示了转换后的非期望产出结果。

表 9.1　7 个 DMU 的算例演示

DMU	A	B	C	D	E	F	G
投入 1	4	7	8	4	4	8	4
投入 2	1	3	3	4	4	3	1.6
期望产出	1	1	1	1	3	2	0.98
非期望产出	7	3	0.8	3.5	0.02	0.8	1
$\widehat{y}_p^U=\left(1-\varepsilon_p\right)^{y_p^U}$	0.5557	0.1088	0.5535	0.0752	0.9853	0.5535	0.4774
$\widehat{y}_p^U=K-y_p^U$	3	7	9.2	6.5	9.98	9.2	9
$\widehat{y}_p^U=1/y_p^U$	0.143	0.333	1.25	0.286	50	1.25	1

7 个决策单元的所有效率结果和排名顺序如表 9.2 所示。我们发现，基于 DEA 模型的不同变换，效率得分存在差异。例如，通过使用不同的转换和模型，DMU c 的效率得分分别为 0.3750、0.5452、0.6183 和 0.7154，这表明我们提出的转换也将为决策单元提供不同的效率得分。从表 9.2 中看出，建议的转换模型可能会为决策单元提供不同的排序顺序。

表 9.2　基于模型(9.4)和模型(9.5)考虑不同转换函数的效率得分

DMUs	$\widehat{y}_p^U=1/y_p^U$		$\widehat{y}_p^U=K-y_p^U$		$\widehat{y}_p^U=(1-\varepsilon_p)^{y_p^U}$			
	CCR 效率值	排名	CCR 效率值	排名	CCR 效率值	排名	BCC 效率值	排名
A	1.0000	1	1.0000	1	1.0000	1	1.0000	1
B	0.3871	5	0.4924	7	0.3871	6	0.4286	6
C	0.3750	6	0.5452	6	0.6183	5	0.7154	5
D	0.3333	7	0.6513	5	0.3333	7	0.3333	7
E	1.0000	1	1.0000	1	1.0000	1	1.0000	1
F	0.7500	3	0.8287	4	0.8533	4	0.8571	4
G	0.7000	4	1.0000	1	1.0000	1	1.0000	1

9.4　中国区域工业环境效率实证分析

9.4.1　数据描述

在这一部分中，我们应用所提出的模型来计算中国工业部门的能源效率。为了解释潜在的异质性，参考2016年《统计年鉴》，将中国所有行业分为38个行业。过程输入采用两个指标：能耗(X_1)为能源消耗吨当量，是指某一行业全年所消耗的各种能源的总和，用吨标准煤当量（tce）作为单位衡量；总资产(X_2)为所有能带来经济利益的资产，是指所有企业过去的交易或事项形成的、预期能给企业带来经济利益的资源。一个理想的产出被选为总利润(Y^D)：扣除花费后的收入，指某一行业所有企业在报告期内的经营成果。在分析环境效率表现时，考虑了工业废水(Y_1^U)和工业废水(Y_2^U)两种非期望产出。工业废水(Y_1^U)：工业生产中产生的废水吨数，指报告期内通过公司厂区内所有排放口向企业外排放的工业废水量。包括生产废水、废水直接冷却水、矿井地下水超标排放、生活污水与工业废水混合，不含间接冷却水。工业废气(Y_2^U)：工业生产中产生的废气的立方米数，指报告期内，在标准状态下(273K，101325Pa)，厂区燃料燃烧和生产过程中向大气排放的含气污染物总量。表9.3列出了有关变量及其单位的详细信息。利用《中国统计年鉴》和《中国环境统计年鉴》，收集了38个工业部门的原始数据。根据这项研究的选择策略，ε_1和ε_2的值为4.89×10^{-5}和4.22×10^{-4}来计算为非期望产出Y_1^U和Y_2^U。

表9.3　变量和统计性描述

类型	符号	变量	单位	最大值	最小值	平均值	标准差
投入	X_1	能源消费量	万tce	69342.42	54.51	7526.45	14471.17
	X_2	总资产	10亿元	112056.76	1096.17	24889.98	24303.38
期望产出	Y^D	总利润	10亿元	6158.42	36.61	1743.52	1519.91
非期望产出	Y_1^U	工业废水	万t	275501.00	254.00	47701.59	69186.60
	Y_2^U	工业废气	万m^3	215094.00	104.00	17778.05	47912.87

9.4.2　结果与讨论

我们用模型(9.4)和(9.5)对38个行业的CCR和BCC效率得分进行评估，评估结果见表9.4。基于BCC模型，13个DMU在技术上是有效的，而使用CCR模型，只有5个DMU在技术上是有效的。规模收益率(RTS)状态分析可以为决策单元实现资源合理配置提供改进方向和建议。测量各部门的RTS值，以指导未来提高能源效率。具体而言，根据表 9.4，38 个决策单元中有 18 个处于规模收益递减(DRS)状态，这意味着这些决策单元应该从给定的投入中产生更多的产出，因此增加产量和减少排放可以更有效地提高这些决策单元的总效率。15 个决策单元在递增规模收益(IRS)状态下运行，对于这些决策单元，按比例增加投入将导致产出超过比例增长，因此适当减少投资可以有效提高这些部门的效率。

表 9.4　CCR、BCC 效率值以及规模效率

DMUs	CCR 模型		BCC 模型		θ_{NIRS}	RTS
	效率值	排名	效率值	排名		
1	0.1793	37	0.5802	32	0.1793	递增
2	1.0000	1	1.0000	1	1.0000	不变
3	0.5534	22	0.5564	33	0.5534	递增
4	0.7836	14	0.7865	23	0.7836	递增
5	0.8434	8	0.8453	19	0.8434	递增
6	0.4618	28	1.0000	1	1.0000	递减
7	0.6985	18	0.7874	22	0.7610	递减
8	0.8861	7	0.8862	18	0.8861	递增
9	0.7917	12	0.8255	20	0.7917	递增
10	1.0000	1	1.0000	1	1.0000	不变
11	0.5901	20	0.6274	30	0.5901	递增
12	0.7550	15	1.0000	1	1.0000	递减
13	0.9638	6	1.0000	1	1.0000	递减
14	1.0000	1	1.0000	1	1.0000	不变
15	0.7894	13	1.0000	1	1.0000	递减
16	0.3527	32	0.3566	36	0.3527	递增
17	0.8251	9	0.9978	14	0.9852	递减
18	0.8019	10	1.0000	1	1.0000	递减
19	0.0206	38	0.0231	38	0.0206	递增
20	0.4230	30	0.7226	26	0.5042	递减
21	0.7415	16	0.8245	21	0.8016	递减
22	0.3361	33	0.4240	34	0.3361	递增
23	0.6086	19	0.7038	27	0.6086	递增
24	0.5771	21	0.7402	24	0.6679	递减
25	0.1828	36	0.2976	37	0.1828	递增
26	0.2979	34	0.3693	35	0.2979	递增
27	0.5454	24	0.5915	31	0.5454	递增
28	0.5372	25	0.9365	16	0.6102	递减

续表

DMUs	CCR 模型		BCC 模型		θ_{NIRS}	RTS
	效率值	排名	效率值	排名		
29	0.4607	29	0.9244	17	0.5190	递减
30	0.8017	11	1.0000	1	1.0000	递减
31	0.3533	31	0.6701	29	0.3533	递增
32	0.5484	23	0.9953	15	0.7891	递减
33	0.4922	27	0.7392	25	0.6960	递减
34	0.7353	17	1.000	1	1.0000	递减
35	1.0000	1	1.0000	1	1.0000	不变
36	1.0000	1	1.0000	1	1.0000	不变
37	0.2460	35	0.6878	28	0.2876	递减
38	0.5356	26	1.0000	1	1.0000	递减

依据 Liu 等(2017)的工作，我们进一步计算了期望产出和非期望产出的加权和。我们可以看到，每个 DMU 的期望产出和非期望产出的加权和相差很大。以 DMU_1 为例，其总效率为 0.1772，其中期望产出的加权和为 0.1631，而非期望产出的加权和仅为 0.0140。值得注意的是，在大多数决策单元中，期望产出的权重远高于非期望产出的权重，因为加权期望产出和非期望产出的平均和分别为 0.5541 和 0.1013。如刘等(2017)在 CCR 模型中，每个决策单元将对其表现优于其他决策单元的产出赋予更大的权重，以实现更高的自我评估效率。研究结果表明，我国大多数工业部门在未来的生产过程中，应更多地关注减少非期望产出(废水和废气处理)。

根据效率评估的结果，我们还可以计算出绩效较差的行业通过节能减排达到高效得分的基准。间隙变化值是排放冗余或输出不足的特定值，反映了需要减少的非期望产出量和需要增加的期望产出量。将我们提出的新方法得到的效率得分转换为基准测试结果，如表 9.5 所示。这表明，各部门所需的改善措施各不相同，而效率较高的部门只需维持现有状态。例如，DMU_6 需要减少废气排放量(15799.68)，并将生产能力提高 61.09，以实现高效，而 DMU_2、DMU_{10}、DMU_{14}、DMU_{35} 和 DMU_{36} 等高效部门无须对产量做出任何改变。

表 9.5　效率值改进值分析

DMUs	期望产出	非期望产出	
	总利润	工业废水	工业废气
1	6519.553	35146.28	4071.877
2	0	0	0
3	686.8795	12099.38	1401.776

续表

DMUs	期望产出	非期望产出	
	总利润	工业废水	工业废气
4	160.8529	4986.72	577.7373
5	76.76259	3482.817	403.5024
6	61.09234	15799.68	1830.475
7	1408.681	7337.655	850.1052
8	224.2626	2472.853	286.4928
9	439.5822	4776.422	553.3731
10	0	0	0
11	1505.94	10786.31	1249.649
12	433.491	5747.048	665.8252
13	35.66553	753.9995	87.35473
14	0	0	0
15	124.5966	4835.917	560.2659
16	1334.223	21311.08	2468.999
17	116.7088	3931.411	455.4742
18	208.8733	4514.641	523.0445
19	3712.211	79394.05	9198.211
20	6070.436	17594.32	2038.392
21	830.5711	6116.008	708.5711
22	577.915	22296.93	2583.214
23	1214.967	10155.05	1176.515
24	3026.86	11241.85	1302.426
25	8193.95	34750.94	4026.076
26	3904.185	24764.17	2869.057
27	1801.071	12397.16	1436.275
28	2713.169	12706.95	1472.165
29	2647.37	15848.45	1836.125
30	1523.281	4519.742	523.6355
31	1975.556	21276.32	2464.972
32	3428.158	12284.98	1423.279
33	4418.304	14495.97	1679.433
34	259.4658	6287.713	728.464
35	0	0	0
36	0	0	0
37	12982.93	28678.72	3322.578
38	372.6819	12767.94	1479.232

同时，使用三种数据转换策略计算效率得分，结果如表 9.6 所示。不同变换的结果有显著差异。例如，DMU_2、DMU_{10}、DMU_{14}、DMU_{35} 和 DMU_{36} 基于指数变换和线性变换是有效的，而 DMU_2、DMU_6、DMU_{10} 和 DMU_{36} 在使用倒数变换时是有效的。除此之外，基于指数变换的效率得分和排序顺序也不同于基于线性和倒数变换的效率得分和排序。

表 9.6 基于不同数据转换模型的效率值结果

DMUs	指数转换		线性转换		倒数转换	
	效率值	排名	效率值	排名	效率值	排名
1	0.1793	37	0.1816	37	0.1775	37
2	1.0000	1	1.0000	1	1.0000	1
3	0.5534	22	0.5774	21	0.5436	26
4	0.7836	14	0.7971	11	0.7333	18
5	0.8434	8	0.8648	8	0.7570	16
6	0.4618	28	0.4422	29	1.0000	1
7	0.6985	18	0.6985	18	0.6985	19
8	0.8861	7	0.8903	7	0.8861	8
9	0.7917	12	0.7917	12	0.7917	13
10	1.0000	1	1.0000	1	1.0000	1
11	0.5901	20	0.5955	20	0.5901	22
12	0.7550	15	0.7461	15	0.7723	15
13	0.9638	6	0.9507	6	0.9614	6
14	1.0000	1	1.0000	1	0.9629	5
15	0.7894	13	0.7798	14	0.8128	11
16	0.3527	32	0.3805	32	0.3527	32
17	0.8251	9	0.8074	9	0.8416	10
18	0.8019	10	0.7880	13	0.8480	9
19	0.0206	38	0.0522	38	0.0208	38
20	0.4230	30	0.4230	30	0.4230	30
21	0.7415	16	0.7415	16	0.7415	17
22	0.3361	33	0.3847	31	0.3047	33
23	0.6086	19	0.6144	19	0.6060	21
24	0.5771	21	0.5771	22	0.5771	23
25	0.1828	36	0.1850	36	0.1828	36
26	0.2979	34	0.3031	34	0.2979	34
27	0.5454	24	0.5484	23	0.5454	25
28	0.5372	25	0.5372	25	0.5372	27

续表

DMUs	指数转换		线性转换		倒数转换	
	效率值	排名	效率值	排名	效率值	排名
29	0.4607	29	0.4607	28	0.4607	29
30	0.8017	11	0.8017	10	0.8017	12
31	0.3533	31	0.3578	33	0.3533	31
32	0.5484	23	0.5484	24	0.5484	24
33	0.4922	27	0.4922	27	0.4922	28
34	0.7353	17	0.7207	17	0.7911	14
35	1.0000	1	1.0000	1	0.8962	7
36	1.0000	1	1.0000	1	1.0000	1
37	0.2460	35	0.2460	35	0.2460	35
38	0.5356	26	0.5258	26	0.6090	20

低效率决策单元的管理者需要通过同时增加期望产出和减少非期望产出来提高他们的绩效。通过使用不同的数据转换，不良输出的目标值会有很大的不同，如表 9.7 所示。对于线性变换，可能会导致一些不良输出的负目标值，如 DMU_{24}、DMU_{25} 和 DMU_{37} 的工业废气。此外，如表 9.7 最后一行所示，指数变换的标准差远小于倒数变换的标准差。因此，通过使用指数变换，所有决策单元的目标值更加接近，从而使效率得分更具可比性。

表 9.7　基于不同数据转换模型的非期望产出的目标改进值

DMUs	指数转换		线性转换		倒数转换	
	工业废水	工业废气	工业废水	工业废气	工业废水	工业废气
1	35146.3	4071.9	3853933.9	441251.0	119119.4	1717.4
2	0	0	0	0	0	0
3	12099.4	1401.8	717474.4	70878.8	8996.6	1441.3
4	4986.7	577.7	242336.8	25128.4	12793.9	341.9
5	3482.8	403.5	155359.2	15430.0	1519.5	316.6
6	15799.7	1830.5	1261099.8	126010.8	0.0	0.0
7	7337.7	850.1	371569.7	40685.5	41958.5	1731.2
8	2472.9	286.5	116180.1	12029.5	6504.7	270.1
9	4776.4	553.4	244977.1	25746.1	14351.7	446.8
10	0	0	0	0	0	0
11	10786.3	1249.6	546027.5	65980.7	80399.8	1174.0
12	5747.0	665.8	334253.3	33938.7	4047.8	61.3
13	754.0	87.4	50683.1	5166.7	873.4	14.1

续表

DMUs	指数转换		线性转换		倒数转换	
	工业废水	工业废气	工业废水	工业废气	工业废水	工业废气
14	0	0	0	0	198.2	118.6
15	4835.9	560.3	282129.3	28123.4	166.2	76.0
16	21311.1	2469.0	1179572.0	151903.7	178331.8	4336.9
17	3931.4	455.5	238167.1	23795.9	250.0	38.8
18	4514.6	523.0	268499.9	26852.2	302.6	29.0
19	79394.1	9198.2	16631547.7	1429126.2	82271.4	20848.1
20	17594.3	2038.4	1004409.7	79411.8	152134.7	24108.8
21	6116.0	708.6	329199.7	33767.5	14398.5	811.4
22	22296.9	2583.2	1535697.3	156388.9	27704.9	1545.0
23	10155.1	1176.5	619869.6	60285.8	4855.7	1553.5
24	11241.9	1302.4	712039.5	–20855.5	11982.0	54325.7
25	34750.9	4026.1	4027637.5	–359895.2	70075.7	148480.3
26	24764.2	2869.1	2227996.9	146769.8	21755.3	25392.1
27	12397.2	1436.3	795994.4	77673.7	15176.8	2580.8
28	12707.0	1472.2	852599.6	84847.0	4783.5	700.2
29	15848.5	1836.1	1161304.8	115816.6	4286.9	573.3
30	4519.7	523.6	242933.5	23503.4	3540.3	987.3
31	21276.3	2465.0	1774229.2	176723.5	7432.5	995.3
32	12285.0	1423.3	815235.2	80499.1	4525.0	1014.3
33	14496.0	1679.4	978032.9	95990.9	26412.2	3533.3
34	6287.7	728.5	386596.6	38686.9	508.5	36.1
35	0	0	0	0	215.6	47.3
36	0	0	0	0	0	0
37	28678.7	3322.6	2771201.3	–352767.8	72284.5	162180.9
38	12767.9	1479.2	901359.7	89769.7	218.6	180.6
标准差	14550	1686	2740603	256936	43938	35793

政策制定者还需要确定不同部门在过去几年中的表现。利用模型(9.4)，确定了 2010~2014 年工业部门的效率得分，如表 9.8 所示，不同行业的效率排名在不同年份略有变化。从表 9.8 中还可以看出，烟草制造和废物资源利用等部门在这 5 年中一直处于生产边界线上。其他能源开采和加工行业，如石油加工、炼焦、核燃料加工、煤炭开采和洗选等，在这几年中的效率得分非常低。这一事实表明，低效行业的能源效率并没有明显提高，应通过政策调整来改变现状，尤其是涉及能源开采和加工的行业。

表 9.8 不同年份的效率值结果

DMUs	2014		2013		2012		2011		2010	
	效率值	排名	效率值	排名	效率值	排名	效率值	排名	效率值	排名
1	0.1793	37	0.3081	33	0.3693	30	0.5249	26	0.6205	22
2	1.0000	1	0.1872	36	1.0000	1	1.0000	1	1.0000	1
3	0.5534	22	0.7118	15	0.6496	18	0.7413	12	0.8238	10
4	0.7836	14	0.9282	6	0.9556	5	1.0000	1	1.0000	1
5	0.8434	8	0.9907	5	0.8792	6	0.9270	7	0.8832	7
6	0.4618	28	0.5003	25	0.5108	20	0.5119	28	0.3666	36
7	0.6985	18	0.7484	13	0.7301	12	0.7392	13	0.8412	8
8	0.8861	7	0.8813	8	0.7021	13	0.6887	18	0.8033	11
9	0.7917	12	0.8341	9	0.7879	10	0.7427	11	0.7694	13
10	1.0000	1	1.0000	1	1.0000	1	1.0000	1	1.0000	1
11	0.5901	20	0.5885	22	0.4145	29	0.4273	32	0.4871	31
12	0.7550	15	0.6752	18	0.6734	15	0.7316	14	0.7756	12
13	0.9638	6	0.9082	7	0.8577	7	1.0000	4	1.0000	1
14	1.0000	1	1.0000	1	0.8359	8	0.8687	8	0.8409	9
15	0.7894	13	0.8156	10	0.8098	9	0.8452	9	0.7682	14
16	0.3527	32	0.3652	30	0.3079	33	0.3036	35	0.4059	35
17	0.8251	9	0.7641	11	0.6888	14	0.6905	17	0.6492	21
18	0.8019	10	0.7628	12	0.7845	11	0.7741	10	0.6622	20
19	0.0206	38	0.1306	38	0.0648	38	0.0979	38	0.4201	34
20	0.4230	30	0.4350	28	0.3355	31	0.4307	31	0.5058	30
21	0.7415	16	0.7234	14	0.6559	17	0.6683	19	0.7420	16
22	0.3361	33	0.3392	31	0.3038	34	0.3621	34	0.4750	32
23	0.6086	19	0.6123	19	0.4419	25	0.6153	21	0.5485	28
24	0.5771	21	0.5892	21	0.4219	28	0.5240	27	0.6027	25
25	0.1828	36	0.1709	37	0.1268	37	0.1879	36	0.2519	37
26	0.2979	34	0.2859	34	0.2720	35	0.3806	33	0.4304	33
27	0.5454	24	0.5591	23	0.4302	26	0.4445	30	0.5657	26
28	0.5372	25	0.5282	24	0.4723	24	0.5437	25	0.6149	24
29	0.4607	29	0.4713	27	0.4910	22	0.5768	24	0.6152	23
30	0.8017	11	0.7093	16	0.6452	19	0.6947	16	0.7422	15

续表

DMUs	2014		2013		2012		2011		2010	
	效率值	排名	效率值	排名	效率值	排名	效率值	排名	效率值	排名
31	0.3533	31	0.3140	32	0.3082	32	0.6390	20	0.6844	19
32	0.5484	23	0.4842	26	0.5051	21	0.5940	22	0.6844	18
33	0.4922	27	0.4240	29	0.4272	27	0.4535	29	0.5305	29
34	0.7353	17	0.6819	17	0.6676	16	0.7293	15	0.7355	17
35	1.0000	1	1.0000	1	1.0000	1	1.0000	1	1.0000	1
36	1.0000	1	1.0000	1	1.0000	1	1.0000	1	0.9371	6
37	0.2460	35	0.2234	35	0.1296	36	0.1001	37	0.1390	38
38	0.5356	26	0.5919	20	0.4881	23	0.5909	23	0.5527	27

9.4.3 敏感度分析

在本章中，参数 ε_p 的选择影响到所有决策单元的效率结果。为了反映决策单元之间的差异，选择了最大化标准方差的策略来计算参数 ε_p。在本节中，将评估 ε_p 值的灵敏度。

表 9.9 显示了不同规格的决策单元的效率得分和排名，并将获得的 ε_p 模型进行比较，如 ε_p 和 $10^*\varepsilon_p$（见表 9.9 第 4 列和第 5 列）和 $0.1^*\varepsilon_p$（见表 9.9 的第 6 列和第 7 列）。很明显，使用不同的 ε_p 值，大多数决策单元的效率得分并没有发生大范围的变化，只有两个决策单元(DMU_{14} 和 DMU_{35})在被用来处理非期望产出时，其 $0.1^*\varepsilon_p$ 效率得分发生了变化。

表 9.9　不同参数下的效率值与排名结果

DMUs	$\varepsilon_1 = 4.89\times10^{-5}$ $\varepsilon_2 = 4.22\times10^{-4}$		$\varepsilon_1 = 4.89\times10^{-4}$ $\varepsilon_2 = 4.22\times10^{-3}$		$\varepsilon_1 = 4.89\times10^{-6}$ $\varepsilon_2 = 4.22\times10^{-5}$	
	效率值	排名	效率值	排名	效率值	排名
1	0.1805	37	0.1818	37	0.1772	37
2	1.0000	1	1.0000	1	1.0000	1
3	0.5587	22	0.5762	22	0.5422	26
4	0.7936	13	0.8006	11	0.7146	17
5	0.8456	8	0.8647	8	0.7420	15
6	0.4826	28	0.4438	29	0.7062	18
7	0.6985	18	0.6985	18	0.6985	19
8	0.8861	7	0.8882	7	0.8861	7
9	0.7917	14	0.7917	12	0.7917	13

续表

DMUs	$\varepsilon_1 = 4.89\times10^{-5}$ $\varepsilon_2 = 4.22\times10^{-4}$		$\varepsilon_1 = 4.89\times10^{-6}$ $\varepsilon_2 = 4.22\times10^{-5}$		$\varepsilon_1 = 4.89\times10^{-4}$ $\varepsilon_2 = 4.22\times10^{-3}$	
	效率值	排名	效率值	排名	效率值	排名
10	1.0000	1	1.0000	1	1.0000	1
11	0.5901	20	0.5948	20	0.5901	22
12	0.7523	15	0.7472	15	0.7812	14
13	0.9612	6	0.9541	6	0.9656	5
14	1.0000	1	1.0000	1	0.9654	6
15	0.7994	11	0.7809	14	0.8827	8
16	0.3527	32	0.3731	32	0.3527	32
17	0.8199	9	0.8103	9	0.8511	10
18	0.7973	12	0.7899	13	0.8567	9
19	0.0206	38	0.0407	38	0.0206	38
20	0.4230	30	0.4230	30	0.4230	30
21	0.7415	16	0.7415	16	0.7415	16
22	0.3502	33	0.3787	31	0.2949	34
23	0.6060	19	0.6136	19	0.6060	21
24	0.5771	21	0.5771	21	0.5771	23
25	0.1828	36	0.1834	36	0.1828	36
26	0.2979	34	0.3020	34	0.2979	33
27	0.5454	25	0.5460	24	0.5454	25
28	0.5372	26	0.5372	25	0.5372	27
29	0.4607	29	0.4607	28	0.4607	29
30	0.8017	10	0.8017	10	0.8017	11
31	0.3533	31	0.3568	33	0.3533	31
32	0.5484	23	0.5484	23	0.5484	24
33	0.4922	27	0.4922	27	0.4922	28
34	0.7296	17	0.7221	17	0.7960	12
35	1.0000	1	1.0000	1	0.9862	4
36	1.0000	1	1.0000	1	1.0000	1
37	0.2460	35	0.2460	35	0.2460	35
38	0.5456	24	0.5271	26	0.6326	20

利用所提出方法的效率得分和上述得分进行相关检验。结果如表 9.10 所示，所有皮尔逊相关系数均大于 0.98。结果表明，该参数 ε_p 对效率得分不敏感，这意味着我们的模型能够给出稳定的结果，并且是有效的。

表 9.10 效率值结果的相关系数结果

	$\varepsilon_1 = 4.89\times10^{-6}$ $\varepsilon_2 = 4.22\times10^{-5}$	$\varepsilon_1 = 4.89\times10^{-4}$ $\varepsilon_2 = 4.22\times10^{-3}$
皮尔逊相关系数	0.999	0.982

9.5 本章小结

本章利用指数变换将非期望产出纳入 DEA 评价，提出了一种新的评价模型，用于评价模型中存在非期望产出决策单元的效率。本章还对指数变换和倒数变换进行了数学上的比较，结果表明，指数变换和倒数变换可以提高转换后的数据之间以及效率得分之间的差别。将所提出的方法应用于中国工业部门能源绩效的效率分析。研究结果证实了上述指数变换的特征，表明我国工业的大部分行业表现不佳，尤其是能源开采行业。根据效率评价结果，计算各部门如何通过节能减排实现效率提升，并据此提出各部门具体的改进目标值。

利用新构建的模型，我们发现中国大多数产业在环境效率方面表现不佳。在 38 个行业中，只有 5 个行业是有效率的，而大多数行业需要增加期望产出，减少非期望产出，才能在目前的投入水平上实现效率。对于管理者来说，由于各行业效率低下的原因不尽相同，因此应该针对不同行业制定不同的策略，而不是共同的策略。

目前的研究至少可以从以下几个方面进行扩展。第一，当存在多个非期望产出时，可以对每个非期望产出使用不同的转换，这可能会导致最终排名的差异。第二，计算出的能源效率将随所使用的投入/产出变量而变化。在上面的案例研究中，使用了用于说明目的的投入和产出的简化规范，正如先前的研究中所做的那样。如果使用一组不同的变量，结果会有所不同。值得对变量进行敏感性分析，以选择最合适的一组变量用于特定情况。

参考文献

Ali A I, Seiford L M. 1990. Translation invariance in data envelopment analysis. Operations Research Letters, 9(6): 403-405.

Ang B W, Mu A R, Zhou P. 2010. Accounting frameworks for tracking energy efficiency trends. Energy Economics, 32(5): 1209-1219.

Barros C P, Dieke P U. 2008. Measuring the economic efficiency of airports: A Simar-Wilson methodology analysis. Transportation Research Part E: Logistics and Transportation Review, 44(6): 1039-1051.

Charnes A, Cooper W W, Rhodes E. 1978. Measuring the efficiency of decision making units. European Journal of Operational Research, 2 (6) : 429-444.

Charnes A, Cooper W W. 1962. Programming with linear fractional functionals. Naval Research Logistics Quarterly, 9 (3 - 4) : 181-186.

Charnes A, Cooper W, Lewin A Y, et al. 1997. Data envelopment analysis theory, methodology and applications. Journal of the Operational Research Society, 48 (3) : 332-333.

Chen J D, Xu C, Li K, et al. 2018. A gravity model and exploratory spatial data analysis of prefecture-scale pollutant and CO_2 emissions in China. Ecological Indicators, 90: 554-563.

Cook W D, Liang L, Zha Y, et al. 2009. A modified super-efficiency DEA model for infeasibility. Journal of the Operational Research Society, 60 (2) : 276-281.

Cooper W W, Seiford L M, Tone K, et al. 2007. Some models and measures for evaluating performances with DEA: past accomplishments and future prospects. Journal of Productivity Analysis, 28 (3) : 151-163.

Färe R, Grosskopf S. 2004. Modeling undesirable factors in efficiency evaluation: comment. European Journal of Operational Research, 157 (1) : 242-245.

Golany B, Roll Y. 1989. An application procedure for DEA. Omega, 17 (3) : 237-250.

Hu G P, Zhong N S, Ran P X. 2015. Air pollution and COPD in China. Journal of Thoracic Disease, 7 (1) : 59.

Jary H, Simpson H, Havens D, et al. 2016. Household air pollution and acute lower respiratory infections in adults: a systematic review. PLoS One, 11 (12) : e0167656.

Jin Y, Cheng Y, Wang H, et al. 2001. Effects of air pollution from burning coal on respiratory diseases in adults. Journal of Hygiene Research, 30 (4) : 241-246.

Lewis H F, Sexton T R. 2004. Network DEA: efficiency analysis of organizations with complex internal structure. Computers Operations Research, 31 (9) : 1365-1410.

Liang L, Li Y J, Li S B. 2009. Increasing the discriminatory power of DEA in the presence of the undesirable outputs and large dimensionality of data sets with PCA. Expert Systems with Applications, 36 (3) : 5895-5899.

Lin B Q, Du K R. 2013. Technology gap and China's regional energy efficiency: a parametric meta-frontier approach. Energy Economics, 40: 529-536.

Liu W B, Meng W, Li X X, et al. 2010. DEA models with undesirable inputs and outputs. Annals of Operations Research, 173 (1) : 177-194.

Liu W, Sharp J. 1999. DEA models via goal programming. In Data envelopment analysis in the service sector. Deutscher Universitätsverlag, Wiesbaden, 79-101.

Liu X H, Chu J F, Yin P Z, et al. 2017. DEA cross-efficiency evaluation considering undesirable output and ranking priority: a case study of eco-efficiency analysis of coal-fired power plants. Journal of Cleaner Production, 142: 877-885.

Lovell C K, Pastor J T, Turner J A. 1995. Measuring macroeconomic performance in the OECD: A comparison of European and non-European countries. European Journal of Operational Research,

87(3): 507-518.

Mitropoulos P, Talias M A, Mitropoulos I. 2015. Combining stochastic DEA with Bayesian analysis to obtain statistical properties of the efficiency scores: An application to Greek public hospitals. European Journal of Operational Research, 243(1): 302-311.

Mousavi-Avval S H, Mohammadi A, Rafiee S, et al. 2012. Assessing the technical efficiency of energy use in different barberry production systems. Journal of Cleaner Production, 27: 126-132.

Portela M S, Thanassoulis E, Simpson G. 2004. Negative data in DEA: A directional distance approach applied to bank branches. Journal of the Operational Research Society, 55(10): 1111-1121.

Scheel H. 2001. Undesirable outputs in efficiency valuations. European Journal of Operational Research, 132(2): 400-410.

Schefczyk M. 1993. Operational performance of airlines: an extension of traditional measurement paradigms. Strategic Management Journal, 14(4): 301-317.

Seiford L M, Zhu J. 2002. Modeling undesirable factors in efficiency evaluation. European Journal of Operational Research, 142(1): 16-20.

Song M L, Chen, Y, An Q X. 2018a. Spatial econometric analysis of factors influencing regional energy efficiency in China. Environmental Science and Pollution Research, 25(14): 13745-13759.

Song M L, Wang J L, Zhao J J, et al. 2018b. Production and safety efficiency evaluation in Chinese coal mines: accident deaths as undesirable output. Annals of Operations Research, 1-19.

Song M L, Wang S H, Wu K. 2018c. Environment-biased technological progress and industrial land-use efficiency in China's new normal. Annals of Operations Research, 268(1-2): 425-440.

Song M L, Wang S H. 2014. DEA decomposition of China's environmental efficiency based on search algorithm. Applied Mathematics and Computation, 247: 562-572.

Wang H, Ang B W, Wang Q W, et al. 2017. Measuring energy performance with sectoral heterogeneity: A non-parametric frontier approach. Energy Economics, 62: 70-78.

Wang Q W, Hang Y, Sun L C, et al. 2016. Two-stage innovation efficiency of new energy enterprises in China: A non-radial DEA approach. Technological Forecasting and Social Change, 112: 254-261.

Wu G, Miao Z, Shao S, et al. 2017. The Elasticity of the Potential of Emission Reduction to Energy Saving: Definition, Measurement, and Evidence from China. Ecological Indicators, 78: 395-404.

Wu G, Miao Z, Shao S, et al. 2018. Evaluating the Construction Efficiencies of Urban Wastewater Transportation and Treatment Capacity. Resources, Conservation and Recycling, 128: 373-381.

Wu J, Chu J F, An Q X, et al. 2018. Resource reallocation and target setting for improving environmental performance of DMUs: An application to regional highway transportation systems in China. Transportation Research Part D: Transport and Environment, 61: 204-216.

Wu J, Tsai H, Zhou Z. 2011. Improving efficiency in international tourist hotels in Taipei using a non-radial DEA model. International Journal of Contemporary Hospitality Management, 23(1): 66-83.

Yang Z B, Fan M T, Shao S, et al. 2017. Does Carbon Intensity Constraint Policy Improve Industrial Green Production Performance in China? A Quasi-DID Analysis. Energy Economics, 68: 271-282.

Zhou P, Ang B W, Zhou D Q. 2012. Measuring economy-wide energy efficiency performance: a parametric frontier approach. Applied Energy, 90(1): 196-200.

Zhou P, Ang B W. 2008. Linear programming models for measuring economy-wide energy efficiency performance. Energy Policy, 36(8): 2911-2916.

Zhou Z X, Guo X M, Wu H Q, et al. 2018. Evaluating air quality in China based on daily data: Application of integer data envelopment analysis. Journal of Cleaner Production, 198: 304-311.

Zhu W W, Yu Y, Sun P P. 2018. Data envelopment analysis cross-like efficiency model for non-homogeneous decision-making units: The case of United States companies' low-carbon investment to attain corporate sustainability. European Journal of Operational Research, 269: 99-110.

附　录　A

表 A　DMUs 名称介绍

DMUs	名称
1	煤炭开采和洗选
2	石油和天然气开采
3	黑色金属矿的开采和加工
4	有色金属矿开采加工
5	非金属矿开采加工
6	开采辅助活动
7	农产品加工
8	食品制造
9	葡萄酒、饮料和精制茶的制造
10	烟草制造
11	纺织品制造
12	纺织服装制造
13	皮革、毛皮、羽毛及相关产品的制造
14	木材加工，木材、竹、藤、棕榈和秸秆制品制造
15	家具制造
16	纸和纸制品制造
17	记录媒体的印刷、复制
18	文教体育用品制造
19	石油加工、焦化、核燃料加工
20	化工原料及化工产品制造

续表

DMUs	名称
21	药品制造
22	化学纤维制造
23	橡胶和塑料制造
24	非金属矿产品制造
25	黑色金属冶炼和压制
26	有色金属冶炼与压制
27	金属制品制造
28	通用机械制造
29	专用机械制造
30	汽车制造
31	铁路、造船、航空航天等运输设备制造
32	电机设备制造
33	计算机、通信和其他电子设备的制造
34	测量仪器制造
35	废物资源利用
36	金属制品、机械设备修理
37	电力、热力生产和供应
38	天然气生产和供应

第10章　工业环境效率分析——考虑动态网络结构

10.1　研究问题介绍

我国工业经济正在飞快发展，工业发展必然消耗能源，所以需要不断地开发能源，再投入到工业生产中。在工业生产过程中，除了生产出需要的工业产品，如钢材、天然气等，也会产生污染物，它会破坏我们赖以生存的环境，目前，环境问题日益严重，最为常见的有雾霾、生物多样性不断减少等。另外，能源是有限的，如果持续不断地开发，总有一天会消耗殆尽；能源消耗的同时，环境条件也会越来越差，所以能源和环境问题需要引起我们高度重视。在现代化建设的推进进程中，不仅要坚持经济的快速发展，同时也要注重节约能源和环境保护。绝对不能以浪费能源和牺牲环境为代价来促进经济的发展，因为能源、经济和环境是一体的。在全面建成小康社会的进程中，怎样改善能源利用效率，贯彻落实节能减排的政策，是我国的一个重大战略问题。

自从1978年以来，Charnes等首次提出了DEA方法，提出DEA是一种非参数的数学模型，用以评价一系列具有同质性质的决策单元(DMUs)的效率值。该方法被认为是，即使没有权重假定，在识别前沿面以及对决策单元排序方面也是有效的。在此基础上，DEA方法被用于学校、医院、银行等各个应用领域。传统的CCR和BCC模型的主要缺点便是忽视决策单元的内部结构，这也就意味着将决策单元看成“黑箱子”，即是在利用模型求解时，只考虑初始投入和最终产出，不考虑网络中的内部结构。为了解决这一问题，许多学者便打算打开“黑箱子”，研究网络的内部结构。

由于网络变化多种多样，内部结构比较复杂，基于打开内部结构所研究的网络系统来看，FG模型(Fare and Grosskopf，2000)是具有代表性的网络DEA模型。这种模型的优点是适用于一切复杂生产过程，缺点是描述系统结构过于简略和概念化，不能理想地刻画复杂生产系统的内部结构以及存在着应用上的困难(赵萌，2011)。为解决该难题，Kao和Hwang(2008)提出了KH模型，该模型不仅能够计算效率值，也能刻画出决策单元整体效率和各个阶段效率之间的关系，给出了分解公式，继而给出了DEA整体有效与分阶段有效之间的关系，甚至得到与在CCR模型之下的DEA有效之间的关系。研究得到进一步的发展，Chen(2006)将复杂系统拆分成若干个串联的子系统，子系统的效率值便可以用传统的研究方法得到，本研究最大的亮点是计算得到复杂系统的整体效率，是通过所有子系统的效率值的加总求和。此外，毕功兵等(2007)采用另外一种方法来计算复杂系统的整体效率，此方法类似于Chen(2006)，但又有所不同，不同的是，采用的不是这些串联子系统的加法规则，而是乘积的形式来进行效率评价。之后，学者们又研究出并联系统，针对并联系统，Yang等(2000)提出了新的模型，定义为YMK模型，除此之外，还证明了用该模型求出来的整体效率值YMK效率与各个子系统效率之间所存在的关系。但是，这种模型还是存在着一定的弊端，为此，段永瑞等(2006)提出3种关于并联系统的DEA模型可以用于效率分析。之后，Kao(2009)利用加权平均的方法进行集结整体效率；杨锋等(2009)在此基础上，提出适用于并联系统两种模型：乘数模型和包络模型。夏琼(2011)将前面所介绍的模型加以延伸，提出多阶段混联系统，所谓混联系统，便是既含有并联也含有串联的系统，并对这样的混联系统进行效率评价。现实中还存在一种系统：非独立并联结构，夏琼(2012)还针对这个结构加以研究，先并联后串联，将该结构转化成混联系统，在利用 DEA 方法进行效率分析时，首先从并联结构出发，串联子系统的效率值便是并联系统效率的加权平均值，所得这些效率值的乘积，便是该混联系统的效率。

很显然，这些网络模型仅仅只是考虑了结构的变化，并没有考虑动态结构，即时间因素。为了解决这一问题，Nemoto和Goto(2003)和Ouellette和Vierstraete(2004)考虑多阶段的时间变量，提出了动态网络模型。但是，这些模型没有清楚地说明怎样在生产网络中将动态元素加入到效率评价中。Baris(2005)通过一个案例，利用曼昆斯特指数将效率分解成两个部分：效率指数和技术指数，分别分析这两个指数的变化。之后，在动态生产系统中，Chen(2009)提出了集结结构来分析动态生产结构，并评价了多阶段的效率水平。Chen(2009)所提出的模型使用了不同的生产前沿面，这会导致效率评价结果的不一致性。为了解决这一难题，Kao(2010)提出了具有公共权重的DEA模型，使得所有决策单元的曼昆斯特指数所表现出来的生产力变化是在同一条件上进行比较的。

在动态网络结构中，存在两种变量，即carry-over和link。这两个变量有助于动态网络的效率评价。对于动态而言，时间段与时间段之间的关系并不是独立存在的，而是通过carry-over来连接的，Hung在时间与时间之间考虑了carry-over，完善了动态网络结构；对于网络内部结构而言，Tone不仅在连续时间之间考虑了carry-over，而且还考虑了在网络结构中存在link。

这里就是基于动态网络 DEA 的方法来实证分析能源环境的效率评价问题。但是，动态网络结构较为复杂，内容较多。这里所做的动态网络结构的效率分析，从结构来看，由简入深；从内容上来看，主要是从两个案例来考虑的，第一案例是，含有两阶段的能源环境效率评价的实证分析；第二案例是，同时考虑中间产物、link和carry-over的整个生产链的实证分析。

10.2　动态网络结构下工业环境效率模型构建

根据分析，社会经济发展、能源资源和环境三者之间是息息相关的，本案例便将经济系统分为两个系统，分别为能源利用系统和环境保护系统。

(1)所谓能源利用系统，就是能源得到利用，生产出为人类的生产劳动和生活所用的产品，为经济增长提供源源不断的物质基础，所以，能源利用是经济增长的动力源泉。

(2)所谓环境保护系统，在能源利用系统中，基于目前生产技术的局限性，所有的投入并不能全部转化成经济效益，自然会伴随着非期望的污染物的产生。污染物的产生，便会排入自然环境中，而污染物经过长年累月的积累，必然会对环境造成破坏，所以需要投入其他资源来净化这些污染物，如若不然，资源不但日益枯竭、环境也不断恶化，更为严重的是，为人类提供生存空间的自然环境将会反作用于人类，破坏人类各种活动，从而造成不可估算的损失。

综上所述，经济系统结构框架如图 10.1 所示。

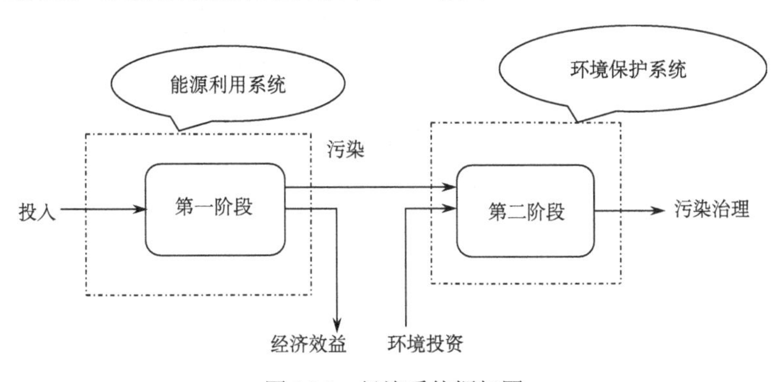

图 10.1　经济系统框架图

显然，图 10.1 便是两阶段的网络结构，第一阶段为能源利用系统，第二阶段为环境保护系统。对于图 10.1 所示的结构，假设有n($j=1,2,\cdots,n$)个决策单元，在本案例的实证分析中，每一个决策单元代表中国的一个省份。在第一阶段，涉及三个变量，包括：投入、期望产出和非期望产出，决策单元j的投入、期望产出、非期望产出分别为$x_{ij}^1(i=1,2,\cdots,m)$、$y_{rj}^1(r=1,2,\cdots,s)$、$z_{pj}(p=1,2,\cdots,t)$，此时，非期望产出z_{pj}与$x_{ij}^2(i=1,2,\cdots,l)$作为第二阶段的投入，而第二阶段的产出，也就是最终产出为$y_{rj}^2(r=1,2,\cdots,h)$。其中m表示投入的个数，s表示期望产出的个数，p表示非期望产出的个数，h表示最终产出的个数。

正如我们所知，非期望产出的性质与投入比较相似，在用 DEA 方法进行效率评价时，可以采用“非期望产出类似投入”的数据处理方法。本案例的目标不仅需要计算效率值，而且需要了解在 DMU 无效时如何改进。所以，本案例采用非径向的 DEA-SBM 模型，首先，计算第一阶段的能源利用效率，模型如下所示：

$$\text{Min } h_0^{s_1} = \frac{1 - \frac{1}{m+t}\left(\sum_{i=1}^{m} \frac{s_{i0}^-}{x_{i0}^1} + \sum_{p=1}^{t} \frac{s_{p0}^-}{z_{p0}}\right)}{1 + \frac{1}{s}\left(\sum_{r=1}^{s} \frac{s_{r0}^+}{y_{r0}^1}\right)}$$

$$\begin{aligned} \text{s.t. } & \sum_{j=1}^{n} x_{ij}^1 \lambda_j + s_i^- = x_{i0}^1, i = 1,2,\cdots,m; \\ & \sum_{j=1}^{n} y_{rj}^1 \lambda_j - s_r^+ = y_{r0}^1, r = 1,2,\cdots,s; \\ & \sum_{j=1}^{n} z_{pj} \lambda_j + s_p^- = z_{p0}, p = 1,2,\cdots,t; \\ & \lambda_j, s_i^-, s_r^+, s_p^- \geqslant 0, j = 1,2,\cdots,n. \end{aligned} \tag{10.1}$$

显然，模型 10.1 是一个非线性的，所以，为方便计算，利用 CC 变换（charnes-cooper 变换）使得模型 10.1 线性化。过程如下：

令 $t' = \frac{1}{1 + \frac{1}{s}\left(\sum_{r=1}^{s} \frac{S_{r0}^+}{y_{r0}^1}\right)}$， $\Lambda_j = t\lambda_j, S_{i0}^- = ts_{i0}^-, S_{p0}^- = ts_{p0}^-, S_{s0}^+ = ts_{s0}^+$，得到线性化的模型为：

$$\begin{aligned} \text{Min } h_0^{s_1} = {} & t' - \frac{1}{m+t}\left(\sum_{i=1}^{m} \frac{S_{i0}^-}{x_{i0}^1} + \sum_{p=1}^{t} \frac{S_{p0}^-}{z_{p0}}\right) \\ \text{s.t. } \quad & 1 = t' + \frac{1}{s}\left(\sum_{r=1}^{s} \frac{S_{r0}^+}{y_{r0}^1}\right) \\ & \sum_{j=1}^{n} x_{ij}^1 \Lambda_j + S_i^- = t' x_{i0}^1, i = 1,2,\cdots,m; \\ & \sum_{j=1}^{n} y_{rj}^1 \Lambda_j - S_r^+ = t' y_{r0}^1, r = 1,2,\cdots,s; \\ & \sum_{j=1}^{n} z_{pj} \Lambda_j + S_p^- = t' z_{p0}, p = 1,2,\cdots,t; \\ & \Lambda, S_i^-, S_r^+, S_p^- \geqslant 0, j = 1,2,\cdots,n. \end{aligned} \tag{10.2}$$

针对第一阶段的能源利用系统，可以用 s_1 来表示，而且这一阶段的效率值用 EUS（energy utility system）来表示。

第一阶段：

定义 10.1　DMU 有效，当且仅当 EUS=1。

定义 10.2　DMU 无效，当且仅当 EUS<1。

当 DMU 无效时，也就意味着，该 DMU 有节约能源以及减少污染物排放的潜力。

至于第二阶段，DEA 模型如下：

$$
\begin{aligned}
&\text{Min } h_0^{s_2} = \frac{1-\dfrac{1}{m+t}\left(\displaystyle\sum_{i=1}^{m}\frac{s_{i0}^-}{x_{i0}^2}\right)}{1+\dfrac{1}{s}\left(\displaystyle\sum_{r=1}^{s}\frac{s_{r0}^+}{y_{r0}^2}\right)} \\
&\text{s.t. } \sum_{j=1}^{n} x_{ij}^2\lambda_j + s_i^- = x_{i0}^2, i=1,2,\cdots,m; \\
&\sum_{j=1}^{n} y_{rj}^2\lambda_j - s_r^+ = y_{r0}^2, r=1,2,\cdots,s; \\
&\sum_{j=1}^{n} z_{pj}\lambda_j + s_p^- = z_{p0}, p=1,2,\cdots,t; \\
&\lambda_j, s_i^-, s_r^+, s_p^- \geqslant 0, j=1,2,\cdots,n.
\end{aligned}
\tag{10.3}
$$

同样利用 CC 变换可得线性化模型为：

$$
\begin{aligned}
&\text{Min } h_0^{s_2} = t' - \frac{1}{m}\left(\sum_{i=1}^{m}\frac{S_{i0}^-}{x_{i0}^2}\right) \\
&\text{s.t. } 1 = t' + \frac{1}{s}\left(\sum_{r=1}^{s}\frac{S_{r0}^+}{y_{r0}^2}\right) \\
&\sum_{j=1}^{n} x_{ij}^2\Lambda_j + S_i^- = t'x_{i0}^2, i=1,2,\cdots,m; \\
&\sum_{j=1}^{n} y_{rj}^2\Lambda_j - S_r^+ = t'y_{r0}^2, r=1,2,\cdots,s; \\
&\sum_{j=1}^{n} z_{pj}\Lambda_j = t'z_{p0}, p=1,2,\cdots,t; \\
&\Lambda, S_i^-, S_r^+, S_p^- \geqslant 0, j=1,2,\cdots,n.
\end{aligned}
\tag{10.4}
$$

在此阶段，本案例假设由第一阶段产生的污染物毫无变化地全部传递到第二阶段。针对第二阶段的环境保护系统，可以用 s_2 来表示，而且这一阶段的效率值用 EPS（environment protection system）来表示。

同理，**第二阶段**：

定义 10.3 DMU 有效，当且仅当 EPS=1。

定义 10.4 DMU 无效，当且仅当 EPS<1。

当 DMU 无效时，也就意味着，该 DMU 改善环境保护效率，即提高处理污染物能力的空间。

通过模型(10.1、10.2)和模型(10.3、10.4)可分别得到能源利用效率和环境保护系统效率。之前的文献就只是分别考虑了能源利用效率或环境保护效率，这两个效率都具有一定的片面性。如果我们只在乎能源利用效率，而环境差，即使效率再高，也是不符合可持续发展的方针政策；如果我们只考虑环境保护系统，而忽略能源利用效率，也不符合社会的经济发展，所以，这两个单方面都不能完全反映社会状况。为此，本案例的目的就是综合考虑能源利用系统和环境保护系统这两个方面，但是由于区域位置的差别，各个地区的经济系统的定位或许不尽相同，那么，对于能源利用系统和环境保护系统这两方面的重视程度也会有所不同，如工业条件较好的辽宁省，能源资源比较丰富，工业比较有优势，对能源利用效率要求高；相对的，而云南省环境优美，适合发展旅游产业，所以，它更愿意增加更多的投入去治理环境。在计算系统总效率时，针对能源利用效率和环境保护效率，如果对它们有偏好大小不同，可通过赋予不同的权重来体现它的偏好程度。偏好程度越大，则赋予权重越大；偏好程度越小，则赋予权重越小。针对本案例，所得的总系统效率为：$h_0^{overall} = w_1 h_0^{s_1} + w_2 h_0^{s_2}$，其中 $w_1 + w_2 = 1$。显然，$h_0^{overall} \in (0,1]$，且 $\min\left(h_0^{s_1}, h_0^{s_2}\right) \leqslant h_0^{overall} \leqslant \max\left(h_0^{s_1}, h_0^{s_2}\right)$。

对于**总系统效率**：

定义 10.5 DMU 有效，当且仅当 $h_0^{overall} = 1$。

定义 10.6 DMU 无效，当且仅当 $h_0^{overall} < 1$。

定理 10.1 当且仅当 $h_0^{s_1} = 1, h_0^{s_2} = 1$ 时，$h_0^{overall} = 1$。也就意味着，只有能源利用系统和环境保护系统同时有效时，整个系统才有效。

证明：由于 $h_0^{overall} = w_1 h_0^{s_1} + w_2 h_0^{s_2}$，$w_1 + w_2 = 1$，当 $h_0^{s_1} = 1, h_0^{s_2} = 1$ 时，可得 $h_0^{overall} = 1$，则由定义 10.5 得，该决策单元有效。反之，若 $h_0^{s_1} \leqslant 1, h_0^{s_2} \leqslant 1$，则 $h_0^{overall} = w_1 h_0^{s_1} + w_2 h_0^{s_2} \leqslant 1$，与决策单元有效相矛盾，所以，当决策单元有效，则 $h_0^{s_1} = 1$，$h_0^{s_2} = 1$，得证。

10.3 中国区域工业环境效率结果分析

10.3.1 评价指标的选取

由于本案例的两阶段结构是由能源利用系统和环境保护系统这两部分构成，

对于第一阶段的能源利用系统，这是工业生产和能源消耗的过程，既会得到产品，也能得到经济效益，同样，也会产生工业废弃物。在这一阶段，投入分别从下面四个因素来考虑，具体指标如下：

(1) 就业人口(NE)：人是各项生产活动的基础，所以，在工业生产过程中，人力资源是不可缺少的一部分。本案例关于就业人口这一指标的数据选取各地区按行业分私营企业和个体就业人数。

(2) 总电力消耗(EC)：工业生产中，设备比较多，电力耗费比较多，所以，电力即成为不可或缺的资源投入。

(3) 固定资产投入(FA)：固定投资在系统中占据着重要的地位，因为固定投资可以反映出国家对政策的资金支持，可以激励该政策的落实。

(4) 供水量(WS)：水是生命的源泉，水资源不管对于工业还是农业，都起着不可替代的作用，所以对水的研究也是具有重要意义的。

至于产出指标，根据本文所需，可分为期望产出和非期望产出，期望产出指标则用国内生产总值(GDP)，非期望产出指标为工业三废，具体介绍如下：

(1) 地区生产总值(GDP)：是指一个地区生产总值，地区生产总值可以反映出该地区的经济情况，是重要的经济指标。

(2) 工业三废(IWG、IWS、IW)：在工业生产活动中，工业产生的排放物中所包含的污染物的种类比较多，主要可以分为三类：废水(IW)、废气(IWG)以及固体废弃物(IWS)。另外，考虑到统计数据的可行性，大多数情况都是利用工业三废作为非期望产出指标。

对于第二阶段的环境保护系统，投入主要分为两部分，其一，就是由第一阶段能源利用系统中产生的工业污染物，即上面介绍的工业三废；其二，便是国家在环境保护方面的投资额。至于产出，便是工业三废的去除量。具体介绍如下：

(1) 环境保护投资(IE)：由于当今社会的环境污染问题越来越严重，环境污染也已经成为全世界非常迫切的难题，全世界人民需要不断提高保护环境的意识，国家需要投入资金来推动环境保护相关政策的落实，加快第二阶段的环境保护系统的实施进程，加大环境治理的力度，减少工业污染物的排放，更好地保护环境。

(2) 三废的去除量(IWGR、IWSR、IWR)：环境污染治理的最直接目标便是污染物的去除量，在统计年鉴中所能搜集的资料只包括了三废的排放量和生产量，去除量便是三废的生产量与排放量的差值。在进行效率评价时，首先要做的便是需要对数据进行预处理，得到想要的三废去除量这一指标值。显然，三废的去除量越大，对环境的破坏能力越小，所以三废的去除量这一指标便是期望产出指标。

根据以上分析，可得本案例两阶段结构的效率评价指标体系，投入、期望产出、非期望产出都被一一地列举出来，如表 10.1 所示。

表 10.1　两阶段的效率评价体系

阶段	指标		
第一阶段：能源利用系统	投入		就业人口
			供水量
			总电力消耗
			固定资产投入
	产出	期望产出	地区生产总值
		非期望产出	废水
			废气
			固体废弃物
第二阶段：环境保护系统	投入		环境保护投资
			工业三废
	产出		三废去除量

本案例是关于我国 34 个省份的效率研究，分析我国能源和环境的相关状况。其中涉及的数据来源于 2011~2014 年的《中国能源统计年鉴》《中国环境统计年鉴》等各个年鉴，由于海南、重庆、西藏、新疆数据缺失，未列入评价范围，另外，香港、澳门、台湾与其他省份的经济系统的差距比较大，同样未列入考虑范围。首先对数据进行预处理，得到 2010~2013 年我国各个省份统计结果指标包括：最大值(max)、最小值(min)、平均值(mean)以及标准差(std. dev.)，结果见表 10.2。

显然，本案例关于第一阶段的能源利用系统，其投入指标有四个：固定资产投入、总电力消耗、供水量、就业人口，期望产出指标有一个：地区生产总值，非期望产出指标有三个：废水、废气、固体废弃物；至于第二阶段的环境保护系统，其投入指标有四个：废水、废气、固体废弃物、环境保护投资，产出指标有三个：废水去除量、废气去除量以及固体废弃物去除量。对于 DEA 方法的运用，需要满足这一条件：在这系统内，所有决策单元的个数不得小于投入和产出所有指标个数之和的 3 倍，显然，两个阶段都满足这个数量关系。

由表 10.2 结果可知，在第一阶段，从 2009~2013 年，供水量(WS)、总用电总量(EC)、固定资产投入(FA)和地区生产总值(GDP)有明显的增长趋势，这表明中国工业经济在这几年内有所发展。但是，就业人口(NE)却在 2010 年有所下降，之后又回升，造成下降的原因极大可能是由于 2008 年爆发的金融危机。2008 年的金融危机曾经对许多企业造成影响，它们所获利润增长减慢甚至出现负增长，在这样的情况下，许多企业不得不进行裁员，这就导致了就业机会减少，失业人口增多。此外，我们可以看到，工业废水(IW)不像有增长趋势的工业废气(IWG)

表 10.2　样本数据的统计结果

年份	变量	投入					期望产出				非期望产出		
		NE/万人	WS/亿 m^3	EC/(亿 kW·h)	FA/亿元	IE/亿元	GDP/万 t	IWR/万 t	IWGR/万 t	IWSR/亿元	IW/万 t	IWG/万 t	IWS/万 t
2009	最大值	2232.9	549.2	3609.6	19034.5	51.6	39482.6	695796.0	13236.8	8980.0	805854.0	13403.1	21976.0
	最小值	69.9	23.4	337.2	798.2	2.9	1081.3	2611.0	172.8	18.0	11015.0	204.1	1242.0
	平均值	703.6	195.3	1309.7	7759.7	15.6	13051.9	118440.2	2018.2	2354.1	198624.6	2168.3	7332.4
	标准差	513.0	127.5	893.9	4788.3	11.0	9770.0	134948.7	2465.8	2360.4	160947.4	2501.2	5152.3
2010	最大值	2004.4	552.2	4060.1	23280.5	45.7	46013.1	823882.0	4678.6	13715.0	938114.0	4981.7	31688.0
	最小值	60.4	22.5	465.2	1016.9	1.0	1350.4	2868.0	202.7	17.0	13199.0	238.7	1269.0
	平均值	585.0	197.1	1501.1	9610.0	14.2	15596.6	129184.1	1875.3	2835.9	214281.2	2028.6	8665.4
	标准差	456.8	128.2	1015.2	5809.2	10.6	11429.5	156604.7	1101.2	3231.4	184794.7	1175.6	6682.5
2011	最大值	2125.1	552.2	4399.0	26749.7	62.4	53210.3	815014.0	7222.4	26308.0	933519.0	7522.9	45129.0
	最小值	64.5	22.5	560.7	1435.6	1.1	1670.4	2661.0	364.7	3.0	11294.0	387.6	1126.0
	平均值	649.4	197.1	1676.3	10798.3	15.8	18581.2	128318.1	3015.9	4590.7	211238.1	3185.5	11612.3
	标准差	487.4	128.2	1108.5	6539.6	12.4	13212.0	160056.3	1853.7	5951.1	192191.9	1944.4	9955.7
2012	最大值	2232.9	552.2	4619.4	31256.0	67.1	57067.9	653474.0	6743.9	28215.0	776119.0	7016.2	45576.0
	最小值	69.9	23.1	602.2	1883.4	2.2	1893.5	1891.0	384.6	4.0	11081.0	419.6	1104.0
	平均值	703.6	199.8	1760.9	12995.5	17.9	20521.5	112010.0	2854.8	4507.9	191554.1	3014.5	11751.8
	标准差	513.0	128.8	1161.5	7617.7	13.7	14296.7	126606.8	1840.4	6148.3	161361.7	1926.4	9975.6
2013	最大值	2543.0	1220.0	4956.6	36789.1	84.3	62164.0	656446.0	6776.6	24933.0	766322.0	7092.5	43289.0
	最小值	66.5	23.8	653.9	2361.1	3.0	2101.1	1012.0	432.7	10.0	10498.0	448.2	1044.0
	平均值	769.5	242.1	1881.8	15514.7	30.2	22408.8	103786.7	2790.2	4309.3	178715.9	2944.8	11647.4
	标准差	583.4	235.0	1235.8	8978.5	20.5	15570.1	125608.3	1631.0	5607.5	157531.3	1711.9	9616.6

和工业固体废物(IWS)，工业废水(IW)一直有下降的趋势。这样的结果得益于两个方面，一方面，全球水资源相对比较缺乏，而工业中需要大量用水，则使用水资源的机会成本相对比较高；另一方面，水资源跟人们生活息息相关，人们从小就受到节约用水等教育，而且类似“珍惜用水，珍爱生命”“水是生命之源”这样的节约用水标语处处可见，“节约用水”的观念已经深入人心。另一个结果同样也值得我们注意，那就是在 2011 年，地区生产总值达到最大值，而且工业废气、固体废弃物的增长量也突飞猛进。这是因为此时正伴随着“十二五”规划刚刚结束，“十三五”规划的开始，中国工业增长进程进入新篇章。根据联合国公布的数据，在爆发金融危机之前的 2007 年，中国的工业生产总值只是美国的 62%，却在 2011 年，增长到美国的 120%，增长速度非常快。但是，这也就意味着“十二五”规划不仅促进了经济增长，而且造成对环境更大的破坏，环境问题也越来越严峻。

关于第一阶段所造成的问题，即工业三废的排放，会对环境造成影响，正是我们第二阶段所要解决的：环境污染问题。表 10.2 结果显示，从 2011 年起，环境投资(IE)资金额越来越大，特别是 2013 年，平均值达到 30.2 亿元。这说明中国政府越来越重视环境问题。从废水去除量(IWR)和废气去除量(IWGR)来看，它们的去除量还是比较大的。这就说明，最近几年环境的减排政策起到了一定的作用，某种程度上，有效地控制了水污染和大气污染。但是，工业固体废弃物去除量并不是很乐观。这可以从两方面来解释，一方面，工业生产规模不断增长，这将导致固体废弃物越来越多，不断堆积，处理起来更加麻烦，效果也会减弱；另一方面，工业对工业固体废弃物的关注度不高，更为关键的是，高科技设备的缺乏，造成企业不能有效地处理固体废弃物。

10.3.2　结果分析

在这一节中，利用 DEA-SBM 模型来处理 2009~2013 年这 5 年的面板数据。关于能源利用系统和环境保护系统，这两个阶段的效率结果分别用图表来分析，其中，这两个阶段的效率值分别是由模型 10.2 和模型 10.4 计算出来的。

表 10.3 和表 10.4 分别总结 27 个省份和直辖市的第一和第二阶段的效率值。其中第一列是 27 个省份和直辖市的名字，中间 5 列则是 2009~2013 年各个地区的效率值，最后一列便是这 5 年效率值的平均值。

从表 10.3 的结果可以看出，在第一阶段关于能源利用系统，北京、天津和上海从 2009~2013 年都是有效的。这也就意味着，劳动力、电力资源、水资源以及固定投资都得到充分的利用。2009~2011 年广东一直有效，2011 年之后，就一直下降。至于其他省份都是无效的，值得一提的是，虽然浙江、湖北和河北都是无效的，但是它们的效率值，还是相对比较高的。效率值最低的地区是甘肃、青海和宁夏。

表 10.3　第一阶段的效率值

地区	2009	2010	2011	2012	2013	平均值	地区	2009	2010	2011	2012	2013	平均值
北京	1.00	1.00	1.00	1.00	1.00	1.00	山东	0.70	0.70	0.79	0.76	0.74	0.74
天津	1.00	1.00	1.00	1.00	1.00	1.00	河南	0.54	0.56	0.59	0.52	0.54	0.55
河北	0.73	1.00	0.99	0.99	0.99	0.94	湖北	0.86	0.78	0.88	0.86	0.67	0.81
山西	0.79	0.66	0.68	0.58	0.44	0.63	湖南	0.97	0.73	0.76	0.53	0.63	0.72
内蒙古	0.47	0.50	0.51	0.47	0.43	0.48	广东	1.00	1.00	1.00	0.98	0.83	0.96
辽宁	0.62	0.63	0.73	0.66	0.64	0.66	广西	0.40	0.90	0.40	0.41	0.33	0.49
吉林	0.52	0.55	0.49	0.65	0.55	0.55	四川	0.60	0.54	0.71	0.62	0.61	0.62
黑龙江	0.59	0.67	0.67	0.61	0.59	0.62	贵州	0.35	0.46	0.43	0.38	0.40	0.40
上海	1.00	1.00	1.00	1.00	1.00	1.00	云南	0.35	0.41	0.41	0.41	0.44	0.40
江苏	0.63	0.64	0.71	0.75	0.71	0.69	陕西	0.48	0.54	0.55	0.48	0.48	0.51
浙江	0.63	0.72	0.90	0.84	0.93	0.80	甘肃	0.32	0.35	0.27	0.28	0.25	0.29
安徽	0.68	0.65	0.62	0.58	0.56	0.62	青海	0.29	0.29	0.25	0.25	0.23	0.26
福建	0.57	0.63	0.95	0.70	0.70	0.71	宁夏	0.24	0.24	0.22	0.22	0.21	0.23
江西	0.55	0.58	0.58	0.69	0.68	0.62							

表 10.4　第二阶段的效率值

地区	2009	2010	2011	2012	2013	平均值	地区	2009	2010	2011	2012	2013	平均值
北京	0.71	0.74	0.53	1.00	1.00	0.80	山东	0.10	0.20	0.25	0.30	0.29	0.23
天津	0.10	1.00	0.01	0.01	0.05	0.23	河南	0.58	0.55	0.64	1.00	0.72	0.70
河北	1.00	1.00	1.00	1.00	1.00	1.00	湖北	1.00	1.00	1.00	1.00	0.71	0.94
山西	1.00	0.76	1.00	1.00	0.76	0.90	湖南	0.93	1.00	0.77	1.00	1.00	0.94
内蒙古	1.00	1.00	1.00	1.00	1.00	1.00	广东	0.41	1.00	0.59	0.87	1.00	0.77
辽宁	1.00	1.00	1.00	1.00	1.00	1.00	广西	1.00	1.00	1.00	1.00	1.00	1.00
吉林	0.68	0.68	0.65	0.78	0.47	0.65	四川	0.75	0.81	1.00	0.92	1.00	0.90
黑龙江	0.67	0.67	0.66	0.79	0.62	0.68	贵州	1.00	1.00	1.00	0.79	1.00	0.96
上海	1.00	1.00	0.15	0.16	1.00	0.66	云南	1.00	1.00	1.00	0.83	0.91	0.95
江苏	0.15	0.29	0.26	0.52	0.25	0.29	陕西	0.66	0.57	0.65	0.61	0.68	0.63
浙江	1.00	1.00	1.00	1.00	1.00	1.00	甘肃	1.00	0.78	1.00	0.64	0.81	0.85
安徽	0.57	1.00	1.00	1.00	1.00	0.91	青海	1.00	1.00	1.00	1.00	1.00	1.00
福建	0.78	0.56	1.00	0.32	0.39	0.61	宁夏	0.33	1.00	1.00	1.00	1.00	0.87
江西	1.00	1.00	0.75	1.00	0.83	0.92							

从各个地区关于 2009~2013 年效率值的变化趋势来看，除了浙江、福建、湖北、湖南以及广西以外，其余地区的效率值，还是比较稳定的，波动性也比较小。图 10.2 形象地展示了浙江、福建、湖北、湖南以及广西的波动大小。其中，值得

注意的就是广西，除了 2010 年的效率值是 0.9，其余分别是 0.40、0.40、0.41、0.33，很明显这几年的效率值都是围绕 0.4 上下波动的。本案例认为产生这样的结果有两种可能性：其一，在 2010 年，广西遇到一个非常好的机遇，抓住并且利用了这个机遇，但在此之后，这样的机遇又消失了；其二，在统计数据时出现统计错误，例如指标的单位记录失误，因为在统计大量的数据时，类似这样的错误是很容易发生的。

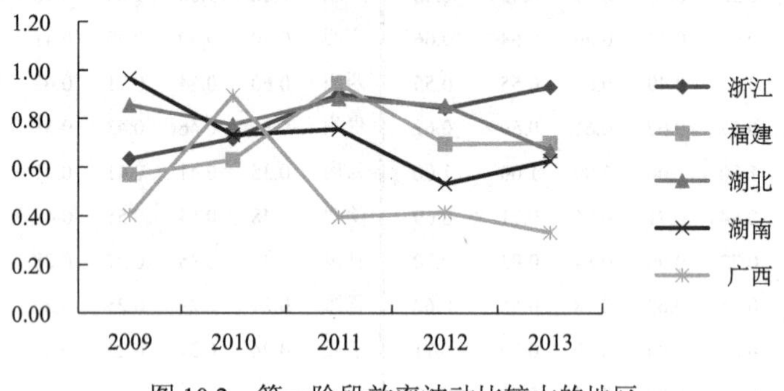

图 10.2 第一阶段效率波动比较大的地区

从第二阶段的环境保护系统效率(表 10.4)来看，在整个研究的时间段(2009~2013 年)，有 6 个地区是有效的，分别是河北、内蒙古、辽宁、浙江、广西以及青海，而江苏、天津和山东的效率值是最低的。

图 10.3 展示了关于第二阶段环境保护效率波动较大的 7 个地区，包括：北京、天津、山西、上海、福建、广东以及宁夏。这些地区关于环境保护的效率值都处于波动状态，这说明环境保护的各个方面都不成熟，最主要的原因就是，环境保护的相关政策没有完全地被贯彻落实，此外，还有客观因素存在，那就是，科技水平的不足，以及高科技设施的缺乏。

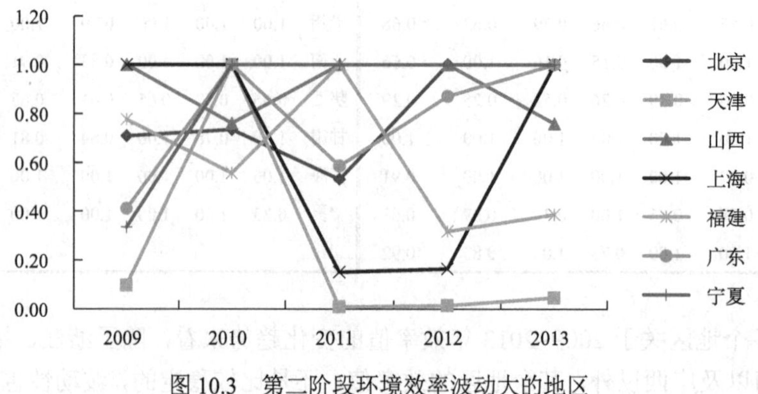

图 10.3 第二阶段环境效率波动大的地区

综上所述，从能源利用系统和环境保护系统这两个阶段的结果可见，中国各个地区的效率值并不是很乐观，这也就意味着，需要企业以及政府采取更多的积极措施，来身体力行地贯彻实施节约能源和减轻排放这一政策，响应当今社会“节能减排”的号召。

10.3.3　效率投影分析

在计算出中国 27 个地区的两个阶段的效率后，可以看出，在提高能源利用效率和环境保护效率这两方面，还有很大的空间。下面将提供这 27 个地区的投影效率，以使得它们得以改进，继而变成有效的。

正如我们所知，本案例的主要目的就是为了节约能源和减轻污染物的排放。对于想要改进成有效的无效决策单元，需要减少投入(例如就业人口(NE)、供水量(WS)、总电力消耗(EC)、固定资产投入(FA))，以及增加期望产出(例如三废的去除量(IWR、IEGR、IWSR))。为了避免过多的数据占篇幅过大，仅仅用 2011~2013 年的结果说明第一阶段能源利用系统和 2010~2013 年的结果说明第二阶段环境保护系统。表 10.5 和表 10.6 分别展示了为改进需要减少的投入量和增加的产出量。

表 10.5　节能的投影

地区	第一阶段：能源利用系统											
	2011				2012				2013			
	NE	WS	EC	FA	NE	WS	EC	FA	NE	WS	EC	FA
北京	0	0	0	0	0	0	0	0	0	0	0	0
天津	0	0	0	0	0	0	0	0	0	0	0	0
河北	0	0.6	6.2	0	0	0.7	6.8	0	0	1	10.4	0
山西	0	2.9	558.6	0	0	9.3	552.5	0	0	21.4	603.3	0
内蒙古	0	125.2	618.4	0	0	122.7	694.2	0	0	127.7	733.8	0
辽宁	7.3	40.2	0	6485.8	415.4	61.5	0	3885.8	452.4	61.5	0	4559.6
吉林	0	83	0	2780.6	12.9	52.9	0	4160.1	43.9	84.3	0	4862.3
黑龙江	0	225	0	1782.1	9.4	269.4	0	3528.2	0	258	0	3192.3
上海	0	0	0	0	0	0	0	0	0	0	0	0
江苏	0	149.1	0	0	2.6	57.5	0	5986.6	0	75.2	0	2188.6
浙江	0	0	92.5	0	0	0	61.8	0	0	0	28.7	0
安徽	0	101.5	0	3536.8	262.7	133.7	0	1718.5	87.2	74.2	0	0
福建	0	7.3	0	0	0	44.3	0	0	0	109.1	0	0
江西	175.3	116	0	3265.6	210.2	90.8	0	3917.3	124.5	67.7	0	1604.6
山东	0	43.7	131.3	0	0	21.3	0	0	0	17.7	0	0

续表

地区	第一阶段：能源利用系统											
	2011				2012				2013			
	NE	WS	EC	FA	NE	WS	EC	FA	NE	WS	EC	FA
河南	0	131.3	462.6	0	0	97	97.6	0	0	146.9	357.7	0
湖北	67.2	9.5	0	2333.1	123.7	40.9	0	3697.8	198.6	87.2	0	5467.5
湖南	0	134.3	0	2712.2	0	229.6	0	3652.1	0	168.9	0	3302.1
广东	0	0	0	0	0	22.4	120.4	0	0	129.1	745.6	0
广西	0	238.3	0	0	0	219	0	0	0	271	206.2	2348.7
四川	0	101	0	2940.2	186.8	71.8	0	0	235	160.7	0	2876.3
贵州	0	57.3	274.6	0	0	52.9	248.6	0	0	50.5	233.8	0
云南	0	82.9	129.8	0	0	65.6	0	0	0	81.3	86.6	0
陕西	144.8	48.8	0	0	44.9	50.9	0	1654.7	240.5	53.3	0	1388.4
甘肃	0	108.8	620.7	1910.2	0	105.5	523.4	1063.8	0	1200.8	542	1620
青海	0	26.6	460.7	731.6	0	21.9	452.4	569.1	27.1	22	476.1	0.6
宁夏	0	65.8	564	454.3	0	61.9	542.9	403.8	51.8	65.2	587.6	15.2

表 10.6 减排的投影

地区	第二阶段：环境保护系统											
	2010			2011			2012			2013		
	IWR	IWGR	IWSR	IWR	IWGR	IWSR	IWR	IWGR	IWSR	IWR	IWGR	IWSR
北京	2534	4	133	4921	1	145	0	0	0	0	0	0
天津	0	0	0	7184	24	790	0	16	711	4631	14	540
河北	0	0	0	0	0	0	0	0	0	0	0	0
山西	0	5	2516	0	0	0	0	0	0	9905	82	2936
内蒙古	0	0	0	0	0	0	0	0	0	0	0	0
辽宁	0	0	0	0	0	0	0	0	0	0	0	0
吉林	17986	29	698	19965	26	613	16183	21	693	30898	28	1445
黑龙江	13874	45	1112	18249	40	1201	11981	46	663	30538	45	1230
上海	0	0	0	25101	22	1068	15758	15	692	0	0	0
江苏	9845	0	2099	12998	61	3661	6719	25	2305	31935	17	3109
浙江	0	0	0	0	0	0	0	0	0	0	0	0
安徽	0	0	0	0	0	0	0	0	0	0	0	0
福建	32334	0	1421	0	0	0	62556	6	3166	55806	0	2633
江西	0	0	0	32384	15	1742	0	0	0	26945	13	1556
山东	72032	24	6646	6518	29	8372	22214	14	7163	36868	0	6599
河南	54225	104	2702	26913	14	3452	0	0	0	32539	0	1569
湖北	0	0	0	0	0	0	0	0	0	33143	0	1220

续表

地区	第二阶段：环境保护系统											
	2010			2011			2012			2013		
	IWR	IWGR	IWSR	IWR	IWGR	IWSR	IWR	IWGR	IWSR	IWR	IWGR	IWSR
湖南	0	0	0	28704	23	1332	0	0	0	0	0	0
广东	0	0	0	31037	52	1095	12777	16	176	0	0	0
广西	0	0	0	0	0	0	0	0	0	0	0	0
四川	42221	21	588	0	0	0	23338	0	162	0	0	0
贵州	0	0	0	0	0	0	565	46	1217	0	0	0
云南	0	0	0	0	0	0	9936	0	128	1754	0	433
陕西	28610	42	218	11994	72	887	17874	57	872	15711	38	748
甘肃	358	17	0	0	0	0	8523	10	539	6874	4	0
青海	0	0	0	0	0	0	0	0	0	0	0	0
宁夏	0	0	0	0	0	0	0	0	0	0	0	0

提供这些效率投影的目的，是为了维持经济和环境的平衡，既要经济发展，也需保护环境。以 2013 年江苏省为例，通过这些需要改进指标的分析，我们发现，江苏省无效的主要原因是过剩的投入和不足的产出。其中，过剩的投入包括：水资源(WS)和固定投资(FA)；不足产出包括：三废的去除量(IWR、IEGR、IWSR)。江苏省想要两个阶段都变成有效的，则在第一阶段，需要减少投入指标的量为：水资源(WS)75.20 亿 t 和固定投资(FA)2188.60 亿元；在第二阶段，需要增加产出量为：工业废水的去除量(IWR)为 3.1935 亿 t，工业废气的去除量为 17 万 t，以及工业固体的去除量为 3109 万 t。

不管是从第一阶段的能源利用系统，还是第二阶段的环境保护系统这两个单方面来考虑，这样的考虑方式都具有一定的片面性，则需要一个有效的方法综合两方面来考虑。所以，本案例通过集结这两个阶段的效率值来综合分析。再次强调，在当今社会中，不仅能源利用系统-经济生产和节约能源很重要，而且环境保护系统-减少污染物的排放也同等重要。所以，在等式 $h_0^{\text{overall}} = w_1 h_0^{s_1} + w_2 h_0^{s_2}$，$w_1 + w_2 = 1$ 的基础上，两个阶段的权重分别被定义为：0.5(第一阶段)、0.5(第二阶段)。我们计算出 2009~2013 年样本中各个省份的集结效率的平均值，并把效率区间分为四档。第一档效率区间为(0.80，1]；第二档效率区间为(0.76，0.80]；第三档效率区间为(0.60，0.76]；第四档效率区间为(0，0.60]。其中，由于西藏、海南、重庆、新疆、香港、澳门及台湾地区数据缺失，不予考虑。

根据计算得知，具有最高的集结效率的第一档效率区间的地区有：北京、河北、辽宁、上海、浙江、广东、湖北以及湖南；第二档效率区间的地区有：山西、安徽以及江西；第三档效率区间的地区有：天津、福建、吉林、黑龙江、河南、内蒙古、广西、四川、贵州、云南以及青海；具有最低的集结效率的第四档效率区间的地区有：甘肃、宁夏、陕西、山东以及江苏。

由此可以看出，效率水平呈现出区域性，一些地区具有类似的性质。所以，可以将这些地区划分成区域来进行研究。此外，我国地域广阔。如果对每个地区分别进行研究，对每个地区制定相应的政策，那么所耗费的成本(包括时间成本、金钱成本等)是非常大的。所以，对我国 27 个省级行政区(尚未考虑西藏、海南、重庆、新疆、香港、澳门、台湾)进行区域化分析是有必要的。区域化研究不仅节约成本，而且可以突出各个区域的主要特点，最大的优势也会被突显出来。当每个区域的全局政策制定出来以后，其中的每个地区再根据各地的实际情况，对全局政策进行相应调整，制定出适合本地区的政策，这样不仅省时省力，而且也不会偏离整个国家政策的大方向。所以区域化政策实施起来不仅更快，而且更具有实际意义。

为了反映各个区域的差异性，根据中国各地区的地理特征，将这 27 个地区划分成三个区域，分别为东部地区、中部地区以及西部地区。表 10.7 详细说明了这三个区域以及其所包含的地区。

表 10.7　区域划分

区域	地区
东部地区	北京、天津、河北、辽宁、上海、江苏、浙江、福建、山东、广东
中部地区	黑龙江、吉林、山西、河南、湖北、江西、安徽、湖南
西部地区	陕西、甘肃、宁夏、内蒙古、青海、四川、云南、贵州、广西

在划分区域之后，分别计算出东部、中部、西部这三个区域在 2009~2013 每年在不同的两个阶段的效率值，事实上，该效率值是由本区域所有地区效率值的平均值计算而来。接着，画出每个区域从 2009~2013 年的集结效率的趋势线，其中所涉及的集结效率就是前面讨论的集结第一阶段的能源利用系统和第二阶段的环境保护系统的效率。表 10.8 正是分别呈现了东部、中部、西部三个区域从 2009~2013 年的两个阶段效率值以及这 5 年的平均效率值，图 10.4 展示了每个区域这 5 年来的集结效率值以及效率的变化趋势。

表 10.8　东部、中部、西部的集结效率

区域/年份	第一阶段：能源利用系统						第二阶段：环境保护系统					
	2009	2010	2011	2012	2013	平均值	2009	2010	2011	2012	2013	平均值
东部	0.79	0.83	0.91	0.87	0.86	0.85	0.62	0.78	0.58	0.62	0.70	0.66
中部	0.69	0.65	0.66	0.63	0.58	0.64	0.81	0.83	0.81	0.95	0.76	0.83
西部	0.39	0.47	0.42	0.39	0.38	0.41	0.86	0.91	0.96	0.87	0.93	0.91

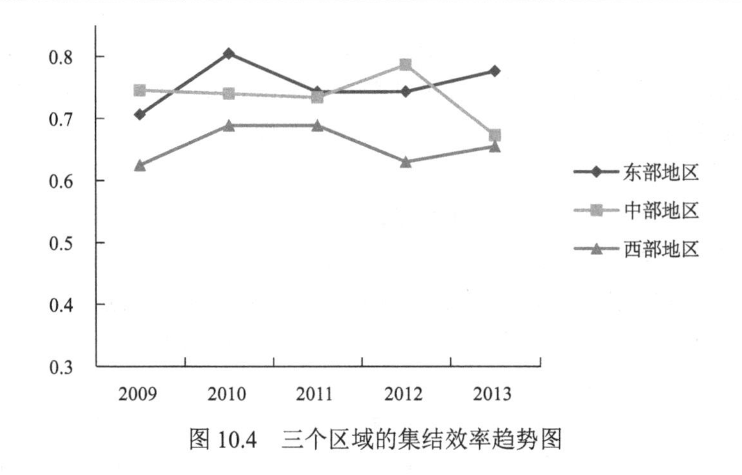

图 10.4　三个区域的集结效率趋势图

表 10.8 的结果表明，总体而言，每个区域的效率值，不管是第一阶段还是第二阶段，相对来说，还是比较稳定的。以西部地区为例，在第一阶段的效率分别为：0.39、0.47、0.42、0.39、0.38；在第二阶段分别为：0.86、0.91、0.96、0.87、0.93。显然，在第一阶段，效率值是围绕 0.4 波动的，而第二阶段是围绕 0.9 波动的，总的来说，这些值的波动还是比较小的。对于第一阶段，东部、中部以及西部地区三个区域的平均效率值分别为：0.85、0.64、0.41；对于第二阶段，相应的东部、中部以及西部地区三个区域的平均效率值为：0.66、0.83、0.91。所以，由这些效率值可得，在第一阶段，东部地区的效率水平最高，第二是中部地区，最差是西部地区；相反，对于第二阶段，西部地区的效率水平最高，第二是中部地区，最差是东部地区。

上述结果显示东部和中部地区表现的效率水平比较相近，在 2013 年末，东部地区的效率值很明显比中部和西部地区要高，而且东部和中部地区的效率都在上升，相反，中部地区却在下降，并且对于图 10.4 最明显的结果，就是西部地区的效率水平表现最低。

10.4　本 章 小 结

本章主要讨论，在研究的时间范围内，地区阶段效率、地区集结效率、区域阶段效率以及区域集结效率水平出现差异的原因。内容主要分为两部分，在第一部分，讨论地区阶段效率水平；第二部分，讨论区域集结效率。

1. 地区阶段效率水平

第一阶段：从 2009~2013 年，北京、天津和上海的效率都是有效的。而广东从 2009~2011 年是有效的，2011 年之后，它的效率值便处于下降状态。其中，不乏某些地区的效率值虽然无效，但是效率水平，相对来说，还是比较高的，例如浙江、湖北以及广东。这些地区几乎都是发达地区。而像甘肃、青海以及宁夏的效率值是最低的，这些主要都是经济发展较弱的地区。

这种情况主要是由三种原因造成的。首先，发达地区最早进行经济体制改革，拥有更加完善的经济系统，市场化水平比落后地区更加发达；其次，这些发达地区比经济较弱的地区拥有更高的技术水平，拥有更好的生产设备；最后，劳动力需要引起高度重视，因为劳动力的利用效率的提升可以显著的提高工业生产效率。根据《中国统计年鉴 2013》的数据显示，北京、天津和上海关于普通本专科学生的毕业人数分别为 150929、120996 和 133794。显然，发达地区比经济薄弱的地区拥有更多更高教育的人才，人才可以更好地进行创造性的劳动，极大地提高劳动生产力。某种意义上来说，学历同样在影响效率水平上起到非常重要的作用。

对于第二阶段的环境保护系统，则最重要的目标便是减少污染排放：即废水的去除量、废气的去除量和固体废弃物的去除量。众所周知，工业污染是破坏环境的一个重要因素，这也是当今全世界所要研究的热门难题。

根据第一、二阶段的结果，个别地区在能源利用系统中效率较高，却在环境保护系统中较差，例如天津。所以对于天津这样的地区过度注重工业经济的发展，经济发展较好，但忽视了环境保护问题。工业经济的增长速度过快，以至于随之产生过量的工业废弃物。此外，它们也缺乏先进生产技术以及高科技设备，从而不能有效地净化这些过量的工业废弃物，继而对环境造成破坏。

相反，对于甘肃、青海以及宁夏环境效率较好，但是在能源利用方面较为薄弱。这是因为它们的工业生产能力较弱，工业经济较为落后，工业产量比较少，随之生产的污染物也不多。这就意味着这些污染物可以被大自然以及企业有效地净化，从而对环境的破坏也会大大地减弱。

综上所述，大部分地区的效率水平不能同时在这两个阶段——能源利用系统和环境保护系统处于高水平。中国政府应该意识到这样的现象，为平衡这两方面而采取适当措施。本案例的方法便是采用投影的方式改进投入产出量，以此来提高效率，该方法可以有效地帮助无效地区变成有效地区。

2. 区域集结效率水平

在第一阶段的能源利用系统中，东部地区表现最高的效率水平，其次是中部地区，最差的是西部地区，因为东部地区在经济、生产技术以及受到更高教育的劳动力方面有更大的优势。

在第二阶段的环境保护系统中，西部地区的效率水平表现最高，接着是中部地区，效率水平最差的就是东部地区。这就表示，在减轻环境污染方面，东部地区表现比较差，而西部地区表现得更加优异。根据调查，一些西部地区为了摆脱经济对传统石油、天然气等化石能源的依赖性，已经积极地开发清洁能源，依靠比较充足的风能和太阳能。

观察两个阶段的集结效率的结果，虽然西部地区在第二阶段的环境保护系统中表现最好，但是，效率水平最低。这就告诉我们，不能一味地保护环境，也需要大力发展经济，具体措施有：学习东部地区更高水平的科学技术，引进先进的仪器设备以及借鉴学习它更完善的经济系统。

参 考 文 献

毕功兵，梁樑，杨锋. 2007. 两阶段生产系统的 DEA 效率评价模型. 中国管理科学，15(2)：92-96.

段永瑞，田澎，张卫平. 2006. 具有独立子系统的 DEA 模型及其应用. 管理工程学报，20(1)：27-31.

夏琼，杨锋，梁樑，等. 2011. 多阶段混联生产系统的 DEA 效率评价. 系统工程理论与实践，31(2)：291-296.

夏琼，杨锋，梁樑，等. 2012. 非独立并联生产系统的DEA效率评价研究. 管理科学学报，15(7)：20-25.

杨锋，梁樑，凌六一，等. 2009. 并联结构决策单元的DEA效率评价研究. 中国管理科学，17(6)：157-162.

赵萌. 2011. 并联决策单元的动态 DEA 效率评价研究. 管理科学，24(1)：90-97.

Charnes A, Cooper W W, Rhodes E. 1978. Measuring the efficiency of decision making units. European Journal of Operational Research, 2(6): 429-444.

Chen C M. 2009. A network-DEA model with new efficiency measures to incorporate the dynamic effect in production networks. European Journal of Operational Research, 194(3): 687-699.

Chen Y, Liang L, Yang F. 2006. A DEA game model approach to supply chain efficiency. Annnals of Operations Research, 145(1): 5-13.

Fare R, Grosskopf S. 2000. Network DEA. Socio-Economic Planning Sciences, 34(1): 35-49.

Kao C, Hwang S N. 2008. Efficiency decomposition in two-stage data envelopment analysis: An application to non-life insurance companies in Taiwan. European Journal of Operational Research, 185(1): 418-429.

Kao C. 2009. Efficiency measurement for parallel production systems. European Journal of Operational Research, 196(8): 1107-1112.

Kao C. 2010. Malmquist productivity index based on common-weights DEA: The case of Taiwan forests after reorganization. Omega, 38(6): 484-491.

Nemoto J, Goto M. 2003. Measurement of dynamic efficiency in production: an application of data envelopment analysis to Japanese electric utilities. Journal of Productivity Analysis, 19(2-3): 191-210.

Ouellette P, Vierstraete V. 2004. Technological change and efficiency in the presence of quasi-fixed inputs: A DEA application to the hospital sector. European Journal of Operational Research, 154(3): 755-763.

Yang Y S, Ma B J, Masayuki K. 2000. Efficiency measuring DEA model for production system with k independent subsystems. Journal of the Operations Research Society of Japan, 43(3): 343-354.

Yörük B K, Osman Z. 2005. Productivity growth in OECD countries: A comparison with Malmquist indices. Journal of Comparative Economics, 33: 401-420.

第四部分

行业分析之交通运输篇

第 11 章　技术进步下交通运输环境效率研究

11.1　引　言

近年来，全球交通运输业发展迅速(Wu et al.，2016)。经过 30 多年的高速发展，2016 年中国公路总里程达到 13.1 万 km，位居世界第一(MTPRC，2017)。2006~2015 年，公路客运量和货运量占行业总量比例近十年平均为 91.65%和 74.61%(NBSC，2016)，这表明公路运输在中国整个交通运输业中已成为最重要的行业。交通运输业是世界上能源消耗和污染水平最高的行业之一(Ibanez and McCalley，2011；Motasemi et al.，2014)。中国的公路运输能源消耗主要是化石燃料，而化石燃料会产生大量有害气体。由于巨大的运输需求，二氧化碳等不良气体的排放应该得到更多的关注(Wu et al.，2015)。事实上，二氧化碳排放和环境污染目前正在阻碍着中国经济的可持续性发展(Song et al.，2015；Pan et al.，2016)。为了保持经济的稳定增长，需要对交通运输业的能源和环境效率进行相应的持续投资(Wang et al.，2013)。为了解决这一问题，中国的“十三五”规划旨在“大力加强生态建设和环境保护”(SCPRC，2016)。

因此，公众和学术界都应更加重视评估、分析和改善环境效率，以解决公路运输行业的二氧化碳排放问题。DEA 最近被广泛应用于效率研究(Wang et al.，2014)，因为它可以在评估相对效率时同时处理多个投入和产出。Tongzon(2001)使用了 DEA 方法对国际集装箱港口的效率进行了评估。Lin 和 Hong(2006)评估了全球 20 个重要机场的运营效率。Wei 等(2013)采用超效率 DEA 模型对中国城市交通进行了研究。所有这些研究都忽略了环境问题和二氧化碳的排放。

Pongthanaisawan 和 Sorapipatana(2013)已经调查了交通运输业的二氧化碳排放量。关于交通运输系统的环境效率，Wang 等(2011)和 Zhou 等(2013)对交通运输行业的绩效进行了研究。Chang 等(2013)提出了一种非径向 DEA 模型，该模型采用基于松弛的度量方法来分析中国交通运输业的整体绩效。Cui 和 Li(2014)使用 DEA 应用于三阶段虚拟前沿模型来评价运输能源效率。虽然这些研究调查了交通运输业的环境效率并提出了一些建议，但这些研究既没有关注日益重要的公路运输子行业，也没有提出确切的政策建议。

最近，Bi 等(2014)提出了一种多向效率分析的非径向 DEA 模型，用于 2006~2010 年中国交通行业区域环境效率的测度。Wu 等(2016)基于并行 DEA 方法测量了 2013 年中国交通运输系统的能源和环境效率。Liu 等(2017)研究了中国陆地交通的环境效率：基于 2009~2012 年区域和时间分析平行松弛测度。然而，Wu 等(2016)的研究只测量了一年的绩效，从中看不到效率的变化趋势。Bi 等(2014)和 Liu 等(2017)的研究中评估了多个时期的效率，但他们只是计算了每年的效率，然后简单地比较了不同年份的绩效，这种方法忽略了技术进步，并且不同年份的效率可比性较低。

虽然文献中关于环境效率评价的内容较多，但从提高环境效率和同时考虑二氧化碳排放的技术角度出发，它没有全面考虑运输行业中最重要的部门——公路运输。

同时，大数据也引起了政府和学术界的高度关注(Song et al.，2016；Dubey et al.，2016)。大数据具有容量大、种类多、更新速度快、真实性和稳定性五大特点，这将显著增加解决相关问题的复杂性(Ohlhorst，2012)。在大数据的五大特征中，容量是最基本的，因为要分析的数据集通常是很庞大的。因此，分析大数据给研究者带来了很大的困难(Bizer et al.，2012)。基于这些特点，一些学者试图将大数据与 DEA 结合进行环境效率评价研究。例如，Zhu 等(2016)提出了基于 DEA 的中国区域自然资源配置和利用方法。Li 等(2017)利用大数据理论对中国森林资源效率进行分析和评价。他们在进行效率评估时主要考虑了大数据中的海量数据。Liu 等(2017)提出了 DEA 交叉效率评价法，该方法考虑了 DMUs 的不良产出和排序偏好，并结合大数据理论来处理海量数据和大量的投入产出指标。在 DEA 领域，当 DMUs 数量足够大时，可能需要考虑复杂的关系。例如，当观测到的一个 DMU 的生产数据足够大时，可以利用该数据更精确地确定生产前沿。因此，本章将利用“大数据”的优势。

为了准确衡量技术变化和环境效率，进一步提高“大数据”背景下的公路运输业的技术和环境效率，减少 CO_2 排放，本章提出了基于 DEA 的 Hicks-Moorsteen 指数模型(O’Donnell，2012)。该模型考虑了资源投入的生产框架以及理想的产出和不良的产出，能更好地反映不同地区公路运输部门的绩效。该方法将应用于 2005~2014 年省级公路运输数据中。

本章的其余部分安排如下。在第 2 节中，给出了一个评价不同地区公路运输部门的模型。第 3 节对中国 30 个区域公路运输行业的技术进步和环境效率进行了实证研究。最后，在第 4 节给出了研究的启示和进一步的研究方向。

11.2　中国道路运输业环境效率评价和技术进步模型构建

公路运输的全要素生产率(TFP)代表公路运输的生产服务水平，全要素生产率增长率是不同年份全要素生产率的变化率。全要素生产率增长率可进一步分解为技术水平增长率、技术效率增长率、范围效率增长率和规模效率增长率，这些都反映了技术创新和管理能力、规模经济和混合经济的变化(Kerstens and Woestyne，2014)。

11.2.1　生产水平

决策单元(DMU)的生产率是指产出与投入的比率。如果 DMU 使用单一投入产生单一产出，这个比率很容易计算。在更多可能的情况下，DMU 使用多个投入产生多个产出，分子中的输出必须以某种经济上合理的方式进行汇总，分母上的投入也要一样汇总，这样生产率才能保持两个标量的比率。生产率增长就变成了产出增长和投入增长之间的差异，这里也适用于聚合需求(Fried et al.，1993)。

在生产期 T 内有 N 个 DMU 需要评估，每个 DMU 都有 m 个投入和 s 个产出。设 $x_{ij}^t=(x_{1j}^t,x_{2j}^t,\cdots,x_{mj}^t)$ 和 $y_{rj}^t=(y_{1j}^t,y_{2j}^t,\cdots,y_{sj}^t)$ 表示生产期 t 中 DMU_j 的观测投入和产出，$X_j=(x_j)$ 和 $Y_j=(y_j)$ 表示投入总和函数和产出总和函数，它们是不减少的线性齐次总和函数(Caves et al.，1982)，因此，生产期 t 中的 DMU_j 的实际生产服务水平和最优生产服务水平可分别定义为公式(11.1)和公式(11.2)。

$$\text{TL}_j^t=Y_j^t/X_j^t \tag{11.1}$$

$$\text{TL}^{t*}=Y^{t*}/X^{t*} \tag{11.2}$$

其中，t=1, 2,⋯, T；j=1, 2,⋯, N；*表示最优值。

11.2.2　TFP 指数

根据上述定义，可得第 t' 期 $\text{DMU}_{j'}$ 的生产服务水平与第 t 期的 DMU_j 的生产服务水平的比值，即全要素生产率增长率可表示为公式(11.3)。

$$\text{TFP}_{j,j'}^{t,t'}=\frac{TL_{j'}^{t'}}{TL_j^t}=\frac{Y_{j'}^{t'}/X_{j'}^{t'}}{Y_j^t/X_j^t}=\frac{Y_{j,j'}^{t,t'}}{X_{j,j'}^{t,t'}} \tag{11.3}$$

其中，$t'=1,2,\cdots,T$；$j'=1,2,\cdots,N$。

$Y_{j,j'}^{t,t'}=Y_{j'}^{t'}/Y_j^t$ 是生产期 t' 和 t 之间的总产出增长率，$X_{j,j'}^{t,t'}=X_{j'}^{t'}/X_j^t$ 是不同生产期 t' 和 t 之间的总投入增长率。根据不同生产期之间的比较，$\text{TFP}_{j,j'}^{t,t'}$ 的值可以大于、小于或等于 1，这意味着 TFP 从生产期 t 到 t' 可能增加、减少或保持不变。在此框架中，投入总和函数 $X_j=(x_j)$ 和产出总和函数 $Y_j=(y_j)$ 都是无参数前沿函数，这使得 Shephard(1981)的投入和产出距离函数可以方便地用生产技术表示。产出距离函数和投入距离函数，用公式(11.4)和公式(11.5)表示。

$$Y_j^t=d_O^t\left(x_j^t,y_j^t\right)=\text{Min}\left\{\delta>0:\left(x_j^t,y_j^t/\delta\right)\in P\right\} \tag{11.4}$$

$$X_j^t = d_I^t\left(x_j^t, y_j^t\right) = \mathrm{Min}\left\{\delta > 0 : \left(x_j^t / \rho, y_j^t\right) \in P\right\} \tag{11.5}$$

其中，P 是生产可能集。函数 $d_O^t\left(x_j^t, y_j^t\right)$ 和 $d_I^t\left(x_j^t, y_j^t\right)$ 分别是产出距离函数和投入距离函数，可通过 DEA 进行测算。将公式(11.4)和(11.5)代入公式(11.3)，可以将 TFP 指数定义为公式(11.6)，称为 $\mathrm{TFP_{HM}}$ 指数。

$$\mathrm{TFP}_{\mathrm{HM}}^{jt,j't'} = \left(\frac{d_O^t\left(x_{j'}^t, y_{j'}^t\right) d_O^t\left(x_j^t, y_{j'}^t\right)}{d_O^t\left(x_{j'}^t, y_j^t\right) d_O^t\left(x_j^t, y_j^t\right)} \Big/ \frac{d_I^t\left(x_{j'}^t, y_{j'}^t\right) d_I^t\left(x_{j'}^t, y_j\right)}{d_I^t\left(x_j^t, y_{j'}^t\right) d_I^t\left(x_j^t, y_j^t\right)}\right)^{1/2} \tag{11.6}$$

11.2.3　$\mathrm{TFP_{HM}}$ 的分解

根据 Farrell(1957)和公式(11.2~11.3)，生产期 t 内公路运输决策单元运行效率可表示为公式(11.7)。

$$E_j^t = \frac{\mathrm{TL}_j^t}{\mathrm{TL}^{t^*}} \ll 1 \tag{11.7}$$

在同一时期 t 内，实际生产服务水平不会大于 DMU_j 的最优生产服务水平，因此 E_j^t 将小于等于 1。将 E_j^t 分解为技术效率(TE)、规模效率(SE)以及剩余范围效率(RME)，如公式(11.8)~公式(11.10)所示。

$$\mathrm{TE}_j^t = \frac{Y_j^t / X_j^t}{Y_j^t / \overline{\overline{X_j^t}}} \leqslant 1 \tag{11.8}$$

$$\mathrm{SE}_j^t = \frac{Y_j^t / \overline{X_j^t}}{\widetilde{Y_j^t} / \widetilde{X_j^t}} \leqslant 1 \tag{11.9}$$

$$\mathrm{RME}_j^t = \frac{\widetilde{Y_j^t} / \widetilde{X_j^t}}{Y^{t^*} / X^{t^*}} \leqslant 1 \tag{11.10}$$

式中：$\overline{X_j^t} = \theta x_{ij}^t = \tau(x_{1j}^t, x_{2j}^t, \cdots, x_{mj}^t)$ 是保障产出不变情况下可以使用的最少投入，并且 τ 是产出向量 y_{rj}^t 不变情况下投入向量缩放倍数；$\widetilde{X_j^t}$ 和 $\widetilde{Y_j^t}$ 则表示在 x_{ij}^t 和 y_{rj}^t 分别以倍数缩放时，使对应生产技术水平达最大值时的总投入量和总产出量。

此外，公式(11.7)可以表示为 $\mathrm{TL}_j^t = E_j^t \times \mathrm{TL}^{t^*}$，因此公式(11.3)可以改写为公式(11.11)。

$$\mathrm{TFP}_{j,j'}^{t,t'} = \frac{\mathrm{TL}^{t^*} \times E_{j'}^{t'}}{\mathrm{TL}^{t^*} \times E_j^t} = \frac{\mathrm{TL}^{t^*}}{\mathrm{TL}^{t^*}} \times \frac{E_{j'}^{t'}}{E_j^t} \tag{11.11}$$

结合公式(11.8)~公式(11.10)，公式(11.3)可最终分解为公式(11.12)。

$$\mathrm{TFP}_{j,j'}^{t,t'}=\frac{\mathrm{TL}^{t'*}}{\mathrm{TL}^{t*}}\times\frac{\mathrm{TE}_{j'}^{t'}}{\mathrm{TE}_{j}^{t}}\times\frac{\mathrm{SE}_{j'}^{t'}}{\mathrm{SE}_{j}^{t}}\times\frac{\mathrm{RME}_{j'}^{t'}}{\mathrm{RME}_{j}^{t}} \tag{11.12}$$

公式(11.11)或(11.12)中右侧第一项称之为技术水平增长率($\Delta\mathrm{TL}^*$)，表示从第 t 期到第 t'期可最大程度实现的技术进步的增长即生产前沿面的移动。公式(11.11)中右侧第二项称之为整体效率增长率(ΔE)，可被分解为公式(11.12)右侧的二、三、四项。公式(11.12)右侧第二、三、四项分别为技术效率增长率(ΔTE)、规模效率增长率(ΔSE)、剩余范围效率增长率(ΔRME)。因此，当指标值大于 1 时，效率增大，反之，效率减小。为了度量观测期内每年的技术进步和环境效率变化，故取值 $t'=t+1$。

技术进步($\Delta\mathrm{TL}^*$)是创新的结果或采用新技术的最佳实践影响最优交通行业生产技术进步的结果。全要素生产率的变化是技术进步的增长率和各种效率(ΔTE、ΔSE 和 ΔRME)变化的结果。技术进步的高速增长可能与效率的下降并存。同样，相对较低的技术水平增长率可以与迅速提高的效率并存。因此，在详细的绩效分解的基础上，可以给出更好的提高全要素生产率增长率的建议。

11.3　中国区域交通运输环境效率实证分析

11.3.1　数据及指标

本研究测量了 2005~2014 年中国 30 个省级地区(西藏、香港、澳门及台湾数据缺失)的公路运输行业的技术进步($\Delta\mathrm{TL}^*$)和整体效率(ΔE)。公路运输部门采用了 5 个要素作为投入，3 个要素作为产出。这些因素已在 Baležentis 等(2016)、Chu 等(2016)、Song 和 Wang(2014)发表的作品中使用。对于公路运输行业，选择公路长度、汽车数量、员工数量、汽油消耗量和柴油消耗量作为 5 个投入。两个理想的产出是客运量和货运量。唯一不良产出是二氧化碳排放(Song et al.，2016；Wu et al.，2016；Liu et al.，2017)。本章使用的投入产出指标如表 11.1 所示。

表 11.1　投入和产出指标

公路运输部门	指标	单位
投入	公路长度	km
	汽车数量	辆
	员工数量	人
	汽油消耗量	t
	柴油消耗量	t
理想产出	旅客周转量	万人·km
	货物周转量	万 t·km
不良产出	CO_2 排放量	t

公路长度、汽车数量、员工数量、汽油消耗量、柴油消耗量、客货周转率等数据，可在《中国统计年鉴》《中国能源统计年鉴》中以及中华人民共和国交通运输部的经济预测系统中获得。然而，中国目前还没有省级 CO_2 排放的官方统计数据。因此，本章采用基于燃料的碳足迹模型估算 CO_2 排放量，该模型已由 Chang 等(2013)、Bi 等(2014)和 Wu 等(2016)成功应用。在此之后，考虑到 10 年(2005~2014 年)30 个地区各 5 个投入和 3 个产出指标，总共选择了 2400 个数据项，其中包含了提供生产函数信息的大规模数据。

表 11.2 列出了这 30 个行政区域的投入和产出的描述性统计数据。

表 11.2　中国 30 个地区指标描述性统计

变量	员工数量	汽车数量	公路长度	汽油消耗量	柴油消耗量	旅客周转量	货物周转量	CO_2 排放量
最大值	383.63	1350.25	3097.00	598.24	1282.30	3092.91	7392.37	49.06
最小值	9.89	12.18	81.00	4.62	4.48	24.66	48.30	0.43
标准差	67.48	243.27	695.95	119.56	196.36	450.63	1552.85	9.09
平均值	94.97	259.28	1238.55	134.68	277.01	490.88	1234.99	12.82
中位数	77.03	190.71	1262.00	102.83	239.32	336.47	682.30	11.08

11.3.2　结果分析

1. 技术进步与环境效率变化

根据我们的研究框架，对 30 个地区不良产出的公路运输全要素生产率指数进行了评估。将公路运输的全要素生产率指数(TFP_{HM})分解为技术水平增长率(ΔTL^*)、技术效率增长率(ΔTE)、规模效率增长率(ΔSE)、剩余范围效率增长率(ΔRME)。表 11.3 列出了 2005~2014 年间的比率。

表 11.3　中国公路运输全要素生产率增长率演化趋势

比较指标	TFP_{HM}	ΔTL^*	ΔE	ΔTE	ΔSE	ΔRME
2006/2005	0.8547	0.7057	1.2770	0.9877	1.0186	1.2800
2007/2006	1.0241	0.7667	1.6198	1.0164	0.9951	1.6110
2008/2007	1.5503	3.1583	1.1069	0.8628	1.0039	1.2515
2009/2008	0.9925	0.8770	1.1601	0.9992	0.9940	1.1717
2010/2009	1.0522	0.9433	1.1612	1.0055	1.0028	1.1477
2011/2010	1.0370	0.9589	1.1098	1.0085	0.9991	1.1048
2012/2011	1.0410	1.0021	1.0519	1.0422	0.9993	1.0137

续表

比较指标	TFP_{HM}	ΔTL^*	ΔE	ΔTE	ΔSE	ΔRME
2013/2012	0.9301	0.8905	1.0726	0.9573	1.0312	1.1055
2014/2013	1.0070	1.0535	0.9776	0.9937	0.9932	0.9853
平均值	1.0543	1.1507	1.1708	0.9859	1.0041	1.1857
累积值	1.4329	1.2745	3.7756	0.8700	1.0371	4.2338

注：累积值为样本期间所有年份累积结果。

从表 11.3 可知，考虑二氧化碳排放量，公路运输部门的全要素生产率在 9 年中有 6 年增长($TFP_{HM} > 1$)，而在其他 3 年则出现了下降($TFP_{HM} < 1$)。全要素生产率增长率的平均值超过了 1，说明在样本期内，公路运输部门的全要素生产率平均每年增长 5.43%。技术进步(15.07%)和整体效率变化(17.08%)都对中国公路运输行业的全要素生产率增长起到了积极作用，从中我们看到，技术进步和整体效率的增长都是推动中国公路运输行业增长的主要动力。特别是，剩余范围效率年均增长率为 18.57%，超过了技术效率增长率和规模效率增长率。总体而言，产出生产率呈现出良好的增长势头。更重要的是，剩余范围效率的高速增长表明，考虑 CO_2 排放的旅客周转量和货物周转量的剩余范围产出增长越来越好，这意味着社会服务(旅客周转量和货运周转量)与环境保护(CO_2 排放量)之间的协调正在改善。

尽管公路运输部门生产率呈上升趋势，但全要素生产率增长率存在一定的波动。全要素生产率增长率在 2007~2008 年有 55.03%的显著增长，但在 2006 年也有 14.53%的大幅下降。此外，全要素生产率的增加或减少可能取决于不同的驱动力。以 2007~2008 年和 2012~2013 年的全要素生产率增长率为例，2007 年至 2008 年全要素生产率的提高(155.03%)主要归因于技术进步和整体效率的提高($\Delta TL^* = 315.83\%$和 $\Delta E = 110.69\%$)，从 2012~2013 年全要素生产率下降(93.01%)的主要原因是技术倒退($\Delta TL^* = 89.05\%$和 $\Delta E = 107.26\%$)。由此可以推断，技术进步和整体效率变化对交通运输业全要素生产率增长的影响是不同的。

准确地分析技术进步和整体效率有助于加深对该问题的认识。为了在更大范围内提高可持续技术和整体效率，将中国 30 个区域按照地理和经济水平划分为东部、中部和西部三个区域(Liu et al.，2017；Liu et al.，2017)。表 11.4 中列出了这些区域及其组成地区。

表 11.4　区域和组成行政地区

区域	组成地区
东部(11 个地区)	北京，天津，河北，辽宁，山东，上海，江苏，浙江，福建，广东，海南
中部(10 个地区)	山西，内蒙古，吉林，黑龙江，安徽，江西，河南，湖北，湖南，广西
西部(9 个地区)	重庆，四川，贵州，云南，山西，甘肃，青海，宁夏，新疆

从表 11.4 可以看出，中国东部、中部和西部分别划分了 11 个、10 个和 9 个地区。为了反映这三个区域之间的差异，表 11.5~表 11.7 说明了每个区域的全要素生产率增长率、技术进步和整体效率变化。

表 11.5 东部地区公路运输全要素生产率增长率演变趋势

比较指标	TFP_{HM}	ΔTL^*	ΔE	ΔTE	ΔSE	ΔRME
2006/2005	0.8182	0.6764	1.2303	0.9810	1.0461	1.2009
2007/2006	1.1066	0.7360	1.8651	1.0277	1.0005	1.8240
2008/2007	1.3170	1.9389	1.5487	0.9101	0.9929	1.5968
2009/2008	1.0149	0.8755	1.2136	0.9997	1.0195	1.1914
2010/2009	1.0813	0.9902	1.1333	0.9973	0.9852	1.1495
2011/2010	1.0424	1.0241	1.0499	0.9870	0.9837	1.0846
2012/2011	1.0448	1.0294	1.0372	0.9990	0.9952	1.0429
2013/2012	1.0610	0.9318	1.1994	0.9935	1.0472	1.1553
2014/2013	1.0186	1.0909	0.9458	0.9743	0.9838	0.9861
平均值	1.0561	1.0326	1.2470	0.9855	1.0060	1.2479
累积值	1.5406	0.8966	6.0386	0.8732	1.0529	6.1720

表 11.6 中部地区公路运输全要素生产率增长率演化趋势

比较指标	TFP_{HM}	ΔTL^*	ΔE	ΔTE	ΔSE	ΔRME
2006/2005	0.8689	0.7225	1.2898	1.0180	0.9876	1.3032
2007/2006	0.9851	0.7721	1.5210	1.0144	0.9662	1.5655
2008/2007	1.8500	4.0994	0.9315	0.7909	1.0224	1.2754
2009/2008	0.9381	0.8442	1.1203	0.9633	0.9695	1.2068
2010/2009	1.0630	0.8655	1.2595	1.0329	1.0109	1.2066
2011/2010	0.9947	0.8976	1.1245	0.9697	1.0008	1.1610
2012/2011	1.0204	0.9835	1.0407	1.0720	1.0089	0.9673
2013/2012	0.8682	0.8504	1.0307	0.9928	1.0408	1.0467
2014/2013	1.0471	1.0128	1.0642	1.0232	0.9998	1.0290
平均值	1.0706	1.2276	1.1536	0.9863	1.0008	1.1957
累积值	1.4568	1.2704	3.3102	0.8580	1.0047	4.5822

表 11.7 西部地区公路运输全要素生产率增长率演化趋势

比较指标	TFP_{HM}	ΔTL^*	ΔE	ΔTE	ΔSE	ΔRME
2006/2005	0.8822	0.7229	1.3168	0.9677	1.0161	1.3462
2007/2006	0.9684	0.7955	1.4390	1.0057	1.0151	1.4177
2008/2007	1.5372	3.6527	0.7789	0.8755	0.9995	0.8503

续表

比较指标	TFP_{HM}	ΔTL^*	ΔE	ΔTE	ΔSE	ΔRME
2009/2008	1.0168	0.9083	1.1369	1.0309	0.9880	1.1184
2010/2009	1.0105	0.9619	1.1035	0.9899	1.0148	1.0927
2011/2010	1.0690	0.9424	1.1625	1.0670	1.0145	1.0765
2012/2011	1.0554	0.9889	1.0780	1.0630	0.9952	1.0234
2013/2012	0.8418	0.8811	0.9708	0.8854	1.0048	1.1037
2014/2013	0.9582	1.0491	0.9346	0.9884	0.9976	0.9452
平均值	1.0377	1.2114	1.1023	0.9859	1.0051	1.1082
累积值	1.2280	1.5807	2.1052	0.8630	1.0459	2.2793

对于东部地区，在 2005~2014 年，9 项全要素生产率改革中有 8 项是渐进式的。全要素生产率指标年平均增长率为 5.61%，而考虑 CO_2 排放的技术水平年平均增长率为 3.26%(ΔTL^* =1.0326)。整体效率平均提高达到 24.70%，是拉动东部地区公路运输业全要素生产率增长的主要动力。其中，纯技术效率、规模效率和范围效率的年变化率分别为−1.45%、+0.60%和+24.79%，说明规模收益和产出混合越来越好的同时，管理水平变差了。ΔTL^*的平均水平(1.0326)表明东部地区公路运输部门的最优生产技术略有进步。也就是说，虽然东部地区经济水平发展较快，但在样本期内，公路运输部门的管理水平基本处于停滞状态。

与东部地区相比，中部地区公路运输部门 TFP_{HM} 值的演变趋势类似，但表现更为明显：2005~2014 年，9 个 TFP_{HM} 值中只有 4 个得到了改善。TFP_{HM} 年平均增长 7.06%，技术水平年平均增长 22.76%，整体效率年平均增长 15.36%。中部地区公路运输行业年平均技术进步大于东部地区，达到 22.76%，而中部地区整体效率年平均增长率小于东部地区，仅为 15.36%。也就是说，中部地区的公路运输部门在技术进步方面表现出较强的追赶效应(Kumar and Russell，2002)，这意味着中部地区的公路运输部门比东部地区更加关注先进技术的应用，同时考虑社会效益和环境保护。因此，中部地区公路运输部门的最优生产技术表现出递进趋势，甚至优于东部地区。其中 ΔRME 的年平均值为 1.1957，说明可选的产出组合在追赶效应中起着最重要的作用。

尽管西部地区的经济不发达，但其公路运输行业的全要素生产率、技术进步和整体效率也表现突出，年均分别增长 3.77%、21.14%和 10.23%。这使得西部地区公路运输部门最优生产技术在 2005~2014 年间每年增长 3.77%。然而，西部地区公路运输部门 TFP_{HM}(3.77%)和整体效率(10.23%)的平均增幅低于其他两个地区。换句话说，虽然技术进步和整体效率提升都推动了 TFP_{HM} 的增长，但西部地区 TFP_{HM} 增长较慢，主要是由于其整体效率提升表现不佳。也就是说，西部地区公路运输部门最优生产技术的利用和扩散程度从属于其他两个地区。

虽然这三个地区的发展特征不同，但它们在公路运输行业的表现还是有一些共性，如图 11.1 所示。首先，这三个区域公路运输部门的 TFP_{HM}、技术进步和整体效率指标均有增长。其次，在各种效率变化中，这三个地区公路运输部门的范围效率增长率最高。最后，这三个地区乃至全国范围内，TFP_{HM} 水平都不稳定。正如我们所预料的，地区和国家层面的表现有所不同。也就是说，西部和中部地区最能反映出全国公路运输行业的生产技术进步，而东部地区则表现出衰退。

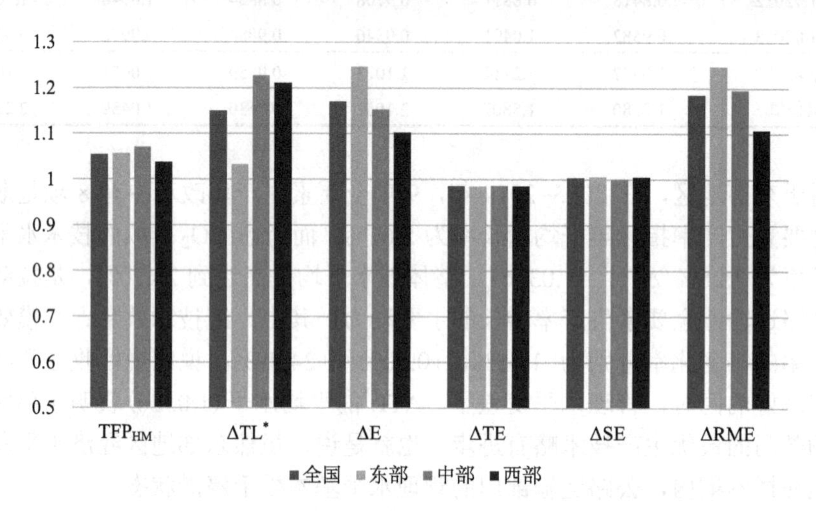

图 11.1　全要素生产率增长率的对比分析

2. 累计性能分析

一般来说，提高生产率是一项长期的任务（Adamopoulos，2011），这意味着对公路运输部门进行时序分析是必要的，可以帮助管理人员更好地了解该行业的发展。据此，以年累积值为基础，描述全国及三个地区公路运输部门的 TFP_{HM}、技术进步和整体效率测度，如图 11.2 所示。

从图 11.2 可以看出，各地区公路运输部门累积 TFP_{HM} 的趋势线或多或少是相似的。总的来说，尽管在抽样期间的某些年份公路运输行业的全要素生产率增长率（TFP_{HM}）有一些波动，但取得了积极的进展。2008~2012 年，中部地区公路运输部门全要素生产率增长率处于领先地位，但 2012~2014 年则没有。2005~2014 年，只有东部地区的公路运输部门全要素生产率增长率持续增长。值得注意的是，2013 年中部和西部地区全要素生产率增长率均有所下降。2013 年公路运输行业全要素生产率增长率表现不佳可能是由于经济结构调整（Liu，2016），这决定了生产方式应由粗放型向集约型转变。值得注意的是，这种经济结构调整对中部和西部地区的全要素生产率增长率产生了明显影响。

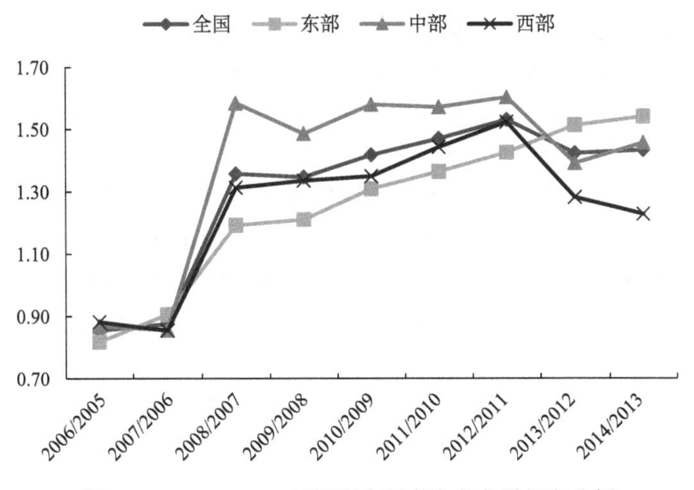

图 11.2　2005~2014 年累积全要素生产率增长率分析

技术水平增长率 (ΔTL^*) 是全要素生产率增长率的两个驱动因素之一，在样本时段内呈现出波状，如图 11.3 所示。2007~2008 年，各地区特别是中部地区公路运输部门的最佳生产技术发展迅速。到年底，中西部地区公路运输部门最佳生产技术有所进步，东部地区则略有下降。可以看出，在此期间，中部和西部地区公路运输部门的最优生产技术进步最为显著，而东部地区的最优生产技术在纵轴上仍低于 1。结合前面的区域分析可以推断，最优生产技术的持续进步对中西部地区的追赶起到了重要作用。

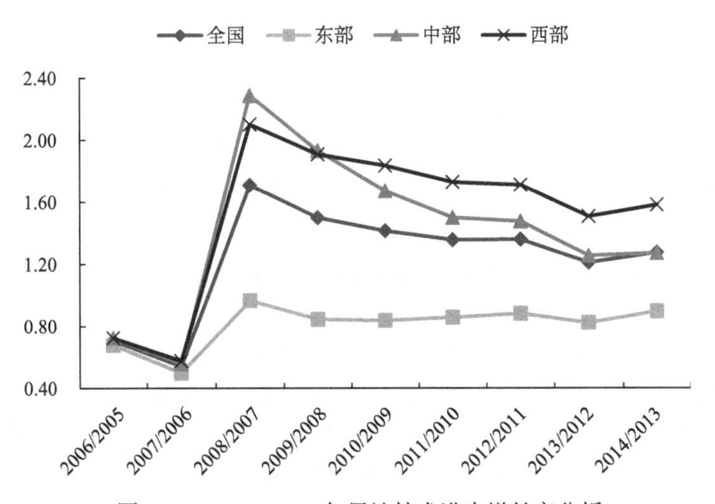

图 11.3　2005~2014 年累计技术进步增长率分析

最后，有一些有趣的发现值得注意。首先，公路运输累积收益最高的技术水平增长率发生在2007~2008年中国举办奥运会期间。其次，虽然东部地区是中国经济最发达的地区，但累积技术水平增长率的表现在2005~2014年最差。

另一个驱动因素是图11.4所示的整体效率增长率(ΔE)，虽然在2007年整体效率增长率出现了较慢的增长，但其在纵轴上始终高于1，这意味着各地区的整体效率普遍提高。与最佳生产技术的表现不同，东部地区的整体效率提高最为显著。此外，结合图11.2和图11.3可以看出，2005~2014年全要素生产率增长率的提高主要是由于累积整体效率增长率增幅惊人，如图11.4所示。

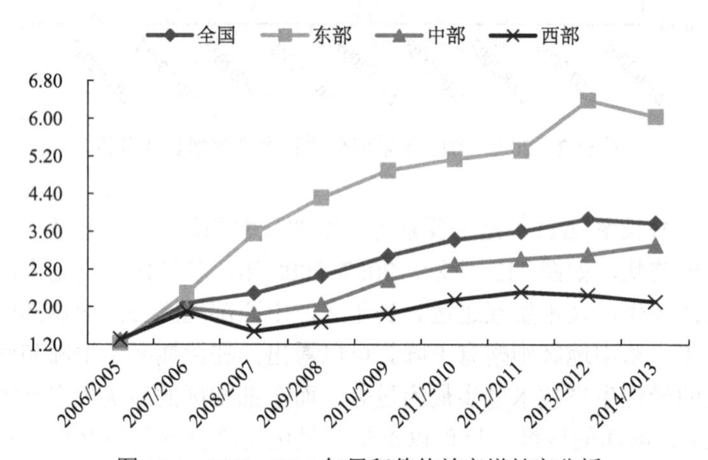

图11.4 2005~2014年累积整体效率增长率分析

3. 竞争力分析

整体效率越高，竞争力越大，技术越先进，发展潜力越大(Rasoul et al.，2011；Binswanger，2001)。为了分析我国公路运输业的竞争力和发展潜力，我们测量了样本期内各行政区的技术水平增长率 ΔTL^*和整体效率增长率 ΔE 的平均值。在此基础上，绘出四象限图，横轴为技术水平增长率，1为分区值，纵轴为整体效率增长率，1为分区值。30个行政区域被分成4组，并按象限进行描述，如图11.5所示。

在图11.5中可以看到，第一象限的技术水平增长率和整体效率增长率均大于1。换句话说，在这个象限内行政区域公路运输部门的竞争力正在提高，因为它们的最优生产技术正在进步($\Delta TL^* > 1$)，而其发展潜力很好，因为他们的最优技术的传播速度很快($\Delta E > 1$)。在第二象限中，技术水平增长率小于1但整体效率增长率大于1，这说明各行政区域公路运输部门的发展潜力和竞争力的提高是有限的，因为最优技术传播速度很快，但最优生产技术正在退化。在第三象限内，在

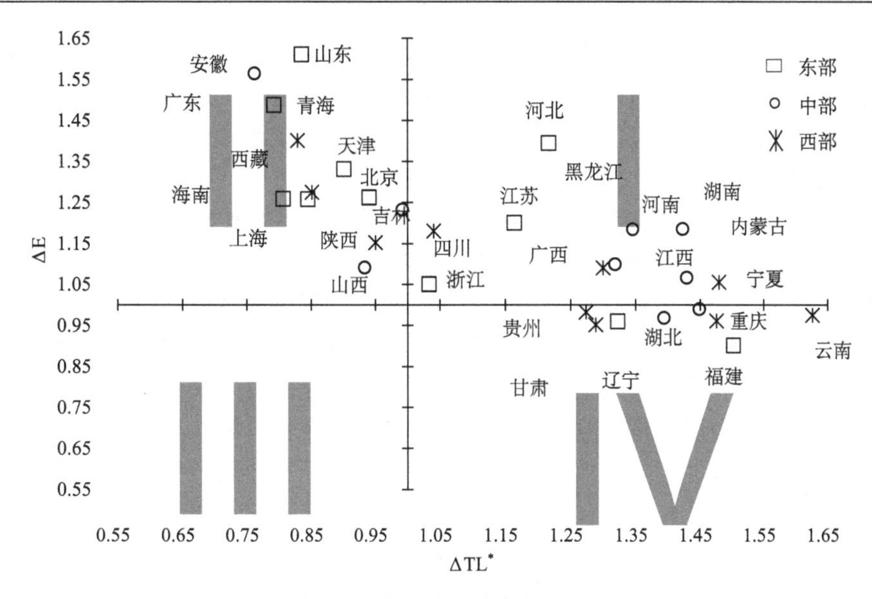

图 11.5 各行政区域竞争力分析

技术水平增长率和整体效率增长率均小于 1，由于最优技术传播缓慢且其最优生产技术正在退化，因此公路运输部门的竞争力日趋恶化，发展潜力有限。在第四象限中，整体效率增长率小于 1 但是技术水平增长率大于 1，大多数公路运输行业的发展潜力变化不大，但是“最佳实践”行业的竞争力将变得更好，因为最优技术的扩散缓慢，但它们的最优生产技术正在进步。

以北京和上海为例(在第二象限中)。尽管它们是东部乃至中国最发达的城市，其公路运输部门的生产技术扩散和资源利用均显示出效率，但其生产技术后退($\Delta TL^* < 1$)则显而易见地逐渐恶化。这些观察结果与北京和上海区域经济的持续发展不符。相反，西部和中部地区的技术进步表现令人惊讶。虽然西部和中部地区的经济发展不如东部和西部地区好，但这两个地区大部分公路运输业的最佳生产力都超过东部地区。

11.4 本章小结

我们的研究提供了一些理论和实践的贡献。理论上，虽然 Hicks-Moorsteen 指数模型已经得到了广泛的应用，但还没有被用于分析 CO_2 排放。本章的研究将 CO_2 排放作为模型中不良的产出，以评估大数据整体下全要素生产率的变化以及各种效率的变化，扩展了 Hicks-Moorsteen 指数模型。实证结果表明，该方法可以为交通运输业效率评估提供一个新的研究视角。除此之外，我们还提出了基于 DEA 的 Hicks-Moorsteen 指数方法，该方法考虑了社会服务和不良产出，弥补了全国和地区交通运输业全要素生产率变化评估文献的空白，为进一步的研究提供了机会。最后，中部和西部地区的公路运输生产技术进展比东部地区快的发现证实，“赶超效应”而不仅仅是“俱乐部收敛效应”将在地区公路运输行业中扮演重要角色(Pan et al.，2015)。

实际上，通过整体效率增长率(15.07%)和技术水平增长率(17.08%)对我国公路运输行业全要素生产率增长率(5.43%)的年增长率的研究表明，考虑到能源消耗和 CO_2 排放，公路运输行业的绩效是至关重要的经济因素。然而，经济结构调整对全要素生产率增长率的影响提醒决策者，应将粗放型经营转变为集约型经营，以适应新的经济需求。在此基础上，第一，在全国范围内采取“提高增长质量和效率”的政策，实现公路运输业全要素生产率的高增长。第二，在中部和西部地区，最优生产技术进步的绩效表明，中国的西部大开发计划和中部地区的繁荣对公路运输业的影响是显著的(Griethuysen，2010；Liu et al.，2009；Hu，2005)。在此基础上，结合当前地区产业、资源等因素的差异，应继续推行促进地区公路运输“共赢”的政策。第三，加强区域差异化政策。例如，东部地区的公路运输部门应注意通过创新来更新先进技术，提高全要素生产率。对于西部和中部地区的公路运输部门，分散利用最优生产技术的策略要优于提高技术创新，督促这些公路运输行部门的管理者更加注重使用先进且现有生产技术和服务设备，以不断提高它们的全要素生产率。此外，应在技术效率低增长地区实行优惠政策，加强发达省份与欠发达省份在技术效率方面的合作，从而促进最佳生产技术的分散利用，并提高欠发达省份的技术效率。第四，中国公路运输行业从业者应该对“供给侧结构性改革”(Woo，2016)等政府政策的影响非常敏感，并迅速做出反应，以适应不断变化的经营整体并寻找新的商机。第五，根据我们研究中提供的竞争力分析，不同省市的决策者可以制定诸如加快交通运输标准化等政策，以提高其公路运输部门的竞争力。

本章的研究利用2005~2014年的数据，对中国区域部门的全要素生产率增长、技术进步和整体效率进行了调查。因此，从我们的研究中可以得出进一步的研究方向。一是应重视综合运输的全要素生产率增长、技术进步和整体效率，如海铁联运。二是利用随机前沿分析方法研究更多考虑运输行业中考虑 CO_2 排放的更多影响因素。

参考文献

中华人民共和国国务院. 2016年. 中国“十三五”规划.

中华人民共和国交通运输部(MTPRC).2017年. 2016年交通运输行业发展统计公报.

Adamopoulos T. 2011. Transportation Costs, Agricultural Productivity, And Cross - Country Income Differences. International Economic Review, 52(2): 489-521.

Baležentis T, Li T, Streimikiene D, et al. 2016. Is the Lithuanian economy approaching the goals of sustainable energy and climate change mitigation? Evidence from DEA-based environmental performance index. Journal of Cleaner Production, 116: 23-31.

Bi G B, Wang P C, Yang F, et al. 2014. Energy and environmental efficiency of China's transportation sector: a multidirectional analysis approach. Mathematical Problems in Engineering, 2014.

Binswanger M. 2001. Technological progress and sustainable development: what about the rebound effect. Ecological Economics, 36(1): 119-132.

Bizer C, Boncz P, Brodie M L, et al. 2012. The meaningful use of big data: four perspectives-four challenges. ACM Sigmod Record, 40(4): 56-60.

Caves D W, Christensen L R, Diewert W E. 1982. The economic theory of index numbers and the measurement of input, output, and productivity. Econometrica: Journal of the Econometric Society, 1393-1414.

Chang Y T, Zhang N, Danao D, et al. 2013. Environmental efficiency analysis of transportation system in China: A non-radial DEA approach. Energy Policy, 58: 277-283.

Chu J F, Wu J, Song M L. 2018. An SBM-DEA model with parallel computing design for environmental efficiency evaluation in the big data context: A transportation system application. Annals of Operations Research, 270(1-2): 105-124.

Cui Q, Li Y. 2014. The evaluation of transportation energy efficiency: An application of three-stage virtual frontier DEA. Transportation Research Part D: Transport and Environment, 29: 1-11.

Dubey R, Gunasekaran A, Childe S J, et al. 2016. The impact of big data on world-class sustainable manufacturing. The International Journal of Advanced Manufacturing Technology, 84(1-4): 631-645.

Farrell M J. 1957. The measurement of productive efficiency. Journal of the Royal Statistical Society: Series A(General), 120(3): 253-281.

Fried H O, Schmidt S S, Lovell C K. 1993. The measurement of productive efficiency: techniques and applications. Oxford: Oxford University Press.

Hu S H. 2005. Study on the Strategy and Policy of Prosperous Central China. 中国软科学, (5): 21.

Ibanez E, McCalley J D. 2011. Multiobjective evolutionary algorithm for long-term planning of the national energy and transportation systems. Energy Systems, 2(2): 151-169.

Kerstens K, Van de Woestyne I. 2014. Comparing Malmquist and Hicks-Moorsteen productivity indices: Exploring the impact of unbalanced vs. balanced panel data. European Journal of Operational Research, 233(3): 749-758.

Kumar S, Russell R R. 2002. Technological change, technological catch-up, and capital deepening: relative contributions to growth and convergence. American Economic Review, 92(3): 527-548.

Li L, Hao T T, Chi T .2017. Evaluation on China's forestry resources efficiency based on big data. Journal of Cleaner Production, 142: 513-523.

Lin L C, Hong C H. 2006. Operational performance evaluation of international major airports: An application of data envelopment analysis. Journal of Air Transport Management, 12(6): 342-351.

Liu H W, Wu J, Liang W, et al. 2017. Spatio-temporal evolution and competition analysis of road transportation productivity in China: based on Hicks-Moorsteen index. Geographical Sciences, 037(011): 1640-1648.

Liu H W, Zhang Y, Zhu Q Y, et al. 2017. Environmental efficiency of land transportation in China: A parallel slack-based measure for regional and temporal analysis. Journal of Cleaner Production, 142: 867-876.

Liu S, Wang Y, Hu A. 2009. The effect of western development program and regional economic convergence in China. Economic Research Journal, 9: 94-105.

Liu X H, Chu J F, Yin P Z, et al. 2017. DEA cross-efficiency evaluation considering undesirable output and ranking priority: A case study of eco-efficiency analysis of coal-fired power plants. Journal of Cleaner Production, 142: 877-885.

Liu X H. 2014. The supply-side structural reforms will promote china's economic growth—Macroeconomic analysis and reflections of 2015. Academic Monthly, 4: 54-62.

Motasemi F, Afzal M T, Salema A A, et al. 2014. Energy and exergy utilization efficiencies and emission performance of Canadian transportation sector, 1990-2035. Energy, 64: 355-366.

NBSC (National Bureau of Statistics of China). 2016. Chinese Statistical Yearbook 2016. China Statistics Press, Beijing (in Chinese).

O'Donnell C J.2012. An aggregate quantity framework for measuring and decomposing productivity change. Journal of Productivity Analysis, 38(3): 255-272.

Ohlhorst F J. 2012. Big data analytics: turning big data into big money. John Wiley Sons, 65.

Pan X F, Liu Q, Peng X X. 2015. Spatial club convergence of regional energy efficiency in China. Ecological Indicators, 51: 25-30.

Pan X F, Yan Y B, Peng X X, et al. 2016. Analysis of the threshold effect of financial development on China's carbon intensity. Sustainability, 8(3): 271.

Pongthanaisawan J, Sorapipatana C. 2013. Greenhouse gas emissions from Thailand's transport sector: Trends and mitigation options. Applied Energy, 101: 288-298.

Rezvanian R, Ariss R T, Mehdian S M. 2011. Cost efficiency, technological progress and productivity growth of Chinese banking pre-and post-WTO accession. Applied Financial Economics, 21(7): 437-454.

Shephard R W. 1981. Cost and production functions. Springer-Verlag.

Song M L, Fisher R, Wang J L, et al. 2018. Environmental performance evaluation with big data: Theories and methods. Annals of Operations Research, 270(1-2): 459-472.

Song M L, Wang S H. 2014. DEA decomposition of China's environmental efficiency based on search algorithm. Applied Mathematics and Computation, 247: 562-572.

Song M L, Zhang W, Qiu X M. 2015. Emissions trading system and supporting policies under an emissions reduction framework. Annals of Operations Research, 228(1): 125-134.

SCPRC(State Council of the People's Republic of China). 2016. The 13th Five-year Plan for the

Economic and Social Development of the People's Republic of China.

Tongzon J. 2001. Efficiency measurement of selected Australian and other international ports using data envelopment analysis. Transportation Research Part A: Policy and Practice, 35(2): 107-122.

Van Griethuysen P. 2010. Why are we growth-addicted? The hard way towards degrowth in the involutionary western development path. Journal of Cleaner Production, 18(6): 590-595.

Wang K, Huang W, Wu J, et al. 2014. Efficiency measures of the Chinese commercial banking system using an additive two-stage DEA. Omega, 44: 5-20.

Wang K, Yu S, Zhang W. 2013. China's regional energy and environmental efficiency: A DEA window analysis based dynamic evaluation. Mathematical and Computer Modelling, 58(5-6): 1117-1127.

Wang W W, Zhang M, Zhou M. 2011. Using LMDI method to analyze transport sector CO_2 emissions in China. Energy, 36(10): 5909-5915.

Wei J, Xia W, Guo X, et al. 2013. Urban transportation in Chinese cities: An efficiency assessment. Transportation Research part D: Transport and Environment, 23: 20-24.

Woo W T. 2016. The necessary demand-side supplement to China's supply-side structural reform: Termination of the soft budget constraint. Social Science Electronic Publishing, 1: 139.

Wu J, Zhu Q Q, Ji X, et al. 2016a. Two-stage network processes with shared resources and resources recovered from undesirable outputs. European Journal of Operational Research, 251(1): 182-197.

Wu J, Zhu Q Y, Chu J F, et al. 2015. Two-stage network structures with undesirable intermediate outputs reused: A DEA based approach. Computational Economics, 46(3): 455-477.

Wu J, Zhu Q Y, Chu J F, et al. 2016b. Measuring energy and environmental efficiency of transportation systems in China based on a parallel DEA approach. Transportation Research Part D: Transport and Environment, 48: 460-472.

Zhou G H, Chung W, Zhang X L. 2013. A study of carbon dioxide emissions performance of China's transport sector. Energy, 50: 302-314.

Zhu Q Y, Wu J, Li X C, et al. 2017. China's regional natural resource allocation and utilization: a DEA-based approach in a big data environment. Journal of Cleaner Production, 142: 809-818.

第12章 共享投入并行网络系统的交通运输环境效率研究

12.1 引 言

中国的“改革开放”政策带来了快速的经济发展。从1978年到2013年，中国国内生产总值(GDP)年均增长15.73%，中国成为仅次于美国的世界第二大经济体。然而，经济的快速增长是以高能耗和高污染排放为代价的(Nordström and Vaughan，1999；Wang et al.，2007)。能源短缺和污染排放已成为制约我国经济增长和社会可持续发展的重大问题(Wu et al.，2013；Wu et al.，2014)。

众所周知，交通运输业是世界范围内的高耗能行业(Chang et al.，2013；Zhou et al.，2014)。根据中国国家统计局的数据，2012年中国交通运输业的能源消耗量为3.02亿t标准煤，是过去10年消费增长率超过7.2%的少数行业之一(Cui and Li，2014)。使问题更加复杂的是，不断增加的能源消耗已经产生了包括二氧化碳在内的大量污染气体。例如，根据国际能源署(IEA，2011)的数据，全球交通运输部门已成为世界第二大温室气体排放部门，占全球二氧化碳排放量的22%。因此，分析交通运输部门的能源和环境效率尤为重要，可以为寻求改善交通运输绩效的决策者提供大量信息。

传统的效率评价方法主要有两种：随机前沿分析(SFA)方法和数据包络分析(DEA)方法。作为一种参数方法，SFA只适用于单输出情形，其结果在很大程度上取决于生产函数的预测形式。因此，使用不正确的生产函数形式可能会得到不正确的结果。近年来，能源与环境效率评价已成为DEA的一个重要应用。由Charnes等(1978)开发的DEA是一种非参数数学方法，用于评估一组同质决策单元的相对性能，特别是具有多个输入和多个输出的一组决策单元(Cooper et al.，2007；Zhu，2004；Cook and Seiford，2009；Saen，2005)。作为一种非参数技术，DEA不受任何函数形式的限制，也不需要使用统计方法进行函数估计和效率度量所产生的大量假设，但DEA可以很好地评估决策单元的性能。根据Cooper等(2004)，DEA已被广泛应用于医院绩效评估和基准测试(Prior，2006；Du et al.，2014)、企业供应链(Mahdiloo et al.，2012；Chen et al.，2006)和其他实体(Mahdiloo et al.，2011；Saen et al.，2005；Chu et al.，1992)。本章以DEA为主要方法，对中国34个省级地区的交通运输系统的能源效率和环境效率进行了评价。

在以前的 DEA 文献中，Zhou 等(2008b)总结了 DEA 在环境和能源效率评价中的应用。在能源效率方面，Hu 和 Wang(2006)提出了传统的 Charnes-Cooper-Rhodes(CCR)模型来分析 1995~2002 年中国 29 个行政区域的能源效率。他们的模型没有考虑污染物等非期望输出。Wu(2012)使用多个 DEA 模型，基于中国的静态和动态数据对工业能源效率进行了检验。Song 等(2013)使用 super-SBM 模型测算了金砖四国的效率。在环境效率方面，Zhang 等(2008)提出了一种分析中国工业部门生态效率的 DEA 方法。Zhou 等(2008a)应用 DEA 技术对全球 8 个地区的碳排放绩效进行了测算。Song 和 Wang(2014)通过采用 DEA 分解方法从技术进步和政府监管的角度测算了中国区域环境效率得分。Bian 和 Yang(2010)应用 DEA 模型同时估计能源效率和环境效率。Shi 等(2010)提出了 3 个扩展的 DEA 模型来评估中国 28 个行政区域的能源综合效率、纯技术效率和规模效率。Wang 等(2012)分析了 2005~2009 年中国 34 个省份的工业部门能源和环境效率，并得出西部地区能源冗余最多的结论。

此外，世界各地还发表了几项关于特定交通系统的能源和环境效率评估的研究。基于能源效率，Ramanathan(2000)应用 DEA 对印度可选择的几种交通方式的能源效率进行了比较。Tongzon(2001)采用 DEA 方法对澳大利亚 4 个集装箱港口和 12 个国际集装箱港口的效率进行了评价。Lin 和 Hong(2006)测量了全球 20 个主要机场的运营绩效。Wei 等(2013)采用超效率 DEA 模型对中国城市交通进行了评价。Cui 和 Li(2014)应用了一种新的三阶段虚拟前沿模型，利用 DEA 来评估交通能源效率。关于交通运输系统的环境效率，McMullen 和 Noh(2007)应用了定向距离函数方法来证明考虑运输机构减排目标的重要性。Chang 等(2013)提出了一种基于松弛测度的非径向 DEA 模型来分析中国交通运输部门的环境绩效。Bi 等(2014)提出了一种基于多向效率分析(MEA)的非径向 DEA 模型，用于测量 2006~2010 年中国交通运输部门的区域环境效率。Egilmez 和 Park(2014)提出了一种两步分级方法以量化美国制造业与交通运输相关的碳、能源和水足迹，并基于生态效率评分来评估环境与经济绩效。

纵观前人的研究，尽管 DEA 方法已广泛用于能效和环境绩效评估，但现有的关于交通系统的研究却很少，特别是在能效和环境效率研究方面。此外，以往的所有研究都假设交通运输系统是一个整体，而实际上交通运输系统包括客运和货运。根据 Kao(2012)，如果每个 DMU 具有相同数量的不同进程，并且每个相应的进程执行相同的功能，则可以将 DMU 视为并行结构。从这个意义上讲，本章所研究的中国各区域是一个并行系统，两种运输方式(客运和货运)是两个并行的子系统。通过这种分解，决策者可以很容易地发现这两个子系统的低效之处。因此，可以采取相应的措施来提高整体效率。图 12.1 显示了每个区域的交通运输系统的基本并行系统。

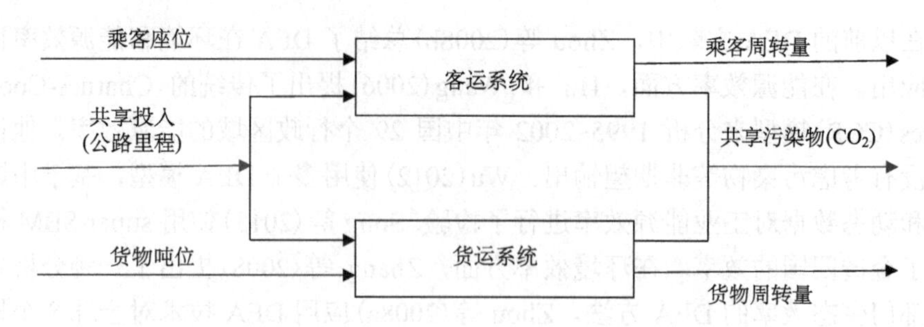

图 12.1　由两个运输子系统组成的并行系统

结合 Zhou 等(2014)、Cui 和 Li(2014)的研究，本章选取乘客座位、能源(运输能源消耗量)、资金(交通固定资产投资)、公路里程作为客运子系统的输入。由于公路里程是更能反映运输效率的重要因素，因此本章选择公路里程作为新的输入，选择乘客周转量作为期望输出，选择客运产生的 CO_2 排放量作为非期望输出。在货运系统中，输入为货物吨位、能源、资金、公路里程，输出为货物周转量和 CO_2 排放量。显然，能源、资金、公路里程和 CO_2 排放量被视为共享的输入/输出，虽然不能精确地确定每个子系统在这三种输入和一种非期望输出中所占的份额，但可以获得整个并行系统的总体输入和输出。

在多个并行生产场景中，共享资源流被定义为可以在不同部门之间共享的资源(Beasley，1995；Amirteimoori and Nashtaei，2006；Cook and Green，2004；Yu 2008)。Beasley(1995)指出，一所大学的不同部门可以共用设备和一般开支。Tsai 和 Molinero(2002)指出，卫生服务中的决策单元可能有一些只与特定活动相关的输入和输出，以及一些在几个活动之间共享的输入和输出。Cook 等(2000)研究了银行分支机构中涉及销售和服务功能的共享资源。有关资源共享的并行系统的详细信息，可以参阅 Castelli 等(2010)。然而，上述文献在评价 DMU 的效率时，均假设所有 DMU 共享输入的比例是一致的。实际上，不同的 DMU 在每种共享资源中可能具有不同的比例。

在本章中，我们提出了一个加权平均效率公式，即由 Chen 等(2009)提出的加性效率公式，评估交通运输系统的整体效率。另外，考虑到并行系统效率分解的非唯一性，还为单个系统建立了更好的效率分解。

本章主要有三点贡献。首先，它首次将客运和货运放在一个并行系统中来反映运输绩效。通过对整个交通运输系统的分解，可以更好地帮助决策者发现各个子系统的不足之处，从而为提高该子系统的性能提供更有效的建议。其次，我们的方法允许为不同的 DMU 设置不同的共享资源比例，这可能更符合实际。最后，我们提出了一种确定性的效率分解方法来计算并行子系统的效率，而不是随机选择一个子系统的效率组合。

本章的结构如下：第 2 节(方法论)介绍了研究的方法论；第 3 节(实证研究)分析了中国 34 个省级区域交通运输系统的应用情况；在第 4 节(结论)中给出了结论和未来研究的方向。

12.2　考虑客运和货运系统下平行 DEA 模型构建

12.2.1　系统整体性能评估模型

在本节中，我们提出了一个 DEA 模型来评价中国 30 个省级地区的(西藏、香港、澳门及台湾数据缺失)交通运输系统的效率。在 DEA 分析中，每个 DMU 对应一个区域。考虑到节能环保的需要(Cui and Li，2014)，假设以投入为导向。

如图 12.1 所示，将每个区域表示为 $\mathrm{DMU}_j\,(j=1,\cdots,30)$。$\mathrm{DMU}_j$ 的子系统 1(由 k=1 表示)消耗输入 $X_{ij}^1(i=1,\cdots,3)$ 和 R_{1j} 以产生期望输出 Y_{1j} 和非期望输出 F_{1j}^1，并且其子系统 2(由 k=2 表示)消耗输入 $X_{ij}^2(i=1,\cdots,3)$ 和 H_{1j} 以产生期望输出 Z_{1j} 和非期望输出 F_{1j}^2。在图 12.1 中，$X_{ij}(i=1,\cdots,3)$ 和 F_{1j} 表示共享资源。在本章中，子系统 1 和子系统 2 分别对应于客运子系统和货运子系统。设参数 α_{ij} 和 β_{1j} 表示要分配给客运子系统的输入和输出的比例。

用 DMU_0 表示要评估的 DMU(区域)，用 E_{10}、E_{20} 和 E_0 分别表示子系统 1、子系统 2 和组合系统的效率。基于规模收益不变(CRS)的假设(Charnes et al.，1978)，将两个子系统以效率得分的加权平均值结合起来作为整体效率，其概念如下：

$$
\begin{aligned}
\text{Max}\quad & E_0 = w_1 \times E_{10} + w_2 \times E_{20} \\
\text{s.t.}\quad & E_{1j} = \frac{u_1 Y_{1j} - \varphi_1 \beta_{1j} F_{1j}}{\eta_1 R_{1j} + \sum_{i=1}^{3} v_i \alpha_{ij} X_{ij}} \leqslant 1, \qquad j=1,\cdots,30 \\
& E_{2j} = \frac{\pi_1 Z_{1j} - \varphi_1 (1-\beta_{1j}) F_{1j}}{\rho_1 H_{1j} + \sum_{i=1}^{3} v_i (1-\alpha_{ij}) X_{ij}} \leqslant 1, \quad j=1,\cdots,30 \\
& u_1, \varphi_1, \eta_1, \pi_1, \rho_1 \geqslant 0, \\
& v_i \geqslant 0, \qquad i=1,\cdots,3 \\
& L_i \leqslant \alpha_{ij} \leqslant U_i \quad i=1,\cdots,3,\ j=1,\cdots,30 \\
& L \leqslant \beta_{1j} \leqslant U \qquad j=1,\cdots,30
\end{aligned}
\tag{12.1}
$$

对该模型(12.1)的进一步解释如下：

(1)模型(12.1)中两个子系统效率的分子的第二项为负号的基本原理是，输出 F_{1j} 是非期望的，应在生产过程中将其减少(Korhonen and Luptacik，2004；Amirteimoori，2013)。

(2) w_1和w_2分别表示客运子系统和货运子系统的权重，要求$w_1 + w_2 = 1$。

(3) L_i, L, U_i和U是共享资源的下界和上界。这些下界和上界用于避免对其中一个子系统的极端偏向(Cook and Hababou，2001；Chen et al.，2010)。

定义 1 当且仅当$E_j = 1, j = 1, \cdots, 30$时，$DMU_j$被认为是整体有效的。

定义 2 如果$E_{kj} = 1, j = 1, \cdots, 30, k = 1, \cdots, 2$，则称$DMU_j$的子系统$k$是有效的。

定理 1 当且仅当每个子系统都有效时，才称一个 DMU 是整体有效的。

证明：首先，证明定理 1 的必要条件。根据定义 1，如果DMU_0为整体有效，则$E_0 = 1$。由于$E_0 = w_1 E_{10} + w_2 E_{20}$，并且$0 \leqslant E_{10} \leqslant 1, 0 \leqslant E_{20} \leqslant 1$，因此，两个子系统的效率$E_{10}$和$E_{20}$必须满足$E_{10} = E_{20} = 1$。

接下来，证明定理的充分性。如果它的两个子系统是有效的，即，$E_{10} = E_{20} = 1$，又因为$E_0 = w_1 E_{10} + w_2 E_{20}$，那么整体效率$E_0$一定等于 1。根据定义 1，$DMU_0$一定是整体有效的。所述，对于$DMU_0$，当且仅当其两个子系统都有效时，这两个系统才能被认为是整体有效的。

用w_1和w_2来表示每个子系统的效率对组合系统中给定DMU的整体性能的相对重要性或贡献。为了开展将模型(12.1)转换为线性规划的过程，每个子系统选择合理的权重，用于决定分配给每个子系统的$E_{kj} = 1, k = 1, \cdots, 2, j = 1, \cdots, 30$总资源的比例，反映了子系统的相对大小和重要性。因此，继 Chen 等(2009)、Chen 等(2010)和 Amirteimoori(2013)，我们定义：

$$w_1 = \frac{\eta_1 R_{1j} + \sum_{i=1}^{3} v_i \alpha_{ij} X_{ij}}{\eta_1 R_{1j} + \sum_{i=1}^{3} v_i X_{ij} + \rho_1 H_{1j}} \quad 和 \quad w_2 = \frac{\rho_1 H_{1j} + \sum_{i=1}^{3} v_i (1 - \alpha_{ij}) X_{ij}}{\eta_1 R_{1j} + \sum_{i=1}^{3} v_i X_{ij} + \rho_1 H_{1j}} \tag{12.2}$$

其中$\eta_1 R_{1j} + \sum_{i=1}^{3} v_i X_{ij} + \rho_1 H_{1j}$表示组合系统 DMU_j 消耗的输入资源总量，而$\eta_1 R_{1j} + \sum_{i=1}^{3} v_i \alpha_{ij} X_{ij}$和$\rho_1 H_{1j} + \sum_{i=1}^{3} v_i (1 - \alpha_{ij}) X_{ij}$分别表示客运子系统和货运子系统的规模大小。因此，我们有

$$E_0 = w_1 \times E_{10} + w_2 \times E_{20} = \frac{u_1 Y_{10} - \varphi_1 F_{10} + \pi_1 Z_{10}}{\eta_1 R_{10} + \sum_{i=1}^{3} v_i X_{i0} + \rho_1 H_{10}} \tag{12.3}$$

与许多其他研究工作相反(Amirteimoori，2013；Chen et al.，2010)，这里权重w_1和w_2必须限制在一个特定的区域。具体地说，要求$w_1 \geqslant a$和$w_2 \geqslant b$来剔除一些不适当的权重，其中a和b分别代表客运子系统和货运子系统在计算 DMU_0 的整体效率时的最小权重。

将(12.3)代入模型(12.1)的目标函数中，通过求解下面的分式模型(12.4)，即可评估 DMU_0 的组合系统的整体效率。

$$
\begin{aligned}
\text{Max}\quad & E_0=\frac{u_1Y_{10}-\varphi_1F_{10}+\pi_1Z_{10}}{\eta_1R_{10}+\sum_{i=1}^{3}v_iX_{i0}+\rho_1H_{10}}\\
\text{s.t.}\quad & E_{1j}=\frac{u_1Y_{1j}-\varphi_1\beta_{1j}F_{1j}}{\eta_1R_{1j}+\sum_{i=1}^{3}v_i\alpha_{ij}X_{ij}}\leqslant 1, \qquad j=1,\cdots,30\\
& E_{2j}=\frac{\pi_1Z_{1j}-\varphi_1(1-\beta_{1j})F_{1j}}{\rho_1H_{1j}+\sum_{i=1}^{3}v_i(1-\alpha_{ij})X_{ij}}\leqslant 1, \quad j=1,\cdots,30\\
& w_1=\frac{\eta_1R_{10}+\sum_{i=1}^{3}v_i\alpha_{i0}X_{i0}}{\eta_1R_{10}+\sum_{i=1}^{3}v_iX_{i0}+\rho_1H_{10}}\geqslant a\\
& w_2=\frac{\rho_1H_{10}+\sum_{i=1}^{3}v_i(1-\alpha_{i0})X_{i0}}{\eta_1R_{10}+\sum_{i=1}^{3}v_iX_{i0}+\rho_1H_{10}}\geqslant b\\
& u_1,\varphi_1,\eta_1,\pi_1,\rho_1\geqslant 0,\\
& v_i\geqslant 0, \qquad i=1,\cdots,3\\
& L_i\leqslant\alpha_{ij}\leqslant U_i \qquad i=1,\cdots,3 \quad j=1,\cdots,30\\
& L\leqslant\beta_{1j}\leqslant U \qquad j=1,\cdots,30
\end{aligned}
\tag{12.4}
$$

模型(12.4)是一个非线性规划，通过以下三个步骤将其转换为标准的线性规划。

步骤 1：Charnes-Cooper 变换。首先，令 $T=\frac{1}{A}, u_1'=Tu_1, \varphi_1'=T\varphi_1, \eta_1'=T\eta_1, \pi_1'=T\pi_1, \rho_1'=T\rho_1, v_i'=Tv_i$，其中 A 表示 $\eta_1R_{1j}+\sum_{i=1}^{3}v_iX_{ij}+\rho_1H_{1j}$。然后规划(12.4)被转换为规划(12.5)。

$$
\begin{aligned}
\text{Max}\quad & E_0=u_1'Y_{10}-\varphi_1'F_{10}+\pi_1'Z_{10}\\
\text{s.t.}\quad & u_1'Y_{1j}-\varphi_1'\beta_{1j}F_{1j}-\left(\eta_1'R_{1j}+\sum_{i=1}^{3}v_i'\alpha_{ij}X_{ij}\right)\leqslant 0, \qquad j=1,\cdots,30\\
& \pi_1'Z_{1j}-\varphi_1'(1-\beta_{1j})F_{1j}-\left(\rho_1'H_{1j}+\sum_{i=1}^{3}v_i'(1-\alpha_{ij})X_{ij}\right)\leqslant 0, \quad j=1,\cdots,30
\end{aligned}
$$

$$
\begin{aligned}
&\eta_1' R_{10} + \sum_{i=1}^{3} v_i' \alpha_{i0} X_{i0} \geqslant a \\
&\rho_1' H_{10} + \sum_{i=1}^{3} v_i' (1-\alpha_{i0}) X_{i0} \geqslant b \\
&\eta_1' R_{10} + \sum_{i=1}^{3} v_i' X_{i0} + \rho_1' H_{10} = 1 \\
&u_1', \varphi_1', \eta_1', \pi_1', \rho_1' \geqslant 0, \\
&v_i' \geqslant 0, \qquad i=1,\cdots,3 \\
&L_i \leqslant \alpha_{ij} \leqslant U_i \qquad i=1,\cdots,3 \quad j=1,\cdots,30 \\
&L \leqslant \beta_{1j} \leqslant U \qquad j=1,\cdots,30
\end{aligned} \tag{12.5}
$$

步骤 2：可变交替。模型(12.5)仍然是非线性的，因为在某些约束中存在$v_i'\alpha_{ij}$和$\varphi_1'\beta_{1j}$，因此，首先，设$\xi_{ij} = v_i'\alpha_{ij} (i=1,\cdots,3, j=1,\cdots,30)$，$\psi_{1j} = \varphi_1'\beta_{1j} (j=1,\cdots,30)$。然后，模型(12.5)可以转换成下面的线性规划(12.6)。

$$
\begin{aligned}
\text{Max} \quad & E_0 = u_1' Y_{10} - \varphi_1' F_{10} + \pi_1' Z_{10} \\
\text{s.t.} \quad & u_1' Y_{1j} - \psi_{1j} F_{1j} - \left(\eta_1' R_{1j} + \sum_{i=1}^{3} \xi_{ij} X_{ij} \right) \leqslant 0, \qquad j=1,\cdots,30 \\
& \pi_1' Z_{1j} - \varphi_1' F_{1j} + \psi_{1j} F_{1j} - \left(\rho_1' H_{1j} + \sum_{i=1}^{3} v_i' X_{ij} - \sum_{i=1}^{3} \xi_{ij} X_{ij} \right) \leqslant 0, \quad j=1,\cdots,30 \\
& \eta_1' R_{10} + \sum_{i=1}^{3} v_i' \alpha_{i0} X_{i0} \geqslant a \\
& \rho_1' H_{10} + \sum_{i=1}^{3} v_i' X_{i0} - \sum_{i=1}^{3} \xi_{i0} X_{i0} \geqslant b \\
& \eta_1' R_{10} + \sum_{i=1}^{3} v_i' X_{i0} + \rho_1' H_{10} = 1 \\
& L_i v_i' \leqslant \xi_{ij} \leqslant U_i v_i', \xi_{ij} \geqslant 0 \quad i=1,\cdots,3 \quad j=1,\cdots,30 \\
& L\varphi_{1i}' \leqslant \psi_{1j} \leqslant U\varphi_1', \quad \psi_{1j} \geqslant 0 \qquad j=1,\cdots,30 \\
& u_1', \varphi_1', \eta_1', \pi_1', \rho_1' \geqslant 0, \\
& v_i' \geqslant 0, \quad i=1,\cdots,3
\end{aligned} \tag{12.6}
$$

通过求解线性规划(12.6)，可得到最优解$(u_1'^*, v_i'^*, \varphi_1'^*, \pi_1'^*, \rho_1'^*, \eta_p'^*, \xi^*_{ij}, \psi^*_{1j})$。

步骤 3：获得每个$\text{DMU}_j (j=1,\cdots,30)$的最优解。由于$\xi_{ij} = v_i'\alpha_{ij}$、$\psi_{1j} = \varphi_1'\beta_{1j}$，有$\alpha^*_{ij} = \dfrac{\xi^*_{ij}}{v_i'^*} (i=1,\cdots,3, j=1,\cdots,30)$、$\beta^*_{1j} = \dfrac{\psi^*_{ij}}{\varphi_1'^*} (j=1,\cdots,30)$。

通过上述三个步骤，得到每个区域的最优整体效率和共享资源的最优比例。

12.2.2　子系统性能评估模型:效率分解

一旦获得模型(12.6)的最优解，就可以相应地计算单个子系统的效率分数。然而，模型(12.6)可能有多个最优解，因此单个子系统的效率也可能不是唯一的。遵循 Kao 和 Hwang(2008)的方法，找到一组乘数，在保持组合系统的整体效率得分的同时，产生最高的客运或货运子系统效率得分。这是一种以前没有在并行系统中应用过的方法。

用 E_0^* 表示由模型(12.6)得到的 DMU_0 的最优整体效率得分。保持整体效率得分，通过以下模型(12.7)确定子系统 1(客运)可达到的最大效率值，记为 E_{10}^* 。

$$
\begin{aligned}
\text{Max}\quad & E_{10}=\frac{u_1Y_{10}-\varphi_1\beta_{10}F_{10}}{\eta_1R_{10}+\sum_{i=1}^{3}v_i\alpha_{i0}X_{i0}} \\
\text{s.t.}\quad & E_{1j}=\frac{u_1Y_{1j}-\varphi_1\beta_{1j}F_{1j}}{\eta_1R_{1j}+\sum_{i=1}^{3}v_i\alpha_{ij}X_{ij}}\leqslant 1, \qquad j=1,\cdots,30 \\
& E_{2j}=\frac{\pi_1Z_{1j}-\varphi_1(1-\beta_{1j})F_{1j}}{\rho_1H_{1j}+\sum_{i=1}^{3}v_i(1-\alpha_{ij})X_{ij}}\leqslant 1, \quad j=1,\cdots,30 \\
& E_0^*=\frac{u_1Y_{10}-\varphi_1F_{10}+\pi_1Z_{10}}{\eta_1R_{10}+\sum_{i=1}^{3}v_iX_{i0}+\rho_1H_{10}} \\
& w_1=\frac{\eta_1R_{10}+\sum_{i=1}^{3}v_i\alpha_{i0}X_{i0}}{\eta_1R_{10}+\sum_{i=1}^{3}v_iX_{i0}+\rho_1H_{10}}\geqslant a \\
& w_2=\frac{\rho_1H_{10}+\sum_{i=1}^{3}v_i(1-\alpha_{i0})X_{i0}}{\eta_1R_{10}+\sum_{i=1}^{3}v_iX_{i0}+\rho_1H_{10}}\geqslant b \\
& u_1,\varphi_1,\eta_1,\pi_1,\rho_1\geqslant 0, \\
& v_i\geqslant 0, \qquad i=1,\cdots,3 \\
& L_i\leqslant\alpha_{ij}\leqslant U_i \qquad i=1,\cdots,3 \quad j=1,\cdots,30 \\
& L\leqslant\beta_{1j}\leqslant U \qquad j=1,\cdots,30
\end{aligned}
\tag{12.7}
$$

通过上述步骤，可以将模型(12.7)转换成下面的线性规划。

$$
\begin{aligned}
\text{Max}\quad & E_{10}^{*} = u_1'Y_{10} - \psi_{10}F_{10} \\
\text{s.t.}\quad & u_1'Y_{1j} - \psi_{1j}F_{1j} - \left(\eta_1'R_{1j} + \sum_{i=1}^{3}\xi_{ij}X_{ij}\right) \leqslant 0, \qquad j=1,\cdots,30 \\
& \pi_1'Z_{1j} - \varphi_1'F_{1j} + \psi_{1j}F_{1j} - \left(\rho_1'H_{1j} + \sum_{i=1}^{3}v_i'X_{ij} - \sum_{i=1}^{3}\xi_{ij}X_{ij}\right) \leqslant 0, \quad j=1,\cdots,30 \\
& u_1'Y_{10} - \varphi_1'F_{10} + \pi_1'Z_{10} - E^{*}{}_0\left(\eta_1'R_{10} + \sum_{i=1}^{3}v_i'X_{i0} + \rho_1'H_{10}\right) = 0 \\
& a\left(\eta_1'R_{10} + \sum_{i=1}^{3}v_i'X_{i0} + \rho_1'H_{10}\right) - \left(\eta_1'R_{10} + \sum_{i=1}^{3}\xi_{i0}X_{i0}\right) \leqslant 0 \\
& b\left(\eta_1'R_{10} + \sum_{i=1}^{3}v_i'X_{i0} + \rho_1'H_{10}\right) - \left(\rho_1'H_{10} + \sum_{i=1}^{3}v_i'X_{i0} - \sum_{i=1}^{3}\xi_{i0}X_{i0}\right) \leqslant 0 \\
& \eta_1'R_{10} + \sum_{i=1}^{3}\xi_{i0}X_{i0} = 1 \\
& L_i v_i' \leqslant \xi_{ij} \leqslant U_i v_i', \xi_{ij} \geqslant 0 \qquad i=1,\cdots,3 \quad j=1,\cdots,30 \\
& L\varphi_1' \leqslant \psi_{1j} \leqslant U\varphi_1', \psi_{1j} \geqslant 0 \qquad j=1,\cdots,30 \\
& u_1', \varphi_1', \eta_1', \pi_1', \rho_1' \geqslant 0, \\
& v_i' \geqslant 0, \qquad i=1,\cdots,3
\end{aligned}
\tag{12.8}
$$

采用许多传统的研究方法(Kao and Hwang，2008；Halkos et al.，2014；Chen et al.，2010)，子系统 2(货运)的效率得分可以由 $E_{20} = \dfrac{E_0{}^{*} - \omega_1{}^{*}E_{10}{}^{*}}{\omega_2{}^{*}}$ 计算得到，其中 $\omega_1{}^{*}$ 和 $\omega_2{}^{*}$ 是基于模型(12.6)的最优权重，$E_{10}{}^{*}$ 代表子系统 1 在保持模型(12.8)整体效率的情况下的最优效率。在本章中，由于模型(12.6)有多个最优解，$\omega_1{}^{*}$ 和 $\omega_2{}^{*}$ 也可能不是唯一的。因此，我们建议在保持整体效率分数 $E_0{}^{*}$ 和子系统 1 的最大可实现效率 $E_{10}{}^{*}$ 的同时，为子系统 2 产生最高效率分数。E_{20}^{1*} 的最大可实现值可以通过以下线性模型(12.9)来确定。

$$
\begin{aligned}
\text{Max}\quad & E_{20}^{1*} = \pi_1'Z_{10} - \varphi_1'F_{10} + \psi_{10}F_{10} \\
\text{s.t.}\quad & u_1'Y_{1j} - \psi_{1j}F_{1j} - \left(\eta_1'R_{1j} + \sum_{i=1}^{3}\xi_{ij}X_{ij}\right) \leqslant 0, \qquad j=1,\cdots,30 \\
& \pi_1'Z_{1j} - \varphi_1'F_{1j} + \psi_{1j}F_{1j} - \left(\rho_1'H_{1j} + \sum_{i=1}^{3}v_i'X_{ij} - \sum_{i=1}^{3}\xi_{ij}X_{ij}\right) \leqslant 0, \quad j=1,\cdots,30 \\
& u_1'Y_{10} - \varphi_1'F_{10} + \pi_1'Z_{10} - E_0^{*}\left(\eta_1'R_{10} + \sum_{i=1}^{3}v_i'X_{i0} + \rho_1'H_{10}\right) = 0
\end{aligned}
$$

$$
\begin{aligned}
& u_1'Y_{10} - \psi_{1j}F_{10} - E^*{}_{10}\left(\eta_1'R_{10} + \sum_{i=1}^{3}\xi_{i0}X_{i0}\right) = 0 \\
& a\left(\eta_1'R_{10} + \sum_{i=1}^{3}v_i'X_{i0} + \rho_1'H_{10}\right) - \left(\eta_1'R_{10} + \sum_{i=1}^{3}\xi_{i0}X_{i0}\right) \leqslant 0 \\
& b\left(\eta_1'R_{10} + \sum_{i=1}^{3}v_i'X_{i0} + \rho_1'H_{10}\right) - \left(\rho_1'H_{10} + \sum_{i=1}^{3}v_i'X_{i0} - \sum_{i=1}^{3}\xi_{i0}X_{i0}\right) \leqslant 0 \\
& \rho_1'H_{10} + \sum_{i=1}^{3}v_i'X_{i0} - \sum_{i=1}^{3}\xi_{i0}X_{i0} = 1 \qquad (12.9) \\
& L_i v_i' \leqslant \xi_{ij} \leqslant U_i v_i', \quad \xi_{ij} \geqslant 0 \qquad i = 1,\cdots,3 \quad j = 1,\cdots,30 \\
& L\varphi_i' \leqslant \psi_{1j} \leqslant U\varphi_1', \quad \psi_{1j} \geqslant 0 \qquad j = 1,\cdots,30 \\
& u_1', \varphi_1', \eta_1', \pi_1', \rho_1' \geqslant 0, \\
& v_i' \geqslant 0, \qquad i = 1,\cdots,3
\end{aligned}
$$

类似地，可以建立下面的线性规划，在保持整体效率分数的同时，最大化子系统 2 的效率分数 $E_{20}{}^*$。

$$
\begin{aligned}
\text{Max}\quad & E_{20}^* = \pi_1'Z_{10} - \varphi_1'F_{10} + \psi_{1j}F_{10} \\
\text{s.t.}\quad & u_1'Y_{1j} - \psi_{1j}F_{1j} - \left(\eta_1'R_{1j} + \sum_{i=1}^{3}\xi_{ij}X_{ij}\right) \leqslant 0, \qquad j = 1,\cdots,30 \\
& \pi_1'Z_{1j} - \varphi_1'F_{1j} + \psi_{1j}F_{1j} - \left(\rho_1'H_{1j} + \sum_{i=1}^{3}v_i'X_{ij} - \sum_{i=1}^{3}\xi_{ij}X_{ij}\right) \leqslant 0, \quad j = 1,\cdots,30 \\
& u_1'Y_{10} - \varphi_1'F_{10} + \pi_1'Z_{10} - E_0^*\left(\eta_1'R_{10} + \sum_{i=1}^{3}v_i'X_{i0} + \rho_1'H_{10}\right) = 0 \qquad (12.10) \\
& a\left(\eta_1'R_{10} + \sum_{i=1}^{3}v_i'X_{i0} + \rho_1'H_{10}\right) - \left(\eta_1'R_{10} + \sum_{i=1}^{3}\xi_{i0}X_{i0}\right) \leqslant 0 \\
& b\left(\eta_1'R_{10} + \sum_{i=1}^{3}v_i'X_{i0} + \rho_1'H_{10}\right) - \left(\rho_1'H_{10} + \sum_{i=1}^{3}v_i'X_{i0} - \sum_{i=1}^{3}\xi_{i0}X_{i0}\right) \leqslant 0 \\
& \rho_1'H_{10} + \sum_{i=1}^{3}v_i'X_{i0} - \sum_{i=1}^{3}\xi_{i0}X_{i0} = 1 \\
& L_i v_i' \leqslant \xi_{ij} \leqslant U_i v_i', \quad \xi_{ij} \geqslant 0 \qquad i = 1,\cdots,3 \quad j = 1,\cdots,30 \\
& L\varphi_1' \leqslant \psi_{1j} \leqslant U\varphi_1', \quad \psi_{1j} \geqslant 0 \qquad j = 1,\cdots,30 \\
& u_1', \varphi_1', \eta_1', \pi_1', \rho_1' \geqslant 0, \\
& v_i' \geqslant 0, \qquad i = 1,\cdots,3
\end{aligned}
$$

在保持整体效率 $E_0{}^*$ 和子系统 2 的最大可实现效率 E_{20}^* 的同时，子系统 1 的最

大可实现效率 E_{10}^{2*} 可以通过以下线性模型(12.11)来确定。

$$
\begin{aligned}
\text{Max}\quad & E_{10}^{2*}=u_1'Y_{10}-\psi_{1j}F_{10} \\
\text{s.t.}\quad & u_1'Y_{1j}-\psi_{1j}F_{1j}-\left(\eta_1'R_{1j}+\sum_{i=1}^{3}\xi_{ij}X_{ij}\right)\leqslant 0, \qquad j=1,\cdots,30 \\
& \pi_1'Z_{1j}-\varphi_1'F_{1j}+\psi_{1j}F_{1j}-\left(\rho_1'H_{1j}+\sum_{i=1}^{3}v_i'X_{ij}-\sum_{i=1}^{3}\xi_{ij}X_{ij}\right)\leqslant 0, \quad j=1,\cdots,30 \\
& u_1'Y_{10}-\varphi_1'F_{10}+\pi_1'Z_{10}-E^*{}_0\left(\eta_1'R_{10}+\sum_{i=1}^{3}v_i'X_{i0}+\rho_1'H_{10}\right)=0 \\
& \pi_1'Z_{10}-\varphi_1'F_{10}+\psi_{1j}F_{10}-E^*{}_{20}\left(\rho_1'H_{10}+\sum_{i=1}^{3}v_i'X_{i0}-\sum_{i=1}^{3}\xi_{i0}X_{i0}\right)=0 \\
& a\left(\eta_1'R_{10}+\sum_{i=1}^{3}v_i'X_{i0}+\rho_1'H_{10}\right)-\left(\eta_1'R_{10}+\sum_{i=1}^{3}\xi_{i0}X_{i0}\right)\leqslant 0 \\
& b\left(\eta_1'R_{10}+\sum_{i=1}^{3}v_i'X_{i0}+\rho_1'H_{10}\right)-\left(\rho_1'H_{10}+\sum_{i=1}^{3}v_i'X_{i0}\sum_{i=1}^{3}\xi_{i0}X_{i0}-\right)\leqslant 0 \\
& \eta_1'R_{10}+\sum_{i=1}^{3}\xi_{i0}X_{i0}=1 \\
& L_iv_i'\leqslant\xi_{ij}\leqslant U_iv_i',\ \xi_{ij}\geqslant 0 \quad i=1,\cdots,3 \quad j=1,\cdots,30 \\
& L\varphi_1'\leqslant\psi_{1j}\leqslant U\varphi_1',\ \psi_{1j}\geqslant 0 \qquad j=1,\cdots,30 \\
& u_1',\varphi_1',\eta_1',\pi_1',\rho_1'\geqslant 0, \\
& v_i'\geqslant 0, \qquad i=1,\cdots,3
\end{aligned}
\tag{12.11}
$$

通过求解上述模型，得到每个模型的最优值 E_{10}^{*}、 E_{20}^{1*}、 E_{20}^{*}、 E_{10}^{2*}。如果 $E_{10}^{*}=E_{10}^{2*}$ 且 $E_{20}^{*}=E_{20}^{1*}$，得到唯一的效率分解结论。

12.3 并行网络结构下交通运输环境效率实证分析

12.3.1 数据集

在本节中，我们考察了 2012 年 30 个省级地区交通运输系统的能源和环境效率(西藏、香港、澳门和台湾资料暂缺)。采用的上述投入产出变量如表 12.1 所示。

表 12.1　投入产出变量

交通运输系统		变量	单位
客运子系统	投入	乘客座位(PS)	个
		能源	万 t 标准煤当量
		资金	亿元
		公路里程(HM)	km
	产出	乘客周转量(PTV)	亿人·km
		CO_2	t
货运子系统	投入	货物吨位(CT)	t
		能源	万 t 标准煤当量
		资金	亿元
		公路里程(HM)	km
	产出	货物周转量(FTV)	千万 t·km
		CO_2	t

有关非能源投入(乘客座位、资金、公路里程和货物吨位)、能源投入和期望产出(乘客周转量、货物周转量)的数据来源于《中国统计年鉴 2013》《中国能源统计年鉴 2013》《中华人民共和国交通运输部经济预测系统》。然而，目前还没有关于中国各省二氧化碳排放量的官方统计数据。因此，我们使用基于燃料的碳足迹模型估算了 2012 年区域交通运输部门的二氧化碳排放量，该模型已被 Chang 等(2013)和 Bi 等(2014)等成功应用。

根据政府间气候变化专门委员会(IPCC，2006)关于计算二氧化碳数据的国家温室气体清单指南，使用以下公式来估计化石燃料的二氧化碳排放量。

$$\mathrm{CO_2}\text{排放量} = \sum_{i=1}^{n} A \times \mathrm{CCF}_i \times \mathrm{HE}_i \times \mathrm{COF}_i \times \frac{44}{12} \tag{12.12}$$

由模型(12.12)可知，CO_2 排放量与所有碳质燃料的消耗量(A)、碳含量因子(CCF)、热当量(HE)、碳质燃料的碳氧化因子(COF)有关。最后一个数字(44/12)表示 CO_2(44)的分子量与碳(12)的分子量之比。$\mathrm{CCF} \times \mathrm{HE}_i \times \mathrm{COF}_i \times \frac{44}{12}$ 是燃料的二氧化碳排放系数。它以碳质化石燃料的种类表示碳排放系数的数量。然而，关于二氧化碳排放系数，国际上有几个不同的标准。Chang 等(2013)指出，中国国家发改委能源研究所(NDRC，2007)的国内报告最能代表真实的碳排放系数，因此本章使用了该报告。表 12.2 所示的碳排放系数反映了中国碳质燃料的几种主要类型。

表 12.2　我国主要碳质燃料类型的碳排放系数

燃料	煤炭	汽油	煤油	柴油	燃料油	天然气
碳含量因子/(t 碳/万亿 J)	27.28	18.9	19.6	20.17	21.09	15.32
热当量/(万亿 J/万 t)	192.14	448	447.5	433.3	401.9	0.384
碳氧化因子/%	92.3	98	98.6	98.2	98.5	99

各省份交通运输行业每种燃料的消耗量可从《中国统计年鉴 2013》中收集。根据公式(12.12)计算出中国各区域的 CO_2 排放量，从而得到所有的投入/产出数据。这 30 个区域的投入和产出的描述性统计情况见表 12.3。

表 12.3　30 个地区投入产出的描述性统计

变量	客运		共享资源				货运	
	产出	投入					投入	产出
	乘客周转量	乘客座位	CO_2	能源	资金	公路里程	货物吨位	货物周转量
平均值	958.21	721545.97	20015404.28	973.75	815.02	138151.72	2706758.24	5411.86
中位数	649.13	617668.5	17921337.93	865.624	800.379	152356.5	1859244.5	3652.45
标准差	680.4	387080.9	12940981	621.75	438.52	73037.36	2244361.66	4477.62
最大值	2998.23	1639611	55909075.66	2707.103	1742.749	293499	9241756	20373.4
最小值	110.11	84626	2475784.57	120.761	100.291	12541	207753	527.6

12.3.2　结果与分析

我们应用第二节提供的方法计算了 30 个省级地区(西藏、香港、澳门和台湾资料暂缺)的交通运输系统效率。首先，要求整个系统中各子系统的权重不小于 0.2，即 $a = b = 0.2$。另外，将共享资源的比例设为 $0.25 \leqslant \alpha_{ij} \leqslant 0.75$ 和 $0.25 \leqslant \beta_{1j} \leqslant 0.75$ 以符合实际。结合上述模型中使用的数据，得到的评估结果如表 12.4 所示。

表 12.4　30 个省级地区的效率

DMU	地区	E_j^*	E_{1j}^*	E_{2j}^{1*}	E_{2j}^*	E_{1j}^{2*}	α_{1j}	α_{2j}	α_{3j}	β_{1j}
1	北京	0.7915	1.0000	0.0779	0.0779	1.0000	0.75	0.75	0.75	0.75
2	天津	1.0000	1.0000	1.0000	1.0000	1.0000	0.31	0.30	0.25	0.52
3	河北	0.8626	0.9994	0.3157	1.0000	0.8352	0.25	0.26	0.25	0.75
4	山西	0.4619	0.5528	0.0851	0.6985	0.4146	0.25	0.25	0.25	0.58
5	内蒙古	0.4852	0.5790	0.0221	0.8640	0.4094	0.25	0.25	0.25	0.58
6	辽宁	0.6698	0.7857	0.2062	0.6187	0.6800	0.25	0.45	0.25	0.75
7	吉林	0.5957	0.7311	0.0341	0.5646	0.6019	0.25	0.25	0.25	0.26

续表

DMU	地区	E_j^*	E_{1j}^*	E_{2j}^{1*}	E_{2j}^*	E_{1j}^{2*}	α_{1j}	α_{2j}	α_{3j}	β_{1j}
8	黑龙江	0.4747	0.5815	0.0168	0.4686	0.4757	0.25	0.25	0.25	0.68
9	上海	1.0000	1.0000	1.0000	1.0000	1.0000	0.26	0.26	0.26	0.56
10	江苏	0.7277	1.0000	0.2503	0.3635	0.8491	0.60	0.62	0.69	0.75
11	浙江	0.7599	1.0000	0.3327	0.7283	0.7663	0.56	0.56	0.54	0.29
12	安徽	1.0000	1.0000	1.0000	1.0000	1.0000	0.43	0.43	0.69	0.44
13	福建	0.5145	0.6117	0.0677	0.8516	0.4471	0.25	0.30	0.25	0.73
14	江西	0.8711	1.0000	0.3557	1.0000	0.8453	0.25	0.25	0.25	0.71
15	山东	0.8228	1.0000	0.1139	0.9172	0.8039	0.25	0.25	0.25	0.75
16	河南	0.7550	0.8918	0.2079	1.0000	0.7060	0.25	0.25	0.25	0.58
17	湖北	0.6951	0.8605	0.0283	0.6150	0.7186	0.25	0.25	0.25	0.26
18	湖南	0.7199	0.8769	0.0923	0.7591	0.7121	0.25	0.26	0.25	0.59
19	广东	0.8773	1.0000	0.3863	0.7652	0.8997	0.73	0.68	0.72	0.75
20	广西	0.6554	1.0000	0.1539	0.3858	0.7096	0.59	0.56	0.52	0.71
21	海南	0.5893	1.0000	0.3385	0.8406	0.5056	0.50	0.60	0.45	0.75
22	重庆	0.4964	0.5936	0.0789	0.7723	0.4412	0.25	0.26	0.25	0.51
23	四川	0.5405	0.6634	0.0493	0.4436	0.5599	0.25	0.27	0.25	0.55
24	贵州	0.4835	0.5938	0.0422	0.3798	0.5042	0.25	0.27	0.25	0.08
25	云南	0.3299	0.4063	0.0190	0.2188	0.3522	0.25	0.25	0.25	0.55
26	陕西	0.6907	0.8521	0.0202	0.6185	0.7051	0.25	0.25	0.25	0.56
27	甘肃	0.7884	0.9488	0.1470	1.0000	0.7461	0.25	0.25	0.45	0.75
28	青海	0.5696	0.6906	0.0855	0.7691	0.5296	0.25	0.26	0.25	0.75
29	宁夏	0.4123	0.8006	0.2829	0.8487	0.2669	0.54	0.55	0.53	0.01
30	新疆	0.4034	0.4878	0.0657	0.5635	0.3714	0.26	0.25	0.25	0.53
平均值		0.6681	0.8169	0.2292	0.7044	0.6619	0.34	0.35	0.35	0.57

在表 12.4 中，第 3 列显示了这 30 个省级地区交通运输系统的整体系统效率得分。第 4 列和第 6 列分别显示了客运子系统和货运子系统在保持整体系统效率的情况下可获得的最高效率得分 E_{1j}^* 和 E_{2j}^*。在保持整体系统效率和货物(乘客)运输子系统效率的同时，乘客(货物)运输子系统可获得的最高效率得分 E_{2j}^{1*}（E_{1j}^{2*}）列在第 5 和第 7 列中。第 8~11 列显示了客运子系统共享资源(分别为能源、资金、公路里程和 CO_2)的最优比例。此外，表 12.4 的最后一行显示了 30 个省级地区的平均效率得分。

从表 12.4 可以得出以下结论。首先，交通运输系统整体效率较高的地区有三个：天津、上海和安徽。这三个区域的数据显示它们的每个子系统都是有效的，这清楚地证明了定理 1。此外，还有一些整体效率较低的地区，如新疆(0.4034)、宁夏(0.4123)、云南(0.3299)和黑龙江(0.4747)。这 30 个地区的平均整体效率得分为 0.6681，这一结果表明中国交通运输系统的效率相对较低。

其次，当把整个系统的整体效率分解为两个子系统的效率时，它们之间存在很大的差异。例如，当保持整个系统整体效率并最大化客运子系统的可实现效率时，有 11 个区域的客运子系统是有效的。然而，如果保持整个系统的整体效率并最大化货运子系统的可实现效率时，那么只有 7 个区域的货运子系统是有效的。在保持整体效率的情况下，客运和货运子系统的最大平均可实现效率分别为 0.8169 和 0.7044。另外，虽然每个子系统在维持整个系统的整体效率和其他子系统的效率时都有 3 个有效区域(客运系统有 3 个有效区域，货运系统有 4 个有较区域)，但货运子系统的平均效率为 0.6619，明显大于客运子系统的 0.2292。换句话说，中国交通运输业的货运比客运表现更好。

最后，北京、天津、上海和安徽 4 个地区满足 $E_{10}^{*}=E_{10}^{2*}$、$E_{20}^{*}=E_{20}^{1*}$。这一结果表明，这 4 个地区具有独特的效率分解，而其他 26 个地区均为 $E_{10}^{*}\neq E_{10}^{2*}$ 或 $E_{20}^{*}\neq E_{20}^{1*}$。因此，我们提出的整体效率分解方法可以更好地区分这两个子系统。

从客运子系统共享资源的最优比例出发，可以知道各区域客运子系统和货运子系统共享资源的最优分配。以福建为例。客运中能源、资金、公路里程和 CO_2 的最优比例分别为 0.25、0.3、0.25 和 0.73。换言之，货运的最优比例是 0.75、0.7、0.75 和 0.27。将这些数据与实际比例进行比较，可以看出福建应增加货运子系统的资源投入，降低 CO_2 排放量。从能源、资金、公路里程和 CO_2 在客运中的平均比重(0.34、0.35、0.35 和 0.57)可以看出，国家政府应该增加货运子系统的投入，减少其 CO_2 排放，以提高交通运输系统的整体效率。

为了更大范围地分析交通运输系统的效率，将这 30 个地区分为东部地区、中部地区和西部地区。表 12.5 列出了这些地区及其组成区域。

表 12.5 区域划分

区域	地区
东部	北京、天津、河北、辽宁、山东、上海、江苏、浙江、福建、广东、海南
中部	山西，内蒙古，吉林，黑龙江，安徽，江西，河南，湖北，湖南，广西
西部	重庆，四川，贵州，云南，山西，甘肃，青海，宁夏，新疆

由表 12.5 可知，中国东部、中部和西部分别有 11 个、10 个和 9 个地区。为了清晰地反映这三个区域的差异，在下图 12.2 中说明每个区域的平均效率。

东部地区总体效率为 0.7832，效率得分最高，中部地区为 0.6714，西部地区为 0.5239。也就是说，综合考虑能源和环境因素，东部地区的交通运输系统表现最好。通过整体效率分解，我们知道东部地区与中部相比，东部地区不仅在整体系统上效率最高，而且在各个子系统上效率也最高。另外，各个区域在整个交通运输系统、客运子系统、货运子系统中的能源效率和环境效率都相对较低。这些结果符合中国发展战略更注重发展交通运输业，而不是解决伴随而来的环境污染和能源短缺问题的事实。因此，地方政府应该加强污染和能源政策的实施，而不是仅仅强调制定促进交通运输部门增长的政策。此外，由于客运子系统和货运子系统之间存在着较大的差异，中国政府在国家和地区层面上也应该平衡和协调两者之间的发展。

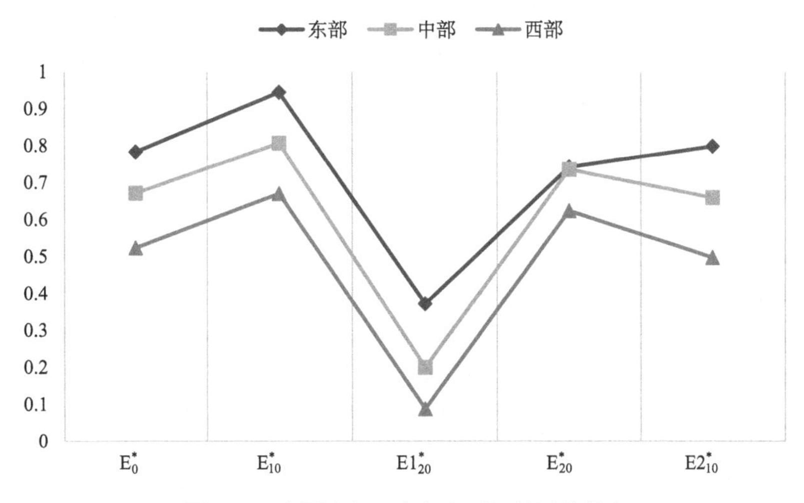

图 12.2　中国东部、中部和西部地区的效率

12.4　本 章 小 结

在过去的 30 年里，中国已经成为世界上最大的能源消耗国和污染排放国。作为能源消耗和污染排放的主要贡献者，中国的交通运输系统值得深入研究，衡量其性能已成为一个重要的课题。遗憾的是，对我国交通运输系统的研究较少，对能源与环境效益评价的研究尤其缺乏。

本章采用 DEA 方法对 30 个省级区域 2012 年交通运输系统绩效进行了评价。本研究的第一个贡献是将交通运输部门划分为包含客运和货运两个子系统的并行系统。通过这种分解，地方政府可以更好地区分这两个子系统的弱点，从而更有效地致力于提高整体效率。本章的双子系统思想丰富了能源研究的理论和方法，为交通运输系统的性能评价提供了新的思路。第二个贡献是应用加权相加策略来组合两个子系统的效率，从而测量组合系统的整体效率。本章给出了区域整体有效的充要条件。关于寻找最优解的问题，第三个贡献是提出了确定性效率分解方法来计算每个并行子系统的效率。

通过对中国 30 个省级地区的实证研究得出以下结论：①中国交通运输系统的平均整体效率告诉我们，许多地区的交通运输系统效率很低。②通过将整体效率分解为两个子系统，得知客运的效率要比货运的好。因此，地方政府应采取更多措施来提高货运效率。③根据客运子系统共享资源的最优比例，可知货运子系统应分配较多的共享投入资源(能源、资金、公路里程)和较少的共享产出资源(CO_2)。④从区域来看，东部地区的平均整体效率最高，其次是中部地区，最后是西部地区。因此，应该更加重视交通设施相对落后的中西部地区。

值得注意的是，我们只采用一年数据进行分析。将实证研究延长到多年将是我们研究的一个卓有成效的延伸，从而捕捉到中国交通运输系统发展的更动态的图景。

参 考 文 献

Amirteimoori A, Nashtaei R A. 2006. The role of time in multi-component efficiency analysis: An application. Applied Mathematics and Computation, 177(1): 11-17.

Amirteimoori A. 2013. A DEA two-stage decision processes with shared resources. Central European Journal of Operations Research, 21(1): 141-151.

Beasley J E. 1995. Determining teaching and research efficiencies. Journal of the Operational Research Society, 46(4): 441-452.

Bi G B, Wang P C, Yang F, et al. 2014. Energy and environmental efficiency of China's transportation sector: a multidirectional analysis approach. Mathematical Problems in Engineering, 2014.

Bian Y W, Yang F. 2010. Resource and environment efficiency analysis of provinces in China: A DEA approach based on Shannon's entropy. Energy Policy, 38(4): 1909-1917.

Castelli L, Pesenti R, Ukovich W. 2010. A classification of DEA models when the internal structure of the decision making units is considered. Annals of Operations Research, 173(1): 207-235.

Chang Y T, Park H S, Jeong J B, et al. 2014. Evaluating economic and environmental efficiency of global airlines: A SBM-DEA approach. Transportation Research Part D: Transport and Environment, 27: 46-50.

Chang Y T, Zhang N, Danao D, et al. 2013. Environmental efficiency analysis of transportation system in China: A non-radial DEA approach. Energy Policy, 58: 277-283.

Charnes A, Cooper W W, Rhodes E. 1978. Measuring the efficiency of decision making units. European Journal of Operational Research, 2(6): 429-444.

Chen Y, Cook W D, Li N, et al. 2009. Additive efficiency decomposition in two-stage DEA. European Journal of Operational Research, 196(3): 1170-1176.

Chen Y, Du J, Sherman H D, et al. 2010. DEA model with shared resources and efficiency decomposition. European Journal of Operational Research, 207(1): 339-349.

Chen Y, Liang L, Yang F. 2006. A DEA game model approach to supply chain efficiency. Annals of Operations Research, 145(1): 5-13.

Chu X, Fielding G J, Lamar B W. 1992. Measuring transit performance using data envelopment analysis. Transportation Research Part A: Policy and Practice, 26(3): 223-230.

Cook W D, Green R H. 2004. Multicomponent efficiency measurement and core business identification in multiplant firms: A DEA model. European Journal of Operational Research, 157(3): 540-551.

Cook W D, Hababou M, Tuenter H J. 2000. Multicomponent efficiency measurement and shared inputs in data envelopment analysis: an application to sales and service performance in bank branches. Journal of Productivity Analysis, 14(3): 209-224.

Cook W D, Hababou M. 2001. Sales performance measurement in bank branches. Omega, 29(4): 299-307.

Cook W D, Seiford L M. 2009. Data envelopment analysis (DEA)–Thirty years on. European Journal of Operational Research, 192(1): 1-17.

Cooper W W, Seiford L M, Tone K. 2007. Data envelopment analysis: A comprehensive text with models, applications, references and DEA-Solver Software. Springer, 490.

Cooper W W, Seiford L M, Zhu J. 2011. Handbook on data envelopment analysis. Springer Science & Business Media.

Cui Q, Li Y. 2014. The evaluation of transportation energy efficiency: An application of three-stage virtual frontier DEA. Transportation Research Part D: Transport and Environment, 2: 1-11.

Du J, Wang J, Chen Y, et al. 2014. Incorporating health outcomes in Pennsylvania hospital efficiency: an additive super-efficiency DEA approach. Annals of Operations Research, 221(1): 161-172.

Eggleston S, Buendia L, Miwa, K, et al. 2006. 2006 IPCC guidelines for national greenhouse gas inventories. Hayama, Japan: Institute for Global Environmental Strategies, 5.

Egilmez G, Park Y S. 2014. Transportation related carbon, energy and water footprint analysis of US manufacturing: An eco-efficiency assessment. Transportation Research Part D: Transport and Environment, 32: 143-159.

Halkos G E, Tzeremes N G, Kourtzidis S A. 2014. A unified classification of two-stage DEA models. Surveys in Operations Research and Management Science, 19(1): 1-16.

Hu J L, Wang S C. 2006. Total-factor energy efficiency of regions in China. Energy Policy, 34(17): 3206-3217.

Hua Z, Bian Y, Liang L. 2007. Eco-efficiency analysis of paper mills along the Huai River: An extended DEA approach. Omega, 35(5): 578-587.

International Energy Agency (IEA). 2011. CO_2 Emissions from Fuel Combustion Highlights. Cancún Mexico.

IPCC (Guidelines for National Greenhouse Gas Inventories). 2006. Intergovernmental Panel on

Climate Change, NGGIP Publications, *IGES*, Japan.

Kao C, Hwang S N. 2008. Efficiency decomposition in two-stage data envelopment analysis: An application to non-life insurance companies in Taiwan. European Journal of Operational Research, 185 (1) : 418-429.

Kao C. 2012. Efficiency decomposition for parallel production systems. Journal of the Operational Research Society, 63 (1) : 64-71.

Korhonen P J, Luptacik M. 2004. Eco-efficiency analysis of power plants: An extension of data envelopment analysis. European Journal of Operational Research, 154 (2) : 437-446.

Lin L C, Hong C H. 2006. Operational performance evaluation of international major airports: An application of data envelopment analysis. Journal of Air Transport Management, 12 (6) : 342-351.

Mahdiloo M, Noorizadeh A, Farzipoor S R. 2012. Suppliers ranking by cross-efficiency evaluation in the presence of volume discount offers. International Journal of Services and Operations Management, 11 (3) : 237-254.

Mahdiloo M, Noorizadeh A, Saen R F. 2011. Developing a new data envelopment analysis model for customer value analysis. Journal of Industrial and Management Optimization, 7 (3) : 531.

McMullen B S, Noh D W. 2007. Accounting for emissions in the measurement of transit agency efficiency: A directional distance function approach. Transportation Research Part D: Transport and Environment, 12 (1) : 1-9.

National Development Reform Commission (NDRC). 2007. National Greenhouse Gas Inventory of the People's Republic of China.

Nordström H, Vaughan S. 1999. Trade and the Environment. Special Studies No. 4. World Trade Organization Publications, Switzerland.

Prior D. 2006. Efficiency and total quality management in health care organizations: A dynamic frontier approach. Annals of Operations Research, 145 (1) : 281-299.

Ramanathan R. 2000. A holistic approach to compare energy efficiencies of different transport modes. Energy Policy, 28 (11) : 743-747.

Saen R F, Memariani A, Lotfi F H. 2005. Determining relative efficiency of slightly non-homogeneous decision making units by data envelopment analysis: a case study in IROST. Applied Mathematics and Computation, 165 (2) : 313-328.

Saen R F. 2005. Developing a nondiscretionary model of slacks-based measure in data envelopment analysis. Applied Mathematics and Computation, 169 (2) : 1440-1447.

Seiford L M, Zhu J. 2002. Modeling undesirable factors in efficiency evaluation. European Journal of Operational Research, 142 (1) : 16-20.

Shi G M, Bi J, Wang J N. 2010. Chinese regional industrial energy efficiency evaluation based on a DEA model of fixing non-energy inputs. Energy Policy, 38 (10) : 6172-6179.

Song M L, Wang S H. 2014. DEA decomposition of China's environmental efficiency based on search algorithm. Applied Mathematics and Computation, 247: 562-572.

Song M L, Zhang L L, Liu W, et al. 2013. Bootstrap-DEA analysis of BRICS'energy efficiency based on small sample data. Applied Energy, 112: 1049-1055.

Tongzon J. 2001. Efficiency measurement of selected Australian and other international ports using data envelopment analysis. Transportation Research Part A: Policy and Practice, 35 (2) : 107-122.

Tsai P F, Molinero C M. 2002. A variable returns to scale data envelopment analysis model for the joint determination of efficiencies with an example of the UK health service. European Journal of Operational Research, 141 (1) : 21-38.

Wang K, Wei Y M, Zhang X. 2012. A comparative analysis of China's regional energy and emission performance: Which is the better way to deal with undesirable outputs? Energy Policy, 46: 574-584.

Wang K, Yu S W, Zhang W. 2007. China's regional energy and environmental efficiency: a DEA window analysis based dynamic evaluation. Mathematical and Computer Modelling, 58: 1117-1127.

Wei J C, Xia W, Guo X M, et al. 2013. Urban transportation in Chinese cities: An efficiency assessment. Transportation Research Part D: Transport and Environment, 23: 20-24.

Wu H Q, Shi Y, Xia Q, et al. 2014. Effectiveness of the policy of circular economy in China: A DEA-based analysis for the period of 11th five-year-plan. Resources, Conservation and Recycling, 83: 163-175.

Wu J, An Q X, Xiong B B, et al. 2013. Congestion measurement for regional industries in China: A data envelopment analysis approach with undesirable outputs. Energy Policy, 57: 7-13.

Wu Y. 2012. Energy intensity and its determinants in China's regional economies. Energy Policy, 41: 703-711.

Yu M M. 2008. Measuring the efficiency and return to scale status of multi-mode bus transit–evidence from Taiwan's bus system. Applied Economics Letters, 15 (8) : 647-653.

Zhang B, Bi J, Fan Z Y, et al. 2008. Eco-efficiency analysis of industrial system in China: A data envelopment analysis approach. Ecological Economics, 68 (1-2) : 306-316.

Zhou G H, Chung W, Zhang Y X. 2014. Measuring energy efficiency performance of China's transport sector: A data envelopment analysis approach. Expert Systems with Applications, 41 (2) : 709-722.

Zhou P, Ang B W, Poh K L. 2008a. Measuring environmental performance under different environmental DEA technologies. Energy Economics, 30 (1) : 1-14.

Zhou P, Ang B W, Poh K L. 2008b. A survey of data envelopment analysis in energy and environmental studies. European Journal of Operational Research, 189 (1) : 1-18.

Zhu J. 2004. Imprecise DEA via standard linear DEA models with a revisit to a Korean mobile telecommunication company. Operations Research, 52 (2) : 323-329.

第13章 中国区域整体交通运输系统环境效率研究

13.1 引 言

作为人类社会经济活动的重要组成部分，交通运输就是通过组织各种资源如工具、工作人员、资金等来实现人和货物的物理位置移动。从运输方式来看，运输服务主要方式有航空运输、铁路运输、公路运输、水路运输以及管道运输。目前，管道运输只适用于液体运输，应用范围较为局限，在本章中我们不予研究。截至2016年，中国的民航机场数量达到218个，年客运量达到10635万人次；铁路里程(即运营铁路线的长度)已达到12.4万km，世界排名第二，电气化铁路里程也是如此；除此之外，高速铁路的运营里程(即运营铁路线长度)达到22000km，居世界首位，与此同时，高速铁路在建规模超过10000km；全国公路总里程469.63万km，比2016年增加11.90万km；全国内河航道通航里程12.71万km，比2016年增加0.01万km，全国港口拥有生产用码头泊位30388个和万t级及以上泊位2317个(MTPRC 2017)。

尽管中国的交通运输业发展迅速，但是在发展过程中也产生了许多问题。①据《2015年中国统计年鉴》显示，2013年中国交通运输行业能源消耗占消耗总量的8%，碳排放量占排放总量的10%。②目前，中国交通基础设施的整体规模较大，但建设区域主要集中在中国东部地区，相比之下，中部和西部地区的交通条件则较为落后，交通运输行业发展也随之缓慢。因此，降低这三个区域交通运输业的能源消耗和碳排放量差异，从整体上降低能源消耗总量及碳排放总量，有助于交通、资源和环境的长期可持续发展。为了建立生态友好的绿色交通运输系统，科学地审视交通运输业的发展模式，合理地评估其环境绩效是我国当前亟待解决的问题。

在交通运输业的绩效评估中，许多都采用单一指标评价，如运输强度效应(TIE)和周转率能耗(EUT)，并没有考虑到运输过程中的其他影响因素(Wang et al.，2011；Chung et al.，2013)。为了解决这一问题，本章采用了DEA方法来评估交通运输业的绩效。DEA作为一种非参数化方法，用于评估具有多投入和多产出指标系统的绩效，其不需要对投入产出间的函数关系进行先验假设，并且能够为决策者提供客观的效率评价结果和效率改进方向(Charnes et al.，1978)。因此，DEA方法被广泛地应用于交通运输业绩效评估中(Wu et al.，2016；Viton，1997；Adler et al.，2013)。

到目前为止，基于 DEA 方法的交通运输行业的绩效研究可分为两类：一类是静态绩效评价的研究，这类研究是衡量交通运输系统在一年或一段时间内的效率，即交通运输行业在一段时间内基于各种资源最大限度地利用当期的生产技术水平提高产出；另一类是动态绩效评价的研究，这类研究通常使用 MALMQUIST 生产率指数及其扩展指数形式来研究跨时期过程中生产技术水平及效率变化。交通运输业的静态绩效评估的研究通常是应用 DEA 模型，如传统的 DEA 模型、基于松弛变量度量的 DEA 模型和网络 DEA 模型，在不分析交通运输部门发展所涉及的技术过程和效率变化的情况下，评估一段时间内交通运输行业的绩效（Adler et al.，2013；Zhou et al.，2013；Song et al.，2015）。Zhou 等（2013）应用不同规模报酬假设的产出导向的 DEA 模型对中国交通运输业 2003~2009 年的碳排放绩效进行了研究。研究结果表明，从 2004 年开始，高效交通运输行业的区域数量逐渐减少，2006 年数量达到最少，之后数量略有增加。Chang 等（2013）采用 SBM-DEA 模型对 2009 年交通运输业的碳排放量和碳排放潜在减少量进行了研究，结果表明，我国大部分省份交通运输业的环境绩效水平不高。Zhou 等（2014）介绍了考虑非期望产出的 DEA 方法，以分析 2003~2009 年中国交通运输业的能源效率和潜在节能量。Adler 等（2013）提出了一种新的 DEA 定向经济-环境距离函数（DEED）方法，来计算存在期望产出和非期望产出的航空发动机组合的相对效率。Song（2015）应用基于松弛变量测度（SBM）的非期望产出的数据包络分析（DEA）模型评估了中国 30 个行政区域在 2003~2012 年交通运输行业环境绩效的变化。Färe 和 Grosskopf（1997）提出了 DEA 的“黑箱”理论，之后部分学者提出了网络 DEA 模型来评估交通运输业的绩效。Wanke（2013）采用了两阶段网络 DEA 方法分析了巴西港口的效率，通过将每年的装运频率作为关键的中间产出来优化有形基础设施和货运整合效率水平。Tavassoli 等（2014）建立了一个存在共享投入的两阶段网络 SBM 模型，通过引入各组件之间的连接活动来评估伊朗 11 家航空公司的绩效。在 Tavassoli 等（2014）的研究中，第一阶段作者对航空公司技术效率进行了评价，第二阶段则对服务效果进行了相应评价。Lu 等（2012）采用两阶段 DEA 模型对 30 家美国航空公司的生产效率和营销效率进行了比较分析。此外，他们还进行了公司治理机制对于航空公司业绩影响的回归分析研究。Yu 等（2015）提出了一种多活动网络数据包络分析模型，从个体活动、个体流程、个体期间和整体运作的角度来评估绩效。Wu 等（2016）将交通运输系统分为客运和货运两个子系统，采用并行网络 DEA 模型对 2012 年中国省级交通运输部门的能源效率和环境绩效进行测算。Liu 等（2017）采用并行松弛测度数据包络分析模型，对 2009~2012 年中国陆运业（包括铁路运输和公路运输）进行了绩效分析。

在交通运输行业的动态绩效评价研究中，大部分研究使用 Malmquist 生产率指数方法或其扩展形式对交通运输业的绩效进行了动态分析，该指数可以衡量交通运输业在跨期内的效率变化以及变化的决定因素。此外，该方法还能够反映出在多投入、多产出指标的框架下，随着前沿生产技术的进步或倒退，交通运输业效率的提高或降低。Malmquist 生产率指数最初由 Malmquist(1953)提出，之后 Cave 等(1982)通过应用两个距离的比率对该指数进行了扩展。当 Färe 和 Grosskopf(1992)将非参数技术 DEA 方法引入到 Malmquist 生产率指数之后，该指标受到了学者们的广泛关注。Nicola 等(2013)使用包含质量因素的 DEA Malmquist 指数衡量了 2006~2008 年 20 家意大利机场管理公司的生产率。Scotti 和 Volta(2015)使用一个两年期的 Malmquist-Luenberger(BML)生产率指数来衡量 2000~2010 年欧洲航空公司的生产率。在此研究中，他们将 BML 生产率指标与传统生产率指标进行了对比，结果发现对环境敏感的生产率指标增长程度低于传统生产率指标。Zhang 等(2015)采用非径向 Malmquist 二氧化碳(CO_2)排放绩效指数(NMCPI)分析了 2002~2010 年中国区域交通运输业全因素 CO_2 排放绩效的变化。Gitto 和 Mancuso(2012)将 Malmquist 生产率指数应用于 28 个意大利机场，评估了 2000~2006 年意大利机场的生产率演变情况。Zhang 和 Wei(2015)通过将区域异质性和算术测度纳入非径向 Malmquist 碳排放生产率指数来衡量区域交通运输业碳排放绩效的动态变化。

从上述文献可以看到，大多数研究把交通运输业系统看作一个“黑箱”，只考虑最初的投入和最终产出而不考虑中间产品。只有少量的研究使用网络 DEA 模型来研究交通运输系统的内部结构，而这些研究缺乏对绩效的动态分析，忽略了生产率指数及其分解指数的分析(Chen and Yu，2014；Wang and Feng，2015)。如图 13.1 所述，根据交通运输方式，将中国交通运输系统分为四个平行子系统：铁路运输子系统、公路运输子系统、水路运输子系统和民航运输子系统。此外，考虑到中国区域经济发展和交通行业发展的异质性，根据不同行政区域经济发展水平和地理位置将中国划分为东部、中部和西部三大经济板块。为了评估考虑环境因素的中国交通运输行业的环境绩效，本章建立了一个新的并行网络 DEA 模型，并在此基础上，提出一种新的基于网 DEA 模型的生产率指数(metafrontier

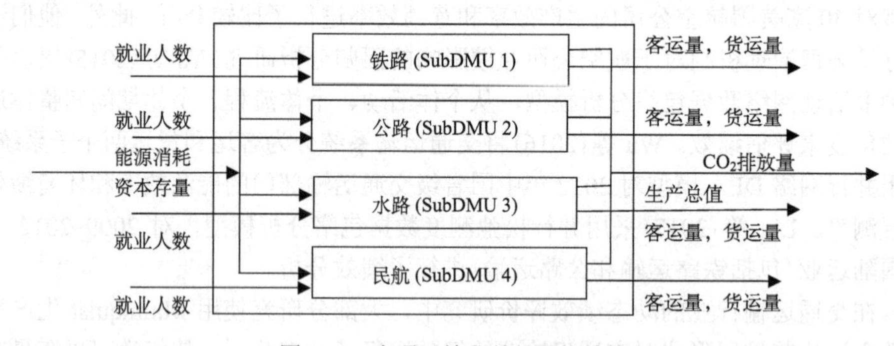

图 13.1　交通运输业并行网络结构

Malmquist and Luenberger productivity index，MMLPI）来研究存在异质性的中国交通运输行业的环境效率的变化。

13.2 模 型 构 建

本节首先回顾了传统 DEA 模型，然后提出了一种新的交通运输行业并行网 DEA 模型。此外，定义了交通运输业的 Metafrontier Malmquist-Luenberger 生产率指数。

13.2.1　交通运输业的并行网络 DEA 模型

首先，假设每个省份的交通运输系统都是一个“黑箱”，忽略其内部结构，采用传统的 DEA 模型来衡量交通运输行业的绩效。假定有 n 个 DMUs（这里是省级交通运输业），每个 $\mathrm{DMU}_j\,(j=1,2,\cdots,n)$ 使用 m 种不同的投入来产生 b 种不同的产出，分别表示为 $x_{ij}\,(i=1,2,\cdots,m)$ 和 $y_{rj}\,(r=1,2,\cdots,b)$ 。基于 Charnes 等（1978）提出的产出导向的 CCR 模型，DMU_0 的相对效率可以通过以下乘数模型获得（按照惯例，“DMU_0”表示目前被评估的决策单元）。

$$
\begin{aligned}
&\phi=\mathrm{Min}\sum_{i=1}^{m}\omega_i x_{i0}\\
&\text{s.t.}\ \sum_{r=1}^{b}\mu_r y_{rj}-\sum_{i=1}^{m}\omega_i x_{ij}\leqslant 0, j=1,2,\cdots,n\\
&\sum_{r=1}^{b}\mu_r y_{r0}=1\\
&\mu_r,\omega_i\geqslant\varepsilon, r=1,2,\cdots,b, i=1,2,\cdots,m.
\end{aligned}
\tag{13.1}
$$

其中 u_r,ω_i 分别为第 r 个产出和第 i 个投入的权重变量。当模型（13.1）的最优目标值 ϕ^* 等于 1 时，DMU_0 是有效的，否则，DMU_0 无效。根据线性规划的对偶理论，可得到 CCR 包络模型：

$$
\begin{aligned}
&\phi=\mathrm{Max}\left[\delta+\varepsilon\left(\sum_{i=1}^{m}s_i^-+\sum_{r=1}^{b}s_r^+\right)\right]\\
&\text{s.t.}\ \sum_{j=1}^{n}\lambda_j x_{ij}+s_i^-=x_{i0}, i=1,2,\cdots,m\\
&\sum_{j=1}^{n}\lambda_j y_{rj}-s_r^+=\delta y_{r0}, r=1,2,\cdots,b\\
&\lambda_j\geqslant 0, j=1,2,\cdots,n.
\end{aligned}
\tag{13.2}
$$

模型(13.2)为投入导向型的 CCR 模型，在这种导向下设定DMU_0的投入水平不变，最大化产出的量。因此，模型(13.1)和(13.2)的最优目标函数值的倒数$1/\phi^*$定义为 Shephard 产出距离函数值，它表示被评估单元DMU_0到由有效决策单元(DMUs)构成的生产前沿的距离，其被广泛用于 Malmquist 生产率指数的测量中(Pastor and Lovell，2005；Oh and Lee，2010)。由于无法获得中国各省交通运输行业相关的能源消耗和资本存量的确切数据，基于先前关于交通运输行业绩效的研究(Chang et al.，2013；Halkos and Tzeremes，2009；Lv et al.，2015；Song et al.，2016；Chen，2017)，本章选择能源消耗和资本存量作为四个子系统的共享投入，交通运输行业就业人数为各个子系统的个体投入指标。由于中国没有关于交通运输行业的资本存量的统计数据，一般研究者采用固定资本投资的数额来表示资本存量(Lee，2005；Bian and Yang，2010；Chang et al.，2013)。因此，本研究中也采用固定资本投资来替代资本存量。此外，就产出指标而言，本研究选择交通运输行业的货运量和客运量作为各个子系统的个体产出指标。交通运输行业整体的生产总值以及二氧化碳排放量作为共享产出指标。虽然整个交通运输系统的总产值和二氧化碳排放量是已知的，但是每个子系统的对应值是未知的，因此，很难将这些数值分到各个子系统之中。例如，产生交通运输行业总产值的运输任务通常被认为是几个或所有运输子系统的集成，而不是一个单独的子系统完成的，因此，这些值很难分解到每个子系统之中。类似于 Chen 等(2010)，将二氧化碳排放量和交通运输行业生产总值视为这四个子系统共享的非期望产出和共享的期望产出。

假设一个省级交通运输系统在一年内作为一个决策单位(DMU)。为了便于在建立网络模型时进行说明，相应的符号定义如表 13.1。

表 13.1 符号描述

符号	描述
索引	
j	表示第j个 DMU
p	表示第p个子决策单元
l	表示第l个个体投入
r	表示第r个个体期望产出
i	表示第i个共享投入
g	表示第g个共享期望产出
h	表示第h个共享非期望产出
投入/产出	
X_j	表示DMU_j的共享投入向量
$\tilde{X}_j^p$	表示DMU_j中$SubDMU_p$个体投入向量
Y_j	表示DMU_j的共享期望产出向量

续表

符号	描述
$\tilde{Y}_j^p$	表示 DMU_j 中 SubDMU_p 的个体期望产出向量
Z_j	表示 DMU_j 的共享非期望产出向量
$\tilde{x}_{lj}^p$	表示 DMU_j 中 SubDMU_p 的第 l 个个体投入
$\tilde{y}_{rj}^p$	表示 DMU_j 中 SubDMU_p 的第 r 个期望产出
x_{ij}	表示 DMU_j 的第 i 个共享投入
y_{gj}	表示 DMU_j 的第 g 个共享期望产出
z_{hj}	表示 DMU_j 的第 h 个共享非期望产出
变量	
α_i^p	表示 DMU_j 中 SubDMU_p 第 i 个共享投入所占的比例
β_h^p	表示 DMU_j 中 SubDMU_p 第 h 个共享非期望产出所占的比例
γ_g^p	表示 DMU_j 中 SubDMU_p 第 g 个共享期望产出所占的比例

为了对上述结构的交通运输系统进行绩效评估，首先需要对共享投入和共享产出进行处理。到目前为止，处理共享投入的相关研究有很多，例如加权限制(Beasley，1995；Cook et al.，2000)、加性目标函数(Cook and Hababou，2001)。在这些研究中，既没有指定共享投入的共享比例，也没有考虑系统的内部结构。之后，Yu 和 Lin(2008)评估了具有共享投入的多活动网络框架下铁路系统的性能。Zha 和 Liang(2010)提出了一种方法来衡量一个两阶段串联生产系统的性能，在这个过程中，共享投入可以在不同的阶段之间自由分配。Chen 等(2010)使用一个多 DEA 模型来评估两阶段网络过程的性能，其中两个阶段都有不可分离的共享投入。Yu 等(2015)利用动态网络 DEA 模型估算了存在共享技术人员和票务代理的公交公司的生产效率、服务效率和运营效率。基于共享投入的相关研究，可以采用类似的方法解决共享产出问题。比如，Jahanshahloo 等(2004)衡量了一家伊朗商业银行的 39 家分行的效率，而这些分行拥有共享的投入和共享的产出。而 Kao(2016)建立了一个网络 DEA 模型来重新分析这些银行分支机构的绩效。

然而，在衡量系统的全要素生产率时，先前的研究没有考虑到共享的非期望产出与共享投入，因此他们的方法都不适用于本章的交通运输业结构体系。在这一部分中，我们提出了一个新的并行网络 DEA 模型来度量图 13.1 结构的交通运输业的绩效，其模型如下：

$$\phi = \mathrm{Min}\left[\sum_{i=1}^{m}\omega_i x_{i0} + \sum_{l=1}^{d}\left(\vartheta_l \sum_{p}^{q}\tilde{x}_{l0}^p\right) + \sum_{h=1}^{k} v_h z_{h0}\right]$$

$$
\begin{aligned}
\text{s.t.}\ & \sum_{r=1}^{b}\mu_r\tilde{y}_{r0}+\sum_{g=1}^{f}\xi_g y_{g0}=1,\\
& \sum_{r=1}^{b}(\mu_r(\sum_{p=1}^{q}\tilde{y}_{rj}^{p}))+\sum_{g=1}^{f}\xi_g y_{gj}-\sum_{i=1}^{m}\omega_i x_{ij}-\sum_{l=1}^{d}(\vartheta_l(\sum_{p=1}^{q}\tilde{x}_{lj}^{p}))-\sum_{h=1}^{k}v_h z_{hj}\leqslant 0, j\in \text{PPS},\\
& \sum_{r=1}^{b}\mu_r\tilde{y}_{rj}^{p}+\sum_{g=1}^{f}\xi_g\gamma_g^p y_{gj}-\sum_{i=1}^{m}\omega_i\alpha_i^p x_{ij}-\sum_{l=1}^{d}\vartheta_l\tilde{x}_{lj}^{p}-\sum_{h=1}^{k}v_h\beta_h^p z_{hj}\leqslant 0, p=1,\cdots,q, j\in \text{PPS},\\
& \sum_{p=1}^{q}\alpha_i^p=1, i=1,\cdots,m, \qquad (13.3)\\
& \sum_{p=1}^{q}\beta_h^p=1, h=1,\cdots,k,\\
& \sum_{p=1}^{q}\gamma_g^p=1, g=1,\cdots,f,\\
& \omega_i,\mu_r,v_h,\vartheta_l,\xi_t,\alpha_i^p,\beta_h^p,\gamma_t^p\geqslant 0,\\
& i=1,2,\cdots,m; r=1,\cdots,b; h=1,\cdots,k; l=1,\cdots,d; g=1,\cdots,f; p=1,\cdots,q.
\end{aligned}
$$

其中，ω_i、v_h 和 ϑ_l 分别表示与共享投入、个体投入和共享非期望产出相对应的乘数。μ_r 和 ξ_g 分别是个体期望产出和共享期望产出对应的乘数。该模型可以看作 Chen 等(2010)对于图 13.1 所示的网络结构系统的推广，其中考虑了并行网络结构、非期望产出、共享投入和共享产出。在模型(13.3)中，第二条约束表示聚合产出小于或等于聚合投入，这意味着整个系统的效率不超过 1，第三条约束意味着每个子系统 $\text{SubDMU}_p\ (p=1,\cdots,q)$ 的效率不超过 1。$\sum_{p=1}^{q}\alpha_i^p=1$、$\sum_{p=1}^{q}\beta_h^p=1$ 和 $\sum_{p=1}^{q}\gamma_g^p=1$ 表示共享投入、共享非期望产出和共享期望产出完全分配到四个子系统中。$j\in \text{PPS}$ 指在生产可能集(或技术集)PPS 中所涉及的所有 DMUs。

由于模型(13.3)是一个非线性规划模型，为了减少其计算的复杂度，分别用 ζ_g^p，w_i^p 和 u_h^p 代替 $\xi_g\gamma_g^p$，$\omega_i\alpha_i^p$ 和 $v_h\beta_h^p$，模型(13.3)可以转化为下列线性模型。

$$
\phi=\text{Min}\left[\sum_{i=1}^{m}\omega_i x_{i0}+\sum_{l=1}^{d}(\vartheta_l\sum_{p}^{q}\tilde{x}_{l0}^{p})+\sum_{h=1}^{k}v_h z_{h0}\right]
$$

$$
\text{s.t.}\ \sum_{r=1}^{b}\mu_r\tilde{y}_{r0}+\sum_{g=1}^{f}\xi_g y_{gj}=1,
$$

$$
\begin{aligned}
&\sum_{r=1}^{b}\mu_r\tilde{y}_{rj}+\sum_{g=1}^{f}\xi_g y_{gj}-\sum_{i=1}^{m}\omega_i x_{ij}-\sum_{l=1}^{d}\vartheta_l\sum_{p=1}^{q}\tilde{x}_{lj}^{p}-\sum_{h=1}^{k}v_h z_{hj}\leqslant 0, j\in\text{PPS};\\
&\sum_{r=1}^{b}\mu_r\tilde{y}_{rj}^{p}+\sum_{g=1}^{f}\zeta_g^{p} y_{gj}-\sum_{i=1}^{m}w_i^{p} x_{ij}-\sum_{l=1}^{d}\vartheta_l\tilde{x}_{lj}^{p}-\sum_{h=1}^{k}u_h^{p} z_{hj}\leqslant 0, j\in\text{PPS}, p=1,\cdots,q;\\
&\sum_{p=1}^{q}w_i^{p}=\omega_i, i=1,\cdots,m,\\
&\sum_{p=1}^{q}u_h^{p}=v_h, h=1,\cdots,k, \qquad (13.4)\\
&\sum_{p=1}^{q}\zeta_g^{p}=\xi_g, g=1,\cdots,f,\\
&\omega_i,\mu_r,v_h,\vartheta_l,\xi_g,w_i^{p},u_h^{p},\zeta_g^{p}\geqslant 0,\\
&i=1,2,\cdots,m; r=1,\cdots,b; h=1,\cdots,k; l=1,\cdots,d; g=1,\cdots,f; p=1,\cdots,q.
\end{aligned}
$$

通过求解模型(13.4)，可以得到 DMU_0 在该生产可能集下的 Shephard 产出距离函数值(或环境效率) $1/\phi^*$，用于进一步计算生产率指标。

13.2.2 Metafrontier Malmquist-Luenberger 生产率指数

DMU 在不同时期的效率比可以看作绩效变化的度量。由于使用不同时期作为基期可能会产生不一样的结果，针对这个问题，研究者们提出了不同的解决方法，例如 Kao(2010)和 Färe 等(1994)建议将两个基期计算的绩效变化值的几何平均数作为 Malmquist 生产率指数(MPI)。Färe 等(1994)的这一开创性工作，使得 MPI 在许多实证研究中得到应用，然而，这一生产率指数没有考虑非期望产出以及 DMU 之间的异质性，大部分关于 MPI 的文献都是假设所有的 DMU 在相同的生产技术下运作，并且所有的产出均为期望产出。事实上，一个特定技术组中的 DMUs 与其他组中的 DMUs 具有不同的生产可能集，因此，在不同生产技术下的 DMUs 不能进行直接比较。同时，中国交通运输行业不同区域发展的异质性也使得无法将传统的 MPI 方法直接应用于中国交通运输业的生产率分析。为了解决 DMUs 之间的存在的异质性，Oh 和 Lee(2010)提出了 MMLPI，该指数将共同生产函数引入到非参数的生产率分析中，以比较经济主体在不同生产技术下的生产率变化。基于 Oh 和 Lee(2010)的研究，我们提出了一种新的考虑非期望产出的 MMLPI，并将 MMLPI 应用到中国交通运输业进行分析。

图 13.2 表示 MMLPI 的共同前沿面，为了直观简洁地介绍这一概念，图 13.2 仅考虑一个投入和一个期望产出。

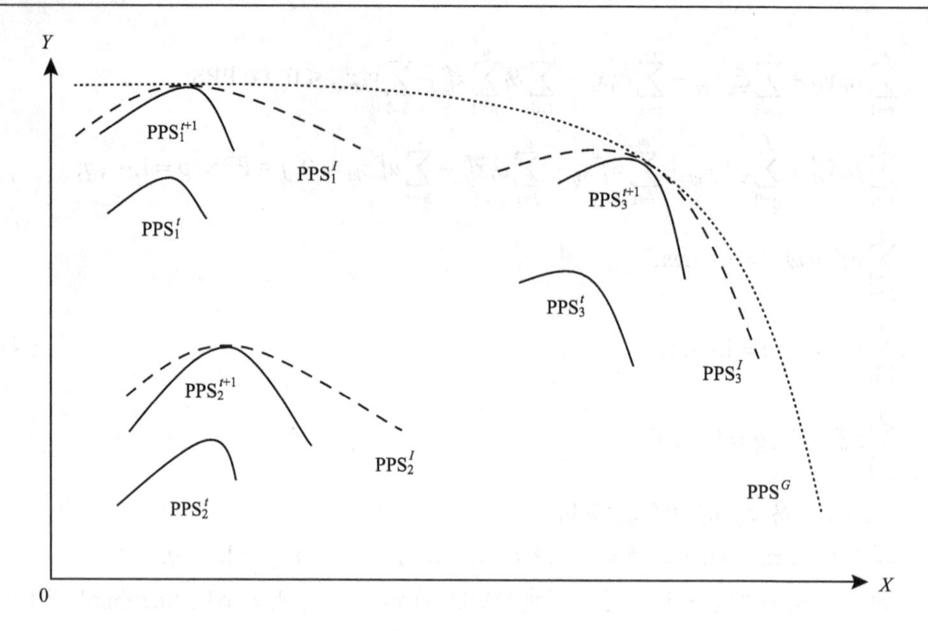

图 13.2 交通运输业 MMLPI 框架下的共同前沿面

定义 13.1 (1) PPS_R^s 表示组 R 内所有的 DMUs 在时间 s 同期形成的生产可能集。当模型(13.4)中的 $\mathrm{PPS}=\mathrm{PPS}_R^s$ 时，决策单元(x,y)的产出距离为$1/\phi^*$，表示为$D^s(x,y)$。

(2) PPS_R^I 表示组 R 内所有 DMUs 在所有时期 t，t+*1* 跨时期形成的生产可能集。当模型(13.4)中的 $\mathrm{PPS}=\mathrm{PPS}_R^I$ 时，决策单元(x,y)的产出距离为$1/\phi^*$，表示为$D^I(x,y)$。

(3) PPS^G 表示为所有组的所有 DMUs 在所有时期形成的生产可能集。当模型(13.4)中的 $\mathrm{PPS}=\mathrm{PPS}^G$ 时，决策单元(x,y)的产出距离为$1/\phi^*$，表示为$D^G(x,y)$。

在本章中，将 MMLPI 分解成三个子指标：①组内效率变化(追赶效应)；②最佳实践差距变化(创新效应)；③技术领导能力变化(技术领先效应)。具体分解如下所示：

$$\mathrm{MMLPI}(x^t,\tilde{x}^t,y^t,\tilde{y}^t,z^t,x^{t+1},\tilde{x}^{t+1},y^{t+1},\tilde{y}^{t+1},z^{t+1})=\frac{D^{t+1}(x^{t+1},\tilde{x}^{t+1},y^{t+1},\tilde{y}^{t+1},z^{t+1})}{D^t(x^t,\tilde{x}^t,y^t,z^t)}$$
$$\times\frac{D^I(x^{t+1},\tilde{x}^{t+1},y^{t+1},\tilde{y}^{t+1},z^{t+1})/D^{t+1}(x^{t+1},\tilde{x}^{t+1},y^{t+1},\tilde{y}^{t+1},z^{t+1})}{D^I(x^t,\tilde{x}^t,y^t,z^t)/D^t(x^t,\tilde{x}^t,y^t,z^t)}$$
$$\times\frac{D^G(x^{t+1},\tilde{x}^{t+1},y^{t+1},\tilde{y}^{t+1},z^{t+1})/D^I(x^{t+1},\tilde{x}^{t+1},y^{t+1},\tilde{y}^{t+1},z^{t+1})}{D^G(x^t,\tilde{x}^t,y^t,\tilde{y}^t,z^t)/D^I(x^t,\tilde{x}^t,y^t,\tilde{y}^t,z^t)}$$

$$
\begin{aligned}
&= \frac{\mathrm{TE}^{t+1}}{\mathrm{TE}^{t}} \times \frac{\mathrm{BPG}^{t+1}}{\mathrm{BPG}^{t}} \times \frac{\mathrm{TGR}^{t+1}}{\mathrm{TGR}^{t}} \\
&= \mathrm{EC} \times \mathrm{BPC} \times \mathrm{TGC}
\end{aligned}
\tag{13.5}
$$

其中，TE^t 是指被评估 R 组内 DMUs 在时期 t 的技术效率水平，BPG^t 表示 R 组内 DMUs 在时间 t 的最佳实践差距，TGR^t 指 R 组内 DMUs 在时期 t 与全局生产技术的差距(Battese et al.，2004；Oh and Lee，2010)。

(1) $\mathrm{EC} = \dfrac{D^{t+1}(x^{t+1}, \tilde{x}^{t+1}, y^{t+1}, \tilde{y}^{t+1}, z^{t+1})}{D^t(x^t, \tilde{x}^t, y^t, \tilde{y}^t, z^t)}$ 表示效率变化。$\mathrm{EC} > 1(\mathrm{EC} < 1)$ 表示被评估决策单元从时期 t 到时期 $t+1$ 的效率增加(减少)。

(2) $\mathrm{BPC} = \dfrac{\mathrm{BPG}^{t+1}}{\mathrm{BPG}^t} = \dfrac{D^I(x^{t+1}, \tilde{x}^{t+1}, y^{t+1}, \tilde{y}^{t+1}, z^{t+1}) / D^{t+1}(x^{t+1}, \tilde{x}^{t+1}, y^{t+1}, \tilde{y}^{t+1}, z^{t+1})}{D^I(x^t, \tilde{x}^t, y^t, \tilde{y}^t, z^t) / D^t(x^t, \tilde{x}^t, y^t, \tilde{y}^t, z^t)}$ 表示最佳实践差距变化。BPC 表示从时期 t 到时期 $t+1$ 组内技术变化的度量，它反映了组内技术变化(Pastor and Lovell，2005)。$\mathrm{BPC} > 1(\mathrm{BPC} < 1)$ 表示被评估决策单元技术进步(倒退)。

(3) $\mathrm{TGC} = \dfrac{\mathrm{TGR}^{t+1}}{\mathrm{TGR}^t} = \dfrac{D^G(x^{t+1}, \tilde{x}^{t+1}, y^{t+1}, \tilde{y}^{t+1}, z^{t+1}) / D^I(x^{t+1}, \tilde{x}^{t+1}, y^{t+1}, \tilde{y}^{t+1}, z^{t+1})}{D^G(x^t, \tilde{x}^t, y^t, \tilde{y}^t, z^t) / D^I(x^t, \tilde{x}^t, y^t, \tilde{y}^t, z^t)}$ 表示技术差距变化。$\mathrm{TGC} > 1\ (\mathrm{TGC} < 1)$ 表示被评估决策单元技术领先者群体的变化，它也被称为技术领导变革。

(4) $\mathrm{MMLPI}(x^t, \tilde{x}^t, y^t, \tilde{y}^t, z^t, x^{t+1}, \tilde{x}^{t+1}, y^{t+1}, \tilde{y}^{t+1}, z^{t+1}) > 1\ (< 1)$ 表示被评估决策单元从时期 t 到时期 $t+1$ 的生产率的增长(降低)。

13.3　考虑异质性的中国交通运输业环境效率的实证分析

13.3.1　样本与变量指标选择

本章使用的数据来源于中华人民共和国国家统计局。其中包括《中国区域经济统计年鉴》(2008~2014 年)《中国统计年鉴》(2008~2014 年)《中国能源统计年鉴》(2008~2014 年)《中国城市统计年鉴》(2008~2014 年)和《中国交通年鉴》(2008~2014 年)。由于缺乏西藏自治区的数据，不考虑西藏自治区。

基于图 13.1，本节详细解释了投入指标和产出指标的选择。在投入指标方面，这四个子系统的个体投入是就业人数；交通运输业的能源消耗和资本存量是共享投入，本章利用交通运输业的总固定资产来估算资本存量。对于产出指标，本章选择了交通运输业的生产 F 总值、交通运输业的二氧化碳排放量、客运量和货运量。其中，交通运输业的生产总值是期望产出，交通运输业的二氧化碳排放量是非期望产出。在本研究中，这两个产出是共享产出，因为它们很难在子系统中被准确地分割出来，并且每个子系统的实际指标数据也不能从统计年鉴中得到，这与 Chen 等(2010)对银行的假设类似。此外，这四个子系统的个体期望产出是客运量和货运量。在数据获取方面，除了交通运输业的能源消耗数据和交通运输业的二氧化碳排放数据外，其他的数据都可以从《中国城市统计年鉴》《中国统计年鉴》和一些运输部门的报告中获得。

由于缺乏交通运输业的省级二氧化碳排放数据和省级能源消耗数据，为此，本章依据 Chang 等(2013)的研究使用基于转换系数的燃料碳计算模型来估算省级交通运输业二氧化碳排放量（该模型已用于上一章节中，为公式（12.12））。表 13.2 所示的是中国几种主要的碳质燃料的二氧化碳排放系数。

表 13.2　主要碳质燃料的二氧化碳排放系数

能源名称	原煤	柴油	燃料油	汽油	煤油	天然气
CCF	27.28	20.17	21.09	18.9	19.6	15.32
HE	192.14	433.3	401.9	448	447.5	0.384
COF	92.3%	98.2%	98.5%	98%	98.6%	99.0%

另外，以标准煤为单位的交通运输业的能源消耗不能直接从统计年鉴中得到，因此，利用消耗的燃料类型来估算交通运输业的总能源消耗。表 13.3 给出了每种燃料对应标准煤的转化系数。

表 13.3　中国几种主要的碳质燃料对应标准煤的转化系数

能源名称	原煤	焦炭	汽油	煤油	柴油	燃料油	天然气
折标准煤系数	0.7143	0.9714	1.4714	1.4714	1.4571	1.4286	1.2143

由于中国不同区域的经济发展程度不同，交通运输业的发展也存在显著差异，因此，依据不同行政区域的经济发展水平与地理位置，本章将中国 30 个行政区域划为东部、中部和西部三大经济区域从而进行三大区域的环境效率分析。如表 13.4 所示。

表 13.4　中国 30 个行政区域的三大区域划分

区域	行政区域
东部	北京，天津，河北，辽宁，上海，江苏，浙江，福建，山东，广东，海南
中部	山西，吉林，黑龙江，安徽，江西，河南，湖北，湖南
西部	四川，重庆，贵州，云南，陕西，甘肃，青海，宁夏，新疆，广西，内蒙古

这三个区域交通运输业的特点是：①东部地区交通运输业较为发达，其交通运输业生产总值比中部和西部两个地区都大；②中部地区是交通运输业不发达地区，但近年来取得了较快的发展；③西部地区土地面积较大，人口密度较低，是交通运输业发展最落后的地区。由于同一区域的行政区域的交通运输业发展是相似的(同质的)，不同区域的行政区域的交通运输业发展有很大的不同(异质性)，因此对东、中和西部交通运输业进行绩效分析是亟须的。

13.3.2　平均 MMLPI 及其分解指标

通过本章提出的方法，我们计算出了 2007~2013 年期间 30 个行政区域交通运输业的 MMLPI 及其分解指标。为了评估存在区域异质性的中国交通运输业的环境效率的动态变化，我们还计算了 2007~2013 年期间中国东部、中部和西部三个区域的交通运输业的平均 MMLPI 及其分解指标，如表 13.5 所示。

表 13.5　2007~2013 年中国区域交通运输业的平均 MMLPI 及其分解指标

地区	EC	BPC	TGC	MMLPI
北京(E)	0.9840	0.8964	1.0443	0.9211
天津(E)	1.2496	1.1604	0.9843	1.4272
河北(E)	1.0623	1.1521	1.0050	1.2300
辽宁(E)	1.4145	1.0779	1.0008	1.5260
上海(E)	1.0036	0.8924	1.0497	0.9402
江苏(E)	1.3125	1.1791	0.9949	1.5396
浙江(E)	1.1464	0.9188	1.0049	1.0585
福建(E)	0.9991	1.0455	0.9969	1.0413
山东(E)	1.5063	1.2533	0.9692	1.8296
广东(E)	1.0338	0.8352	1.0241	0.8842
海南(E)	0.9587	0.8037	0.9943	0.7661
山西(C)	1.0060	0.8522	1.2343	1.0582
吉林(C)	1.0200	1.0026	1.1286	1.1540
黑龙江(C)	1.1068	1.0744	1.1240	1.3365
安徽(C)	1.0021	1.1054	1.0247	1.1351
江西(C)	1.0470	0.9850	1.1017	1.1362
河南(C)	1.0534	0.9561	1.0770	1.0847
湖北(C)	0.9675	0.8731	1.3248	1.1191
湖南(C)	1.0000	0.9106	1.4583	1.3280
广西(W)	1.0331	1.0280	1.0311	1.0951
重庆(W)	1.0499	0.9677	1.0117	1.0279
四川(W)	1.0492	0.9642	0.9996	1.0112

续表

地区	EC	BPC	TGC	MMLPI
贵州(W)	1.0540	1.1693	0.9970	1.2287
云南(W)	1.0255	1.2486	0.9062	1.1603
陕西(W)	1.0352	1.0864	1.0140	1.1404
甘肃(W)	0.9765	0.9805	1.0071	0.9643
青海(W)	0.9463	1.2816	0.9861	1.1960
宁夏(W)	1.1872	1.0624	1.1349	1.4314
新疆(W)	1.0272	0.9998	0.9659	0.9920
内蒙古(W)	1.2423	1.0615	0.9640	1.2712

注：括号中的E、C和W分别指东部、中部和西部地区。

表13.5中每个行政区域的平均MMLPI不是通过该行政区域的平均EC、平均BPC和平均TGC的乘积(即平均值(MMLPI)=平均值(EC)×平均值(BPC)×平均值(TGC)，简单得出的，而是按2007~2013年各行政区域的MMLPI的平均值得出的，即平均值(MMLPI)=平均值(EC×BPC×TGC)。该种处理方法更为合理，因为它代表着一个行政区域2007~2013年每年实际MMLPI的平均值。

从表13.5中可以看出，30个行政区域中只有6个行政区域的MMLPI呈下降的趋势。从具体行政区域来看，山东省的平均MMLPI增长幅度最大，海南省的MMLPI下降幅度最大。在EC指数方面，6个行政区域的EC降低，一个行政区域的EC保持不变，其他行政区域的EC有所增加。从区域的角度进行EC分析后可知，在中国东部，山东省的EC值最高(1.5063)，海南省的EC最低(0.9587)。在中部地区，黑龙江省的EC值最高(1.1068)，湖北省的EC值最低(0.9675)。在中国西部，内蒙古的EC值最高(1.2423)，青海省的EC值最低(0.9463)。这些研究结果表明，2007~2013年期间，山东省、黑龙江省和内蒙古在交通运输业具有很高的追赶趋势，这是中国政府为了促进经济复苏而大力刺激基础设施发展钢铁工业所致。值得注意的是，较高的EC并不意味着环境效率高，而是意味着在研究期间环境效率的改进较大。这些研究结果清楚地指出哪些省市可作为同一区域中的标杆，它们的经验可能有利于其他省市提高业绩或避免交通运输业的挫折。类似地，BPC和TGC可以帮助部门管理人员确定创新和技术领先对每个行政区域交通运输业生产率提高的影响。

13.3.3 中国三大区域交通运输业MMLPI及其分解指标分析

考虑到中国交通运输业不同区域发展的异质性，采用表13.4中30个行政区域的划分，计算出了中国东部、中部、西部和全国的MMLPI及其分解指标。

如图 13.3 所示，中国交通运输业的 MMLPI 值在 2007~2013 年大于 1，这说明全国交通运输业的环境生产率处于上升的趋势。从表 13.6 可知，2007~2013 年，中国交通运输业的生产率增长了 7.44%。其中，西部和中部地区交通运输业生产率的增长最快，MMLPI 值分别为 1.1576 和 1.1104，而东部地区交通运输业生产率平均下降 0.0350。从纵向上可以看出中国的 MMLPI 在 2007~2008 年和 2008~2009 年期间发生了很大的变化，此后保持相对稳定的水平。此外，在 2008~2009 年期间，中部地区的平均 MMLPI 下降，而东部和西部地区的 MMLPI 有所增加。

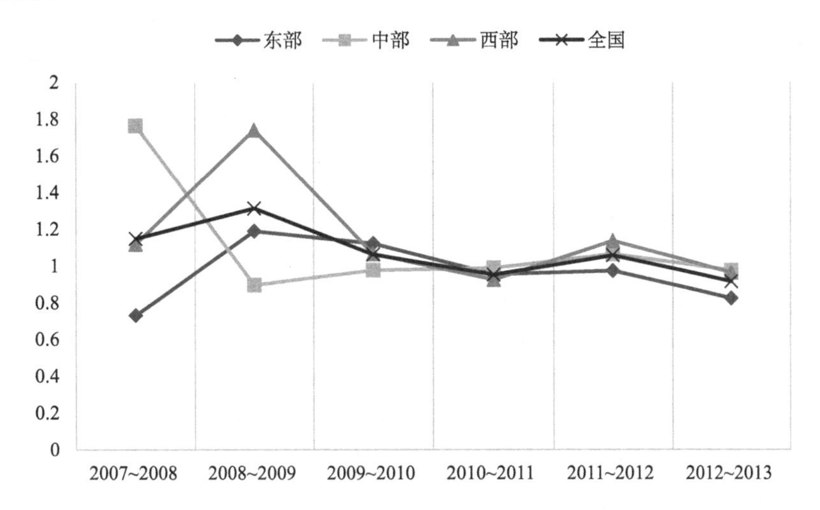

图 13.3　2007~2013 年全国及其三个区域交通运输业的 MMLPI

表 13.6　2007~2013 年全国及三个区域交通运输业 MMLPI 及其分解指标的变化

年份	东部				中部			
	EC	BPC	TGC	MMLPI	EC	BPC	TGC	MMLPI
2007~2008	0.5538	1.6147	0.9612	0.7303	0.8775	1.5444	1.2657	1.7631
2008~2009	2.3527	0.6114	1.0231	1.1887	1.2500	0.6687	0.9547	0.8961
2009~2010	0.9845	1.1202	1.0191	1.1214	1.0110	0.9797	0.9687	0.9764
2010~2011	1.0524	0.9390	0.9748	0.9540	0.9567	0.5998	1.9292	0.9880
2011~2012	0.9662	1.0173	0.9962	0.9724	0.9980	1.0808	0.9912	1.0640
2012~2013	1.0017	0.8146	1.0627	0.8232	1.0590	0.9462	0.9956	0.9746
平均值	1.1519	1.0195	1.0062	0.9650	1.0254	0.9699	1.1842	1.1104

续表

年份	西部				全国			
	EC	BPC	TGC	MMLPI	EC	BPC	TGC	MMLPI
2007~2008	0.7432	1.2888	1.0667	1.1183	0.7096	1.4764	1.0811	1.148
2008~2009	1.4137	0.9783	1.0544	1.7396	1.7143	0.7612	1.0164	1.3127
2009~2010	1.1447	0.9813	1.0060	1.0655	1.0503	1.0318	1.0008	1.0622
2010~2011	1.0501	1.0469	0.8302	0.9243	1.0260	0.8881	1.1763	0.9521
2011~2012	0.8525	1.3888	0.9880	1.1354	0.9330	1.1705	0.9919	1.0566
2012~2013	1.1376	0.7795	1.0642	0.9625	1.0668	0.8368	1.0454	0.9146
平均值	1.0570	1.0773	1.0016	1.1576	1.0833	1.0275	1.0520	1.0744

为了研究我国交通运输业环境生产率变化的原因，本研究将 MMLPI 进一步分解为三个子指标：追赶效应(EC)、创新效应(BPC)和领先效应(TGC)。从表 13.6 可以看出，我国交通运输业 MMLPI 的增长主要来自 BPC 和 TGC，但不同地区表现不同。

就追赶效应(EC)而言，2007~2013 年中国交通运输业整体的平均 EC 值为 1.0833，表明交通运输业向技术前沿发展，具有较好的追赶趋势。中国东部地区的平均 EC 在 2007~2010 年波动较大，在 2010~2013 年保持在 1 左右的水平，中部地区和西部地区的平均 EC 变化趋势与东部地区相似。EC 的变化趋势可能与 2008 年发生的全球金融危机有着很大关系。从 2008 年下半年起，中国开始实施"4 万亿计划"，增加内需以刺激经济发展，包括基础设施建设、节能减排等，其中对公路和高速铁路的投资占总投资的一半以上，因此，中国交通运输业的 MMLPI 在 2008~2009 年大幅增加。但 2009 年以后，中国交通运输业的平均 EC 值约为 1，这意味着中国交通运输业的环境效率几乎没有变化，如图 13.4 所示。

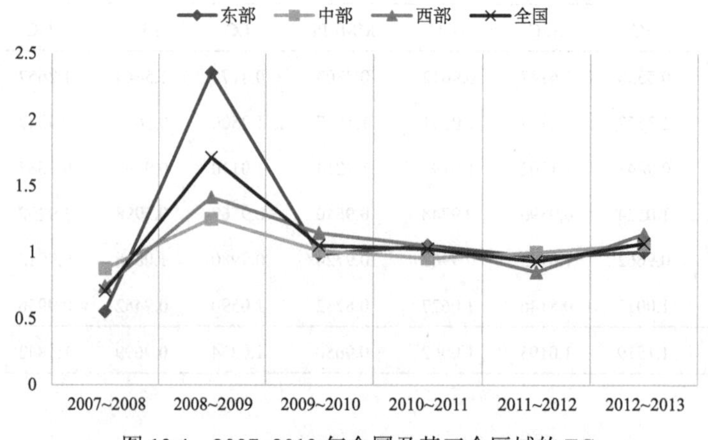

图 13.4　2007~2013 年全国及其三个区域的 EC

BPC 表示一组决策单元在一段时间内的技术变化。从表 13.6 可以看出，2007~2013 年中国交通运输业的平均 BPC 为 1.0275，这意味着在这期间其技术进步是微乎其微的，这可能与中国交通运输体系较为完善和创新难度大有关。从图 13.5 中可以看出，这三个区域的平均 BPC 在 2007~2009 年期间波动较大，2009 年之后趋于稳定。如表 13.6 所示，在 2007~2008 年，所有区域交通运输业的 BPC 都大于 1，随后在 2008~2009 年大幅下降。在 2009~2010 年，我国交通运输结构调整导致 BPC 有所增加，高速铁路发展强有力的政策支持对高技术的要求无疑增加了整个运输系统的技术水平。在中国东部和中部，这一影响在 2010~2011 年期间有所下降。很明显，2011~2012 年中部地区交通运输业的 BPC 的增长幅度最大，这很大程度上是因为国家发改委发布的“中部地区崛起规划实施意见”，使得对中部交通基础设施进行了大量投资。从表 13.6 和图 13.5 可以看出，2012~2013 年期间，中国三个区域交通运输业的 BPC 以相同的速度降低，这说明我国三个区域之间的技术过程偏差有所减小，这可能是由于我国交通运输业新技术的采用和推广导致。

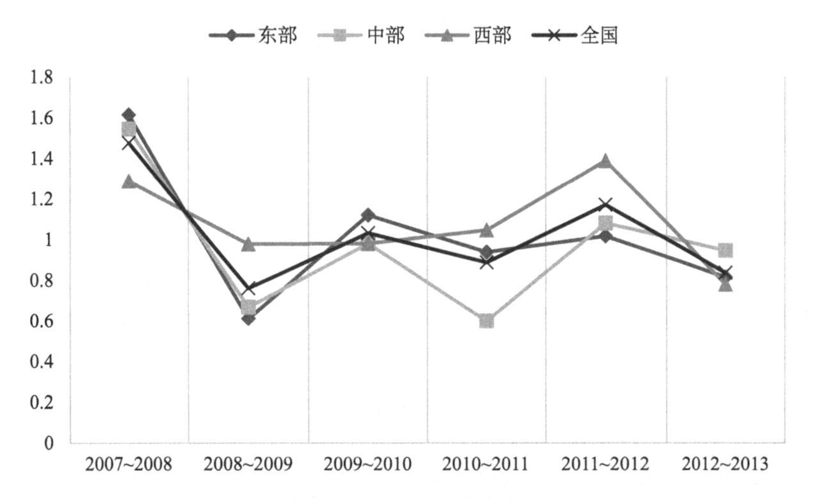

图 13.5　2007~2013 年全国及其三个区域的 BPC

TGC 表示领先效应，它衡量着全局生产前沿面和跨期生产前沿面之间的差距。如表 13.6 所示，中国交通运输业的平均 TGC 为 1.0520，这意味着全局生产前沿面与跨期生产前沿面之间的差距缩小了。也表明在这期间，中国交通运输业具有技术领先效应。

图 13.6 表明，在 2007~2013 年期间，中国交通运输业的 TGC 保持平稳，东部和西部地区的 TGC 与全国的 TGC 变化趋势相同。在 2010~2011 年期间，西部地区交通运输业的 TGC 值下降，东部地区交通运输业的 TGC 值基本不变，而中

部地区交通运输业的 TGC 值大幅增加，这表明中部地区在 2010~2011 年在全国范围内保持着明显的技术领先效应。

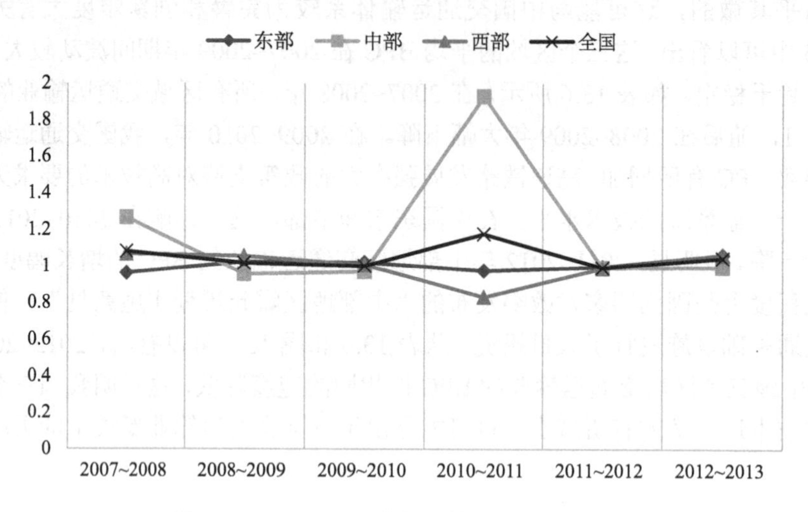

图 13.6 2007~2013 全国及其三个区域的 TGC

13.4 本章小结

本章中，我们将中国的交通运输系统划分为铁路系统、公路系统、水路系统和民用航空系统四个并行的子系统。首先，建立了一个新的存在非期望产出的并行网络 DEA 模型，并针对我国不同地区交通运输业发展差异的特征，采用 Metafrontier Malmquist-Luenberger 生产率指数对不同区域交通运输系统的环境效率的动态变化进行了研究。其次，应用该方法对中国 30 个行政区域 2007~2013 年的交通运输系统进行实证分析。

通过分析 MMLPI 的三个分解指标，各个区域可以直接发现致使其 MMLPI 低下的原因，并相应地为交通运输系统安排合理的资源以改进 MMLPI。具体可以通过以下措施改进 MMLPI。

(1)调整交通运输业的能源结构，鼓励使用新能源交通运输工具。从表 13.2 可以看出原油、柴油、燃料油、汽油等对应的二氧化碳排放系数很高，而天然气和电力等能源的排放系数很低，因此，为了减少交通运输业非期望产出二氧化碳的排放从而增加 MMLPI，我国应优化交通运输业的能源结构。

(2)合理规划，加强区域间的合作。通过 13.3.3 的分析结果中可以看出，中国交通运输业的发展具有区域性。其中，东部地区追赶效应(EC)最大，西部地区创新效应(BPC)最大，中部地区技术领先效应(TGC)最大，因此，各个区域间应该加强合作交流，逐步缩小区域交通运输业的差距。

参考文献

Adler N, Martini G, Volta N. 2013. Measuring the environmental efficiency of the global aviation fleet. Transportation Research Part B: Methodological, 53: 82-100.

Barro R J, Sala-i-Martin X, Blanchard O J, et al. 1991. Convergence across states and regions. Brookings Papers on Economic Activity, 107-182.

Battese G E, Rao D P, O'donnell C J. 2004. A metafrontier production function for estimation of technical efficiencies and technology gaps for firms operating under different technologies. Journal of Productivity Analysis, 21(1): 91-103.

Beasley J E. 1995. Determining teaching and research efficiencies. Journal of the Operational Research Society, 46(4): 441-452.

Bian Y W, Yang F. 2010. Resource and environment efficiency analysis of provinces in China: A DEA approach based on Shannon's entropy. Energy Policy, 38(4): 1909-1917.

Caves D W, Christensen L R, Diewert W E. 1982. The economic theory of index numbers and the measurement of input, output, and productivity. Econometrica: Journal of the Econometric Society, 1393-1414.

Chang Y T, Zhang N, Danao D, et al. 2013. Environmental efficiency analysis of transportation system in China: A non-radial DEA approach. Energy Policy, 58: 277-283.

Charnes A, Cooper W W, Rhodes E. 1978. Measuring the efficiency of decision making units. European Journal of Operational Research, 2(6): 429-444.

Chen C C. 2017. Measuring departmental and overall regional performance: applying the multi-activity DEA model to Taiwan's cities/counties. Omega, 67: 60-80.

Chen P C, Yu M M. 2014. Total factor productivity growth and directions of technical change bias: evidence from 99 OECD and non-OECD countries. Annals of Operations Research, 214(1): 143-165.

Chen Y, Du J, Sherman H D, et al. 2010. DEA model with shared resources and efficiency decomposition. European Journal of Operational Research, 207(1): 339-349.

Chung W, Zhou G, Yeung I M. 2013. A study of energy efficiency of transport sector in China from 2003 to 2009. Applied Energy, 112: 1066-1077.

Cook W D, Hababou M, Tuenter H J. 2000. Multicomponent efficiency measurement and shared inputs in data envelopment analysis: an application to sales and service performance in bank branches. Journal of Productivity Analysis, 14(3): 209-224.

Cook W D, Hababou M. 2001. Sales performance measurement in bank branches. Omega, 29(4): 299-307.

De Nicola A, Gitto S, Mancuso P. 2013. Airport quality and productivity changes: A Malmquist index decomposition assessment. Transportation Research Part E: Logistics and Transportation Review, 58: 67-75.

Eggleston S, Buendia L, Miwa K, et al. 2006. 2006 IPCC guidelines for national greenhouse gas inventories. Hayama, Japan: Institute for Global Environmental Strategies, 5.

Färe R, Grosskopf S, Lindgren B, et al. 1994. Productivity developments in Swedish hospitals: a Malmquist output index approach. In Data envelopment analysis: theory, methodology, and applications. Springer, Dordrecht, 253-272.

Färe R, Grosskopf S. 1992. Malmquist productivity indexes and Fisher ideal indexes. The Economic Journal, 102(410): 158-160.

Gitto S, Mancuso P. 2012. Bootstrapping the Malmquist indexes for Italian airports. International Journal of Production Economics, 135(1): 403-411.

Halkos G E, Tzeremes N G. 2009. Exploring the existence of Kuznets curve in countries' environmental efficiency using DEA window analysis. Ecological Economics, 68(7): 2168-2176.

Jahanshahloo G R, Amirteimoori A R, Kordrostami S. 2004. Multi-component performance, progress and regress measurement and shared inputs and outputs in DEA for panel data: an application in commercial bank branches. Applied Mathematics and Computation, 151(1): 1-16.

Kao C. 2010. Malmquist productivity index based on common-weights DEA: The case of Taiwan forests after reorganization. Omega, 38(6): 484-491.

Kao C. 2017. Measurement and decomposition of the Malmquist productivity index for parallel production systems. Omega, 67: 54-59.

Lee C C. 2005. Energy consumption and GDP in developing countries: a cointegrated panel analysis. Energy Economics, 27(3): 415-427.

Liu H, Zhang Y, Zhu Q, et al. 2017. Environmental efficiency of land transportation in China: A parallel slack-based measure for regional and temporal analysis. Journal of Cleaner Production, 142: 867-876.

Lu W M, Wang W K, Hung S W, et al. 2012. The effects of corporate governance on airline performance: Production and marketing efficiency perspectives. Transportation Research Part E: Logistics and Transportation Review, 48(2): 529-544.

Lv W, Hong X, Fang K. 2015. Chinese regional energy efficiency change and its determinants analysis: Malmquist index and Tobit model. Annals of Operations Research, 228(1): 9-22.

Malmquist S. 1953. Index numbers and indifference surfaces. Trabajos de Estadística, 4(2): 209-242.

MTPRC (Ministry of Transport of the People's Republic of China). 2017. Statistics Bulletin of Development of Transportation Industry in 2016.

Oh D H, Lee J D. 2010. A metafrontier approach for measuring Malmquist productivity index. Empirical Economics, 38(1): 47-64.

Pastor J T, Lovell C K. 2005. A global Malmquist productivity index. Economics Letters, 88(2): 266-271.

Quah D T. 1996. Twin peaks: growth and convergence in models of distribution dynamics. The Economic Journal, 106(437): 1045-1055.

Sala-i-Martin X X. 1996. Regional cohesion: evidence and theories of regional growth and convergence. European Economic Review, 40(6): 1325-1352.

Scotti D, Volta N. 2015. An empirical assessment of the CO_2-sensitive productivity of European airlines from 2000 to 2010. Transportation Research Part D: Transport and Environment, 37: 137-149.

Song M L, Zhang G J, Zeng W X, et al. 2016. Railway transportation and environmental efficiency in China. Transportation Research Part D: Transport and Environment, 48: 488-498.

Song X W, Hao Y P, Zhu X D. 2015. Analysis of the environmental efficiency of the Chinese transportation sector using an undesirable output slacks-based measure data envelopment analysis model. Sustainability, 7(7): 9187-9206.

Tavassoli M, Faramarzi G R, Saen R F. 2014. Efficiency and effectiveness in airline performance using a SBM-NDEA model in the presence of shared input. Journal of Air Transport Management, 34: 146-153.

Viton P A. 1997. Technical efficiency in multi-mode bus transit: A production frontier analysis. Transportation Research Part B: Methodological, 31(1): 23-39.

Wang W W, Zhang M, Zhou M. 2011. Using LMDI method to analyze transport sector CO_2 emissions in China. Energy, 36(10): 5909-5915.

Wang Z H, Feng C. 2015. Sources of production inefficiency and productivity growth in China: A global data envelopment analysis. Energy Economics, 49: 380-389.

Wanke P F. 2013. Physical infrastructure and shipment consolidation efficiency drivers in Brazilian ports: A two-stage network-DEA approach. Transport Policy, 29: 145-153.

Wu J, Zhu Q Y, Chu J F, et al. 2016. Measuring energy and environmental efficiency of transportation systems in China based on a parallel DEA approach. Transportation Research Part D: Transport and Environment, 48: 460-472.

Yu M M, Chen L H, Hsiao B. 2015. Dynamic performance assessment of bus transit with the multi-activity network structure. Omega, 60: 15-25.

Yu M M, Lin E T. 2008. Efficiency and effectiveness in railway performance using a multi-activity network DEA model. Omega, 36(6): 1005-1017.

Zha Y, Liang L. 2010. Two-stage cooperation model with input freely distributed among the stages. European Journal of Operational Research, 205(2): 332-338.

Zhang N, Wei X. 2015. Dynamic total factor carbon emissions performance changes in the Chinese transportation industry. Applied Energy, 146: 409-420.

Zhang N, Zhou P, Kung C C. 2015. Total-factor carbon emission performance of the Chinese transportation industry: A bootstrapped non-radial Malmquist index analysis. Renewable and Sustainable Energy Reviews, 41: 584-593.

Zhou G H, Chung W, Zhang Y X. 2014. Measuring energy efficiency performance of China's transport sector: A data envelopment analysis approach. Expert Systems with Applications, 41 (2): 709-722.

Zhou G H, Chung, W, Zhang X X. 2013. A study of carbon dioxide emissions performance of China's transport sector. Energy, 50: 302-314.

第 14 章　中国区域可持续生态交通运输系统设计应用研究

14.1　引　　言

在对运营管理（OM）和环境管理（Corbett and Kleindorfer，2003）的可持续性进行了开创性研究之后，可持续供应链管理（SSCM）在过去十年中受到了学术界和行业的极大关注。正如 Linton 等（2007）所指出的，为了实现供应链管理的可持续性，应该在供应链的每个部分使用环境友好的程序，包括产品设计、制造、使用、回收以及供应商、制造商和客户之间的运输。运输是供应链中最大的环境污染源之一（Wu and Dunn，1995），合理的物流系统设计肯定会对供应链管理绩效的提高产生巨大的积极影响（Elhedhli and Merrick，2012）。因此，在供应链管理中解决交通运输的生态设计问题具有重要的理论意义和现实意义。

然而，在供应链管理中实现一个合理的和有价值的交通生态设计极具挑战性。原因如下：首先，为了满足可持续发展的基本目标，交通生态设计应该充分考虑各种社会、经济和环境指标:劳动力、利润、能源消耗、污染等（Krishnan，2013）。简单地将这些因素（外源加权或非加权）汇总起来，得出一个决策综合指标是不够的，因为这样做在实践中可能存在明显的有害偏见（Chen and Delmas，2011）。由于 SSCM 的真实世界条件是复杂和动态的（Bettencourt et al.，2007），在这样的环境中，决定和组合偏好都是困难的（Baucells and Sarin，2003）。此外，当利益相关者的特征和偏好在不同的环境和时代发生巨大变化时，其中一些因素可能会相互冲突（Griffin，2000）。由于以上原因，提供适当的外生权重可能是一项艰巨的任务。

其次，相关研究表明，运输过程中既有积极因素，也有消极因素（Esters and Marinov，2014；Song et al.，2014）。大多数负面因素，如温室气体排放和有毒废物排放，没有一个完善的市场，可以从那里获得可靠的成本信号（Chen，2014）。这意味着从利润和能源消耗的角度对不同的环境因素进行优先排序变得非常困难。

许多文章，包括理论和实证研究，已经使用数据包络分析（DEA）分析交通运输同时考虑环境因素，从而表明，这种著名的非参数方法有很大的能力克服上述两个缺点（Cui and Li，2014；Hampf and Krüger，2014）。首先介绍 DEA（Charnes et al.，1978），该技术推广后，很快应用在各种各样的领域：供应链管理（Liang et al.，2006）、绩效评估（Liang et al.，2008）、资源分配（Li et al.，2009）、机制设计（Sun et al.，2014)、战略管理(Chen et al.，2015)等。DEA 不需要关于权重、生产函数和概率分布的任何先验假设(Emrouznejad et al.，2008)，与其他方法相比，这些扎实的优势导致了许多基于 DEA 的理论和经验文章涉及环境管理和可持续发展问题正在为学术做出贡献(Zhou et al.，2008；Song et al.，2012)。因此，DEA 可被视为处理可持续性的最强大工具之一(Chen and Delmas，2012)。

近期出版的关于环境友好型交通和 SSCM 问题的著作，与我们的主题有很高的相关性。Chang 等(2014)开发了一个 SBM-DEA 模型来分析交通运输的环境效率。Kumar 等(2014)提出了一种统一的绿色 DEA(GDEA)模型，将供应商污染作为双重角色因素进行处理，以寻求 SSCM 中的最佳供应商。Azadi 等(2015)建立了一个模糊 DEA 模型来处理供应链管理中供应商选择的不确定性。他们的所有工作都令人钦佩，但是他们没有一个讨论决策者需要选择多个传输者的场景。在本章中，我们采用并扩展了传统的 DEA 方法，建立了一个新的模型来帮助决策者同时选择多个运输商。该模型为决策者提供了一个最优的帕累托交通生态设计策略。通过这一政策，利益相关者可以运输一定数量的产品，使用更少的资源，排放更少的污染。

本章的其余部分组织如下。第 2 节包含了详细的方法描述和模型的开发。在某些情况下，常规的求解技术对该模型是不切实际的，因此开发了另一种算法来求解所提出的模型。再对模型的结果进行讨论，并提出了一些切实可行的建议。第 3 节为我国某空调生产企业产品运输可持续运输机制设计的实证研究。最后，进行总结并提出了进一步的扩展总结。

14.2　可持续供应链管理中生态交通模型设计

14.2.1　基础模型介绍

可持续发展要求同时实现经济、环境和社会目标，因此在 SSCM 中进行交通的生态设计时要考虑到各种经济、环境和社会指标。这些因素可以分为积极的和消极的两类。通常一个人必须最大化积极因素，同时最小化消极因素。在 Chen 和 Delmas 的研究中，他们使用经典的 CCR 模型来描述这一特征，将积极的指标作为输出，将消极的指标作为输入(Chen and Delmas，2011)。如模型 14.1 所示。

$$\text{Max}\ \frac{\sum_{r=1}^{s} u_r y_{lr}}{\sum_{i=1}^{m} v_i x_{li}}$$

$$\text{s.t.}\ \frac{\sum_{r=1}^{s} u_r y_{jr}}{\sum_{i=1}^{m} v_i x_{ji}} \leqslant 1,\ j=1,\cdots,n, \tag{14.1}$$

$$u_r \geqslant 0,\ r=1,\cdots,s,$$

$$v_i \geqslant 0,\ i=1,\cdots,m.$$

将积极指标视为产出，将消极指标视为可持续性问题的投入是合理的，许多实证研究已经这样做了(Azadi et al.，2015)。例如，Azadi 等(2015)采用生态设计成本(环境维度)和安全生产与劳动卫生成本(社会维度)的负指数作为实证分析的投入。我们也将在研究中采用这种技术。此外，为了更准确地描述运输过程，我们将运输前出现的负指数(如社会成本)作为输入，并将运输后的负指数(如环境污染)作为不良输出。

14.2.2　SSCM 交通生态设计模型

我们考虑供应链中包含n家同质物流公司和一个单一制造商的运输系统。为了将产品运输到零售商手中，制造商至少需要雇佣一家物流公司。由于制造商希望优化其 SSCM 性能，因此它希望找到一种运输策略，以较少的投入使用(如资源消耗和各种成本)和较少的不良产出结果(如污染排放)运输一定数量的产品。

用LC_j来代表第j家物流公司($j=1,\cdots,n$)。假设LC_j有n_j运输工具。每个运输工具的容量为y_j。使用时，每种运输工具都有m种投入和s种不良产出。用x_{ij}和z_{rj}来表示LC_j的第i个输入和第r个输出($i=1,\cdots,m$，$r=1,\cdots,s$)。假设制造商有需要运输的C件产品，并且它从物流公司j选择$\alpha_j(0\leqslant\alpha_j\leqslant n_j,\alpha_j\in N)$运输工具。用$\gamma$表示$\alpha_j\ (j=1,\cdots,n)$的组合，即有$\gamma=(\alpha_1,\cdots,\alpha_n)$。为了避免潜在的误会，对于每个$\alpha_j$属于$\gamma$，都重写为$\alpha_j^\gamma$。显然，并不是所有的$\alpha_j(j=1,\cdots,n)$组合在现实世界中都是可行的，所以用集合$E$来表示所有$\alpha_j(j=1,\cdots,n)$可行组合的整体，即有$E=\left\{\gamma\left|\sum_{j=1}^{n}\alpha_j^\gamma y_j\geqslant C,0\leqslant\alpha_j^\gamma\leqslant n_j,\alpha_j^\gamma\in N\right.\right\}$。

至此，对主符号的描述已经结束。我们研究中使用的符号与 DEA 文献中的传统符号有很大的不同。为了避免潜在的误解，在进行模型构建之前，我们做一个简要的说明。

在我们的研究中，决策单位(DMUs)不是物流公司，而是可行的$\alpha_j(j=1,\cdots,n)$组合。这是因为我们做运输生态设计的目的是帮助制造商选择物流公司将其产品运输给零售商。这里假设产品总量 C 为常数，这意味着制造商所做的决策是来自

这些物流公司能够满足制造商需求的所有可行组合。由于E是所有可行组合的集合，显然从传统的$|E|$ DEA 术语来看，确实存在 DMUs。换句话说，在每个物流公司内部，有许多运输服务的可能组合，传统的 DEA 术语将每个组合视为一个DMU。组合$\alpha_j^\gamma (j=1,\cdots,n)$对应的传统视图 DMU 有输入、不良输出和期望输出，分别记$\sum_{j=1}^{n}a_j^\gamma x_{ij}$、$\sum_{j=1}^{n}a_j^\gamma z_{rj}$和$C$。

根据传统的 DEA 理论，利用模型(14.2)计算出制造商运输策略的最优生态设计。

$$
\begin{aligned}
&\operatorname{Min}\eta_{\gamma_0}=\frac{\sum_{i=1}^{m}v_i\left(\sum_{j=1}^{n}\alpha_j^{\gamma_0}x_{ij}\right)+\sum_{r=1}^{s}u_r\left(\sum_{j=1}^{n}\alpha_j^{\gamma_0}z_{rj}\right)}{wC}\\
&\text{s.t.}\ \frac{\sum_{i=1}^{m}v_i\left(\sum_{j=1}^{n}\alpha_j^{\gamma}x_{ij}\right)+\sum_{r=1}^{s}u_r\left(\sum_{j=1}^{n}\alpha_j^{\gamma}z_{rj}\right)}{wC}\geqslant 1,\ \gamma\in E\\
&\sum_{j=1}^{n}\alpha_j^\gamma y_j\geqslant C\\
&0\leqslant\alpha_j^\gamma\leqslant n_j\\
&v_i,u_r,w\geqslant\varepsilon>0
\end{aligned}
\tag{14.2}
$$

$v_i,u_r,w\geqslant\varepsilon>0$是模型(14.2)的解所要确定的变量权值。模型(14.2)是非线性的，用下面的定理 14.1 来说明它可以转化为线性的。变换的细节包含在定理 14.1 的证明中。

定理 14.1　模型(14.2)可以转换为线性模型。假设在模型(14.1)中$\eta_{\gamma^*}=1$对于一些$v_i,u_r,w\geqslant\varepsilon>0$和$\alpha_j^{\gamma^*}(\gamma^*\in E, j=1,\cdots,n)$，那么在 SSCM 中制造商所期望的交通的生态设计就是从物流公司租用交通工具。这种策略是帕累托最优策略。

定理 14.1 证明：对于每个固定的α_j^γ，如果分别用$x'_{i\gamma}$，$z'_{r\gamma}$和y'_γ表示$\sum_{j=1}^{n}\alpha_j^\gamma x_{ij}$，$\sum_{j=1}^{n}\alpha_j^\gamma z_{rj}$和$C$，则模型(14.2)可以转化为以下模型(14.3)。

$$
\operatorname{Min}\eta_{\gamma_0}=\frac{\sum_{i=1}^{m}v_i x'_{i\gamma_0}+\sum_{r=1}^{s}u_r z'_{r\gamma_0}}{wy'_{\gamma_0}}
$$

$$\text{s.t.}\ \frac{\sum_{i=1}^{m} v_i x'_{i\gamma} + \sum_{r=1}^{s} u_r z'_{r\gamma}}{w y'_\gamma} \geqslant 1, \gamma \in E \tag{14.3}$$
$$v_i, u_r, w \geqslant \varepsilon > 0$$

将模型(14.2)中的优化问题转化为带$|E|$DMUs 的标准 DEA 问题，其中每个DMU_γ都有m个输入、1 个期望输出和 1 个非期望输出，分别用$x'_{i\gamma}$、y'_γ和$z'_{r\gamma}$表示第i个输入、期望产出和第r个非期望产出，模型(14.2)相当于模型(14.3)。由于模型(14.3)可以转化为线性模型与标准碳碳转换，它可以得出结论，模型(14.2)可以转化为线性模型。另外，如果E在模型(14.3)中是非空的，则F为非空，可以证明定理的最后一部分。

现在用反证法证明来证明定理 14.1 的第二部分。

假设$\eta_{\gamma^*}=1$，但$\left\{\alpha_j^{\gamma^*}\right\}(j=1,\cdots,n)$不是帕累托最优。$\gamma \in E$必须存在，使得下面(14.4)中的至少一个不等式是严格的。

$$\begin{aligned} \sum_{j=1}^{n} \alpha_j^{\gamma^*} x_{ij} &\geqslant \sum_{j=1}^{n} \alpha_j^{\gamma} x_{ij}, i=1,\cdots,m \\ \sum_{j=1}^{n} \alpha_j^{\gamma^*} z_{rj} &\geqslant \sum_{j=1}^{n} \alpha_j^{\gamma} z_{rj}, r=1,\cdots,s \end{aligned} \tag{14.4}$$

对于任何的v_i, u_r, w都有

$\left(\sum_{i=1}^{m} v_i \sum_{j=1}^{n} \alpha_j^{\gamma^*} x_{ij} + \sum_{r=1}^{s} u_r \sum_{j=1}^{n} \alpha_j^{\gamma^*} z_{rj}\right) \Big/ w \sum_{j=1}^{n} \alpha_j^{\gamma^*} y_j = 1$，以至于$v_i, u_r, w$将不再是模型(14.2)的可行解，因为

$$\begin{aligned} 1 &= \left(\sum_{i=1}^{m} v_i \sum_{j=1}^{n} \alpha_j^{\gamma^*} x_{ij} + \sum_{r=1}^{s} u_r \sum_{j=1}^{n} \alpha_j^{\gamma^*} z_{rj}\right) \Big/ w \sum_{j=1}^{n} \alpha_j^{\gamma^*} y_j \\ &> \left(\sum_{i=1}^{m} v_i \sum_{j=1}^{n} \alpha_j^{\gamma} x_{ij} + \sum_{r=1}^{s} u_r \sum_{j=1}^{n} \alpha_j^{\gamma} z_{rj}\right) \Big/ w \sum_{j=1}^{n} \alpha_j^{\gamma} y_j \end{aligned}$$

因此有$\eta_{\gamma^*}>1$，这与假设是矛盾的。这就完成了定理 14.1 的证明。

14.2.3　解决方法

下面来看模型(14.2)的解法，列出集合E中包含的所有元素，于是模型(14.2)中的规划问题退化为一个普通的 DEA 问题，可以用传统方法求解。但是，在最坏的情况下，$|E|$的数量可能等于$\prod_{j=1}^{n} n_j$，这意味着，如果n和n_j足够大，$|E|$将过于庞大，以正常的方式计算解决方案。这就是开发一种节省计算时间的替代方

法的动机。

由于开发模型(14.2)的目的是在 SSCM 中寻找任何一个交通的帕累托最优生态设计，自然不需要像传统的 DEA 求解方法那样计算所有潜在交通方案的得分。因此，我们提出如下模型(14.5)来寻找集合 F 中包含的帕累托最优策略之一。

$$\text{Min}\left[\frac{1}{m}\sum_{i=1}^{m}\frac{\sum_{j=1}^{n}\alpha_j^{\gamma}x_{ij}}{\sum_{j=1}^{n}x_{ij}}+\frac{1}{r}\sum_{r=1}^{s}\frac{\sum_{j=1}^{n}\alpha_j^{\gamma}z_{rj}}{\sum_{j=1}^{n}z_{rj}}\right] \tag{14.5}$$

$$\text{s.t.}\ \gamma\in E$$

模型(14.5)的有效性可以通过下面的定理 14.2 来验证。

定理 14.2　设 $\left\{\alpha_j^{\gamma^{**}}\right\}(j=1,\cdots,n)$ 为模型(14.5)的最优解，则 γ^{**} 属于集合 F。因此，从第 j 家物流公司租用 $\alpha_j^{\gamma^{**}}$ 个运输工具对应的在供应链管理运输制造商是一个帕累托生态设计。

为了证明定理 14.2，有以下三个引理。

引理 14.1　设 $\left\{\alpha_j^{\gamma^{**}}\right\}(j=1,\cdots,n)$ 为模型(14.5)的最优解，则有 $\bar{\eta}_{\gamma^{**}}=1$，这里 $\bar{\eta}_{\gamma}$ 是下面模型(14.6)的目标函数。

$$\text{Min}\bar{\eta}_{\gamma_0}=\frac{\sum_{i=1}^{m}v_i\left(\sum_{j=1}^{n}\left(\alpha_j^{\gamma_0}+1\right)x_{ij}\right)+\sum_{r=1}^{s}u_r\left(\sum_{j=1}^{n}\left(\alpha_j^{\gamma_0}+1\right)z_{rj}\right)}{w\left(C+\sum_{j=1}^{n}y_j\right)}$$

$$\text{s.t.}\ \frac{\sum_{i=1}^{m}v_i\left(\sum_{j=1}^{n}\left(\alpha_j^{\gamma}+1\right)x_{ij}\right)+\sum_{r=1}^{s}u_r\left(\sum_{j=1}^{n}\left(\alpha_j^{\gamma}+1\right)z_{rj}\right)}{w\left(C+\sum_{j=1}^{n}y_j\right)}\geqslant 1,\ \gamma\in E$$

$$\sum_{j=1}^{n}\alpha_j^{\gamma}y_j\geqslant C \tag{14.6}$$

$$0\leqslant\alpha_j^{\gamma}\leqslant n_j$$

$$v_i,u_r,w\geqslant\varepsilon>0$$

引理 14.1 证明：在这里用反证法来证明引理 14.1。假设 $\bar{\eta}_{\gamma^{**}}>1$，那么 $\left\{\sum_{j=1}^{n}\left(\alpha_j^{\gamma^{**}}+1\right)x_{ij},C+\sum_{j=1}^{n}y_j,\sum_{j=1}^{n}\left(\alpha_j^{\gamma^{**}}+1\right)z_{uj}\right\}$ 在模型(14.6)中就不是帕累托最优的，

因此存在下面(14.7)中至少有一个不等式是严格的。

$$\begin{aligned}&\sum_{j=1}^{n}\left(\alpha_j^{\gamma^{**}}+1\right)x_{ij}\geqslant\sum_{j=1}^{n}\left(\alpha_j^{\gamma}+1\right)x_{ij},i=1,\cdots,m\\&C+\sum_{j=1}^{n}y_j\geqslant C+\sum_{j=1}^{n}y_j\\&\sum_{j=1}^{n}\left(\alpha_j^{\gamma^{**}}+1\right)z_{rj}\geqslant\sum_{j=1}^{n}\left(\alpha_j^{\gamma}+1\right)z_{rj},r=1,\cdots,s\end{aligned}\tag{14.7}$$

然后有

$$\frac{1}{m}\sum_{i=1}^{m}\frac{\sum_{j=1}^{n}\alpha_j^{\gamma}x_{ij}}{\sum_{j=1}^{n}x_{ij}}+\frac{1}{r}\sum_{r=1}^{s}\frac{\sum_{j=1}^{n}\alpha_j^{\gamma}z_{rj}}{\sum_{j=1}^{n}z_{rj}}<\frac{1}{m}\sum_{i=1}^{m}\frac{\sum_{j=1}^{n}\alpha_j^{\gamma^{**}}x_{ij}}{\sum_{j=1}^{n}x_{ij}}+\frac{1}{r}\sum_{r=1}^{s}\frac{\sum_{j=1}^{n}\alpha_j^{\gamma^{**}}z_{rj}}{\sum_{j=1}^{n}z_{rj}}$$

这意味着$\left\{\alpha_j^{\gamma^{**}}\right\}\left(j=1,\cdots,n\right)$不是模型(14.5)的最优解，这与假设是矛盾的。所以有$\overline{\eta}_{\gamma^{**}}=1$。

在给出下一个引理之前，让我们回顾一下 Chen 和 Delmas(2012)的定义，用来描述不同可行生产计划之间的关系。该定义的细节如下。

定义 14.1(Chen and Delmas ,2012)　当$y'_{on}\geqslant y_{on}$时，$u'_{op}\geqslant u_{op}$如果不存在任何的$(x_{om},y'_{om},u'_{op})\in\Omega$使得$(x_{om},y'_{om},u'_{op})\neq(x_{om},y_{on},u_{op})\in\Omega$，则生产计划$(x_{om},y_{on},u_{op})\in\Omega$在输出中不占优地位。否则，$\left(x_{om},y_{on},u_{op}\right)\in\Omega$为占优的。

Chen 和 Delmas 从理论上证明了帕累托效率与产出非支配性之间的等价性。我们对 Chen 和 Delmas 的定义作如下轻微的扩展。

定义 14.2　对于$\mathrm{DMU}_{j_1}\equiv(x_{ij_1},y_{rj_1},z_{uj_1})\neq(x_{ij_2},y_{rj_2},z_{uj_2})\equiv\mathrm{DMU}_{j_2}$，如果对于每个$i$，$r$和$u$有$x_{ij_1}\leqslant x_{ij_2}$，$y_{rj_1}\geqslant y_{rj_2}$，和$z_{uj_1}\leqslant z_{uj_2}$，我们说$\mathrm{DMU}_{j_1}$帕累托优于$\mathrm{DMU}_{j_2}$。

引理 14.2　如果DMU_{j_1}没有帕累托占优于DMU_{j_2}，那么$\mathrm{DMU}_{j_1}+\mathrm{DMU}_j$也就没有帕累托占优于$\mathrm{DMU}_{j_2}+\mathrm{DMU}_j$。

引理 14.2 证明：在这里用反证法来证明引理 14.2。假设$\mathrm{DMU}_{j_1}+\mathrm{DMU}_j$帕累托占优于$\mathrm{DMU}_{j_2}+\mathrm{DMU}_j$，那么下面(14.8)至少有一个不等式是严格的。

$$\begin{aligned}&x_{ij_1}+x_{ij}\leqslant x_{ij_2}+x_{ij},i=1,\cdots,m\\&y_{j_1}+y_j\geqslant y_{j_2}+y_j\\&z_{rj_1}+z_{rj}\leqslant z_{rj_2}+z_{rj},r=1,\cdots,s\end{aligned}\tag{14.8}$$

那么下面(14.9)中至少一个不等式也是严格的。

$$x_{ij_1} \leqslant x_{ij_2}, i=1,\cdots,m$$
$$y_{j_1} \geqslant y_{j_2} \tag{14.9}$$
$$z_{rj_1} \leqslant z_{rj_2}, r=1,\cdots,s$$

因此有 DMU_{j_1} 帕累托占优于 DMU_{j_2}，这是一个矛盾。于是完成了引理 14.2 的证明。

引理 14.3 一个 DMU 是帕累托最优的当且仅当它被其他 DMU 帕累托占优。

引理 14.3 的证明是相对简单的，因此在这里省略它。我们来证明定理 14.2。

定理 14.2 证明：根据引理 14.1，如果 $\left\{\alpha_j^{\gamma^{**}}\right\}(j=1,\cdots,n)$ 是模型(14.5)的最优解，则有 $\left\{\sum_{j=1}^{n}\left(\alpha_j^{\gamma^{**}}+1\right)x_{ij}, C+\sum_{j=1}^{n}y_j, \sum_{j=1}^{n}\left(\alpha_j^{\gamma^{**}}+1\right)z_{uj}\right\}$ 是模型(14.7)的帕累托最优解。根据引理 14.2 和引理 14.3 可知，$\left\{\sum_{j=1}^{n}\left(\alpha_j^{\gamma^{**}}\right)x_{ij}, C, \sum_{j=1}^{n}\left(\alpha_j^{\gamma^{**}}\right)z_{uj}\right\}$ 对于模型(14.2)是帕累托最优的，则有 $\eta_{\gamma^{**}}=1$，因此 γ^{**} 属于集合 F。

14.2.4 讨论和建议

在第 14.2.2 节和第 14.2.3 节分别提出了模型(14.2)和模型(14.5)，可以很容易地得到交通运输的帕累托最优生态设计。利用这种生态设计，制造商可以将其产品以更少的资源消耗和更少的污染排放运输给零售商，从而提高其在供应链管理中的性能。然而，仍有一些问题需要注意。

根据模型(14.2)，存在两个约束条件，$\sum_{j=1}^{n}\alpha_j^{\gamma}y_j \geqslant C$ 和 $0 \leqslant \alpha_j^{\gamma} \leqslant n_j, \alpha_j^{\gamma} \in N$，由于 α_j^{γ} 是非负整数，那么不等式 $\sum_{j=1}^{n}\alpha_j^{\gamma}y_j \geqslant C$ 对模型(14.2)可能会严格取得最优解。这意味着即使派生生态型设计运输已经被证明是帕累托最优的资源消耗和污染排放,它有一些浪费的运输能力。为了充分利用南水北调的运力，提出如下联合运输政策。

联合运输政策：假设 $\left\{\alpha_j^{\gamma^*}\right\}(j=1,\cdots,n)$ 为运输的帕累托最优生态设计。如果 $\sum_{j=1}^{n}\alpha_j^{\gamma^*}y_j - C \neq 0$，制造商需要寻找合适的合作伙伴(另一个需要运输的企业)一起运输产品。

事实上，联合运输实质上就是联合补给。与联合补货类似，联合运输可以节约成本，因此联合运输在运营管理上具有优势。由此可见，联合运输在环境管理方面也具有优势。

定理 14.3　假设$\left\{\bar{\alpha}_j^{\gamma}\right\}(j=1,\cdots,n)$、$\left\{\tilde{\alpha}_j^{\gamma}\right\}(j=1,\cdots,n)$和$\left\{\hat{\alpha}_j^{\gamma}\right\}(j=1,\cdots,n)$分别为以下三个模型的最优解。

$$\mathrm{Min}\left[\frac{1}{m}\sum_{i=1}^{m}\frac{\sum_{j=1}^{n}\alpha_j^{\gamma}x_{ij}}{\sum_{j=1}^{n}x_{ij}}+\frac{1}{r}\sum_{r=1}^{s}\frac{\sum_{j=1}^{n}\alpha_j^{\gamma}z_{rj}}{\sum_{j=1}^{n}z_{rj}}\right] \tag{14.10A}$$

$$\text{s.t. }\gamma\in E, C=\bar{C}$$

$$\mathrm{Min}\frac{1}{m}\sum_{i=1}^{m}\frac{\sum_{j=1}^{n}\alpha_j^{\gamma}x_{ij}}{\sum_{j=1}^{n}x_{ij}}+\frac{1}{r}\sum_{r=1}^{s}\frac{\sum_{j=1}^{n}\alpha_j^{\gamma}z_{rj}}{\sum_{j=1}^{n}z_{rj}} \tag{14.10B}$$

$$\text{s.t. }\gamma\in E, C=\tilde{C}$$

$$\mathrm{Min}\left[\frac{1}{m}\sum_{i=1}^{m}\frac{\sum_{j=1}^{n}\alpha_j^{\gamma}x_{ij}}{\sum_{j=1}^{n}x_{ij}}+\frac{1}{r}\sum_{r=1}^{s}\frac{\sum_{j=1}^{n}\alpha_j^{\gamma}z_{rj}}{\sum_{j=1}^{n}z_{rj}}\right] \tag{14.10C}$$

$$\text{s.t. }\gamma\in E, C=\bar{C}+\tilde{C}$$

令 $\alpha_j^{\gamma\#}=\bar{\alpha}_j^{\gamma}+\tilde{\alpha}_j^{\gamma}$，其中 $\gamma\#$ 属于 $E=\left\{\gamma\left|\sum_{j=1}^{n}\alpha_j^{\gamma}y_j\geqslant C=\bar{C}+\tilde{C},\ 0\leqslant\alpha_j^{\gamma}\leqslant n_j,\right.\right.$ $\left.\alpha_j^{\gamma}\in N\right\}$.

可得$\left\{\alpha_j^{\gamma\#}=\bar{\alpha}_j^{\gamma}+\tilde{\alpha}_j^{\gamma}\right\}(j=1,\cdots,n)$是模型(14.10C)的一个可行解。

定理 14.3 证明： 我们有

$$\frac{1}{m}\sum_{i=1}^{m}\frac{\sum_{j=1}^{n}\bar{\alpha}_j^{\gamma}x_{ij}}{\sum_{j=1}^{n}x_{ij}}+\frac{1}{r}\sum_{r=1}^{s}\frac{\sum_{j=1}^{n}\bar{\alpha}_j^{\gamma}z_{rj}}{\sum_{j=1}^{n}z_{rj}}+\frac{1}{m}\sum_{i=1}^{m}\frac{\sum_{j=1}^{n}\tilde{\alpha}_j^{\gamma}x_{ij}}{\sum_{j=1}^{n}x_{ij}}+\frac{1}{r}\sum_{r=1}^{s}\frac{\sum_{j=1}^{n}\tilde{\alpha}_j^{\gamma}z_{rj}}{\sum_{j=1}^{n}z_{rj}}$$

$$=\frac{1}{m}\sum_{i=1}^{m}\frac{\sum_{j=1}^{n}\alpha_j^{\gamma\#}x_{ij}}{\sum_{j=1}^{n}x_{ij}}+\frac{1}{r}\sum_{r=1}^{s}\frac{\sum_{j=1}^{n}\alpha_j^{\gamma\#}z_{rj}}{\sum_{j=1}^{n}z_{rj}}$$

$$\geqslant \operatorname{Min}\left[\frac{1}{m}\sum_{i=1}^{m}\frac{\sum_{j=1}^{n}\alpha_j^{\gamma}x_{ij}}{\sum_{j=1}^{n}x_{ij}}+\frac{1}{r}\sum_{r=1}^{s}\frac{\sum_{j=1}^{n}\alpha_j^{\gamma}z_{rj}}{\sum_{j=1}^{n}z_{rj}}\right]$$

$$=\frac{1}{m}\sum_{i=1}^{m}\frac{\sum_{j=1}^{n}\hat{\alpha}_j^{\gamma}x_{ij}}{\sum_{j=1}^{n}x_{ij}}+\frac{1}{r}\sum_{r=1}^{s}\frac{\sum_{j=1}^{n}\hat{\alpha}_j^{\gamma}z_{rj}}{\sum_{j=1}^{n}z_{rj}} \tag{14.11}$$

这就完成了证明。

定理 14.3 表明，从可持续性的角度来看，联合运输的任何分解都不会比联合运输表现得更好。基于此，我们对供应商、制造商、零售商和政府提出以下建议。

对于供应商、制造商和零售商：这些公司应该寻求合作伙伴在供应链管理中进行联合运输。事实上，正如 14.2.4 开始所阐明的，在运行推导出的帕累托最优运输策略时，不等式 $\sum_{j=1}^{n}\alpha_j^{\gamma}y_j \geqslant C$ 可能是严格的。这意味着，当一家公司雇佣物流公司来运输其产品时，可能存在运输能力的浪费。这种运输能力的浪费会导致资金的浪费，因为物流公司不会为闲置的运力提供任何折扣。由于定理 14.3 已经证明了联合运输的性能不会比它的任何分解差，因此企业应该寻找合适的合作伙伴进行联合运输。第 14.2.5 节的实证研究进一步说明了这种合作者的存在。

对于政府：政府应促进供应链管理的集中运输。运输资源，如运输工具和运输能力在市场上是有限的。如果所有的利益相关者都完全自由地竞争交通资源，即使联合运输政策做得很好，也会损害整个行业的利益。因此，在非营利性行业中，政府应促进集中式交通，并找到行业级的帕累托最优交通策略。

14.3　生态交通运输系统设计应用研究

14.3.1　数据及指标

本章以中国某空调生产企业为例，对其产品运输的可持续运输机制进行了实证研究。在这个场景中，有 11 家物流公司供制造商选择。为了得到帕累托最优交通策略，考虑了 2 个经济指标(资本成本、能源消耗)、1 个社会指标(劳动力)和 1 个环境指标(二氧化碳排放)。11 家物流公司的数据如表 14.1 所示。

表 14.1　11 家物流公司数据

物流公司编号	单位运输工具的 CO_2 排放量	每次运输能耗	单位运输工具劳动量	单位运输工具的资本成本	单位运输工具容量	运输工具数量
1	4.77	5.17	8	3.11	22	68
2	2.41	6.17	6	2.68	20	89
3	5.41	2.73	6	1.66	6	81
4	3.06	5.47	6	2.36	19	56
5	6.9	9.66	9	5.71	12	24
6	6.7	5.99	7	3.69	11	26
7	2.45	2.11	4	3.13	10	50
8	5.39	9.9	8	2.27	19	32
9	4.37	12.14	5	3.24	16	28
10	3.22	11.09	6	3.52	21	26
11	6.07	1.52	9	7.04	6	21

14.3.2　结果分析

推导出的帕累托最优运输策略及其对应的总资源消耗和污染物排放，见表 14.2 和表 14.3。由表 14.2 可知，当需要运输的产品数量为 3000 时，即 C=3000，则推导出制造商的帕累托最优运输策略分别为从第 2、第 4、第 7、第 10 物流公司租用 89、56、50、26 个工具。当 C 达到 4000 时，制造商需要额外从 1 号物流公司租用 33 个工具，从 10 号物流公司租用 20 个工具。

表 14.2　推导出制造商的运输策略

物流公司编号		1	2	3	4	5	6	7	8	9	10	11
运输工具的数量		68	89	81	56	24	26	50	32	28	26	21
制造商的运输策略	C=3000	–	89	–	56	–	–	1	–	–	7	–
	C=4000	33	89	–	56	–	–	1	–	–	20	–

表 14.3　推导出的交通运输策略的总资源消耗和污染物排放

	总容量	总资本成本	总劳动量	总能源消耗量	CO_2 排放总量
C=3000	3001	398.77	941	938.42	414.70
C=4000	4000	547.10	1297	1253.04	613.93

此外，表 14.3 中还有一个有趣的研究发现。当 C=3000 时，推导出的运输策略总容量为 3001。当 C=4000 时，推导出的运输策略总容量为 4000。这意味着当

制造商计划运输 3000 件产品时，可以通过与需要运输 1000 件产品的企业合作，充分利用产能，同时实现可持续性。这一研究结果进一步证明了第 14.2.4 节提出的联合交通政策的价值。

实际上，我们已经在理论上证明了由模型(14.5)得到的运输策略是帕累托最优的。接下来，用合适的其他选项替换该策略中选择的一个单元运输工具，将推导出的帕累托最优运输策略与其他几种可行的运输方案进行比较。比较结果见表 14.4。

表 14.4　推导出的帕累托最优运输策略与其他可行运输方案的比较

	总容量	总资本成本		总劳动量		总能源消耗量		CO_2 排放总量	
衍生运输策略(C=3000)	3001	398.77		941		938.42		414.7	
	3013	398.75	–	945	+	938.46	+	413.34	–
	3003	398.96	+	949	+	938.74	+	419.38	+
	3003	401.35	+	946	+	942.95	+	415.47	+
用其他可行方案替换 1 台 LC7	3002	399.33	+	944	+	939.28	+	415.27	+
	3010	397.91	–	945	+	943.19	+	413.96	–
	3007	398.88	+	942	+	945.43	+	412.94	–
	3012	399.16	+	943	+	944.38	+	411.79	–
	3003	409.71	+	955	+	936.34	–	420.71	+
	3002	398.36	–	943	+	932.50	–	416.25	+
	3004	401.89	+	958	+	938.23	+	433.11	+
	3004	406.67	+	953	+	946.64	+	425.28	+
用其他可行方案替换 1 台 LC10	3002	402.63	+	949	+	939.30	+	424.89	+
	3000	401.51	+	943	+	931.55	–	416.38	+
	3018	399.79	+	952	+	947.13	+	422.25	+
	3012	401.72	+	945	+	951.61	+	420.22	+
	3004	423.39	+	972	+	933.42	–	435.76	+
	3004	399.52	+	943	+	938.12	–	416.41	+
	3000	401.39	+	952	+	941.13	+	427.86	+
	3006	407.83	+	953	+	952.26	+	425.44	+
	3004	403.79	+	949	+	944.92	+	425.05	+
用其他可行方案替换 1 台 LC4	3002	402.67	+	943	+	937.17	–	416.54	+
	3001	398.68	–	943	+	942.85	+	417.03	+
	3014	402.88	+	945	+	957.23	+	420.38	+
	3003	399.93	+	941	+	944.04	+	414.86	+
	3000	417.52	+	963	+	937.52	–	429.85	+

续表

	总容量	总资本成本		总劳动量		总能源消耗量		CO_2 排放总量	
用其他可行方案替换 1 台 LC	3003	399.20	+	943	+	937.42	–	417.06	+
	3005	402.73	+	958	+	943.15	+	433.92	+
	3005	407.51	+	953	+	951.56	+	426.09	+
	3003	403.47	+	949	+	944.22	+	425.70	+
	3001	402.35	+	943	+	936.47	–	417.19	+
	3000	398.36	–	943	+	942.15	+	417.68	+
	3013	402.56	+	945	+	956.53	+	421.03	+
	3002	399.61	+	941	+	943.34	+	415.51	+
	3005	424.23	+	972	+	938.34	–	436.57	+

由表 14.4 可以看出，没有一种可行的运输方案是帕累托优于推导出的策略。实际上，只有 14.7%的可行交通方案的资本成本低于推导出的策略，约 29.4%的能源消耗更少，只有 11.8%的二氧化碳排放更少。此外，没有一种可行的运输方案比所推导的策略具有更低的人工成本。我们可以发现，推导出的策略已使帕累托占优地位的可行方案超过 52.9%。

14.4 本 章 小 结

本章讨论了可持续供应链管理中的交通运输生态设计问题。为供应商、制造商和零售商寻找合适的可持续运输方案提供了一个新的模型，并提出了一个易于处理的算法来求解该模型。这项工作的主要理论和实践贡献体现在以下几个方面。

首先，基于数据包络分析理论建立模型，证明了所推导的 SSCM 交通生态设计是帕累托最优的，即完全满足可持续发展的核心需求。将推导出的运输策略应用于实践，可以使利益相关者以更少的资源消耗和污染排放实现其运输目标，从而提高供应链管理中的相应绩效。

其次，在第 14.2.3 部分中提出的替代算法，在大数据集的情况下，在寻找模型的帕累托最优解方面具有明显的优势。因此，本研究的结果具有良好的可操作性，在实际应用中易于使用。

最后，根据第三部分的讨论，提出了一种启发式的联合运输政策。这一启发式政策意味着企业可以聚集在一起共同运输，并在经济和环境领域获得额外的利益。定理 14.3 从理论上证明了联合运输和联合补给在环境管理上确实具有优势，在运营管理上也具有众所周知的优势。因此，本研究也可以作为运营管理理论的一个重要补充。

这项工作可以扩展到至少两个方向。首先，本章将不需要的输出作为输入处理。在传统的 DEA 理论中，还有其他几种可能的处理方法，通过适当的调整，该模型可以得到推广。其次，本研究的情景是确定性的，而在现实世界的条件下可能存在一些随机变量。将该模型扩展为随机模型可能比较困难，但值得研究。

参考文献

Azadi M, Jafarian M, Saen R F, et al. 2015. A new fuzzy DEA model for evaluation of efficiency and effectiveness of suppliers in sustainable supply chain management context. Computers Operations Research, 54: 274-285.

Baucells M, Sarin R K. 2003. Group decisions with multiple criteria. Management Science, 49(8): 1105-1118.

Bettencourt L M, Lobo J, Helbing D, et al. 2007. Growth, innovation, scaling, and the pace of life in cities. Proceedings of the National Academy of Sciences, 104(17): 7301-7306.

Chang Y T, Park H S, Jeong J B, et al. 2014. Evaluating economic and environmental efficiency of global airlines: A SBM-DEA approach. Transportation Research Part D: Transport and Environment, 27: 46-50.

Charnes A, Cooper W W, Rhodes E. 1978. Measuring the efficiency of decision making units. European Journal of Operational Research, 2(6): 429-444.

Chen C M, Delmas M A, Lieberman M B. 2015. Production frontier methodologies and efficiency as a performance measure in strategic management research. Strategic Management Journal, 36(1): 19-36.

Chen C M, Delmas M A. 2012. Measuring eco-inefficiency: a new frontier approach. Operations Research, 60(5): 1064-1079.

Chen C M, Delmas M. 2011. Measuring corporate social performance: An efficiency perspective. Production and Operations Management, 20(6): 789-804.

Chen C M. 2014. Evaluating eco-efficiency with data envelopment analysis: An analytical reexamination. Annals of Operations Research, 214(1): 49-71.

Corbett C J, Klassen R D. 2006. Extending the horizons: environmental excellence as key to improving operations. Manufacturing Service Operations Management, 8(1): 5-22.

Corbett C J, Kleindorfer P R. 2003. Environmental management and operations management: introduction to the third special issue. Production and Operations Management, 12(3): 287.

Cui Q, Li Y. 2014. The evaluation of transportation energy efficiency: An application of three-stage virtual frontier DEA. Transportation Research Part D: Transport and Environment, 29: 1-11.

Elhedhli S, Merrick R. 2012. Green supply chain network design to reduce carbon emissions. Transportation Research Part D: Transport and Environment, 17(5): 370-379.

Emrouznejad A, Parker B R, Tavares G. 2008. Evaluation of research in efficiency and productivity: A survey and analysis of the first 30 years of scholarly literature in DEA. Socio-economic Planning Sciences, 42(3): 151-157.

Esters T, Marinov M. 2014. An analysis of the methods used to calculate the emissions of rolling stock in the UK. Transportation Research Part D: Transport and Environment, 33: 1-16.

Griffin J J. 2000. Corporate social performance: Research directions for the 21st century. Business Society, 39 (4) : 479-491.

Hampf B, Krüger J J. 2014. Technical efficiency of automobiles–A nonparametric approach incorporating carbon dioxide emissions. Transportation Research Part D: Transport and Environment, 33: 47-62.

Krishnan V. 2013. Operations management opportunities in technology commercialization and entrepreneurship. Production and Operations Management, 22 (6) : 1439-1445.

Kumar A, Jain V, Kumar S. 2014. A comprehensive environment friendly approach for supplier selection. Omega, 42 (1) : 109-123.

Li Y J, Yang F, Liang L, et al. 2009. Allocating the fixed cost as a complement of other cost inputs: A DEA approach. European Journal of Operational Research, 197 (1) : 389-401.

Liang L, Wu J, Cook W D, et al. 2008. The DEA game cross-efficiency model and its Nash equilibrium. Operations Research, 56 (5) : 1278-1288.

Liang L, Yang F, Cook W D, et al. 2006. DEA models for supply chain efficiency evaluation. Annals of Operations Research, 145 (1) : 35-49.

Linton J D, Klassen R, Jayaraman V. 2007. Sustainable supply chains: An introduction. Journal of Operations Management, 25 (6) : 1075-1082.

Song M L, An Q Q, Zhang W, et al. 2012. Environmental efficiency evaluation based on data envelopment analysis: A review. Renewable and Sustainable Energy Reviews, 16 (7) : 4465-4469.

Song M L, Wang S H, Fisher R. 2014. Transportation, iceberg costs and the adjustment of industrial structure in China. Transportation Research Part D: Transport and Environment, 32: 278-286.

Sun J S, Wu J, Liang L, et al. 2014. Allocation of emission permits using DEA: Centralised and individual points of view. International Journal of Production Research, 52 (2) : 419-435.

Wu H J, Dunn S C. 1995. Environmentally responsible logistics systems. International Journal of Physical Distribution Logistics Management, 25 (2) : 20-38.

Zhou P, Ang B W, Poh K L. 2008. A survey of data envelopment analysis in energy and environmental studies. European Journal of Operational Research, 189 (1) : 1-18.

Esters T, Marinov M. 2014. An analysis of the methods used to calculate the emissions of rolling stock in the UK. Transportation Research Part D: Transport and Environment, 33: 1-16.

Griffin J J. 2000. Corporate social performance: research directions for the 21st century. Business & Society, 39(4): 479-491.

Hampf B, Krüger J J. 2014. Technical efficiency of automobiles—A nonparametric approach incorporating carbon dioxide emissions. Transportation Research Part D: Transport and Environment, 33: 47-62.

Krishnan V. 2013. Operations management opportunities in technology commercialization and entrepreneurship. Production and Operations Management, 22(6): 1439-1445.

Kumar A, Jain V, Kumar S. 2014. A comprehensive environment friendly approach for supplier selection. Omega, 42(1): 109-123.

Li Y J, Yang F, Liang L, et al. 2009. Allocating the fixed cost as a complement of other cost inputs: A DEA approach. European Journal of Operational Research, 197(1): 389-401.

Liang L, Wu J, Cook W D, et al. 2008. The DEA game cross-efficiency model and its Nash equilibrium. Operations Research, 56(5): 1278-1288.

Liang L, Yang F, Cook W D, et al. 2006. DEA models for supply chain efficiency evaluation. Annals of Operations Research, 145(1): 35-49.

Linton J D, Klassen R, Jayaraman V. 2007. Sustainable supply chains: An introduction. Journal of Operations Management, 25(6): 1075-1082.

Song M L, An Q X, Zhang W, et al. 2012. Environmental efficiency evaluation based on data envelopment analysis: A review. Renewable and Sustainable Energy Reviews, 16(7): 4465-4469.

[illegible]ang K L, Wang S [illegible], [illegible] R. 2015. Time perspective [illegible] and the [illegible] of [illegible]. Transportation Research Part D: Transport and Environment, 3[illegible]: 2[illegible]-28[illegible].

Wu J, [illegible], Liang L, et al. 2018. Allocation of emission permits using DEA: [illegible] and individual points of view. International Journal of Production Research, [illegible]: [illegible]-4[illegible].

Wu H J, Dunn S C. 1995. Environmentally responsible logistics systems. International Journal of Physical Distribution & Logistics Management, 25(2): 20-38.

Zhou P, Ang B W, Poh K L. 2008. A survey of data envelopment analysis in energy and environmental studies. European Journal of Operational Research, 189(1): 1-18.

第五部分

行业分析之煤炭电力篇

第 15 章　基于模糊数的煤炭电力企业环境效率研究

15.1　引　　言

近年来，随着中国经济的快速发展，中国正面临着巨大的能源消耗和严重的环境污染问题。为了减少环境污染，中国政府提出了建设资源节约型和环境友好型社会的战略目标，以实现经济、能源和环境的可持续发展。例如，2014 年，中国颁布了修订后的《中华人民共和国环境保护法》，赋予环保部门更多的惩罚权，在重点生态功能区、生态环境敏感区等区域划定国家生态保护红线，实行严格保护。除此之外，为贯彻绿色发展和可持续发展理论，中国政府还采取了一系列措施对环境表现进行评估，如节能评估（ECA）和环境影响评估（EIA）等（Hu，2012）。在中国，电能是用处最广的能源之一，在各种发电方式中，中国最主要依赖火力发电、水力发电、风力发电和核能发电。根据中国产业信息网数据，2016 年中国火力发电量占全国总电力量的 74.4%。尽管风力发电、太阳能发电和核能发电量在近些年来有所增加，但预计中国在很长时间内仍将以火力发电为主。由于火力发电过程中往往伴随着大量污染物的产生，因此火力发电给中国环境带来的负面影响是所有发电方式中最严重的并已引起政府、公众和学者的高度关注。对火电企业进行绩效评估有助于企业找到低效的根源，从而进一步提高生产力和减少污染排放，最终实现在增加电力产量的同时减少环境污染。本章将针对这一现实问题展开研究分析。

数据包络分析（DEA）是一种被用来评估具有多个投入和多产出指标的一组同质决策单元相对效率的非参数方法。目前 DEA 方法已广泛应用于学校、医院、农场、银行以及诸多其他领域中（Cook and Seiford，2009；Cooper et al.，2011）。传统的 DEA 模型都是径向的效率评价模型，例如，CCR、BCC 及其扩展模型都是投入导向或产出导向的（Charnes et al.，1978；Banker et al.，1984）。与这些传统 DEA 模型相比，非径向 DEA 模型可以使得投入和产出以不同的比例减少和增长，因此在计算效率时以非定向的前沿面为参考的效率研究在一定程度上更具吸引力。目前，非径向模型包括加性模型、SBM（slacks-based measure）模型和 RM（Russell measure）模型等。其中 RM 模型作为一个颇为流行的非径向模型被广泛用于许多领域，如棒球击球绩效研究、台湾商业银行的绩效评估等（Lozano et al.，2011；Levkoff et al.，2012；Hsiao et al.，2011）。此外，Cooper 等（2007）指出基于松弛变量的测度模型(SBM)实际上等同于增强的罗素测量(ERM)模型。为了不失一般性，本章选择罗素测量模型(RM)作为绩效评估的基础模型。

火力发电过程中产生期望产出电能的同时也会产生 CO_2、SO_2 废气和大量固体废物等非期望产出(Rivas and Magadan，2010)。与期望产出不同的是，管理者通常希望非期望产出越少越好。由于传统的 DEA 模型并未将非期望产出考虑在内，因此传统的 DEA 模型不再适用于测量具有非期望产出的决策单元(DMU)的绩效。DEA 方法是通过 DMU 的投入和产出指标计算其技术效率，而包含非期望产出指标的技术效率即是环境绩效(Song et al.，2013；Wu et al.，2014)。目前，已有不少基于 DEA 方法的环境绩效的研究(Färe et al.，1989；Seiford and Zhu，2002；Zhou et al.，2008；Bi et al. 2015)。

基于以上分析，考虑非期望产出的罗素测量方法(RM)来测量火电企业的环境绩效。关于罗素测量方法(RM)和非期望产出的各自研究均有很多，但是少有将两者结合起来进行研究的。此外，在我们对火电企业的调查中发现其生产的非期望产出中固体废物的成分非常复杂，它包含粉煤灰、废渣、废屑等固体和半固态存在的难以精确测量数量的成分。我们只能获得“固体废物”的模糊描述，这要求进一步扩展上述方法适用于模糊数据环境下。在本章中，我们提出一种考虑模糊非期望产出因素的增强型罗素测量模型(ERM)，并运用其分析安徽省的火电企业的环境绩效。研究结果表明该模型能够很好地同时解决模糊数据和非期望产出的问题。

15.2　考虑模糊数的单阶段系统环境继续评价模型构建

15.2.1　Russell DEA 模型和增强型 Russell DEA 模型

Russell 测度 DEA 模型由 Färe 和 Lovell(1978)提出，是一个非径向 DEA 模型。但是与传统的 DEA 模型相比，它的计算相对复杂，为了解决这个问题，Pastor 等(1999)对 Russell 测度模型进行了扩展，提出了一种新的效率测度方法，即增强型 Russell 测度。

假设集合 N 中有 n 个被评估的 DMUs，每个 DMU 消耗同种类型的投入以生产同种类型的产出。$X_j=(x_{1j},\cdots,x_{mj})^{\mathrm{T}}$ 和 $Y_j=(y_{1j},\cdots,y_{sj})^{\mathrm{T}}$ 分别表示为 DMU_j 的投入向量和产出向量，$X_j \geqslant \mathbf{0}$ 和 $Y_j \geqslant \mathbf{0}$ 表示投入向量和产出向量中各元素非负且至少有一个元素大于 0。

对于给定的 $\mathrm{DMU}_0(X_0,Y_0)$，通过以下模型获得 Russell 测度的技术效率值：

$$
\begin{aligned}
&\text{Min } R_g = \frac{\sum_{i=1}^{m}\theta_i + \sum_{r=1}^{s} 1/\phi_r}{m+s} \\
&\text{s.t.} \quad \theta_i x_{i0} \geqslant \sum_{j=1}^{n} x_{ij}\lambda_j, \quad i=1,\cdots,m, \\
&\qquad \phi_r y_{r0} \leqslant \sum_{j=1}^{n} y_{rj}\lambda_j, \quad r=1,\cdots,s, \\
&\qquad 0 \leqslant \theta_i \leqslant 1, 1 \leqslant \phi_r, \quad \forall i,r, \\
&\qquad 0 \leqslant \lambda_j, j=1,\cdots,n.
\end{aligned} \tag{15.1}
$$

其中，λ_j是强度变量(也称为结构变量)，该模型是在规模报酬不变假设情况下建立的。通过加入约束条件$\sum_{j=1}^{n}\lambda_j = 1$，可以将模型(15.1)拓展为规模报酬可变的情况。

从模型(15.1)可以看出，该模型是个非线性规划问题，其求解通常比较困难。并且目标函数是一个算术调和平均数的加权平均，其经济含义不能直观地表现出来。为了解决这个问题，Pastor 等(1999)提出了增强型 Russell 测度方法。

$$
\begin{aligned}
&\text{Min } R_e = \frac{\sum_{i=1}^{m}\theta_{i0}/m}{\sum_{r=1}^{s}\phi_{r0}/s} \\
&\text{s.t.} \quad \sum_{j=1}^{n} x_{ij}\lambda_j \leqslant \theta_i x_{i0}, \ i=1,\cdots,m, \\
&\qquad \sum_{j=1}^{n} v_{rj}\lambda_j \geqslant \phi_r v_{r0}, \ r=1,\cdots,s, \\
&\qquad \theta_i \leqslant 1; \phi_r \geqslant 1; \lambda_j \geqslant 0, \ i=1,\cdots,m, r=1,\cdots,s.
\end{aligned} \tag{15.2}
$$

同样地，通过增加约束 $\sum_{j=1}^{n}\lambda_j = 1$ 来获得 ERM 在规模报酬可变假设下的 DEA 模型。模型(15.2)的目标函数同时考虑了投入非径向缩减和产出非径向扩大，克服了传统 DEA 模型中不能同时考虑投入和产出以及它们松弛变量的问题。当目标函数最优值等于 1 时，所评估的 DMU 是 Koopmans-efficient(Koopmans，1951)。利用 Charnes 和 Cooper(1962)的方法，可以将上述非线性规划问题转化为线性规划问题，从而解决求解困难的问题。在这里，我们省略了这个转换过程，更多细节可见文献 Pastor 等(1999)。

15.2.2 存在非期望产出的模糊增强型 Russell 测度方法

近年来，模糊集理论成为 DEA 模型中量化不精确和模糊数据的一种常用方法。模糊数主要分为以下四种类型，分别为三角模糊数、梯形模糊数、矩形模糊数和不规则模糊数。其中，三角模糊数具有更高的学术价值且应用广泛。从数据精确与否的角度出发，精确数也可以看作一个退化的三角模糊数，该三角模糊数在区域中只有一个值。因此，可以将 DMU 的所有指标的数值都视为三角模糊数处理。

假设 Q 是三角模糊数，Q^L 和 Q^U 分别为模糊数 Q 的下界值和上界值，Q^M 是模糊数的中心值，三角模糊数可以表示为 $Q=\left(Q^L,Q^M,Q^U\right)$，其隶属函数为

$$\mu_Q(q)=\begin{cases}\dfrac{q-Q^L}{Q^M-Q^L},\ q\in\left[Q^L,Q^M\right]\\ \dfrac{Q^U-q}{Q^U-Q^M},\ q\in\left[Q^M,Q^U\right]\\ 0,\ q\in\left(-\infty,Q^L\right)\cup\left(Q^U,+\infty\right)\end{cases}\tag{15.3}$$

三角模糊数 Q 的 α-截集表示为 $Q_\alpha=\left\{q|\mu_Q(q)\geqslant\alpha\right\}(0\leqslant\alpha\leqslant1)$，即 $Q_\alpha=\left[(Q)_\alpha^L,(Q)_\alpha^U\right]$。据此，对于任意的三角模糊数，可以将其转化为区间，从而可以相应地得到被评估 DMU 的 α-截集效率值。

此外，在引言中提到的处理非期望产出的四种方法，每种方法都有自己的优点和缺点，只要是能反映非期望产出、期望产出和投入之间经济权衡，不能免费减少非期望产出且适应现实具体问题的非期望处理方法，都可以被用来处理非期望产出。Liu 等(2010)指出在构建 DEA 模型时，非期望产出的处理方式是选用强可处置性还是弱可处置性将在很大程度上取决于它处理的实际应用问题的性质。由于火电企业的非期望产出可以在不降低工业总产值的情况下自由增加,在这里，采用强可处置性假设处理非期望产出，并选用 Seiford 和 Zhu(2002)中非期望产出的强可处置性处理方法。该方法将 DMU_j 的第 k 个非期望产出的值 u_{kj} 转变为 $\bar{u}_{kj}=-u_{kj}+w$，w 是一个足够大的标量，这样转化后的指标就具备了和期望产出一样的性质，即数值越大越好。

假设集合 N 中有 n 个被评估的 DMUs。对于 $\text{DMU}_j\,(j=1,\cdots,n)$，它消耗投入 $x_{ij}\,(i=1,\cdots,m)\geqslant0$ 并产生期望产出 $y_{rj}\,(r=1,\cdots,s)\geqslant0$ 和非期望产出 $u_{kj}\,(k=1,\cdots,g)\geqslant0$。用 $\tilde{x}_{ij}$，$\tilde{y}_{rj}$ 和 $\tilde{u}_{kj}$ 分别表示 x_{ij}，y_{rj} 和 u_{kj} 对应的模糊数表达形式。那么，存在非期望产出的模糊 ERM 模型如下：

$$
\begin{aligned}
&\text{Min } R_e = \frac{\dfrac{1}{m}\sum_{i=1}^{m}\theta_i}{\dfrac{1}{s+g}\left(\sum_{r=1}^{s}\varphi_r + \sum_{k=1}^{g}\phi_k\right)} \\
&\text{s.t.} \quad \sum_{j=1}^{n}\lambda_j \tilde{x}_{ij} \leqslant \theta_i \tilde{x}_{i0}, \qquad i=1,\cdots,m, \\
&\qquad \sum_{j=1}^{n}\lambda_j \tilde{y}_{rj} \geqslant \varphi_r \tilde{y}_{r0}, \qquad r=1,\cdots,s, \\
&\qquad \sum_{j=1}^{n}\lambda_j \bar{\tilde{u}}_{kj} \geqslant \phi_k \bar{\tilde{u}}_{k0}, \qquad k=1,\cdots,g, \\
&\qquad \theta_i \leqslant 1, \forall i, \\
&\qquad \varphi_r, \phi_k \geqslant 1, \forall r,k, \\
&\qquad \phi_k \leqslant \frac{w}{\bar{\tilde{u}}_{kj}}, \forall k, \\
&\qquad \lambda_j \geqslant 0,\ j=1,\cdots,n.
\end{aligned}
\tag{15.4}
$$

在模型(15.4)中，λ_j是强度变量，m、s、g 分别是投入、期望产出和非期望产出的指标数量，θ_i、φ_r和ϕ_k分别是第 i 个投入、第 r 个期望产出和第 k 个非期望产出的变化比例变量。如果$\tilde{u}_{kj}=\left[u_{kj}^L,u_{kj}^M,u_{kj}^U\right]$，那么$\bar{\tilde{u}}_{kj}=\left[-u_{kj}^U+w,-u_{kj}^M+w,-u_{kj}^L+w\right]=\left[\bar{u}_{kj}^L,\bar{u}_{kj}^M,\bar{u}_{kj}^U\right]$。由于转换后的非期望产出$\bar{\tilde{u}}_{kj}$区间值的下界值可能小于0，因此限定$-u_{kj}+w\geqslant 0$，即$u_{kj}$不大于$w$。在模型(15.4)中第 k 个非期望产出扩张的比例不能超过$w/\bar{\tilde{u}}_{kj}$。为了便于说明，用$\tilde{\ell}$表示$w/\bar{\tilde{u}}_{kj}$。由于模型(15.4)是一个目标函数具有分式结构的非线性规划，通过 Charnes-Cooper 转换，模型(15.4)可以被转换成线性规划模型。

首先，令$\beta=\left(\dfrac{\sum_{r=1}^{s}\varphi_r+\sum_{k=1}^{g}\phi_k}{s+g}\right)^{-1}$，$b_i=\beta\theta_i, a_r=\beta\varphi_r, c_k=\beta\phi_k, t_j=\beta\lambda_j$，那么模型(15.4)转换成如下线性规划模型：

$$
\begin{aligned}
&\text{Min } \tilde{R}_e = \frac{\sum_{i=1}^{m} b_i}{m} \\
&\text{s.t.} \quad \sum_{r=1}^{s} a_r + \sum_{k=1}^{g} c_k = s+g
\end{aligned}
$$

$$\begin{aligned}
&\sum_{j=1}^{n} t_j \tilde{x}_{ij} \leqslant b_i \tilde{x}_{i0}, \qquad i=1,\cdots,m,\\
&\sum_{j=1}^{n} t_j \tilde{y}_{rj} \geqslant a_r \tilde{y}_{r0}, \qquad r=1,\cdots,s,\\
&\sum_{j=1}^{n} t_j \tilde{\bar{u}}_{kj} \geqslant c_k \tilde{\bar{u}}_{k0}, \qquad k=1,\cdots,g,\\
&b_i \leqslant \beta, \forall i,\\
&\beta \leqslant a_r, \forall r,\\
&\beta \leqslant c_k, \forall k,\\
&c_k \leqslant \tilde{\ell}\beta, \forall k,\\
&t_j \geqslant 0,\ j=1,\cdots,n,\\
&0 \leqslant \beta \leqslant 1.
\end{aligned} \tag{15.5}$$

其次，使用x_{ij}、y_{rj}和$\bar{u}_{kj}$相关模糊数的α-截集去计算被评估单元的效率。对于给定α水平，投入的α-截集相应为$(x_{ij})_\alpha=\left\{x_{ij}|\mu_{\tilde{x}_{ij}}(x_{ij})\geqslant\alpha\right\}=\left[(x_{ij})_\alpha^L,(x_{ij})_\alpha^U\right]=\left[x_{ij}^L+\alpha(x_{ij}^M-x_{ij}^L),x_{ij}^U-\alpha(x_{ij}^U-x_{ij}^M)\right]$。类似地，可以获得期望产出和非期望产出的$\alpha$-截集。通过设置不同的置信水平，模糊数都可转化为不同水平的α-截集，并且它们均为区间数。

为了评估模型(15.5)中DMU_0的区间效率值，将$(x_{i0})_\alpha^L$、$(y_{r0})_\alpha^U$和$(\bar{u}_{k0})_\alpha^U$作为DMU_0的投入和产出值，将$(x_{ij})_\alpha^U$、$(y_{rj})_\alpha^L$和$(\bar{u}_{kj})_\alpha^L$作为其他$DMU_j(j=1,\cdots,n,j\neq 0)$的投入和产出值，通过考虑对$DMU_0$最有利的情形，得到$DMU_0$区间效率值的上限。在这种情况下，$\tilde{\ell}$的值为$w/(\bar{u}_{k0})_\alpha^U$，表示为$\tilde{\ell}_\alpha^U$，于是通过以下模型求解$DMU_0$的区间效率值上限。

$$\begin{aligned}
&\text{Min}\ (R_e)_\alpha^U=\frac{\sum_{i=1}^{m} b_i}{m}\\
&\text{s.t.}\ \sum_{r=1}^{s} a_r+\sum_{k=1}^{g} c_k=s+g\\
&\sum_{\substack{j=1\\ j\neq 0}}^{n} t_j (x_{ij})_\alpha^U + t_0 (x_{i0})_\alpha^L \leqslant b_i (x_{i0})_\alpha^L, \qquad i=1,\cdots,m,\\
&\sum_{\substack{j=1\\ j\neq 0}}^{n} t_j (y_{rj})_\alpha^L + t_0 (y_{r0})_\alpha^U \geqslant a_r (y_{ro})_a^U, \qquad r=1,\cdots,s,
\end{aligned}$$

$$\begin{aligned}
&\sum_{\substack{j=1\\j\neq 0}}^{n} t_j(\bar{u}_{kj})_\alpha^L + t_0(\bar{u}_{k0})_\alpha^U \geqslant c_k(\bar{u}_{k0})_\alpha^U, \qquad k=1,\cdots,g,\\
&\beta \leqslant a_r, \forall r,\\
&b_i \leqslant \beta, \forall i,\\
&\beta \leqslant c_k, \forall k,\\
&c_k \leqslant \tilde{\ell}_\alpha^U \beta, \forall k,\\
&t_j \geqslant 0, \forall j,\\
&0 \leqslant \beta \leqslant 1.
\end{aligned} \tag{15.6}$$

类似地，利用$\left(x_{i0}\right)_\alpha^U$、$\left(y_{r0}\right)_\alpha^L$和$\left(\bar{u}_{k0}\right)_\alpha^L$作为$\text{DMU}_0$的投入和产出，同时使用$\left(x_{ij}\right)_\alpha^L$、$\left(y_{rj}\right)_\alpha^U$和$\left(\bar{u}_{kj}\right)_\alpha^U$作为其他决策单元$\text{DMU}_j\left(j=1,\cdots,n, j\neq 0\right)$的投入和产出，在这种情况下，$\tilde{\ell}$的值为$w/\left(\bar{u}_{k0}\right)_\alpha^L$，表示为$\tilde{\ell}_\alpha^L$。通过下述模型计算$\text{DMU}_0$区间效率的下限值。

$$\begin{aligned}
&\text{Min } (R_e)_\alpha^L = \frac{\sum_{i=1}^{m} b_i}{m}\\
&\text{s.t. } \sum_{r=1}^{s} a_r + \sum_{k=1}^{g} c_k = s+g,\\
&\sum_{\substack{j=1\\j\neq 0}}^{n} t_j(x_{ij})_\alpha^L + t_0(x_{i0})_\alpha^U \leqslant b_i(x_{i0})_\alpha^U, \qquad i=1,\cdots,m,\\
&\sum_{\substack{j=1\\j\neq 0}}^{n} t_j(y_{rj})_\alpha^U + t_0(y_{r0})_\alpha^L \geqslant a_r(y_{ro})_a^L, \qquad r=1,\cdots,s,\\
&\sum_{\substack{j=1\\j\neq 0}}^{n} t_j(\bar{u}_{kj})_\alpha^U + t_0(\bar{u}_{k0})_\alpha^L \geqslant c_k(\bar{u}_{k0})_\alpha^L, \qquad k=1,\cdots,g,\\
&\beta \leqslant a_r, \forall r,\\
&b_i \leqslant \beta, \forall i,\\
&\beta \leqslant c_k, \forall k,\\
&c_k \leqslant \tilde{\ell}_\alpha^L \beta, \forall k,\\
&t_j \geqslant 0, \forall j,\\
&0 \leqslant \beta \leqslant 1.
\end{aligned} \tag{15.7}$$

通过模型(15.6)和模型(15.7)的最优目标值可以获得DMU_0在给定α-水平区间的最高效率值和最低效率值。此外，模型(15.6)和(15.7)可被视为与$\alpha\in[0,1]$相关的参数规划模型，由于α包含区间$[0,1]$之间无限个实值，因此不可能考虑所有的值。在这里通过启发式算法来处理这个问题，考虑有限数量的值$\alpha = k \times \Delta$，$k = 0,1,\cdots,K$，来近似遍历整个区间的所有值，其中K是不超过$1/\Delta$的最大的整数，Δ是步长。当Δ很小的时候，得出的值则近似等于最优值。设置Δ为0.1，那么对于每个α，通过模型(15.5)和(15.6)可以获得相应的目标值。这样可以获得在不同α值情况下被评估单元效率值的上界和下界，最后通过区间效率值对所有决策单元进行排序。

15.3　煤炭电力企业环境效率评价应用研究

在这部分中，我们将应用上述的方法对2010年中国30家火电企业的环境绩效进行实证性研究。根据这类企业的特点以及调查研究数据的可得性，选择“生产时间”和“煤炭消耗”作为投入，选择“火电企业总产值”作为期望产出，选择“固体废物”作为非期望产出。该研究中火电企业指标的选取与Song等(2014)的类似。值得注意的是，选取“生产时间”作为投入，这主要是因为它能够很好地反映工人的工作量和企业机器的成本。“固体废物”包括来自火电企业的垃圾、污泥和其他废弃材料(固体、半固态等物质)，这是火力发电最大的污染物之一。由于固体废弃物的复杂性，只能得到对固体废弃物重量的模糊描述。除“固体废物”外，其他指标均得到精确数据。这些指标的单位分别为“h”、“t”、“万元”和“t”。

用x_1、x_2、y分别表示“生产时间”、“煤炭消耗量”和“火电企业总产值”。u^L、u^M、u^U分别表示“固体废物”的下限、可能性最大的值和上限。这些指标的统计性描述如表15.1。

表15.1　2010年30家火电企业投入产出指标的统计性描述

变量	x_1	x_2	y	u^L	u^M	u^U
平均值	6344.067	1311113	92971.06	918822.3	1020914	1123005
标准差	1878.096	1230200	90928.34	2481782	2757536	3033289
最小值	2000	24245	350	4470.3	4967	5463.7
最大值	8760	3189931	243990.9	14096088	15662320	17228552

从表15.1可以看出，“煤炭消耗”的平均值(期望值)最大，而“生产时间”的均值(期望值)最小。这些指标的所有数据都有很大的方差，其中，“生产时间”离散程度最大。此外，每个指标的最大值和最小值都有很大的偏差。

在应用新模型之前，首先通过数据转换函数$\tilde{\tilde{u}}_{kj} = -\tilde{u}_{kj} + w$，其中$w$=17228652

对非期望产出进行数据转换。通过模型(15.6)和模型(15.7)获取被评估 DMU α-截集模糊效率值的上界和下界。表 15.2 详细给出α处于 0 到 1 之间以步长 0.1 变化所对应的所有模糊效率值的上界(U)和下界(L)。

表 15.2　30 家火电企业环境绩效的下界和上界

DMU		0	0.1	0.2	0.3	0.4	0.5	0.6	0.7	0.8	0.9	1
1	L	1.0000	1.0000	1.0000	1.0000	1.0000	1.0000	1.0000	1.0000	1.0000	1.0000	1.0000
	U	1.0000	1.0000	1.0000	1.0000	1.0000	1.0000	1.0000	1.0000	1.0000	1.0000	1.0000
2	L	0.9278	0.9278	0.9278	0.9279	0.9279	0.9279	0.9279	0.9280	0.9280	0.9280	0.9280
	U	0.9282	0.9282	0.9282	0.9282	0.9281	0.9281	0.9281	0.9281	0.9281	0.9280	0.9280
3	L	0.8654	0.8657	0.8661	0.8665	0.8668	0.8672	0.8676	0.8679	0.8683	0.8687	0.8691
	U	0.8727	0.8724	0.8720	0.8716	0.8713	0.8709	0.8705	0.8702	0.8698	0.8694	0.8691
4	L	0.4014	0.4014	0.4014	0.4014	0.4014	0.4015	0.4015	0.4015	0.4015	0.4015	0.4015
	U	0.4016	0.4016	0.4016	0.4016	0.4016	0.4016	0.4016	0.4016	0.4015	0.4015	0.4015
5	L	0.9641	0.9641	0.9642	0.9642	0.9642	0.9643	0.9643	0.9643	0.9643	0.9644	0.9644
	U	0.9647	0.9647	0.9647	0.9646	0.9646	0.9646	0.9645	0.9645	0.9645	0.9644	0.9644
6	L	1.0000	1.0000	1.0000	1.0000	1.0000	1.0000	1.0000	1.0000	1.0000	1.0000	1.0000
	U	1.0000	1.0000	1.0000	1.0000	1.0000	1.0000	1.0000	1.0000	1.0000	1.0000	1.0000
7	L	0.7644	0.7646	0.7647	0.7649	0.7650	0.7652	0.7653	0.7655	0.7656	0.7658	0.7659
	U	0.7674	0.7672	0.7671	0.7669	0.7668	0.7666	0.9721	0.7663	0.7662	0.7660	0.7659
8	L	0.7828	0.7829	0.7829	0.7829	0.7829	0.7830	0.7830	0.7830	0.7830	0.7831	0.7831
	U	0.7833	0.7833	0.7833	0.7833	0.7832	0.7832	0.7832	0.7832	0.7831	0.7831	0.7831
9	L	1.0000	1.0000	1.0000	1.0000	1.0000	1.0000	1.0000	1.0000	1.0000	1.0000	1.0000
	U	1.0000	1.0000	1.0000	1.0000	1.0000	1.0000	1.0000	1.0000	1.0000	1.0000	1.0000
10	L	0.8077	0.8081	0.8085	0.8089	0.8093	0.8097	0.8101	0.8105	0.8110	0.8114	0.8118
	U	0.8158	0.8154	0.8150	0.8146	0.8142	0.8138	0.8134	0.8130	0.8126	0.8122	0.8118
11	L	0.6726	0.6726	0.6727	0.6727	0.6728	0.6728	0.6729	0.6729	0.9880	0.6730	0.6730
	U	0.6735	0.6734	0.6734	0.9884	0.6733	0.6733	0.6732	0.6732	0.6731	0.6731	0.6730
12	L	0.8794	0.8799	0.8803	0.8808	0.8812	0.8816	0.8821	0.8825	0.8830	0.8834	0.8838
	U	0.8883	0.8878	0.8874	0.8869	0.8865	0.8861	0.8856	0.8852	0.8847	0.8843	0.8838
13	L	0.4466	0.4466	0.4466	0.4466	0.4466	0.4466	0.4466	0.4466	0.4467	0.4467	0.4467
	U	0.4468	0.4468	0.4468	0.4467	0.4467	0.4467	0.4467	0.4467	0.4467	0.4467	0.4467
14	L	1.0000	1.0000	1.0000	1.0000	1.0000	1.0000	1.0000	1.0000	1.0000	1.0000	1.0000
	U	1.0000	1.0000	1.0000	1.0000	1.0000	1.0000	1.0000	1.0000	1.0000	1.0000	1.0000
15	L	0.7709	0.7712	0.7715	0.7718	0.7720	0.7723	0.7726	0.7729	0.7732	0.7735	0.7738
	U	0.7766	0.7763	0.7760	0.7758	0.7755	0.7752	0.7749	0.7746	0.7743	0.7740	0.7738
16	L	0.6608	0.6608	0.6608	0.6608	0.6609	0.6609	0.6609	0.6609	0.7716	0.6609	0.7714
	U	0.6611	0.6611	0.6611	0.6610	0.6610	0.6610	0.7645	0.6610	0.6610	0.6610	0.7714

续表

DMU		0	0.1	0.2	0.3	0.4	0.5	0.6	0.7	0.8	0.9	1
17	L	0.6424	0.6425	0.6427	0.6428	0.6429	0.6431	0.6432	0.6434	0.6435	0.6436	0.6438
	U	0.6451	0.6450	0.6449	0.6447	0.6446	0.6445	0.6443	0.6442	0.6440	0.6439	0.6438
18	L	0.6838	0.6841	0.6844	0.6847	0.6850	0.6852	0.6855	0.6858	0.6861	0.6864	0.6866
	U	0.6894	0.6892	0.6889	0.6886	0.6883	0.6880	0.6878	0.6875	0.6872	0.6869	0.6866
19	L	0.6805	0.6809	0.6812	0.6815	0.6819	0.6822	0.6826	0.6829	0.6832	0.6836	0.6839
	U	0.6873	0.6870	0.6866	0.6863	0.6859	0.6856	0.6853	0.6849	0.6846	0.6843	0.6839
20	L	0.7786	0.7789	0.7792	0.7795	0.7798	0.7800	0.7803	0.7806	0.7809	0.7812	0.7815
	U	0.7845	0.7842	0.7839	0.7836	0.7833	0.7830	0.7827	0.7824	0.7821	0.7818	0.7815
21	L	0.6680	0.6682	0.6684	0.6686	0.6688	0.6690	0.6692	0.6694	0.6696	0.6698	0.6700
	U	0.6719	0.6717	0.6715	0.6713	0.7035	0.6710	0.6708	0.6706	0.6704	0.6702	0.6700
22	L	0.5172	0.5173	0.5173	0.5174	0.5174	0.5175	0.5176	0.5176	0.5177	0.5177	0.5178
	U	0.5183	0.5183	0.5182	0.5182	0.5181	0.5180	0.5180	0.5179	0.5179	0.5178	0.5178
23	L	0.7458	0.7461	0.7464	0.7468	0.7471	0.7474	0.7477	0.7480	0.7484	0.7487	0.7490
	U	0.7522	0.7519	0.7516	0.7512	0.7509	0.7506	0.7503	0.7500	0.7496	0.7493	0.7490
24	L	0.4638	0.4639	0.4639	0.4640	0.4640	0.4641	0.4642	0.4642	0.4643	0.4644	0.4644
	U	0.4651	0.4650	0.4649	0.4649	0.4648	0.4647	0.4647	0.4646	0.4646	0.4645	0.4644
25	L	0.5601	0.5601	0.5602	0.5602	0.5602	0.5602	0.5603	0.5603	0.5603	0.5603	0.5604
	U	0.5606	0.5606	0.5606	0.5605	0.5605	0.5605	0.5605	0.5604	0.5604	0.5604	0.5604
26	L	0.6313	0.6314	0.6315	0.6316	0.6317	0.6318	0.6319	0.6320	0.6320	0.6321	0.6322
	U	0.6332	0.6331	0.6330	0.6329	0.6328	0.8951	0.6326	0.6325	0.6324	0.6323	0.6322
27	L	0.7147	0.7151	0.7154	0.7158	0.7162	0.7165	0.7169	0.7172	0.7176	0.7179	0.7183
	U	0.7218	0.7215	0.7211	0.7208	0.7204	0.7201	0.7197	0.7193	0.7190	0.7186	0.7183
28	L	0.0000	0.0059	0.0117	0.0174	0.0230	0.0285	0.0339	0.0393	0.0445	0.0496	0.0547
	U	0.1010	0.0967	0.0923	0.0878	0.0833	0.0787	0.0741	0.0694	0.0645	0.0597	0.0547
29	L	1.0000	1.0000	1.0000	1.0000	1.0000	1.0000	1.0000	1.0000	1.0000	1.0000	1.0000
	U	1.0000	1.0000	1.0000	1.0000	1.0000	1.0000	1.0000	1.0000	1.0000	1.0000	1.0000
30	L	1.0000	1.0000	1.0000	1.0000	1.0000	1.0000	1.0000	1.0000	1.0000	1.0000	1.0000
	U	1.0000	1.0000	1.0000	1.0000	1.0000	1.0000	1.0000	1.0000	1.0000	1.0000	1.0000

从表 15.2 中可以看出，30 家火电企业中有 6 家是完全有效的，其模糊效率上限和下限都等于 1，其余 24 家火电企业的效率值在 0 到 1 的变化范围内。随着 α 的增加，被评估的 DMU 环境绩效的上界值降低，下界值增大。例如，对于 DMU 5，当 α 从 0.1 增加到 0.9 时，其环境绩效的上限从 0.9647 下降到 0.9644，而效率下限从 0.9641 提高到 0.9644。

在这里，对于 $\alpha=1$ 和 $\alpha=0$ 两种特殊情况进行分析。当 $\alpha=1$ 时，每个 DMU

的非期望产出是一个精确值，因此计算得到的效率值也是一个精确值。当$\alpha=0$时，被评估的 DMU 的模糊效率的上下界之间有最大的间隔。例如，当$\alpha=1$时，DMU 12 的效率值是 0.8828，当$\alpha=0$时，其效率值在 0.8794 到 0.8883 之间。

通过表 15.2 中的环境绩效的上下界，对不同α下 DMU 的几何平均效率进行排序。为了简洁起见，没有给出 DMU 详细的几何平均效率值，而只是直接给出了所有 DMU 基于几何平均效率值的排序。

通过表 15.3 的排序，我们发现前 6 个 DMU 在所有情况下都是有效的，因此它们并列排在第一位。DMU 5、2、12、3、10、8 依次跟随上述环境有效的 6 个 DMUs，在所有场景中都具有相同的排序。DMU 20、15、7、23、27、18、19、11、21、16、17、26 在每种场景下的排名不同。在所有场景中，DMU 25、22、24、13、4、28 的排序都是在上述所有 DMUs 之后。

表 15.3　30 家火电公司的绩效排序

排序	0	0.1	0.2	0.3	0.4	0.5	0.6	0.7	0.8	0.9	1
1	1	1	1	1	1	1	1	1	1	1	1
	6	6	6	6	6	6	6	6	6	6	6
	9	9	9	9	9	9	9	9	9	9	9
	14	14	14	14	14	14	14	14	14	14	14
	29	29	29	29	29	29	29	29	29	29	29
	30	30	30	30	30	30	30	30	30	30	30
7	5	5	5	5	5	5	5	5	5	5	5
8	2	2	2	2	2	2	2	2	2	2	2
9	12	12	12	12	12	12	12	12	12	12	12
10	3	3	3	3	3	3	3	3	3	3	3
11	10	10	10	11	10	10	7	10	11	10	10
12	8	8	8	10	8	8	10	8	10	8	8
13	20	20	20	8	20	20	8	20	8	20	20
14	15	15	15	20	15	15	20	15	20	15	15
15	7	7	7	15	7	7	15	7	15	7	16
16	23	23	23	7	23	26	23	23	7	23	7
17	27	27	27	23	27	23	27	27	23	27	23
18	18	18	18	27	18	27	16	18	27	18	27
19	19	19	19	18	21	18	18	19	16	19	18
20	11	11	11	19	19	19	19	11	18	11	19
21	21	21	21	21	11	11	11	21	19	21	11
22	16	16	16	16	16	21	21	16	21	16	21
23	17	17	17	17	17	16	17	17	17	17	17

续表

排序	0	0.1	0.2	0.3	0.4	0.5	0.6	0.7	0.8	0.9	1
24	26	26	26	26	26	17	26	26	26	26	26
25	25	25	25	25	25	25	25	25	25	25	25
26	22	22	22	22	22	22	22	22	22	22	22
27	24	24	24	24	24	24	24	24	24	24	24
28	13	13	13	13	13	13	13	13	13	13	13
29	4	4	4	4	4	4	4	4	4	4	4
30	28	28	28	28	28	28	28	28	28	28	28

从表 15.2 和表 15.3 可以看出，企业 13 和 24 的环境绩效均低于 0.5，是所有企业中表现最差的，而所有其他企业的效率均大于 0.5。这意味着企业 13 和 24 在未来有很大的改进空间，同时，管理层应采取相关措施解决目前的环境绩效低效问题。通过表 15.2 的结果，对火电企业的平均效率进行计算，计算结果显示火力发电企业的平均环境效率在 0.73~0.74，这意味着总体而言这些公司的平均环境绩效处于较高水平，这与中国政府加大对环境保护的力度密切相关。近年来，中国政府还出台了《中华人民共和国环境影响评价法》《中华人民共和国电力法》《中华人民共和国循环经济促进法》等一系列环境调查和规范法律，以遏制能源利用过程中所带来的环境问题。此外，安徽省许多火电企业都开设了专业培训课程，以提高工人在生产过程中的环保意识。经过上述分析，我们认为这 30 家火力发电公司的平均环境绩效的良好表现与相关环境保护政策的颁布实施是密不可分的。

此外，该方法还可以为被评估的公司提供效率改进的标杆。为了说明这一点，本章以 $\alpha = 0.5$ 为例。模型(15.7)中的“生产时间”、“煤炭消耗”、“火电企业总产值”和“固体废物”分别表示为 a、b_1、b_2 和 c。通过模型(15.7)，获得其最优解 a^*、b_1^*、b_2^*、c^*、β^*，然后通过投入和产出的变化比例 $\theta^* = a^* / \beta^*$、$\varphi_2^* = b_2^* / \beta^*$ 和 $\phi^* = c^* / \beta^*$ 可以使无效 DMU 变为有效。结果如表 15.4 所示。

表 15.4　30 家火电企业在 $\alpha = 0.5$ 时标杆分析

DMU	生产时间	煤炭消耗量	火电企业总产值	固体废物
1	1.0000	1.0000	1.0000	1.0000
2	0.9740	0.8838	1.0000	1.0017
3	0.8666	0.9269	1.0000	1.0594
4	0.4635	1.0000	2.6442	1.0000
5	0.9291	1.0000	1.0000	1.0000
6	1.0000	1.0000	1.0000	1.0000
7	0.6020	0.9505	1.0000	1.0252

续表

DMU	生产时间	煤炭消耗量	火电企业总产值	固体废物
8	0.7152	1.0000	1.1899	1.0000
9	1.0000	1.0000	1.0000	1.0000
10	0.8086	0.8784	1.0000	1.0731
11	0.4331	0.9187	1.0000	1.0078
12	0.8727	0.9650	1.0000	1.0740
13	0.6430	1.0000	2.6779	1.0000
14	1.0000	1.0000	1.0000	1.0000
15	0.6433	0.9461	1.0000	1.0503
16	0.5614	0.7618	1.0000	1.0018
17	0.4450	0.8624	1.0000	1.0287
18	0.5431	0.8718	1.0000	1.0565
19	0.4682	0.9570	1.0000	1.0788
20	0.6070	1.0000	1.0000	1.0524
21	0.4737	0.8958	1.0000	1.0412
22	0.3190	0.7244	1.0000	1.0141
23	0.5705	0.9764	1.0000	1.0609
24	0.2978	0.6410	1.0000	1.0200
25	0.2605	0.8638	1.0000	1.0059
26	0.8363	0.9733	1.0000	1.0218
27	0.5407	0.9516	1.0000	1.0725
28	0.2358	0.4205	1.0000	7.3331
29	1.0000	1.0000	1.0000	1.0000
30	1.0000	1.0000	1.0000	1.0000

根据表 15.4 中的标杆，无效的火电企业大部分改进应该集中在投入指标上。在现有的水平上，火电企业总产值和固体废物只需少量改进即可。这表明，如果无效的火电企业想要提高环境绩效，它应该把注意力集中在投入的高效利用上。通过这些指标比例，在最佳的模糊环境下，利用转化后的“固体废弃物”的上限值，可以很容易地获得被评估 DMU 的标杆(或目标值)。同样，通过模型(15.7)，当决策单元在最恶劣的模糊环境下，利用转化后的“固体废弃物”的下限值，同样也可以得到被评估 DMU 的标杆(或目标值)。

参 考 文 献

Arabi B, Munisamy S, Emrouznejad A, et al. 2014. Power industry restructuring and eco- efficiency changes: A new slacks-based model in Malmquist–Luenberger Index measurement. Energy Policy,

68: 132-145.

Banker R D, Charnes A, Cooper W W. 1984. Some models for estimating technical and scale inefficiencies in data envelopment analysis. Management Science, 30(9): 1078-1092.

Chang Y T, Zhang N, Danao D, et al. 2013. Environmental efficiency analysis of transportation system in China: A non-radial DEA approach. Energy Policy, 58: 277-283.

Charnes A, Cooper W W, Rhodes E. 1978. Measuring the efficiency of decision making units. European Journal of Operational Research, 2(6): 429-444.

Charnes A, Cooper W W. 1962. Programming with linear fractional functionals. Naval Research Logistics Quarterly, 9(3-4): 181-186.

Chung Y H, Färe R, Grosskopf S. 1997. Productivity and undesirable outputs: a directional distance function approach. Journal of Environmental Management, 51(3): 229-240.

Cook W D, Seiford L M. 2009. Data envelopment analysis(DEA)–Thirty years on. European Journal of Operational Research, 192(1): 1-17.

Cooper W W, Huang Z, Li S X, et al. 2007. Efficiency aggregation with enhanced Russell measures in data envelopment analysis. Socio-Economic Planning Sciences, 41(1): 1-21.

Cooper W W, Seiford L M, Zhu J. 2011. Data Envelopment Analysis: History, Models, and Interpretations. Handbook on Data Envelopment Analysis, 164: 1-39.

Dyckhoff H, Allen K. 2001. Measuring ecological efficiency with data envelopment analysis(DEA). European Journal of Operational Research, 132(2): 312-325.

Färe R, Grosskopf S, Lovell C K, et al. 1989. Multilateral productivity comparisons when some outputs are undesirable: a nonparametric approach. The Review of Economics and Statistics, 90-98.

Färe R, Grosskopf S, Lovell C K, et al. 1993. Derivation of shadow prices for undesirable outputs: a distance function approach. The Review of Economics and Statistics, 374-380.

Färe R, Grosskopf S, Noh D W, et al. 2005. Characteristics of a polluting technology: theory and practice. Journal of Econometrics, 126(2): 469-492.

Färe R, Lovell C K. 1978. Measuring the technical efficiency of production. Journal of Economic Theory, 19(1): 150-162.

Grubesic T H, Wei F. 2012. Evaluating the efficiency of the Essential Air Service program in the United States. Transportation Research Part A: Policy and Practice, 46(10): 1562-1573.

Hailu A, Veeman T S. 2001. Non-parametric productivity analysis with undesirable outputs: an application to the Canadian pulp and paper industry. American Journal of Agricultural Economics, 83(3): 605-616.

Hsiao B, Chern C C, Chiu C R. 2011. Performance evaluation with the entropy-based weighted Russell measure in data envelopment analysis. Expert Systems with Applications, 38(8): 9965-9972.

Hsiao B, Chern C C, Chiu Y H, et al. 2011. Using fuzzy super-efficiency slack-based measure data envelopment analysis to evaluate Taiwan's commercial bank efficiency. Expert Systems with

Applications, 38(8): 9147-9156.

Hu Y. 2012. Energy conservation assessment of fixed-asset investment projects: An attempt to improve energy efficiency in China. Energy Policy, 43: 327-334.

Koopmans T C. 1951. An analysis of production as an efficient combination of activities. Activity Analysis of Production and Allocation, Proceeding of a Conference, 33-97.

Lertworasirikul S, Fang S C, Nuttle H L, et al. 2003. Fuzzy BCC model for data envelopment analysis. Fuzzy Optimization and Decision Making, 2(4): 337-358.

Levkoff S B, Russell R R, Schworm W. 2012. Boundary problems with the "Russell" graph measure of technical efficiency: a refinement. Journal of Productivity Analysis, 37(3): 239-248.

Liu W B, Meng W, Li X X, et al. 2010. DEA models with undesirable inputs and outputs. Annals of Operations Research, 173(1): 177-194.

Liu W B, Sharp J. 1999. DEA models via goal programming. In Data envelopment analysis in the service sector. Deutscher Universitätsverlag, Wiesbaden, 79-101.

Lozano S, Adenso-Díaz B, Barba-Gutiérrez Y. 2011. Russell non-radial eco-efficiency measure and scale elasticity of a sample of electric/electronic products. Journal of the Franklin Institute, 348(7): 1605-1614.

Oggioni G, Riccardi R, Toninelli R. 2011. Eco-efficiency of the world cement industry: a data envelopment analysis. Energy Policy, 39(5): 2842-2854.

Pastor J T, Ruiz J L, Sirvent I. 1999. An enhanced DEA Russell graph efficiency measure. European Journal of Operational Research, 115(3): 596-607.

Rivas J, Magadán M. 2010. Less green taxes and more control over pollutant industries: a theoretical proposal. Environmental Engineering and Management, 9(9): 1173-1177.

Scheel H. 2001. Undesirable outputs in efficiency valuations. European Journal of Operational Research, 132(2): 400-410.

Seiford L M, Zhu J. 2002. Modeling undesirable factors in efficiency evaluation. European Journal of Operational Research, 142(1): 16-20.

Seiford L M, Zhu J. 2005. A response to comments on modeling undesirable factors in efficiency evaluation. European Journal of Operational Research, 161(2): 579-581.

Sengupta J K. 1992. A fuzzy systems approach in data envelopment analysis. Computers Mathematics with Applications, 24(8-9): 259-266.

Song M, Peng J, Wu Q. 2014. An undesirable-output-considered super-efficiency DEA model and its illustration in evaluation of thermoelectric enterprises. Journal of Intelligent Fuzzy Systems, 27(3): 1507-1517.

Song M L, Zhang L L, An Q X, et al. 2013. Statistical analysis and combination forecasting of environmental efficiency and its influential factors since China entered the WTO: 2002–2010–2012. Journal of Cleaner Production, 42: 42-51.

The National People's Congress Standing Committee of China. 2014. Environmental Protection Law of People's Republic of China. Beijing, China.

Tone K. 2004. Dealing with undesirable outputs in DEA: A slacks-based measure (SBM) approach. Presentation at NAPW Ⅲ, Toronto, 44-45.

Wu J, An Q X, Xiong B B, et al. 2013. Congestion measurement for regional industries in China: A data envelopment analysis approach with undesirable outputs. Energy Policy, 57: 7-13.

Wu J, An Q X, Yao X, et al. 2014. Environmental efficiency evaluation of industry in China based on a new fixed sum undesirable output data envelopment analysis. Journal of Cleaner Production, 74: 96-104.

Zadeh L A. 1965. Fuzzy sets. Information and Control, 8 (3): 338-353.

Zhou P A B W, Ang B W, Poh K L. 2006. Slacks-based efficiency measures for modeling environmental performance. Ecological Economics, 60 (1): 111-118.

Zhou P, Ang B W, Poh K L. 2008. Measuring environmental performance under different environmental DEA technologies. Energy Economics, 30 (1): 1-14.

Zhou P, Poh K L, Ang B W. 2007. A non-radial DEA approach to measuring environmental performance. European Journal of Operational Research, 178 (1): 1-9.

第16章　基于均衡有效前沿面的煤炭电力企业环境效率研究

16.1　引　　言

早期，中国政府只注重经济的发展，忽视了环境的保护。然而，近年来，环境污染已经被认为是中国经济增长和社会发展的一个严重问题(Wu et al., 2016b)。经济与环境之间的冲突引起了人们的极大关注。环境污染是多种多样的，尤其是在火力发电厂。火力发电厂严重污染水和空气。中国居民可以感受到周围环境污染的后果，比如酸雨频发、$PM_{2.5}$颗粒物污染严重。因此，对火力发电厂的性能进行评估显得十分必要。基于此，本章主要研究火力发电厂的性能评估问题，并为决策者改善目前现状提供重要的信息。

在衡量决策单元(DMUs)的性能上，通常采用两种主要方法(Wu et al., 2015c; Coelli et al., 2005)。一种是随机前沿分析(SFA)方法，另一种是数据包络分析(DEA)方法。SFA在输入和输出之间使用一个参数函数，衡量技术效率和随机外生冲击对产出的影响。但是SFA需要假设一个生产函数(Pulina et al., 2010)，且可能存在多重共线性问题(Vishwakarma et al., 2012)。DEA最早是由Charnes、Cooper和Rhodes(1978)提出的，本质上是一种数学和线性规划方法。DEA不需要对无效率项做任何分布假设，也不需要将任何函数形式强加于底层模型，并广泛应用于医疗、金融、贸易、航空、制造等行业(Shang et al., 2008)。因此，本章采用DEA方法对火电厂的环境效率进行评估。

以往学者广泛使用DEA来评价环境效率。Färe等(1989)第一个应用DEA方法来评估环境效率。Reinhard等(2000)使用SFA和DEA对荷兰奶牛场的综合环境效率措施进行评估。Zofío和Prieto(2001)提出可以通过建立内化效率得分DEA框架，以精确计算输出损失。Zaim等(2004)使用DEA框架通过衡量污染强度的变化来评估国家制造业的环境绩效。Zhou、Ang和Poh(2008)使用不同的DEA技术来衡量8个世界区域的生态效率。Bian和Yang(2010)提出了考虑资源和环境的综合效率的Shannon-DEA模型。Song等(2012)从理论和实践两方面考察了环境政策分析的成果，指出了未来研究的可能方向。Wang、Yu和Zhang(2013)提出一个动态DEA模型来评估环境和能源效率，并采用动态DEA方法对我国29个地区的效率进行了分析。Yang和Wang(2013)采用DEA方法，结合省级面板数据，分析评估了我国 29 个主要省份的环境效率和能源利用效率。Chang 等(2014)采用 SBM-DEA 方法对 2010 年全球 27 家航空公司的经济和环境效率进行了研究。Wu 等(2015b)以可持续发展为目标，采用并行 DEA 方法对我国省级区域 30 个交通运输系统(由客运和货运子系统组成的并行系统)的能源和环境绩效进行了测度。Wu 等(2016a)采用两阶段 DEA 模型分析了共享资源的两阶段生产过程中，重复使用的非正常中间产出的效率。

在前人研究的基础上，一些学者利用DEA对火电厂的性能进行了评价。Barros 和 Peypoch(2008)提出了一个两阶段 DEA 模型来测量葡萄牙热电厂的技术效率。第一阶段使用 DEA 方法来确定哪些工厂运行效率最高，并对样本中能源工厂进行排序。第二阶段，采用 Simar 和 Wilson(2007)提出的引导程序，通过截断回归对 DEA 得分进行引导。Sueyoshi 和 Goto(2012)结合 DEA 和 DEA-discriminant 对电力行业效率进行了评估。Barros(2013)考虑了期望输出和非期望输出，提出了距离前沿模型来测量葡萄牙热电厂的效率。Song 等(2014)利用一种新的超高效 DEA 方法对中国 42 家热电企业的环境效率进行了评估。Song 和 Zheng(2015)利用 DEA 中的 Malmquist 指数对 2009~2010 年中国火电厂的环境效率进行了评价。Wu 等(2015a)提出一种综合考虑模糊数据和不良输出的增强罗素测度方法，并用其来衡量中国火电企业的环境效率。

上述的采用 DEA 方法评价环境效率的研究，包括采用 DEA 方法评价热电企业绩效的研究，少有考虑不期望产出固定的情况。目前，环境污染越来越严重，在这种情况下，应该限制非期望产出，即假定非期望产出是固定的。换句话说，不会产生额外的污染。期望情况下，我们希望减少污染，但在保持污染不变的同时提高效率，无疑是朝着正确方向迈出的一步。因此，本章提出了一种评价热电企业绩效的定和输出方法具有很强的实际意义。

在最近的 DEA 文献中，一些学者提出了用定和产出评价 DMUs 的方法。Lins 等(2003)首先考虑了固定数量的奖牌条件下来评价奥运会。他们提出的方法被称为零和增益 DEA(ZSG-DEA)，包括两种策略。一种策略是等额减产，另一种策略是比例减产。之后，Gomes 和 Lins(2008)在 ZSG-DEA 模型中加入不需要的输出测量了二氧化碳排放效率。此外，Yan 等(2011)提出了固定整体产出的 DEA(FSODEA)来适应固定和产出的竞争。Wu 等(2014)提出了一种新的 DEA 模型来衡量 2007~2011 年中国工业的环境效率。Yang 等(2014)将 FSODEA 方法扩展到均衡效率前沿数据包络分析(EEFDEA)方法。这种新方法基于一个公共平台以用来评估所有具有固定和输出的 DMUs。Yang 等(2015)将 EEFDEA 方法扩展为广义形式，并将其新形式命名为 GEEFDEA。在这种形式下，可以用一个简单的步骤来确定均衡有效边界，不管计算多少 DMU。同样，Fang(2016)提出了一个简单的线性模型，该模型也可以在单一步骤中获得一个共同的均衡有效边界。此外，其通过一个简单的例子，证明了均衡有效边界的存在性和非唯一性。

以往对固定和产出的研究存在一定的不足。①先前基于固定和输出的研究大多只考虑固定的整体期望输出，很少有研究关注固定的整体非期望输出。②以往的研究均使用所有 DMU 的公共乘数构建均衡有效边界，这违反了传统 DEA 模型的主要思想，即基于每个 DMU 自身的最优乘数/权重建立的。本章提出了一种新的考虑固定整体非期望产出的共同均衡有效前沿 DEA 模型来衡量环境效率。利用各决策单元自身的投入/产出乘数，构造了新的共同均衡有效边界。利用各决策单元自身的乘数，可以进一步降低各决策单元在实现共同均衡有效边界时的总调整量。应用所提出的方法，本章对中国 30 个热电厂的环境效率进行了测量。

16.2　基于 DEA 理论的固定产出效率评价模型构建

16.2.1　一般有效前沿面唯一性确定

传统的 BCC 模型没有考虑固定整体输出约束的情况。因此，Yang 等(2011)针对 DMU_k 提出了如下的 FSODEA 模型。

$$
\begin{aligned}
\text{Min}\quad & \sum_{t=1}^{l} w_t^k \beta_{tk} \\
\text{s.t.}\quad & \frac{\sum_{r=1}^{s} u_r^k y_{rk} + \sum_{t=1}^{l} w_t^k (f_{tk} + \beta_{tk}) + u_0^k}{\sum_{i=1}^{m} v_i^k x_{ik}} = 1; \\
& \frac{\sum_{r=1}^{s} u_r^k y_{rj} + \sum_{t=1}^{l} w_t^k (f_{tj} - s_{tj}) + u_0^k}{\sum_{i=1}^{m} v_i^k x_{ij}} \leqslant 1, \quad \text{for } \forall j \neq k; \\
& \beta_{tk} = \sum_{j=1, j\neq k}^{n} s_{tj} \quad \text{for } \forall t; \\
& 0 \leqslant s_{tj} \leqslant f_{tj} \quad \text{for } \forall t,\ \forall j \neq k; \\
& 0 \leqslant \beta_{tk} \quad \text{for } \forall t; \\
& u_r^k \geqslant 0, \quad r = 1, \cdots, s; \\
& w_t^k \geqslant 0, \quad t = 1, \cdots, l; \\
& v_i^k \geqslant 0, \quad i = 1, \cdots, m; \\
& u_0^k \ \text{free in sign.}
\end{aligned}
\tag{16.1}
$$

上式中 f_{tk} 为 DMU_k 的固定整体输出 t，w_t^k 为 DMU_k 对应的固定和输出乘法器。在此背景下，DMU_j（$j=1,\cdots,n$）消耗x_{ij}数量的输入i可生产数量y_{rj}的输出r，f_{tj}为固定的整体产出t。从模型(16.1)可以发现评估的DMU_k因为$\beta_{tk}(t=1,\cdots,l)$增加变得高效，让DMUs减少固定整体输出$s_{tj}(t=1,\cdots,l;\ j=1,\cdots,n,\neq k)$从而限制其效率不超过1。此方法存在很高的可行性，Yang等(2011)证明了DMU_k的效率得分是在适当增加其输出和减少其他DMUs输出之后的1。第三个约束有助于确保每个固定输出的总和在调整后不会改变。在得到各DMU的最小增量后，确定各DMU自身的效率边界，并用其来评估其最优效率。

然而，Yang等(2014)、Yang等(2015)和Fang(2016)指出，Yang等的方法导致在基于不同的有效边界上评估出不同的DMUs。因此，Yang等(2014)提出了另一种EEFDEA模型，以确保所有DMUs都是在一个共同均衡有效边界的基础上进行评价的。不幸的是，EEFDEA模型存在一些缺点，其中算法的计算量是一个重要的挑战(Yang et al.，2015；Fang，2016)。Yang等(2015)在EEFDEA模型的基础上，针对这些不足，提出了以下GEEFDEA模型。

$$
\begin{aligned}
\text{Min}\quad & \sum_{k=1}^{n}\sum_{t=1}^{l} w_t \alpha_{tj} \\
\text{s.t.}\quad & \frac{\sum_{r=1}^{s} u_r y_{rj} + \sum_{t=1}^{l} w_t (f_{tj}+\beta_{tj}) + u_0}{\sum_{i=1}^{m} v_i x_{ij}} = 1, \text{for } \forall j; \\
& \sum_{j=1}^{n} \beta_{tj} = 0 \qquad \text{for } \forall k \\
& \alpha_{tj} = \max\{\beta_{tj}, 0\} \quad \text{for } \forall t, j; \\
& 0 \leqslant f_{tj} + \beta_{tj} \qquad \text{for } \forall t, j; \\
& u_r \geqslant 0, \qquad r=1,\cdots,s; \\
& w_t \geqslant 0, \qquad t=1,\cdots,l; \\
& v_i \geqslant 0, \qquad i=1,\cdots,m; \\
& \beta_{tj}, u_0 \ \text{free in sign.}
\end{aligned}
\tag{16.2}
$$

其中，β_{tj}为DMU_j的输出的调整量。当DMU_j为负时，其需要从其他DMUs获得至少一定量β_{tj}的输出以达到均衡状态。相反，“正”符号表示DMU_j需要减少β_{tj}数量产生的输出才能达到平衡状态。模型(16.2)的目标是最小化所有DMUs的总调整量。第一个约束确保所有DMUs在调整之后变得有效。第三个约束$\alpha_{tj}=\max\{\beta_{tj},0\}$表明当$\beta_{tj}$非负时，$\alpha_{tj}$等于$\beta_{tj}$。

16.2.2　基于不同权重的一般有效前沿面效率评价模型

模型(16.1)与模型(16.2)的主要区别在于，模型(16.1)利用各 DMU 自身的自我乘数 u_r^k、v_i^k 和 w_t^k 构建有效前沿面；模型(16.2)利用公共乘数 u_r、v_i 和 w_t 构建公共有效前沿面。这些常用乘数使得所有的 DMUs 被调整到一个超平面。如上所述，在传统的 DEA 模型中，每个 DMU 都可以选择自己的最优乘数来最大化其效率。因此，我们提出的模型可通过各 DMU 的自我乘数构造共同均衡有效边界。

$$
\begin{aligned}
\text{Min}\quad & \sum_{j=1}^{n}\sum_{t=1}^{l} w_t\left|\beta_{tj}\right| \\
\text{s.t.}\quad & \theta_{jj}=\frac{\sum_{r=1}^{s}u_r^j y_{rj}+\sum_{t=1}^{l}w_t(f_{tj}+\beta_{tj})+u_0^j}{\sum_{i=1}^{m}v_i^j x_{ij}}=1,\ \text{for}\ \ \forall j; \\
& \theta_{jd}=\frac{\sum_{r=1}^{s}u_r^j y_{rd}+\sum_{t=1}^{l}w_t(f_{td}+\beta_{td})+u_0^j}{\sum_{i=1}^{m}v_i^j x_{id}}\leqslant 1,\ \text{for}\ \ \forall d\neq j; \\
& \sum_{j=1}^{n}\beta_{tj}=0 \qquad \text{for}\ \ \forall k \\
& 0\leqslant f_{tj}+\beta_{tj} \qquad \text{for}\ \ \forall t,j; \\
& u_r^j\geqslant 0, \qquad \text{for}\ \ \forall r,j; \\
& w_t\geqslant 0, \qquad \text{for}\ \ \forall t; \\
& v_i^j\geqslant 0, \qquad \text{for}\forall i,j; \\
& \beta_{tj},u_0^j\ \ \text{free in sign.}
\end{aligned}
\tag{16.3}
$$

模型(16.3)的目标为最小化所有 DMUs 的总调整量。第一个约束保证每个 DMU_j($j=1,\cdots,n$)通过使用其本身的输入和变量输出乘数 u_r^j 和 v_i^j 来变得相对高效，而自身的乘数必须确保其他 DMU 的效率 $\theta_{jd}(d\neq j)$ 最多为 1，这是第二个约束条件的限制。值得注意的是，对于固定整体产出，本章使用模型(16.3)中的公共乘数 w_t，因为对于所有 DMU 都希望增加公共产出，因此，每个 DMU 贡献相等的金额来构建公共均衡有效边界是合理的。此外，模型(16.3)是一个高度非线性的程序，通过设置固定和输出的公共乘法器，可以将其转化为线性乘法器。该模型通过将不同的面组合成一个单一的超平面，实现了共同的均衡有效边界。

为了保护环境，生产中存在一些不需要的产出，且整体不需要的产出(即非期望输出)是固定的。考虑这种不需要的产出，上述共同均衡有效前沿模型(16.3)可改为

$$
\begin{aligned}
&\text{Min} \quad \sum_{j=1}^{n}\sum_{t=1}^{l} w_t \left|\beta_{tj}\right| \\
&\text{s.t.} \quad \theta_{jj} = \frac{\sum_{r=1}^{s} u_r^j y_{rj} - \sum_{t=1}^{l} w_t (f_{tj} + \beta_{tj}) + u_0^j}{\sum_{i=1}^{m} v_i^j x_{ij}} = 1, \text{ for } \forall j; \\
&\theta_{jd} = \frac{\sum_{r=1}^{s} u_r^j y_{rd} - \sum_{t=1}^{l} w_t (f_{td} + \beta_{td}) + u_0^j}{\sum_{i=1}^{m} v_i^j x_{id}} \leqslant 1, \text{ for } \forall d \neq j; \\
&\sum_{j=1}^{n} \beta_{tj} = 0 \qquad \text{for } \forall k \\
&0 \leqslant f_{tj} + \beta_{tj} \qquad \text{for } \forall t, j; \\
&u_r^j \geqslant 0, \qquad \text{for } \forall r, j; \\
&w_t \geqslant 0, \qquad \text{for } \forall t; \\
&v_i^j \geqslant 0, \qquad \text{for } \forall i, j; \\
&\beta_{tj}, u_0^j \ \text{ free in sign.}
\end{aligned} \tag{16.4}
$$

在模型(16.4)中，f_{tk} 为 DMU_k 的固定整体非期望输出 t。本章假设对不需要的输出具有很强的可处置性，这反映在模型(16.4)的第一和第二约束条件中的分子负号上(Golany and Roll，1989；Seiford and Zhu，2002；Wu et al.，2016a)。

模型(16.4)是一个非线性程序，可以转化为如下线性模型。首先，将模型(16.4)设为

$$
\begin{aligned}
&\text{Min} \quad \sum_{j=1}^{n}\sum_{t=1}^{l} \left|\zeta_{tj}\right| \\
&\text{s.t.} \quad \sum_{r=1}^{s} u_r^j y_{rj} - \sum_{t=1}^{l} w_t f_{tj} - \sum_{t=1}^{l} \zeta_{tj} + u_0^j - \sum_{i=1}^{m} v_i^j x_{ij} = 0; \quad \text{for } \forall j; \\
&\sum_{r=1}^{s} u_r^j y_{rd} - \sum_{t=1}^{l} w_t f_{td} - \sum_{t=1}^{l} \zeta_{td} + u_0^j - \sum_{i=1}^{m} v_i^j x_{id} \leqslant 0; \text{ for } \forall d \neq j; \\
&\sum_{j=1}^{n} \zeta_{tj} = 0 \qquad \text{for } \forall k
\end{aligned}
$$

$$
\begin{aligned}
& w_t f_{tj} + \zeta_{tj} \geqslant 0 && \text{for } \forall t, j; \\
& u_r^j \geqslant 0, && \text{for } \forall r, j; \\
& w_t \geqslant 0, && \text{for } \forall t; \\
& v_i^j \geqslant 0, && \text{for } \forall i, j; \\
& \zeta_{tj}, u_0^j \text{ free in sign.}
\end{aligned} \tag{16.5}
$$

其次，$a_{tj} = \frac{1}{2}\left(\left|\zeta_{tj}\right| + \zeta_{tj}\right)$ 且 $b_{tj} = \frac{1}{2}\left(\left|\zeta_{tj}\right| - \zeta_{tj}\right)$，可以得到 $\left|\zeta_{tj}\right| = a_{tj} + b_{tj}$，$\zeta_{tj} = a_{tj} - b_{tj}$。

因此，模型(16.5)又可表示为

$$
\begin{aligned}
\text{Min} \quad & \sum_{j=1}^{n}\sum_{t=1}^{l}(a_{tj} + b_{tj}) \\
\text{s.t.} \quad & \sum_{r=1}^{s} u_r^j y_{rj} - \sum_{t=1}^{l} w_t f_{tj} - \sum_{t=1}^{l}(a_{tj} - b_{tj}) + u_0^j - \sum_{i=1}^{m} v_i^j x_{ij} = 0; \text{ for } \forall j; \\
& \sum_{r=1}^{s} u_r^j y_{rd} - \sum_{t=1}^{l} w_t f_{td} - \sum_{t=1}^{l}(a_{td} - b_{td}) + u_0^j - \sum_{i=1}^{m} v_i^j x_{id} \leqslant 0; \text{ for } \forall d \neq j; \\
& \sum_{j=1}^{n}(a_{tj} - b_{tj}) = 0 \qquad \text{for } \forall k \\
& w_t f_{tj} + (a_{tj} - b_{tj}) \geqslant 0 \qquad \text{for } \forall t, j; \\
& u_r^j \geqslant 0, \qquad \text{for } \forall r, j; \\
& w_t \geqslant 0, \qquad \text{for } \forall t; \\
& v_i^j \geqslant 0, \qquad \text{for } \forall i, j; \\
& a_{tj}, b_{tj} \geqslant 0, \qquad \text{for } \forall t, j; \\
& u_0^j \text{ free in sign.}
\end{aligned} \tag{16.6}
$$

此时，我们提出的基于各 DMU 的自身权重的共同均衡有效边界的模型转化为一个易于求解的线性系统。基于这一共同均衡有效边界，每个 DMU_k（$k = 1,\cdots,n$）的效率可以通过下面的模型(16.7)来度量，即基于均衡边界的评价模型。

$$
\begin{aligned}
\theta_k^{BCC} = \text{Max} \quad & \frac{\sum_{r=1}^{s} u_r^k y_{rk} - \sum_{t=1}^{l} w_t^k f_{tk} + u_0^k}{\sum_{i=1}^{m} v_i^k x_{ik}} \\
\text{s.t.} \quad & \frac{\sum_{r=1}^{s} u_r^k y_{rj} - \sum_{t=1}^{l} w_t^k (f_{tj} + \beta_{tj}^*) + u_0^k}{\sum_{i=1}^{m} v_i^k x_{ij}} \leqslant 1, \quad j = 1,\cdots,n
\end{aligned} \tag{16.7}
$$

$$
\begin{aligned}
& u_r^k \geqslant 0, \quad r=1,\cdots,s; \\
& v_i^k \geqslant 0, \quad i=1,\cdots,m; \\
& w_t^k \geqslant 0, \quad t=1,\cdots,l; \\
& u_0^k \ \text{free in sign.}
\end{aligned}
$$

DMU_k($k=1,\cdots,n$)是用它的原始数据评估的：输入 x_{ik}、期望输出 y_{rk} 和非期望输出 f_{tk}。共同均衡有效边界由具有数据的“虚拟”DMUs 构造：输入 x_{ik}、期望输出 y_{rk} 和非期望输出 $f_{tk}+\beta_{tk}^*$，上标*表示为模型(16.4)中的最优值。

模型(16.7)也是一个非线性规划问题，它可以通过 Charnes-Cooper 变换转化为下面的线性程序(Charnes and Cooper，1962)：

$$
\begin{aligned}
\theta_k^{BCC} = \text{Max} \ & \sum_{r=1}^{s} u_r^k y_{rk} - \sum_{t=1}^{l} w_t^k f_{tk} + u_0^k \\
\text{s.t.} \ & \sum_{r=1}^{s} u_r^k y_{rj} - \sum_{t=1}^{l} w_t^k (f_{tj}+\beta_{tj}^*) - \sum_{i=1}^{m} v_i^k x_{ij} + u_0^k \leqslant 0, \quad j=1,\cdots,n \\
& \sum_{i=1}^{m} v_i^k x_{ik} = 1 \\
& u_r^k \geqslant 0, \quad r=1,\cdots,s; \\
& v_i^k \geqslant 0, \quad i=1,\cdots,m; \\
& w_t^k \geqslant 0, \quad t=1,\cdots,l; \\
& u_0^k \ \text{free in sign.}
\end{aligned} \tag{16.8}
$$

需要强调的是，基于该方法的环境效率可能大于 1，这可作为一种超效率测度来更好地对所有决策单元进行排序。

16.3 资源约束下煤炭电力企业环境效率分析

16.3.1 变量和数据

在本节中，用改善的方法来测量中国的热电厂的环境效率。首先指定输入、期望输出、非期望输出变量以及相关的数据。此处选择三个因素作为输入，两个因素作为期望输出，一个因素作为唯一非期望输出。具体来说，采用煤炭消耗量、水消耗和电力消耗作为三种输入，净发电量和增加值作为两种期望产出，固体废物作为唯一非期望的产出。得到的输入和输出变量如表 16.1 所示。

表 16.1　输入和输出变量

输入/输出	变量	单位
输入	煤炭消耗量	t
	水消耗	t
	电力消耗	1×10^4kW · h
期望输出	净发电量	1×10^4kW · h
	增加值	1×10^4kW · h
非期望输出	固体废物	t

数据来源于热电厂。表 16.2 汇总了 30 家火电厂的输入/输出数据的描述性统计和平均值。

表 16.2　输入/输出的描述性统计

变量	输入			期望输出		非期望输出
	煤炭消耗量	水消耗	电力消耗	净发电量	增值	固体废物
平均值	1703059.0	80051241.9	17677.6	794079.3	111553.6	1105985.8
中值	1502836.5	84573411.0	15065.0	392424.5	108985.0	553275.0
方差	1336533.8	44361247.1	15872.5	2237639.6	77075.8	2742727.0
最大值	6068080.0	201377476.0	65588.6	12740400.0	228520.0	15662320.0
最小值	53688.0	272007.0	300.0	5013.8	3645.2	39583.4

16.3.2　效率分析

首先使用所提出的方法来确定基于固定整体非期望产出的共同均衡有效边界。排放的固体废物总量为 33179574t。在调整工厂的投入和产出时，这一总量保持不变。利用模型(16.4)和(16.6)确定各工厂对固体废物的调整情况，如表 16.3 第三列所示。此外，表 16.3 第二列为基于 GEEFDEA 方法的固体废弃物的相应调整(Yang et al.，2015；Fang，2016)。

表 16.3　固体废物的调整量

工厂	GEEFDEA 方法	本章模型
1	87794.7	−104639
2	234873.9	385267.5
3	−272453.0	−272453
4	469695.4	0
5	321849.6	0

续表

工厂	GEEFDEA 方法	本章模型
6	1019581.6	162423.7
7	849847.9	−145939.1
8	1060257.0	−128505.8
9	1275025.4	77976
10	935000.3	−303381.5
11	−1396007.0	−2092648.8
12	900212.7	−61723.7
13	1176047.5	−100315.1
14	1503925.6	0
15	1445318.9	510776.4
16	1328230.1	52216.5
17	−21292.6	478488.3
18	75245.8	−133914.3
19	181790.1	−452128.1
20	835268.6	−49263.4
21	1054110.9	0
22	1015374.9	−124887.9
23	425737.7	−192150.5
24	−116802.4	399774.5
25	−40000.0	536281.4
26	477401.8	0
27	822039.8	381963.8
28	−4192.1	588931.0
29	−15642164.4	0
30	−1718.6	587851

由表 16.3 可知，如果按照表 16.3 中规定的数量，允许 13 家火力发电厂降低其固废排放，11 家增加其固废排放，而 6 家保持相同的固废排放水平，则可以达到一个共同的均衡边界。13 个工厂中固体废物的减少量最大的是工厂 11，这将使固体废物产量减少 2092648.8t。在 11 个增加固体废物排放的工厂中，工厂 28 增加最多。13 个工厂的固体废物减少量之和等于 11 个工厂的固体废物增加量之和。从表 16.2 第二列可以看出，30 个工厂都应该根据 GEEFDEA 方法对固废进行调整，以达到共同均衡边界。此外，基于本章方法的固体废物总量调整量为 8323899.9 个单位，而基于 GEEFDEA 方法的固体废物总量调整量为 34989260.2 个单位。因此，本章提出的方法在构建共同均衡有效边界上，对固体废弃物的调整量较小。

在确定了该方法所规定的共同均衡效率边界后，继而用它来评价这 30 个热电厂的环境效率。效率结果如表 16.4 所示。

表 16.4　30 个热电厂的环境效率

工厂	效率分数	排名	环境是/否有效
1	0.8968	27	否
2	18.6808	2	是
3	0.8516	29	否
4	1.0000	14	是
5	1.0000	13	是
6	1.2856	9	是
7	0.9367	26	否
8	0.9522	24	否
9	1.0541	11	是
10	0.9827	21	否
11	0.9637	23	否
12	0.9982	18	否
13	0.9944	20	否
14	1.0000	15	是
15	2.3499	5	是
16	1.0954	10	是
17	1.8678	6	是
18	0.8857	28	是
19	0.6884	30	否
20	0.9731	22	否
21	1.0000	12	是
22	0.9519	25	否
23	0.9956	19	否
24	3.5640	4	是
25	1.4198	7	是
26	1.0000	16	是
27	1.3940	8	是
28	34.2674	1	是
29	1.0000	17	是
30	10.4747	3	是
平均值	3.1842		

从表 16.4 可以得出以下结论。首先，在 30 家火电厂中，第 28 家表现最好，环境效率得分最高(34.2674)，第 19 家表现最差，环境效率得分最低(0.6884)。其次，30 家热电厂中，超过一半的环境效率得分大于 1。这说明考虑到环境污染，火电厂的环境性能相对较好。再次，30 家热电厂的平均环境效率得分为 3.1842，这是一个相对较高的效率值，因为有 3 家电厂的效率得分相当高(第 28 家 34.2674，第 2 家 18.6808，第 30 家 10.4747)。最后，环境效率得分至少为 1 的工厂被定义为环境效率的。因此，在 30 个热电厂中，有 17 个是环境效率高的，其余 13 个都是环境效率低的。

本章提出了一种考虑固定非期望输出的环境效率评价方法。更精确地说，首先将非期望的输出固定在当前水平，以符合实际。在固定整体非期望输出的基础上，利用各决策单元自身的自私投入/产出乘数，建立了一个新的模型来构建共同均衡有效边界，与以往所有决策单元均使用共同乘数的研究结果形成了对比。此外，本章应用该方法对中国 30 个热电厂的环境效率进行了测试。通过实证研究可知，我国 30 家热电厂中，约有一半需要减少固体废物排放，以构建共同均衡有效边界。此外，超过一半的热电厂表现相对较好，因为它们的环境效率数字都不小于 1，这意味着它们是环境效率的。

参考文献

Arabi B, Doraisamy S M, Emrouznejad A, et al. 2017. Eco-efficiency measurement and material balance principle: an application in power plants Malmquist Luenberger index. Annals of Operations Research, 255(1-2): 221-239.

Arabi B, Munisamy S, Emrouznejad A, et al. 2014. Power industry restructuring and ecoefficiency changes: A new slacks-based model in Malmquist–Luenberger Index measurement. Energy Policy, 68: 132-145.

Arabi B, Munisamy S, Emrouznejad A, et al. 2016. Eco-efficiency considering the issue of heterogeneity among power plants. Energy, 111: 722-735.

Barros J. 2013. Performance measurement of thermoelectric generating plants with undesirable outputs and random parameters. International Journal of Electrical Power Energy Systems, 46: 228-233.

Barros C P, Peypoch N. 2008. Technical efficiency of thermoelectric power plants. Energy Economics, 30(6): 3118-3127.

Bian Y W, Yang F. 2010. Resource and environment efficiency analysis of provinces in China: A DEA approach based on Shannon's entropy. Energy Policy, 38(4): 1909-1917.

Chang Y T, Park H S, Jeong J B, et al. 2014. Evaluating economic and environmental efficiency of global airlines: A SBM-DEA approach. Transportation Research Part D: Transport and Environment, 27: 46-50.

Charnes A, Cooper W W. 1962. Programming with linear fractional functionals. Naval Research Logistics Quarterly, 9 (3-4) : 181-186.

Charnes A, Cooper W W, Rhodes E. 1978. Measuring the efficiency of decision making units. European Journal of Operational Research, 2 (6) : 429-444.

Coelli T J, Rao D S P, O'Donnell C J, et al. 2005. An introduction to efficiency and productivity analysis. Berlin: Springer.

Emrouznejad A, Yang G L . 2018. A survey and analysis of the first 40 years of scholarly literature in DEA: 1978–2016. Socio-Economic Planning Sciences, 61: 4-8.

Fang L. 2016. A new approach for achievement of the equilibrium efficient frontier with fixed-sum outputs. Journal of the Operational Research Society, 67 (3) : 412-420.

Färe R, Grosskopf S, Lovell C K, et al. 1989. Multilateral productivity comparisons when some outputs are undesirable: a nonparametric approach. The Review of Economics and Statistics, 71: 90-98.

Golany B, Roll Y. 1989. An application procedure for DEA. Omega, 17 (3) : 237-250.

Gomes E G, Lins M E. 2008. Modelling undesirable outputs with zero sum gains data envelopment analysis models. Journal of the Operational Research Society, 59 (5) : 616-623.

Lins M P E, Gomes E G, de Mello J C C S, et al. 2003. Olympic ranking based on a zero sum gains DEA model. European Journal of Operational Research, 148 (2) : 312-322.

Liu X H, Zhu Q Y, Chu J F, et al. 2019. Environmental performance and benchmarking information for coal-fired power plants in China: A DEA Approach. Computational Economics, 54 (4) : 1287-1302.

Milioni A Z, de Avellar J V G, Gomes E G. 2011. An ellipsoidal frontier model: Allocating input via parametric DEA. European Journal of Operational Research, 209 (2) : 113-121.

Pulina M, Detotto C, Paba A. 2010. An investigation into the relationship between size and efficiency of the Italian hospitality sector: A window DEA approach. European Journal of Operational Research, 204 (3) : 613-620.

Reinhard S, Lovell C K, Thijssen G J. 2000. Environmental efficiency with multiple environmentally detrimental variables; estimated with SFA and DEA. European Journal of Operational Research, 121 (2) : 287-303.

Seiford L M, Zhu J. 2002. Modeling undesirable factors in efficiency evaluation. European Journal of Operational Research, 142 (1) : 16-20.

Shang J K, Hung W T, Lo C F, et al. 2008. Ecommerce and hotel performance: three-stage DEA analysis. The Service Industries Journal, 28 (4) : 529-540.

Simar L, Wilson P W. 2007. Estimation and inference in two-stage, semi-parametric models of production processes. Journal of Econometrics, 136 (1) : 31-64.

Song M L, An Q X, Zhang W, et al. 2012. Environmental efficiency evaluation based on data envelopment analysis: A review. Renewable and Sustainable Energy Reviews, 16 (7) : 4465-4469.

Song M L, Peng J, Wu Q Q. 2014. An undesirable-output-considered super-efficiency DEA model and its illustration in evaluation of thermoelectric enterprises. Journal of Intelligent Fuzzy Systems, 27(3): 1507-1517.

Song M L, Zheng W P, Wang S H. 2017. Measuring green technology progress in large-scale thermoelectric enterprises based on Malmquist–Luenberger life cycle assessment. Resources, Conservation and Recycling, 122: 261-269.

Song M L, Zheng W P. 2015. Computational analysis of thermoelectric enterprises' environmental efficiency and Bayesian estimation of influence factors. The Social Science Journal, 53(1): 88-99.

Sueyoshi T, Goto M. 2012. Efficiency-based rank assessment for electric power industry: A combined use of data envelopment analysis (DEA) and DEA-discriminant analysis (DA). Energy Economics, 34(3): 634-644.

Vishwakarma A, Kulshrestha M, Kulshreshtha M. 2012. Efficiency evaluation of municipal solid waste management utilities in the urban cities of the state of Madhya Pradesh, India, using stochastic frontier analysis. Benchmarking: An International Journal, 19(3): 340-357.

Wang K, Yu S, Zhang W. 2013. China's regional energy and environmental efficiency: A DEA window analysis based dynamic evaluation. Mathematical and Computer Modelling, 58(5): 1117-1127.

Wu J, An Q X, Yao X, et al. 2014. Environmental efficiency evaluation of industry in China based on a new fixed sum undesirable output data envelopment analysis. Journal of Cleaner Production, 74: 96-104.

Wu J, Xiong B B, An Q X, et al. 2015a. Measuring the performance of thermal power firms in China via fuzzy enhanced Russell measure model with undesirable outputs. Journal of Cleaner Production, 102: 237-245.

Wu J, Zhu Q T, Chu J F, et al. 2015b. Two-stage network structures with undesirable intermediate outputs reused: A DEA based approach. Computational Economics, 46(3): 455-477.

Wu J, Zhu Q Y, Chu J F, et al. 2015c. Measuring energy and environmental efficiency of transportation systems in China based on a parallel DEA approach. Transportation Research Part D: Transport and Environment, 48: 460-472.

Wu J, Zhu Q Y, Ji X, et al. 2016a. Two-stage network processes with shared resources and resources recovered from undesirable outputs. European Journal of Operational Research, 251(1): 182-197.

Wu J, Zhu Q Y, Liang L. 2016b. CO_2 emissions and energy intensity reduction allocation over provincial industrial sectors in China. Applied Energy, 166(15): 282-291.

Yang F, Wu D D, Liang L, O'Neill L. 2011. Competition strategy and efficiency evaluation for decision making units with fixed-sum outputs. European Journal of Operational Research, 212(3): 560-569.

Yang L, Wang K L. 2013. Regional differences of environmental efficiency of China's energy utilization and environmental regulation cost based on provincial panel data and DEA method. Mathematical and Computer Modelling, 58(5): 1074-1083.

Yang M, Li Y J, Chen Y, et al. 2014. An equilibrium efficiency frontier data envelopment analysis approach for evaluating decision-making units with fixed-sum outputs. European Journal of Operational Research, 239(2): 479-489.

Yang M, Li Y J, Liang L. 2015. A generalized equilibrium efficient frontier data envelopment analysis approach for evaluating DMUs with fixed-sum outputs. European Journal of Operational Research, 246(1): 209-217.

Zaim O. 2004. Measuring environmental performance of state manufacturing through changes in pollution intensities: A DEA framework. Ecological Economics, 48(1): 37-47.

Zhou P, Ang B W, Poh K L. 2008. Measuring environmental performance under different environmental DEA technologies. Energy Economics, 30(1): 1-14.

Zhu Q Y, Wu J, Song M L, et al. 2017. A unique equilibrium efficient frontier with fixed-sum outputs in data envelopment analysis. Journal of the Operational Research Society, 68(12): 148-1490.

Zofío J L, Prieto A M. 2001. Environmental efficiency and regulatory standards: the case of CO_2 emissions from OECD industries. Resource and Energy Economics, 23(1): 63-83.

第17章　中国上市煤炭企业效率评价及影响因素分析

17.1　引　言

我国能源有一个特征，那就是煤多、油少、气贫，这一特点决定了煤炭作为一次性能源在我国能源结构中的重要作用，这种作用是不可替代的。当前我国的可利用煤炭资源总量在全世界排名第三，其总量占全球可利用煤炭资源总量的11.67%。我国每年的产煤量在全球长期排名第一，其产煤量占全球的35%。但是目前的形势非常严峻，原因是虽然我国的煤炭储量以及每年的产煤量在世界名列前茅，但是我国的煤炭能源需求也非常巨大，由于人口基数大，我国煤炭的人均占有量连世界的平均水平也未达到。作为当今世界上第一产煤大国与第一消费量大国，我国煤炭行业现阶段呈现以下特征：

(1)我国煤炭资源储量分布不平衡。在我国的煤炭储量地图中，山西、陕西、内蒙古、宁夏占67%；新疆、甘肃、青海、云南、贵州、四川、重庆占20%；其他地区煤炭储量的综合不到30%。相比其他先进采煤国家，我国的煤炭资源开采条件不容乐观，特别是其中可以露天开采的煤炭资源极其有限，与国外主要采煤国家相比，我国煤炭资源开采条件属中等偏下水平，可供露天矿开采的资源极少，除了山西、陕西、内蒙古、宁夏等地的煤矿资源稍微容易开采之外，其他地区的煤炭资源开采条件不容乐观。

(2)煤炭生产和消费分布不平衡。我国是产煤大国同样也是用煤大国，然而我国的煤炭开采和煤炭消费却呈现出不平衡的态势。我国经济较发达的沿海地区对煤炭的需求量非常巨大，但是这些地区的煤炭产量却非常有限，这就使我国形成了西煤东运、北煤南运的煤炭消费格局。山西、陕西、内蒙古、宁夏地区的煤炭产量占据了全国煤炭产量的半壁江山，但是华东地区作为煤炭消费量最大的地区，煤炭资源储量只有全国的5%，煤炭缺乏程度可想而知。

(3)整体技术水平较低。改革开放以来，随着市场经济的进一步发展，我国煤炭工业企业通过不断提高自身的技术水平和管理水平建成了一批在全世界都有竞争力和影响力的煤炭企业，这些企业基本上实现了采煤综采化、掘进综掘化、运输机械化、监测监控自动化、管理手段现代化。很多专业设备都实现了国产化，一个典型例子就是年产400~600万t煤炭的综采技术装备实现了国产化。2012年，据统计数据显示，我国大型的煤炭企业煤炭开采机械化程度已经达到 82.7%，很多企业的技术水平达到了世界领先水平。但是与世界先进的产煤国家相比，我国煤炭企业整体技术水平仍然低下，典型的例子就是中小型煤炭企业，小型矿井煤炭开采技术水平低下，生产环境恶劣，资源浪费情况特别严重。

(4) 市场集中度低，竞争无序性明显。我国在煤炭行业建设上的一个成功之处就是大基地大集团建设，在大基地大集团建设取得了阶段性成果的同时，我国的煤炭企业集中度仍然很低，市场竞争无序性非常明显。有一个很好的例子可以说明这一点，根据我国安监总局的调查显示，2012 年国内煤炭总产量的 25.6%来自我国最大的 10 家大型煤炭企业，从表面上看这个数据非常喜人，但是与世界先进国家相比差距明显，潘克西等(2010)指出在 1990 年，美国煤炭产量排名前 8 位的煤炭企业产量总和占到美国煤炭总产量的 32.6%，1995 年上升到 44.3%，2001 年更是达到了 59.9%，在此之后此项数据一路攀升，在 2008 年达到了 75.1%。我国煤炭企业集中度低下带来了一个非常严重的问题，那就是煤炭产业的竞争无序性严重。竞争无序性使得难以形成规模效应，同时也造成了资源的严重浪费，从而影响到行业的健康发展。

(5) 行业景气度呈现周期性和季节性。煤炭行业的景气度受到下游行业的景气度影响的程度非常明显，特别是我国电力、冶金、化工和建材这四个行业，它们是主要的耗煤产业，它们的周期性发展导致煤炭消费呈现明显的周期性变化。另外值得注意的一点是煤炭的消费受季节性的影响很大，特别是冬天，冬天对煤炭的消费量长期占到我国整年煤炭消费量的百分之五十多。

(6) 我国煤炭行业的进入壁垒较高。在我国，煤炭资源是国有资源，它的管理是由国土资源局统一管理和利用的，企业要进行煤炭开采、生产和销售需要通过层层手续，需要采矿权、生产许可证和煤炭经营许可证等，这些硬性条件导致我国的煤炭行业存在较高的进入壁垒。此外，近些年煤炭产业结构调整的步伐越来越快，国家对煤炭企业的规模、生产工艺、环保、安全等各项指标提出了行业政策，这些措施在增强我国煤炭行业竞争力的同时也进一步提高了我国煤炭行业的进入壁垒，进入煤炭行业难上加难。

近些年来，受到国民经济结构调整、节能技术进步、其他可替代能源的出现，国内煤炭消费量持续下降。在全球经济一体化的大环境下，中国煤炭企业面临着越来越多的挑战。一方面，煤炭进口关税将进一步下降，国外优质煤炭资源将源源不断输入国内，势必会造成煤炭价格下降，对国内煤炭市场造成冲击。另一方面随着世界经济一体化进程的加速，我国经济结构调整的步伐也将加速，这必将促进能源节约，国内煤炭消费量大大降低。煤炭上市公司是我国煤炭行业的主体，是煤炭行业技术进步、产业升级和结构调整的主导力量。因此如何提高我国煤炭企业的自身效率，提升竞争力和抗风险能力，应对金融危机带来的冲击，是一个值得研究的问题。

17.2　DEA模型选取与构建

17.2.1　DEA模型的选取

数据包络分析模型种类众多，按投入和产出导向分类可以分为投入导向数据包络分析模型(Input-DEA)和产出导向数据包络分析模型(Output-DEA)；按规模报酬分类可以分为规模报酬不变数据包络分析模型(CRS-DEA)和规模报酬可变数据包络分析模型(VRS-DEA)。这些模型本身并没有优劣之分，各有各的优点和缺点。使用者可以根据研究的需要选择合适的模型使用，以确保分析结果的可靠程度。

根据我国煤炭行业发展现状和特点，本章选用投入导向型规模报酬可变的数据包络分析模型作为研究模型(Input-BCC)来对我国上市煤炭企业的效率进行测算。本章所选取的模型如下所示：

$$
\begin{aligned}
&\text{Min } \theta \\
&\sum_{j=1}^{n} X_j \lambda_j \leqslant \theta X_0 \\
&\sum_{j=1}^{n} Y_j \lambda_j \geqslant Y_0 \\
&\sum_{j=1}^{n} \lambda_j = 1 \\
&\lambda_j \geqslant 0,\ j = 1,2,\cdots,n
\end{aligned}
\tag{17.1}
$$

$$
\begin{aligned}
&\text{Min}\theta \\
&\sum_{\substack{j=1 \\ j\neq k}}^{n} \lambda_j y_{rj} \geqslant y_{rk},\ r = 1,2,\cdots,s \\
&\sum_{\substack{j=1 \\ j\neq k}}^{n} \lambda_j x_{ij} \leqslant \theta x_{rk},\ i = 1,2,\cdots,m \\
&\sum_{\substack{j=1 \\ j\neq k}}^{n} \lambda_j = 1
\end{aligned}
\tag{17.2}
$$

本章之所以选取投入导向型规模报酬可变的DEA模型(Input-DEA)作为研究模型是基于以下考虑：

(1)相比起世界发达国家的知名煤炭企业而言，我国包括上市煤炭企业在内的绝大部分煤炭企业，其规模相对较小，绝大多数未达到规模报酬不变阶段。随着煤炭产业升级脚步的不断加快，煤炭市场的集中度不断上升，生产技术不断进步，我国煤炭市场的发展潜力仍然巨大，煤炭企业的规模报酬将处于递增阶段。

(2) 近些年来我国的总体煤炭产量长期处于世界第一的位置，但是相比于产量，我国煤炭行业的利润率却长期处于低迷状态，原因是我国绝大部分煤炭企业受计划经济时代的影响十分深远，这就会造成煤炭企业管理体制落后，机构庞大冗余，生产自动化水平低下等问题。选择投入导向型的数据包络分析模型来分析上市煤炭企业的效率问题，通过调整投入要素的比例和数量来提高上市煤炭企业的效率。

(3) BCC 模型相比起 CCR 模型更加“完善”。通过 BCC 数据包络分析模型，可以计算出规模效率和纯技术效率，通过公式(技术效率=规模效率×纯技术效率)可以计算出技术效率。BCC 模型的这个特征使得其相比起 CCR 模型更加“完善”。综合以上讨论，本章决定使用 BCC 数据包络分析模型计算中国上市煤炭企业效率。

17.2.2　投入产出指标的设定

数据包络分析方法从本质上讲是利用数学规划的方法把要评测的决策单元的各项输入和输出指标观察值投影到生产前沿面之上以求出投入或产出的效率边界，通过效率边界来计算各个决策单元的效率值。从这一点我们可以看出，投入产出指标的选取对数据包络分析模型的评价客观性有着至关重要的影响。Cooper 等(2006)指出投入产出指标应该符合以下几个标准：

(1) 对于投入和产出指标的数值而言，数值不能为空值，观察值必须为正值。

(2) 投入和产出指标之间不能毫无关系，投入和产出指标之间一定要有很强的相关性，它们的选取必须反映出使用者对决策单元有效性评估相关要素的兴趣。

(3) 从效率比的准则上思考，投入和产出指标观察值之比越小越好，这就要求投入指标观察值越小越好，产出指标观察值越大越好。

(4) 不要求投入和产出指标观察值的单位一定要一致。

另外，在数据包络分析模型的计算结果中，有效决策单元的数量会随着投入产出指标数量的增多而增多，因此为了防止计算结果中产生过多的有效决策单元，应该控制投入和产出指标的数量。根据经验公式，决策单元的个数至少要和投入指标量与输出指标量之和的两倍相等，DEA 评价才有意义，否则将导致评价无效。

根据以上讨论，本章选取的输入指标为货币资金、流动资产合计(剔除货币资金)、固定资产、非流动资产合计(剔除固定资产)；选取的输出指标为主营业务收入、主营业务利润。本章之所以选取这些指标为投入产出指标其具体原因如下：

(1) 流动资产是指企业可以在一年或者超过一年的一个营业周期内变现或者运用的资产，是企业资产中必不可少的组成部分。流动资产在周转过渡中，从货币形态开始，依次改变其形态，最后又回到货币形态，各种形态的资金与生产流通紧密相结合，周转速度快，变现能力强。

(2)上市煤炭企业在经营过程中，大量的经济活动都是通过货币资金的收支来进行的。例如，商品的购进、销售，工资的发放，税金的交纳，股利、利息的支付以及进行投资活动等事项，都需要通过货币资金进行收付结算。同时，一个企业货币资金拥有量的多少，标志着它偿债能力和支付能力的大小，是投资者分析、判断财务状况的重要指标，在企业资金循环周转过程中起着连接和纽带的作用。因此，上市煤炭企业需要经常保持一定数量的货币资金，既要防止不合理地占压资金，又要保证业务经营的正常需要，并按照货币资金管理的有关规定，对各种收付款项进行结算。流动资产合计包括货币资金，本章考虑到货币资金的流动性最强，且代表企业的资金运行速率，故将货币资金单独提出作为一项输入指标。

(3)非流动资产是指流动资产以外的资产，主要包括持有到期投资、长期应收款、长期股权投资、工程物资、投资性房地产、固定资产、在建工程、无形资产、长期待摊费用、可供出售金融资产等。非流动资产在上市煤炭企业经营中起着至关重要的作用，各种采掘设备等都属于此范畴。

(4)固定资产是指企业使用期限超过一年的房屋、建筑物、机器、机械、运输工具以及其他与生产、经营有关的设备、器具、工具等。不属于生产经营主要设备的物品，单位价值在2000元以上，并且使用年限超过2年的，也应当作为固定资产。固定资产是企业的劳动手段，也是企业赖以生产经营的主要资产。正是由于固定资产投的上述重要作用，本章也将其从非固定资产合计中单独提出作为投入指标。

(5)主营业务收入是指企业经常性的、主要业务所产生的基本收入，如制造业的销售产品、非成品和提供工业性劳务作业的收入。主营业务收入在很大程度上能够反映出企业在这一行业的市场地位和市场占有率。于是本章将其设定为产出指标。

(6)主营业务利润又称基本业务利润，是主营业务收入减去主营业务成本和主营业务税金及附加得来的。它反映的是企业再生产的能力，于是本章将其设为产出指标。

本章以我国煤炭上市公司的资产负债表和利润表为参考，取2012年的数据研究样本，对中国煤炭工业网推荐的具有代表性的18家上市煤炭企业进行研究。各项投入和产出指标具体数据如表17.1、表17.2所示。

表 17.1　各投入指标数据

	货币资金/元	流动资产合/元	固定资产/元	非流动资产合计/元
国投新集	860348273	2700363926	7539813049	19531072895
兰花科技	2062954395	6098450690	4634395296	9088577092
平煤股份	2598286571	6369935205	9027882627	13294772479
兖州煤业	18096652640	34083506923	20911179327	63420622552
中国神华	69060000000	1.07937E+11	1. 9836E+11	2. 89611E+11
中煤能源	35346815000	56111496000	29210371000	1. 02411E+11
大同煤业	5787411971	9939663417	4794317733	8955433397
冀中能源	5313200610	16110590336	13181272646	21942597086
阳泉煤业	8093342660	16017912856	6102395541	11894821731
开滦股份	2768966505	8871213697	8697563463	10553762214
露天煤业	208618283	2055619730	4214230042	6003533121
潞安环能	8038483392	17820198544	6989485440	16751359686
盘江股份	1146799836	4538675446	4730182863	7685725649
上海能源	697708715	2868578164	5731033068	7582540091
神火股份	3442944451	9729185220	11952348127	20347977578
西山煤电	6712554265	16316524442	17431671795	22326594905
郑州煤电	1332997871	3887705723	2119405616	2493460878
煤气化	464055909	2654543602	2368049725	4965075728

表 17.2　各产出指标数据

	主营业务收入/元	主营业务利润/元
国投新集	8055593735	1833347735
兰花科技	7607963373	2258143625
平煤股份	25068638898	2458165925
兖州煤业	48768344872	12167121090
中国神华	2. 08197E+11	65775000000
中煤能源	88872409000	13477533000
大同煤业	14417932479	3258403705
冀中能源	37569080704	3992869895
阳泉煤业	50720077222	3759598287
开滦股份	19533549653	1014632982
露天煤业	6502471878	1925839859
潞安环能	18344824692	4913185311
盘江股份	7464931764	2028908175
上海能源	10080627752	1850078992

续表

	主营业务收入/元	主营业务利润/元
神火股份	30699073305	1438662681
西山煤电	30372415725	4133532133
郑州煤电	15586876160	275777305
煤气化	3779198809	443429490

投入和产出指标的选取在数据包络分析模型中具有至关重要的作用，投入和产出指标在选取时一定要有较强的相关性，并且能通过各个指标解释其对效率值的影响。Lang 和 Goldon(1989)提出在使用数据包络分析模型计算效率值的时候，投入和产出指标之间一定要高度相关，也就是说投入的增加一定要导致产出的增加，即单调性原则。

在本章中，选用 Pearson 相关系数来检验输入和输出指标之间的相关性。从理论上讲，Pearson 相关系数值越大，表示变量之间的相关性越高，以此标准选取投入产出指标进行效率评价，评价结果的可靠程度也就越高。表 17.3 是运用 SPSS 软件进行 Pearson 相关性检验的结果。

表 17.3　投入产出指标 Pearson 相关性检验结果

	主营业务收入	主营业务利润
货币资金	0. 978	0. 954
流动资产合计	0. 979	0.950
固定资产	0.945	0. 992
非流动资产合计	0. 974	0. 987

17.3　Input-BCC 模型效率测算结果与分析

17.3.1　中国上市煤炭企业效率测算结果

采用 Deap 2.1 软件，运用投入导向型可变规模报酬的 BCC 模型(Input-BCC)测算出 2012 年中国上市煤炭企业的技术效率(TE)、纯技术效率(PE)和规模效率值(SE)。本章用 RTS 表示规模回报：DRS 表示规模报酬递减，–表示规模报酬不变，IRS 表示规模报酬递增。模型计算的结果如表 17.4 所示。

表 17.4　Deap 2.1 求解 Input-BCC 模型结果

DMU	TE	PE	SE	RTS	排名
国投新集	0.879	0.887	0.990	IRS	10
兰花科技	0.893	0. 928	0. 963	IRS	9
平煤股份	1	1	1	–	1
兖州煤业	0.945	1	0. 945	IRS	8
中国神华	0. 713	1	0. 713	DRS	15
中煤能源	0. 742	1	0. 742	DRS	13
大同煤业	1	1	1	–	1
冀中能源	0. 719	1	0. 719	IRS	14
阳泉煤业	1	1	1	–	1
开滦股份	0.566	0. 672	0.843	IRS	17
露天煤业	1	1	1	–	1
潞安环能	1	1	1	–	1
盘江股份	0.862	0. 886	0. 973	IRS	11
上海能源	0. 993	0.997	0.996	IRS	7
神火股份	0. 796	1	0. 796	IRS	12
西山煤电	0.584	0. 739	o. 790	IRS	16
郑州煤电	1	1	1	–	1
煤气化	0.530	1	0.530	IRS	18

17.3.2　中国上市煤炭企业效率测算结果分析

下面从技术效率、纯技术效率和规模效率三个方面对模型计算结果进行分析。

从表 17.4 中的数据包络分析效率测算结果来看，中国上市煤炭企业效率处于中游阶段。在 18 个决策单元中达到数据包络分析有效的企业仅有 6 家：平煤股份、大同煤业、阳泉煤业、露天煤矿、潞安环能和郑州煤电。这表明中国绝大多数上市煤炭企业的效率距生产前沿面仍有一段很大距离。这 6 家上市煤炭企业的技术效率和规模效率同时为 1，说明这 6 家上市煤炭企业的技术效率和规模效率都是有效的。对于这 6 家上市煤炭企业，在现有的技术水平之下企业无法再不改变投入量的情况下增加其产出，只有当部分或全部的投入量增加，产出量减少才能改变其效率值。

纯技术效率角度对数据包络分析非有效的决策单元进行分析，由表 17.4 中的计算结果可以看出，纯技术效率处于生产前沿面上的 DEA 非有效上市煤炭企业有 6 家，它们分别是兖州煤业、中国神华、中煤能源、冀中能源、神火股份、煤气化。这说明在现有的技术水平之下，企业不可能在不改变投入的情况下增加产出的增加，但是由于其规模无效导致了其技术无效，正是规模无效才是其技术无效的根本原因。在这种情况下，这6家上市煤炭企业要想达到技术有效，只能通过控制企业规模或扩大企业规模，是规模效应发生作用。另外6家上市煤炭企业：国投新集、兰花科技、开滦股份、盘江股份、上海能源、西山煤电，即没有达到纯技术有效，也没有达到规模有效。这表明这些上市煤炭企业即使减少当前投入，其产出水平也可能保持不变。

从规模效率角度对数据包络分析非有效的决策单元进行分析，由17.4中的计算结果可以看出，处于规模报酬递减阶段上市煤炭企业只有两家：中国神华和中煤能源。对于这两家上市煤炭企业而言，一味地追求生产规模的扩大并非一件好事，这两家企业更加应该注重的是加强宏观调控，通过精简机构来有效配置企业的物质和人力资源，不断地提高管理水平。在控制住企业规模的前提下提高企业资源配置效率，从而在最大的程度上提高企业效率。相比处于规模报酬递减阶段的中国上市煤炭企业而言，绝大多数 DEA 非有效的中国上市煤炭企业处于规模报酬递增阶段，在这18家上市煤炭企业中，处于规模报酬递增阶段的企业有10家：国投新集、兰花科技、兖州煤业、冀中能源、开滦股份、盘江股份、上海能源、神火股份、西山煤电、煤气化。这说明这些煤炭上市企业将其投入按相同比例增加会导致其产出发生明显增加。在这种情况下，这些上市煤炭企业应该采取措施继续加大投入力度，强化自身优势，充分发挥规模效应的作用。

本章采用产出不足分析和参考集分析对技术效率非有效的决策单元进行进一步的评价分析。

1)产出不足分析

对本研究中中国上市煤炭企业中非纯技术有效的6家上市煤炭企业，即国投新集、兰花科技、开滦股份、盘江股份、上海能源、西山煤电进行产能不足分析，通过产出不足分析，找出各个非纯技术有效的决策单元在产出指标方面要达到的目标值，从而指导各个决策单元采取措施提高效率。具体的计算公式为：产出不足=(理论产出量−实际产出量)/理论产出量，用 OV 表示实际产出量，PV 表示理论产出量，SP 表示产出不足率。具体的计算结果如表17.5所示。

表17.5 中国上市煤炭企业产出不足分析表

名称	OVl	PVl	SPl	OV2	PV2	SP2
国投新集	8055593735	9081841866	0.113	1833347735	2066908382	0.113
兰花科技	7607963373	8198236393	0.072	2258143625	231130368	0.023
开滦股份	19533549653	290677800	0.328	1014632982	1023847610	0.009
盘江股份	7464931764	8425430885	0.114	2028908175	2289964080	0.114
上海能源	10080627752	10110960000	0.003	1850078992	2945985656	0.372
西山煤电	30372415725	41099340000	0.261	4133532133	5593412900	0.261

从表 17.5 的分析结果统计中可以看出，在现有的投入水平之下，以上上市煤炭企业的产出表现出不同程度的产出不足情况。

首先，在主营业务收入方面来看，开滦股份和西山煤电表现出较大的产出不足，产出不足率分别为 0.382 和 0.261。相比之下，上海能源和兰花科技表现出较低的产出不足率，特别是上海能源，其产出不足率仅为 0.005，在主营业务收入这一项上表现出最低的产出不足率。其他两家上市煤炭企业国投新集和盘江股份的产出不足率表现一般，分别是 0.113 和 0.1140。

其次，在主营业务利润方面，上海能源和西山煤电这两家煤炭上市企业的产出不足率分别为 0.372 和 0.261，产出不足情况比较严重。兰花科技和开滦股份的产出不足率分别为 0.023 和 0.009，产出不足的情况非常微弱。国投新集和盘江股份产出不足的表现则一般，其产出不足率分别为 0.113 和 0.114。在这里值得一提的是，在主营业务收入上产出不足情况最严重的开滦股份，其主营业务利润上表现出的产出不足情况最微弱，而在主营业务收入上产出不足情况表现最好的上海能源，其主营业务利润产出不足情况最为严重。这说明，这些上市煤炭企业在资源利用上存在着较大的差异性。

由表 17.5 中的计算数据可以看出，兰花科技的资源利用程度是最好的，其次是国投新集和盘江股份。而西山煤电在主营业务收入和主营业务利润上面都存在着较为严重的产出不足情况，开滦股份和上海能源分别在主营业务收入和主营业务利润方面存在较为严重的问题。

2) 参考集分析

非 DEA 纯技术有效决策单元的参考集如表 17.6 所示。

表 17.6　非 DEA 纯技术有效决策单元参考集

企业名称	参考集
国投新集	露天煤业、平煤股份、郑州煤电
兰花科技	露天煤业、煤气化、阳泉煤业
开滦股份	平煤股份、阳泉煤业
盘江股份	露天煤业、煤气化、阳泉煤业
上海能源	平煤股份、郑州煤电
西山煤电	露天煤业、阳泉煤业、郑州煤电

DEA 有效决策单元及其他相关决策单元被参考的次数如表 17.7 所示。

由表 17.7 可以看出，露天煤业被参考 8 次，阳泉煤业被参考 7 次，郑州煤电被参考 6 次，这说明这 3 家上市煤炭企业在中国上市煤炭企业中具有较高的参考价值。而潞安环能虽然说无论是在技术上还是在规模上都达到了有效状态，但是它只被其他决策单元参考了2次，说明虽然它本身的经营是有效的，但是对于其他的上市煤炭企业的经营不具备参考价值。此外，中国神华和煤气化虽然其规模效率未达到有效,但是这两家上市煤炭企业仍然被其他上市煤炭企业选为参考集,说明其技术效率对其他的上市煤炭企业具有一定的参考价值。

表 17.7　DEA 有效决策单元及其他相关决策单元被参考次数

企业名称	被参考次数
平煤股份	3
中国神华	1
大同煤业	3
阳泉煤业	7
露天煤业	8
潞安环能	2
郑州煤电	6
煤气化	2

17.3.3　超效率 Input-BCC 模型效率测算结果与分析

从上节的内容中我们可以看出，虽然普通投入导向型规模可变数据包络分析模型可以对决策单元的效率值进行测算，但是从测算结果中并不能对所有决策单元按效率值的大小做出完整的排序，原因就是因为在效率测算结果中出现了6个数据包络分析有效的决策单元，这些决策单元的效率值均为1，虽然其他的12个决策单元可以按效率值的大小进行排序,但是对于这6个效率值为1的决策单元,只用普通的投入导向型规模可变数据包络分析模型是不能对其进行效率排序的。但是在实际的生产管理中，生产者或管理者对数据本身是不感兴趣的，他们更加感兴趣的是这些决策单元的排序问题，通过排序管理者可以进行绩效评价，借鉴效率排序比较高的决策单元的经验来改善排序比较低的决策单元的效率。这个问题并不是不可以解决，Andersen 和 Petersen(1993)提出超效率模型对效率值进行进一步排序，在 Input-BCC 模型中原本效率值小于1的决策单元的效率值仍然维持原有水平不变，而原本效率值为 1，也就是数据包络分析有效的决策单元的效率值将被放大到大于等于1。例如，原本某个决策单元的效率值为0. 78，这个决策单元在超效率模型中其效率值维持不变仍然为0.78；原本某个决策单元的效率值等于 1，在超效率模型中其效率值会放大到 1.78，这样就可以对所有决策单元通过比较其效率值来进行排序。为了进一步评价本章中效率值为1的6家上市煤炭企业的效率，本章采用 DEA Solver 3.0 软件提供的超效率 Input-BCC 模型对处于生产前沿面的 6 家上市煤炭企业的效率进行评价，从而得出其超效率值。具体的测算结果如表 17.8 所示。

表 17.8　DEA Solver 3.0 求解超效率 Input-BCC 模型结果

DMU	超效率值	排名
国投新集	0.879	10
兰花科技	0.893	9
平煤股份	1.263	4
兖州煤业	0.945	8
中国神华	0.713	15
中煤能源	0.742	13
大同煤业	1.160	5
冀中能源	0.719	14
阳泉煤业	3.570	2
开滦股份	0.566	17
露天煤业	3.730	1
潞安环能	1.130	6
盘江股份	0.862	11
上海能源	0.993	7
神火股份	0.796	12
西山煤电	0.584	16
郑州煤电	2.690	3
煤气化	0.530	18

从表 17.8 中计算出的超效率值可以看出，每个决策单元都有一个属于本决策单元的超效率值，并且每个决策单元的超效率值都不一样，这样就可以对所有的决策单元的效率值进行排序，从而对其效率进行排序。在表 17.8 中，我们可以看出超效率值排名前三的上市煤炭企业分别为露天煤业、阳泉煤业和郑州煤电，其超效率值分别为 3.730、3.570 和 2.690，都远远大于 1。排名三到六位的上市煤炭企业分别为平煤股份、大同煤业和潞安环能，其超效率值都略大于 1，分别为 1.263、1.160 和 1.130。其实从上一节讨论的参考集中就可以看出，露天煤矿、阳泉煤业和郑州煤电的被参考次数排名前三，分别为 8 次、7 次和 6 次。这也与超效率模型计算的结果吻合，因为被参考次数越多的上市煤炭企业，它可以被其他上市煤炭企业参考的经验就越多，其效率也越好，反映到超效率值上就越大。在这里值得一提的是：露天煤业全称内蒙古霍林河露天煤业股份有限公司，内蒙古霍林河露天煤业股份有限公司具有全国乃至亚洲最大的露天煤矿资源，也是我国乃至亚

洲第一个现代化的露天煤矿。露天煤矿具有一个其他类型煤矿无法比拟的优势，那就是开采容易，这就为煤炭企业节省了很多运营费用，特别是开采费用。在之前的讨论中，本章提到过我国煤炭资源和世界先进国家相比的一个弱点就是露天煤矿储量较少。由此初步分析，露天煤业的效率排名第一位也在情理之中。最后要指出的一点就是：超效率值越大，其保持数据包络分析有效的稳定性就越强。例如，露天煤业的超效率值为3.73，也就是说只要露天煤矿的投入扩大倍数小于3.73，它都可以保持在生产前沿面之上，即数据包络分析有效。而对潞安环能而言，由于其超效率值仅为1.13，所以当其投入扩大倍数超过1.13时，它的状态就由数据包络分析有效转变为数据包络分析无效。

17.4 影响因素分析

到目前为止，上一部分所做的分析都是在输入和输出项构成的生产前沿面的基础上通过计算得出效率值所做出的分析。但是上市煤炭企业的效率不单单是取决于几个简单的投入和产出因素。它是由各个方面构成的：良好的微观环境，如较高的员工素质、先进的生产技术、较大的企业规模等；同时，有利的宏观因素，如较大的市场规模、较高的国内生产总值、丰富优质的矿产资源等。因此根据本章之前所做的关于中国上市煤炭企业效率的研究，结合中国上市煤炭企业自身的相关特点，本节从微观影响因素和宏观影响因素两个角度出发选取高素质人才数量状况(用各上市煤炭企业专科以上学历员工占企业总员工人数比例表示)、基层员工数量状况(用各上市煤炭企业劳动及生产员工占总员工人数比例表示)、企业规模状况(用各上市煤炭企业总资产额占样本所有企业总资产额之和的比例表示)、市场份额状况(用各上市煤炭企业主营业务收入占样本所有企业主营业务收入总和比例表示)、经济发展状况(用各上市煤炭企业所在各省GDP占全国各省总GDP的比例表示)、拥有煤炭资源状况(用各上市煤炭企业可开采煤炭量占样本所有企业可开采煤炭总量的比例表示)。

17.4.1 中国上市煤炭企业效率影响因素识别

在这一节中，我们对各个影响因素及所做的假设进行解释。

1)微观影响因素

假设一：高素质人才数量状况。与依靠物资和资本等这样一些生产要素投入的经济增长相区别，现代经济的增长则越来越依赖于其中的知识含量的增长。知识在现代社会价值的创造中其功效已远远高于人、财、物这些传统的生产要素，成为所有创造价值要素中最基本的要素。在企业中知识的载体就是高素质人才，当今企业、社会乃至于国家之间的竞争说到底就是人才的竞争。对于上市煤炭企业而言，高素质的人才能够帮助企业改进生产技术、探明更加丰富易于开采的矿产资源、扩大企业市场规模以及改善企业管理状况等等。因此用各上市煤炭企业专科以上学历员工占企业总员工人数比例来描绘企业高素质人才数量状况。

假设二：基层员工状况。基层员工是指处于生产第一线的员工，他们的工作大多数是重复同一样劳动，例如井下作业的采矿工人等等。我国煤炭行业目前总体的技术状况较低，生产机械化程度相比起西方发达国家仍然有一定的差距，整体状况偏向于劳动密集型产业。于是基层员工的作用就凸显出来，没有先进的机械设备时，就必须通过人去完成部分机械完成的任务。于是本章将基层员工数量状况作为影响中国上市煤炭企业效率影响因素的假设因素，用各上市煤炭企业劳动及生产员工占总员工人数比例描述基层员工数量状况。

假设三：企业规模状况。对于所有的企业而言，都存在着一个最优的企业规模，当企业的规模小于这个最优规模的时候，企业将会处于规模报酬递增阶段，这时企业产出的增长比例将大于企业投入的增长比例。当企业规模处于最优的企业规模的时候，企业将处于规模报酬递减阶段，这时企业的产出增长比例将小于企业的投入增长比例。当企业处于最优规模的时候，企业的产出增长比例将与投入的增长比例相等，企业的生产将处于最优的状态。正是以上原因，将企业的规模作为影响中国上市煤炭企业效率影响因素的假设因素，用各上市煤炭企业总资产额占样本所有企业总资产额之和的比例描述企业规模。

2）宏观影响因素

假设四：市场份额状况。市场份额指一个企业的销售量(或销售额)在市场同类产品中所占的比重，直接反映企业所提供的商品和劳务对消费者和用户的满足程度，表明企业的商品在市场上所处的地位。市场份额能够给企业带来利益，这种利益除了现金收入之外，还包括了无形资产增值所形成的收入。对于上市煤炭企业而言，较高的市场份额意味着企业能销售出较多的煤炭资源，获取更多的资金流量，为企业的再生产提供有力的支持，特别是在引进更多的先进生产设备和扩大企业规模方面起着至关重要的作用。正是因为这些特点，将市场份额作为上市煤炭企业效率影响因素的假设条件，用各上市煤炭企业主营业务收入占样本所有企业主营业务收入总和比例描述企业市场份额状况。

假设五：经济发展状况。经济发展状况粗略地将是指研究对象国内生产总值的状况。经济发展状况与用电量之间存在着较为明显的正相关性，而就我国目前的发电方式而言，煤炭发电占据着我国发电量的半壁江山。这样用电量与煤炭的消耗之间就可能存在着正相关性。经济发展状况较好时，用电量就会上升，用电量上升时煤炭的消耗势必会上升，煤炭的需求上升将会导致煤炭上市企业销售额的增长，最终可能带来利润的增加。因此将经济发展状况作为上市煤炭企业效率影响因素的假设条件，用各上市煤炭企业所在各省 GDP 占全国各省总 GDP 的比例描述经济发展状况。

假设六：拥有煤炭资源状况。纵观全世界煤炭行业，煤炭行业是一个典型的资源密集型行业。中国有句古话：巧妇难为无米之炊，说的就是没有资源时纵有先进技术也难以经营企业。对于上市煤炭企业而言，拥有较多的矿产资源意味着企业在未来将有源源不断的现金流和利润，从而掌握着市场竞争的主动权。拥有较多的矿产资源意味着企业能够为未来的发展制定更加长远的计划，在战略上领先竞争对手，做到未雨绸缪。正是因为这些特点，将拥有的煤炭资源状况作为上市煤炭企业效率影响因素的假设条件，用各上市煤炭企业可开采煤炭量占样本所有企业可开采煤炭总量的比例描述各个企业拥有煤炭资源状况。

17.4.2 Tobit 模型计算结果及分析

根据上文的讨论，建立如下的 Tobit 回归方程：

$$Y = \beta_0 + \beta_1 X_1 + \beta_2 X_2 + \beta_3 X_3 + \beta_4 X_4 + \beta_5 X_5 + \beta_6 X_6 + \varepsilon$$

其中，β_0为常数项，β_1、β_2、β_3、β_4、β_5、β_6为估计参数。X_1为高素质人才数量状况，用各上市煤炭企业专科以上学历员工占企业总员工人数比例来表示；X_2为基层员工数量状况，用各上市煤炭企业劳动及生产员工占总员工人数比例表示；X_3为企业规模，用各上市煤炭企业总资产额占样本所有企业总资产额之和的比例表示；X_4表示市场份额，用各上市煤炭企业主营业务收入占样本所有企业主营业务收入总和比例表示；X_5表示经济发展状况，用各上市煤炭企业所在各省 GDP 占全国各省总 GDP 的比例表示；X_6表示拥有煤炭资源状况，用各上市煤炭企业可开采煤炭量占样本所有企业可开采煤炭总量的比例表示；ε为随机扰动项。

本章选取 2012 年中国煤炭工业网推荐的 18 家具有代表性的上市煤炭企业的相关数据，采用 EViews 6.0 软件中的 Tobit 回归模型进行计量分析。相关数据来自上市公司年度报告和各大门户网站。相关数据如表 17.9 所示。

表 17.9 18 家上市煤炭企业 6 种影响因素相关数据

名称	X_1	X_2	X_3	X_4	X_5	X_6
国投新集	0.191	0.524	0.038	0.035	0.043	0. 039
兰花科技	0.198	0.564	0.039	0.037	0.049	0.041
平煤股份	0.221	0.592	0.055	0.048	0.079	0.059
兖州煤业	0.2	0.533	0.041	0.041	0.064	0.042
中国神华	0.181	0.524	0.031	0.02	0.031	0.029
中煤能源	0.184	0.589	0.032	0.032	0.031	0.036
大同煤业	0.221	0.585	0.05	0.179	0.064	0.051

续表

名称	X_1	X_2	X_3	X_4	X_5	X_6
冀中能源	0.127	0.579	0.031	0.03	0.079	0.033
阳泉煤业	0.354	0.555	0.159	0.057	0.079	0.157
开滦股份	0.245	0.62	0.019	0.014	0.031	0.012
露天煤业	0.381	0.584	0.169	0.136	0.079	0.116
潞安环能	0.211	0.621	0.049	0.177	0.064	0.047
盘江股份	0.19	0.617	0.037	0.035	0.014	0.038
上海能源	0.205	0.6	0.043	0.044	0.064	0.045
神火股份	0.185	0.621	0.035	0.034	0.079	0.037
西山煤电	0.179	0.63	0.029	0.019	0.014	0.027
郑州煤电	0.301	0.57	0.117	0.052	0.079	0.167
煤气化	0.175	0.55	0.026	0.01	0.014	0.024

Tobit 回归模型的测算结果如表 17.10 所示。

表 17.10　Tobit 回归模型测算结果

变量	系数	标准差	z-统计量	P 值
β_0	0. 027715	0. 004619	6.000177	0. 0000
X_1	1.265016	0. 304685	4. 151881	0. 0002
X_2	–0. 316876	0. 084890	–3. 732800	0. 0002
X_3	19. 17763	0. 1620490	30. 90721	0. 0000
X_4	0.0398'63	0. 152477	0.261433	0.7938
X_5	0.842820	0. 361414	2.332005	0.0197
X_6	1. 066793	0. 411905	2.589903	0.0096

将上述模型中对上市煤炭企业效率影响不显著的变量 X_4：市场份额状况剔除，观察回归结果变化，其结果如表 17.11 所示。

表 17.11　剔除变量 X_4 后 Tobit 型测算结果

变量	系数	标准差	z-统计量	P 值
β_0	0.027768	0.004626	6.002000	0.0000
X_1	1.267585	0.305067	4.155106	0.0000
X_2	–0.316889	0.085040	–3.726341	0.0002
X_3	19.20981	0.609239	31.53081	0.0000
X_5	0.872415	0.343837	2.537290	0.0122
X_6	1.036551	0.396030	2.617357	0.0089

在剔除变量 X_4 后，其他变量对中国上市煤炭企业效率的影响仍然显著并且系数符号与之前相同。因此，可知这些变量对中国上市煤炭企业的影响是稳定的。

从模型测算结果看，市场份额状况这一影响因素的P值为0.7939，远大于0.05，说明市场份额情况对上市煤炭公司经营绩效不起显著的作用。然而，当前各大煤炭企业对市场开拓非常重视，包括建立战略联盟、修建专业线路等，充分说明了市场的重要性。究其原因，首先要从市场份额的本质入手。市场份额的概念有两层含义，第一层含义是指市场份额大小，一般由企业的销售额占行业总销售额的比例表示。第一层含义是指市场份额的质量，即商场份额的含金量，它指的是市场份额能够给企业带来的利益总和，除了现金利益之外还有其他无形的利益，例如品牌知名度。衡量市场份额质量有两个标准，一个是顾客满意率，另一个是顾客忠诚度。比起市场份额的第一层含义，市场份额的第二层含义在当今市场经济的大环境下有着更加重要的作用，也正是这第二层含义将市场份额的大小转化为了企业利润。市场份额越高并不代表着企业能够获得更多利润，许多企业在市场份额数量扩大的过程中，虽然通过销售的增长最终引起了生产成本下降，但是由于用在扩大市场份额数量上的费用的增长要远远快于生产成本的下降，另外由于竞争的作用使得价格下降，每个产品的盈利率很快下降，最后迫使企业的盈利能力快速下降。企业在扩大市场份额数量的过程中相关费用快速增长的原因有两方面。一方面是人为原因，由于在市场扩大过程中，新加入的营销管理人员开始时缺乏经验或缺少培训，这样他们难以控制费用的快速增长；另一方面是外在原因，竞争者的强烈反应引起的费用增长。企业扩展市场份额数量必然会导致竞争者也采取有关的行动，其中最常见的做法就是加大广告的投入，竞争者同样也会加大广告投入，企业如果降低价格，竞争者同样也会降低价格，甚至价格下降的幅度要远比企业降得更厉害。这样竞争的结果是企业虽然付出很大的代价，销售额并未发生明显增长或销售量和市场份额虽然扩大了，但盈利却下降了。

基层员工数量状况这一影响因素的回顾系数为−0.316889，其P值为0.0002，远小于0.01，说明其对中国上市煤炭企业的效率的影响是显著的且是负相关的。基层员工数量状况对中国上市煤炭企业的效率有负影响最主要的原因还是由于在当今的经济社会发展大环境下，煤炭企业的生产效率的提高靠的是机械化水平的提高和相关人员劳动技能的提高。我国由于工业基础相对于西方发达国家较薄，人口基数较大，劳动就业压力也较大，这样的情况导致了我国劳动成本较低，部分煤炭企业特别是机械化水平和生产技术较低的煤炭企业会选择加大人力的投入而忽视机械化水平的提高，大量的资源被浪费。这样在短期内企业或许会获得客观的利润，但是从长远来看并不能够增强企业在为了获取利润的能力，从而对煤炭企业的效率产生负面影响。

高素质人才数量状况、企业规模状况、经济发展状况和拥有煤炭资源状况这四项影响因素的回归系数分别为 1.267585、19.20981、0.872415 和 1.036551，并且 P 值都小于 0.05，说明这些因素对上市煤炭企业效率的影响显著并且为正影响。对于高素质人才状况，正如前文所描述的，与依靠物资和资本等这样一些生产要素投入的经济增长相区别，现代经济的增长则越来越依赖于其中的知识含量的增长，对于上市煤炭企业而言，高素质的人才能够帮助企业改进生产技术、探明更加丰富易于开采的矿产资源、扩大企业市场规模以及改善企业管理状况等等，从而最终对提高上市煤炭企业的经营状况有着正面影响。在上一章节的讨论中，我们可以看出本章所选取的具有代表性的 18 家上市煤炭企业中绝大多数企业的规模正处于规模报酬上升阶段，因此扩大企业规模能够使得企业的产出更大程度的上升，从而提升上市煤炭企业的效率。这就是企业规模状况对上市煤炭企业经营状况起着正面作用的原因。较好的经济发展状况意味着较高的国内生产总值，较高的国内生产总值意味着较高的用电量，而较高的用电量意味着更多的煤炭消耗，这样煤炭企业的销售额将会明显上升，从而促进上市煤炭企业经营状况的好转，所以经济发展状况对上市煤炭企业的经营状况有着正面的影响。拥有煤炭资源的多少对上市煤炭企业经营的作用不言而喻，上市煤炭企业绝大多数销售额和销售利润都来自煤炭资源，丰富的煤炭资源不仅对企业目前的经营有非常重要的作用，它对企业未来的发展更加重要，丰富的煤炭储量能够保障企业在战略上领先竞争对手，当竞争对手忙于现状之时企业已经为未来的发展谋出路，这样企业面临未来风险的能力将会加强，这对上市煤炭企业经营状况的影响是不言而喻的。

综上所述，上市煤炭企业市场份额状况对上市煤炭企业经营状况的改善没有显著影响，上市煤炭企业基层员工数量状况对上市煤炭企业经营状况的改善有着负面影响，而上市煤炭企业高素质人才数量状况、企业规模状况、经济发展状况和拥有煤炭资源状况这四项影响因素对上市煤炭企业的经营状况改善有着正面的作用。

参 考 文 献

潘克西. 2010. 中国煤炭市场集中度研究. 管理世界, (12): 89-100.

Anderson P, Peterson N C. 1993. A procedure for ranking efficient units in data envelopment analysis. Management Science, (39): 1261-126.

Cooper W W, Seiford L M, Tone K. 2006. Data envelopment analysis: A Comprehensive Text with Models, Applications, References and DEA-Solver Software. LLC: Springer Science Business Media.

Lang J R, Golden P A. 1989. Evaluating the efficiency of SBDCS with data envelopment analysis: a longitudinal approach. Journal of Small Business Management, 27(2): 42-49.